CB080724

TOMOGRAFIA E RESSONÂNCIA EM CARDIOLOGIA

MEDICINA USP

HC FMUSP

FUNDAÇÃO ZERBINI InCor-HCFMUSP

Série InCor de Cardiologia

EDITORES DA SÉRIE

José Antonio Franchini Ramires
Roberto Kalil Filho

TOMOGRAFIA E RESSONÂNCIA EM CARDIOLOGIA

EDITORES DO VOLUME

Carlos Eduardo Rochitte
Cesar Higa Nomura

Manole

Copyright © Editora Manole Ltda., 2020, por meio de contrato com os editores.

"A edição desta obra foi financiada com recursos da Editora Manole Ltda., um projeto de iniciativa da Fundação Faculdade de Medicina em conjunto e com a anuência da Faculdade de Medicina da Universidade de São Paulo – FMUSP."

Logotipos *Copyright* © Hospital das Clínicas – FMUSP
© Faculdade de Medicina da Universidade de São Paulo
© Fundação Zerbini InCor-HCFMUSP

Este livro contempla as regras do Acordo Ortográfico da Língua Portuguesa de 1990, que entrou em vigor no Brasil.

Editora gestora: Sônia Midori Fujiyoshi
Editora: Patrícia Alves Santana
Projeto gráfico: Departamento de Arte da Editora Manole
Editoração eletrônica e ilustrações de miolo: HiDesign Estúdio
Capa: Ricardo Yoshiaki Nitta Rodrigues
Imagens da capa: Sirio José Braz Cançado e Istockphoto.com

Dados Internacionais de Catalogação na Publicação (CIP)
(Sindicato Nacional dos Editores de Livros, RJ)

Tomografia e ressonância em cardiologia / editores Carlos Eduardo Rochitte, Cesar Higa Nomura ; editores da série José Antonio Franchini Ramires, Roberto Kalil Filho. - 1. ed. - Barueri [SP] : Manole, 2020.
: il. (InCor de cardiologia)

Inclui índice
ISBN 9788520460931

1. Cardiologia. 2. Doenças - Coração - Diagnóstico. 3. Ressonância magnética. 4. Tomografia computadorizada por raio X. I. Rochitte, Carlos Eduardo. II. Nomura, Cesar Higa. III. Ramires, José Antonio. IV. Kalil Filho, Roberto. V. Série.

CDD-616.120757
19-59249 CDU: 616.12-073

Meri Gleice Rodrigues de Souza - Bibliotecária CRB-7/6439

Todos os direitos reservados.
Nenhuma parte deste livro poderá ser reproduzida, por qualquer processo, sem a permissão expressa dos editores.
É proibida a reprodução por xerox.

A Editora Manole é filiada à ABDR – Associação Brasileira de Direitos Reprográficos.

Edição – 2020

Editora Manole Ltda.
Avenida Ceci, 672 – Tamboré – 06460-120 – Barueri – SP – Brasil
Fone: (11) 4196-6000
www.manole.com.br | https://atendimento.manole.com.br

Impresso no Brasil | *Printed in Brazil*

Editores da série

José Antonio Franchini Ramires
Professor Titular da Disciplina de Cardiologia da FMUSP. Departamento de Cardiopneumologia.

Roberto Kalil Filho
Professor Titular da Disciplina de Cardiologia da FMUSP. Presidente do Conselho Diretor do Instituto do Coração (InCor) do Hospital das Clínicas da FMUSP. Diretor da Divisão de Cardiologia Clínica da FMUSP. Coordenador do Programa de Pós-graduação em Cardiologia da FMUSP.

A Medicina é uma área do conhecimento em constante evolução. Os protocolos de segurança devem ser seguidos, porém novas pesquisas e testes clínicos podem merecer análises e revisões. Alterações em tratamentos medicamentosos ou decorrentes de procedimentos tornam-se necessárias e adequadas. Os leitores são aconselhados a conferir as informações sobre produtos fornecidas pelo fabricante de cada medicamento a ser administrado, verificando a dose recomendada, o modo e a duração da administração, bem como as contraindicações e os efeitos adversos. É responsabilidade do médico, com base na sua experiência e no conhecimento do paciente, determinar as dosagens e o melhor tratamento aplicável a cada situação. Os autores e os editores eximem-se da responsabilidade por quaisquer erros ou omissões ou por quaisquer consequências decorrentes da aplicação das informações presentes nesta obra.
Durante o processo de edição desta obra, foram empregados todos os esforços para garantir a autorização das imagens aqui reproduzidas. Caso algum autor sinta-se prejudicado, favor entrar em contato com a editora.

Editores do volume

Carlos Eduardo Rochitte

Professor Livre-docente e Doutor da RM e TC Cardiovascular do Instituto do Coração (InCor) do Hospital das Clínicas da FMUSP. Coordenador Acadêmico da RM e TC Cardiovascular do InCor-HCFMUSP. Diretor da RM e TC Cardiovascular do HCor. Médico Consultor do Hospital Procardíaco – Rio de Janeiro. CEO da Rochitte Ressonância e Tomografia Cardíaca. Editor-Chefe da revista *Arquivos Brasileiros de Cardiologia – ABC Cardiol* (Brazilian Archives of Cardiology). Presidente eleito do Departamento de Imagem Cardiovascular da Sociedade Brasileira de Cardiologia (2020-2021) – DIC/SBC.

Cesar Higa Nomura

Diretor do Serviço de Radiologia do Diagnóstico por Imagem do Instituto do Coração (InCor) do Hospital das Clínicas da FMUSP. Coordenador de Radiologia Cardiovascular do Instituto de Radiologia (InRad) do Hospital das Clínicas da FMUSP. Superintendente de Medicina Diagnóstica do Hospital Sírio-Libanês.

Colaboradores

Adriano Camargo de Castro Carneiro

Especialista em Clínica Médica pela Unicamp e pela SBCM. Especialista em Cardiologia pelo Instituto Dante Pazzanese de Cardiologia e pela SBC. Especialista em Tomografia e Ressonância Cardiovascular pelo Instituto do Coração (InCor) do Hospital das Clínicas da FMUSP. Médico do Setor de Radiologia Cardiovascular do HCor – São Paulo.

Antonildes N. Assunção-Jr.

Especialista em Imagem Cardiovascular pelo Instituto do Coração (InCor) do Hospital das Clínicas da FMUSP. *Postdoctoral Research Fellowship* no *Brigham and Women's Hospital*, Universidade de Harvard. Médico Pesquisador e Assistente do Setor de Imagem Cardiovascular do InCor-FMUSP. Médico Pesquisador do Hospital Sírio-Libanês.

Antonio Fernando L. Paiva

Médico Assistente do Instituto do Coração (InCor) do Hospital das Clínicas da FMUSP e do Instituto do Câncer do Estado de São Paulo (ICESP). Médico Radiologista do Grupo de Hipertensão Pulmonar Crônica da USP.

Bernardo Baptista Lopes

Cardiologista pelo Instituto Dante Pazzanese de Cardiologia. Especialista em RM e TC Cardiovascular e Ecocardiografia pelo Instituto do Coração (InCor) do Hospital das Clínicas da FMUSP.

Carlos Eduardo Rochitte

Professor Livre-docente e Doutor da RM e TC Cardiovascular do Instituto do Coração (InCor) do Hospital das Clínicas da FMUSP. Coordenador Acadêmico da RM e TC

Cardiovascular do Instituto do Coração (InCor) do Hospital das Clínicas da FMUSP. Diretor da RM e TC Cardiovascular do HCor. Médico Consultor do Hospital Procardíaco – Rio de Janeiro. CEO da Rochitte Ressonância e Tomografia Cardíaca. Editor-Chefe da revista *Arquivos Brasileiros de Cardiologia – ABC Cardiol* (*Brazilian Archives of Cardiology*). Presidente eleito do Departamento de Imagem Cardiovascular da Sociedade Brasileira de Cardiologia (2020-2021) – DIC/SBC.

Cesar Higa Nomura

Diretor do Serviço de Radiologia do Diagnóstico por Imagem do Instituto do Coração (InCor) do Hospital das Clínicas da FMUSP. Coordenador de Radiologia Cardiovascular do Instituto de Radiologia (InRad) do Hospital das Clínicas da FMUSP. Superintendente de Medicina Diagnóstica do Hospital Sírio-Libanês.

Gabriela Liberato

Cardiologista pelo Instituto Dante Pazzanese de Cardiologia. Especialista em RM e TC Cardiovascular pelo Instituto do Coração (InCor) do Hospital das Clínicas da FMUSP. *Fellowship* em Imagem em Cardiopatias Congênitas (*Boston Children's Hospital – Harvard Medical School*). Coordenadora do Serviço de Imagem Cardiovascular na Clínica São Lucas – Centro de Diagnóstico (SC). Médica da equipe de TC e RM Cardiovascular do Hospital Sírio-Libanês e InCor-HCFMUSP.

Hilka Moraes de Carvalho

Médica Cardiologista. Especialista em TC e RM Cardiovascular pelo HCor-SP. Especialista em Ecocardiografia pela Universidade de Pernambuco – PROCAPE. Médica Assistente e Preceptora de Clínica Médica do Hospital das Clínicas de Pernambuco – UFPE/EBSERH.

José de Arimatéia Batista Araujo-Fillho

Doutor em Radiologia pela FMUSP. *Postdoctoral Research Fellow* pelo *Memorial Sloan-Kettering Cancer Center*, NYC. Radiologista Torácico do Hospital Sírio-Libanês.

José R. Parga

Doutor em Medicina. Médico Assistente do Serviço de Diagnóstico por Imagem do Instituto do Coração (InCor) do Hospital das Clínicas da FMUSP.

Juliana Hiromi Silva Matsumoto Bello

Médica Cardiologista Especialista em TC e RMC pelo Hospital do Coração (HCor-SP). Médica Pesquisadora Colaboradora e Pós-graduanda do Instituto do Coração (InCor) do Hospital das Clínicas da FMUSP. Médica dos Serviços de TC e RMC do HCor-SP, do DASA-SP, da Virtual Core – Telerradiologia Cardíaca e do Hospital Samaritano-SP.

Juliana Serafim da Silveira

Doutoranda em Cardiologia pelo Instituto do Coração (InCor) do Hospital das Clínicas da FMUSP. Médica Radiologista Especialista em Imagem Cardiovascular.

Luiz Francisco Rodrigues de Ávila

Fellow em Imagem Cardiovascular pela *Harvard Medical School*. Doutor em Radiologia pela FMUSP. Coordenador da Tomografia Cardiovascular Assistencial do Instituto do Coração (InCor) do Hospital das Clínicas da FMUSP. Coordenador do Grupo de Imagem Cardiovascular por RM/TC do Hospital Sírio-Libanês.

Marcelo Souto Nacif

Pesquisador Colaborador do Instituto do Coração (InCor) do Hospital das Clínicas da FMUSP. Professor Adjunto do Departamento de Radiologia da Universidade Federal Fluminense (MRD-UFF), Niterói-RJ. Coordenador do Setor de RM e TC Cardiovascular do Complexo Hospitalar de Niterói (CHN), Niterói-RJ. Coordenador do Aperfeiçoamento em Radiologia e Diagnóstico por Imagem da Unidade de Radiologia Clínica do Hospital ViValle – Rede D´Or São Luiz, São José dos Campos-SP.

Marcio Sommer Bittencourt

Residência em Cardiologia pelo Instituto do Coração (InCor) do Hospital das Clínicas da FMUSP. Mestre em Saúde Pública – Eficácia Clínica pela Escola de Saúde Pública da Universidade de Harvard, Boston-EUA. Doutor em Cardiologia pelo Instituto do Coração (InCor) do Hospital das Clínicas da FMUSP. Pós-doutor em Pesquisa Cardiovascular no *Brigham and Women's Hospital e na Harvard Medical School*, Boston-EUA. Médico Assistente do Hospital Universitário da USP.

Raphael Scoppetta

Médico Assistente do Instituto do Coração (InCor) do Hospital das Clínicas da FMUSP.

Roberto Kalil Filho

Professor Titular da Disciplina de Cardiologia da FMUSP. Presidente do Conselho Diretor do Instituto do Coração (InCor) do Hospital das Clínicas da FMUSP. Diretor da Divisão de Cardiologia Clínica da FMUSP. Coordenador do Programa de Pós-graduação em Cardiologia da FMUSP.

Roberto Nery Dantas Júnior

Graduado em Medicina e Residente em Clínica Médica pela Universidade de Pernambuco – UPE. Especialista em Cardiologia pelo Instituto do Coração (InCor) do Hospital das Clínicas da FMUSP. Especialista em Cardiologia pela Sociedade Brasileira de Cardiologia – SBC. Especialista em Imagem Cardiovascular (TC e RM) pelo Instituto de Radiologia da Faculdade de Medicina da Universidade de São Paulo (InRad-HCFMUSP). Doutor em Radiologia pelo InRad-HCFMUSP. Médico Pesquisador em Imagem Cardiovascular no InCor-HCFMUSP. Médico Assistente das equipes de Imagem Cardiovascular dos Hospitais LeForte Liberdade, Sírio-Libanês e Samaritano Paulista-SP.

Thalita da Silva Canevari

Graduada em Medicina pela Faculdade de Medicina de Marília-SP. Residente de Clínica Médica pela Faculdade de Medicina de Botucatu da Unesp. Especialista em Clínica Médica pela Associação Médica Brasileira – AMB. Residente de Cardiologia pela Escola Paulista de Medicina – Unifesp. Especialista em Cardiologia pela AMB. Especialista em RM e TC Cardiovascular pelo Instituto do Coração (InCor) do Hospital das Clínicas da FMUSP.

Thaís Pinheiro Lima

Cardiologista Especialista em RM e TC Cardiovascular no Instituto do Coração (InCor) do Hospital das Clínicas da FMUSP. Doutora em Cardiologia pelo InCor-HCFMUSP. Médica Assistente na equipe de RM e TC Cardiovascular do Hospital Sírio-Libanês.

Tiago Augusto Magalhães

Doutor em Ciências pelo Instituto do Coração (InCor) do Hospital das Clínicas da FMUSP. Pós-doutor em Imagem Cardiovascular pelo Johns Hopkins Hospital, Baltirmore. Médico Assistente do Setor de Tomografia e Ressonância Cardiovascular do Complexo Hospitalar de Clínicas – CHC-UFPR.

Valéria de Melo Moreira

Cardiologista Pediátrica pela FMUSP. Especialista em RM e TC Cardiovascular pelo Instituto do Coração (InCor) do Hospital das Clínicas da FMUSP. Médica Assistente do Setor de Ressonância Magnética e Tomografia Cardiovascular do InCor-HCFMUSP. Médica Assistente do Setor de Ressonância Magnética e Tomografia Cardiovascular do Hospital do Coração – HCor-SP.

Walther Ishikawa

Médico Assistente da Radiologia do Departamento de Tomografia e Ressonância Cardíaca do Instituto do Coração (InCor) do Hospital das Clínicas da FMUSP.

Sumário

Prefácio XVII
Apresentação XIX

SEÇÃO I INTRODUÇÃO

CAPÍTULO 1 A importância da ressonância magnética cardiovascular e da tomografia computadorizada cardiovascular na cardiologia atual 2
Carlos Eduardo Rochitte

CAPÍTULO 2 A estrutura básica do serviço de ressonância magnética cardiovascular e tomografia computadorizada cardiovascular 8
Raphael Scoppetta, Cesar Higa Nomura

SEÇÃO II RESSONÂNCIA MAGNÉTICA DO CORAÇÃO

CAPÍTULO 3 Princípios físicos e segurança da ressonância magnética do coração 12
José de Arimatéia Batista Araujo-Filho, Juliana Serafim da Silveira, Carlos Eduardo Rochitte

CAPÍTULO 4 O exame de ressonância magnética cardiovascular, componentes e considerações operacionais 23
Carlos Eduardo Rochitte

CAPÍTULO 5 A avaliação da viabilidade e isquemia miocárdica na doença arterial coronariana. 41
Adriano Camargo de Castro Carneiro, Bernardo Baptista Lopes, Carlos Eduardo Rochitte

CAPÍTULO 6 O papel da ressonância magnética na insuficiência cardíaca e cardiomiopatias 74
Antonildes N. Assunção-Jr., Cesar Higa Nomura

CAPÍTULO 7 Valvopatias pela ressonância magnética cardiovascular. 98
Juliana H. S. Matsumoto Bello, Juliana Serafim da Silveira, Carlos Eduardo Rochitte

CAPÍTULO 8 Doenças pericárdicas e massas cardíacas. 112
Walther Ishikawa, Antonio Fernando L. Paiva

CAPÍTULO 9 Espectroscopia nuclear magnética e imagem do sódio 133
Juliana Serafim da Silveira, Carlos Eduardo Rochitte, Roberto Kalil Filho

CAPÍTULO 10 Tabelas de aplicações clínicas em ressonância magnética do coração 145
Adriano Camargo de Castro Carneiro, Carlos Eduardo Rochitte

SEÇÃO III TOMOGRAFIA COMPUTADORIZADA DO CORAÇÃO

CAPÍTULO 11 Princípios físicos e segurança da tomografia computadorizada do coração 154
Raphael Scoppetta, Marcelo Souto Nacif

CAPÍTULO 12 A tomografia computadorizada do coração e seus componentes. 165
Raphael Scoppetta, Cesar Higa Nomura

CAPÍTULO 13 Escore de cálcio e a estratificação de risco na doença arterial coronariana. 190
Marcelo Souto Nacif, José R. Parga

CAPÍTULO 14 Diagnóstico da doença arterial coronariana obstrutiva 209
Gabriela Liberato, Thaís Pinheiro Lima, Carlos Eduardo Rochitte

CAPÍTULO 15 A tomografia computadorizada cardiovascular na dor torácica no pronto-socorro 219
Thalita da Silva Canevari, Tiago Augusto Magalhães, Luiz Francisco Rodrigues de Ávila

CAPÍTULO 16 Características e carga de placa de aterosclerose coronariana 231
Marcio Sommer Bittencourt, Roberto Nery Dantas Júnior

CAPÍTULO 17 Tomografia computadorizada cardiovascular funcional – perfusão por TC e a FFRtc 241
Hilka Moraes de Carvalho, Tiago Augusto Magalhães, Carlos Eduardo Rochitte

CAPÍTULO 18 O valor prognóstico da angiotomografia de artérias coronárias 255
Marcio Sommer Bittencourt, Cesar Higa Nomura, Carlos Eduardo Rochitte

CAPÍTULO 19 Tabelas de aplicações clínicas em tomografia computadorizada do coração e das artérias coronárias 264
Adriano Camargo de Castro Carneiro, Carlos Eduardo Rochitte

SEÇÃO IV CARDIOPATIAS CONGÊNITAS PELA RESSONÂNCIA MAGNÉTICA E TOMOGRAFIA COMPUTADORIZADA CARDIOVASCULARES

CAPÍTULO 20 Cardiopatias congênitas acianogênicas 270
Valéria de Melo Moreira

CAPÍTULO 21 Cardiopatias congênitas cianogênicas 287
Valéria de Melo Moreira

SEÇÃO V AORTA, ARTÉRIAS RENAIS E VASOS PERIFÉRICOS

CAPÍTULO 22 Aorta, artérias renais e vasos periféricos 306
Walther Ishikawa

Índice remissivo 325

Prefácio

> "... novas tecnologias, novas informações, mas somente com dedicação, interesse e responsabilidade, suas interpretações nos trazem novos conhecimentos para benefício dos pacientes..."
>
> Ramires JAF, 2019

O Serviço de Radiologia, posteriormente denominado de Imagem, teve início em 1977 sob a direção do Dr. T. Fujioka, médico cardiologista responsável pelas avaliações radiológicas cardíacas desde a 2ª Clínica Médica do HCFMUSP. Naquela época, a imagem radiológica do coração era a dominante para a avaliação médica, associada ao ecocardiograma mono, que fornecia as primeiras informações da dinâmica do coração sem a utilização de cateteres.

A evolução da tecnologia, a partir da década de 1980, proporcionou grandes avanços tanto para diagnóstico como na terapêutica. Nesse aspecto, a imagem trouxe-nos informações esclarecedoras sobre os diferentes órgãos e respectivas doenças.

Em particular, para o objeto deste livro, ressaltam-se a ressonância magnética (RM) e a tomografia computadorizada multicanal (TC). O fundamento dessas duas inovações era conhecido desde o século XIX, quando foram estabelecidas as bases matemáticas da ressonância e, posteriormente, no início do século XX, as bases da tomografia. No entanto, a aplicação médica dependia do desenvolvimento da ciência computacional e da evolução tecnológica; por isso, somente após a década de 1960 foi possível a obtenção das primeiras imagens. Nos anos 1990, o InCor recebeu os equipamentos de RM e de TC, mas faltava sua aplicação em cardiologia, pois não havia profissionais com experiência para interpretar as imagens em relação às cardiopatias. Dessa forma, a ida do Dr. Rochitte para a Johns Hopkins University foi fundamental. Em seu retorno, assumiu a coordenação da RM em cardiologia e também, posteriormente, a coordenação da TC em cardiologia. A partir daí, teve início um grande progresso científico nessa área, auxiliando um melhor esclarecimento das peculiaridades das cardiopatias, o que muito contribui para a divulgação científica, nacional e internacional, e para a formação de vários jovens do Brasil e de outros países, que puderam aplicar os métodos nas suas práticas clínicas. Inúmeras teses de doutorado e de livre-docência foram realizadas com a utilização da RM e/ou da TC.

Atualmente, o Serviço de Imagem do InCor tem como Diretor o Dr. Cesar Nomura, jovem pesquisador experiente em TC que trouxe grande valor ao Serviço, realizando ótimas reestruturações funcionais e organizacionais, tanto no apoio à pesquisa como no desenvolvimento institucional. Rochitte e Cesar são os Editores deste volume da Série InCor de Cardiologia e, nele, trazem o que há de mais recente na especialidade com o emprego de RM e TC, contando com a colaboração dos colegas José Rodrigues Parga Filho, Luiz Francisco R. Ávila, Walther Y. Ishikawa, Valéria de Melo Moreira, pertencentes ao *staff*, e vários outros.

Cada capítulo revela a experiência dos autores e a interpretação para melhor se compreender a fisiopatologia da cardiopatia ou mesmo o tipo de lesão anatômica e suas repercussões funcionais.

Assim, espera-se que o leitor usufrua o máximo das informações para melhor utilizá-las na sua prática clínica.

José Antonio Franchini Ramires
Professor Titular de Cardiologia
Instituto do Coração-InCor
Universidade de São Paulo

Apresentação

Eu tenho o raro privilégio de apresentar um dos melhores livros sobre imagem cardiovascular recentemente escritos. As principais razões de meu entusiasmo são resumidas a seguir.

O Tema – a disponibilidade da tomografia computadorizada (TC) clínica e ressonância magnética (RM) cardiovasculares – é marco importante de excelência nos programas de medicina cardiovascular da atualidade. Enquanto utilizada para endereçar todo o espectro de doenças cardiovasculares em cardiologia, a TC tornou-se a modalidade de escolha para a maioria dos pacientes com angina e aterosclerose, enquanto a RM tornou-se central para a avaliação clínica de pacientes com cardiomiopatias primárias e secundárias. Assim, este livro é essencial não somente para o estudante de medicina cardiovascular, como também para o cardiologista clínico ou radiologista.

Em relação aos Autores, o Prof. Carlos Rochitte, diplomado no InCor (Instituto do Coração) e no Johns Hopkins Hospital (Baltimore, Maryland), está entre os mais proeminentes cientistas de imagem cardiovascular do mundo atualmente. Foi pioneiro em aplicações básicas e clínicas em TC e RM, além de liderar pesquisas e programas acadêmicos em São Paulo.

Similarmente, no Prof. Cesar Nomura, diplomado no Hospital da Universidade de São Paulo e no Massachusetts General Hospital (Boston, MA), é um dos mais talentosos radiologistas cardiovasculares da atualidade, sendo reconhecido internacionalmente por sua excelência em educação, radiologia clínica e liderança acadêmica.

Os esforços conjuntos em conceber e produzir este livro refletem uma combinação única de *expertise* e talento, atributos de difícil combinação mundialmente.

A Abordagem deste livro, no sentido de prover informações úteis tanto no âmbito técnico-científico como no clínico, é, ao mesmo tempo, detalhada e de fácil compreensão. Cada capítulo é desenhado para orientar o leitor não somente na utilidade clínica e científica das aplicações da TC e da RM, mas também fornecer o conhecimento técnico essencial, importante tanto para os técnicos como para os clínicos ou radiologistas.

O ambiente institucional deste livro é o Instituto do Coração de São Paulo – InCor, que é parte da Universidade de São Paulo, a instituição acadêmica de maior influência no Brasil e uma das maiores universidades do mundo. O InCor possui equipamentos de tecnologia de ponta, desde sua concepção, há décadas, e frequentemente lidera os estudos multicêntricos internacionais em imagem cardiovascular e participa deles. Além disso, os Profs. Rochitte e Nomura não somente lideram as áreas acadêmicas de cardiologia e de radiologia cardiovascular, mas também dirigem empresas privadas de serviços de imagem de alto volume, com os melhores equipamentos de TM e RM disponíveis no mercado atualmente.

Em resumo, estou muito orgulhoso e satisfeito, pois este livro cobre uma lacuna importante na medicina cardiovascular moderna. A obra fornece conhecimento de ponta tanto sobre TC quanto sobre RM, seja da perspectiva de cardiologia, seja de radiologia, com ênfase não somente em informações de relevância clínica, mas de suporte técnico e científico, que tornou a TC e a RM cardiovasculares tão importantes na medicina cardiovascular moderna.

Eu agradeço aos autores pela oportunidade de reiterar alguns dos mais importantes aspectos desta importante contribuição.

João Augusto C. Lima, M.D
Professor de Medicina e Radiologia
Escola de Medicina da Universidade Johns Hopkins

SEÇÃO I

Introdução

1 A importância da ressonância magnética cardiovascular e da tomografia computadorizada cardiovascular na cardiologia atual

Carlos Eduardo Rochitte

INTRODUÇÃO

Dois novos e poderosos métodos não invasivos de imagem vêm se desenvolvendo nas últimas décadas e hoje têm inestimável valor na avaliação diagnóstica e prognóstica de pacientes com doenças cardiovasculares: a ressonância magnética cardiovascular (RMC) e a tomografia computadorizada cardiovascular (TCC). Hoje esses métodos estão presentes em diretrizes nacionais e internacionais de cardiologia na avaliação das mais variadas doenças cardiovasculares e demonstram alta precisão diagnóstica, em geral superior a métodos tradicionais. No entanto, a assimilação desses métodos na prática clínica de rotina tem variado de acordo com o país, tipo de centro (especializados/universitários *versus* gerais/clínicos), disponibilidade dos métodos e profissionais capacitados para realização. No Brasil, de longe, o fator mais importante limitante é a falta de profissionais completamente capacitados e treinados nos dois métodos. Apesar das limitações e dificuldades encontradas no país, a difusão desses dois novos métodos foi surpreendente, o que teve sem dúvida a participação do Instituto do Coração (InCor) do Hospital das Clínicas da Faculdade de Medicina da Universidade de São Paulo (HCFMUSP) no treinamento de profissionais da área.[1]

HISTÓRIA RECENTE

Nas últimas duas década, a RMC emergiu como uma importante técnica que pode ser usada para avaliar ampla gama de doenças cardiovasculares. Avanços técnicos levaram a RMC de uma imagem estática e anatômica para uma modalidade de imagem dinâmica, com alta resolução espacial e temporal. Isso permitiu a avaliação das funções ventricular e valvar e da perfusão miocárdica. Um fator crucial que tornou a RMC única foi a capacidade de caracterização tecidual miocárdica, isto é, a capacidade de avaliar características do tecido miocárdico que indicam o *status* vital (normal, isquêmico, mas viável, não viável ou fibrótico). Essa capacidade é possível pelo uso de técnicas como o realce tardio miocárdico, entre outras (edema miocárdico, perfusão miocárdica, mapeamentos T1, T2 e T2* etc.). Atualmente, a RMC é considerada o padrão-ouro para a avaliação não invasiva da função global sistólica global e regional, infarto do miocárdio e viabilidade, cardiopatia congênita e uma gama de cardiomiopatias não isquêmicas (miocardite, amiloidose etc.). Nos centros especializados em cardiologia, de nível terciário, é impensável a inexistência da RMC, atualmente instrumento diagnóstico fundamental, assim como a TCC. Apesar dessas capacidades fundamentais, a aceitação geral da RMC em cardiologia progrediu lentamente, muito provavelmente, em primeiro lugar, pela falta de familiaridade dos médicos assistentes com a grande variedade de técnicas disponíveis na RMC e disponíveis para uso clínico de rotina. Como segundo fator, temos a experiência clínica limitada de RMC na prática clínica, resultado da disponibilidade da RMC, de forma geral, apenas em centros mais avançados. As diretrizes de treinamento mais recentes do American College of Cardiology (ACC)[2] e do Brasil[3] apontam as recomendações formais para o treinamento da RMC. A maioria das residências médicas de ponta no Brasil já inclui a RMC (e TCC também) como um componente integral do treinamento em cardiologia básica.

O InCor participou do desenvolvimento da técnica de realce tardio com Dr. Rochitte,[4] e muito provavelmente adquiriu a primeira imagem de realce tardio no Brasil, no início do ano 2000, essencial na detecção de infarto e fibrose miocárdicos. Publicações do InCor foram pioneiras em descrever o uso do realce tardio pela RMC pela primeira vez na literatura mundial em pelo menos cinco cardiomiopatias: Chagas,[5] sarcoidose,[6] endomiocardiofibrose,[7] distrofia muscular,[8] e estenose aórtica (comprovada por biópsia[9]). Esses trabalhos continuam tendo impacto internacional na literatura médica até os dias de hoje.

A existência de uma sociedade internacional especificamente representando o método de RMC expõe claramente sua importância global. Society for Cardiovascular Magnetic Resonance (SCMR) – em tradução livre, Sociedade de Ressonância Magnética Cardiovascular – é a reconhecida representante e defensora de médicos, cientistas e tecnólogos que trabalham no campo da RMC. A SCMR é a principal organização internacional independente comprometida com o desenvolvimento da RMC por meio de educação, controle de qualidade, pesquisa e treinamento. Atualmente, o número de associados passa de 2.600, incluindo cardiologistas, radiologistas, tecnólogos, cientistas, engenheiros e administradores de todo o mundo. O InCor teve seu representante na diretoria desta sociedade (*board of trustees*) com a participação ativa do Dr. Carlos Eduardo Rochitte, que foi seu sócio-fundador.

A TCC utilizada na avaliação não somente dos vasos maiores do tórax e abdome, mas também do coração e das artérias coronárias, teve seu início há pouco mais de uma década e meia, com o advento dos tomógrafos de múltiplas colunas de detectores (*multislice*) e avanços tecnológicos que tornaram a aquisição das imagens sincronizadas ao eletrocardiograma (ECG) e muito mais rapidamente.

Dr. Stephan Achenbach, um cardiologista alemão, teve papel crucial no desenvolvimento da técnica de TCC e foi responsável pelas primeiras publicações que utilizaram a TCC nos moldes atuais nos anos de 2000[10] e 2003[11].

Com todas as terapias disponíveis à disposição em cardiologia, a melhora do diagnóstico e do prognóstico dos pacientes vem sendo o maior objetivo. A angiotomografia computadorizada coronariana (TCCor) é teste de alta precisão que tem a capacidade de documentar a doença arterial coronariana (DAC) obstrutiva e não obstrutiva (aterosclerose precoce) e permite aos cardiologistas agir mais precocemente no processo aterosclerótico. Os exames tradicionais, como o teste de estresse associado ou não ao teste de imagem, identificam apenas a estenose avançada.

Dois componentes principais fazem parte da TCCor: o escore de cálcio coronariano (ECC) e a angiotomografia computadorizada de coronárias *per se*. O ECC identifica a aterosclerose precoce e está incorporado nas diretrizes de colesterol[12] e prevenção[13] do ACC, da American Heart Association (AHA) e da Sociedade Brasileira de Cardiologia (SBC)[14] como um método para determinar o risco de eventos ateroscleróticos. O ECC é mais robusto que a proteína C-reativa ou outros biomarcadores e é uma recomendação classe IIa na diretriz do AHA, de 2010, para avaliação do risco cardiovascular em adultos assintomáticos.[15]

A TCC fornece informação não apenas da carga de aterosclerose (carga da placa), mas também da estenose. A TCC demonstrou ser o método não invasivo mais preciso para determinar quem tem estenose obstrutiva, propiciando a maior probabilidade de requerer intervenção no laboratório de cateterismo cardíaco.[16]

A TCC é uma modalidade relativamente nova e continua a se desenvolver, com doses médias de radiação que continuam a cair e exposição significativamente menor que métodos nucleares.[17] Por outro lado, ainda é uma modalidade jovem, com menos experiência, o que explica como estudos randomizados em centros especializados mostram uniformemente as vantagens prognósticas sobre o teste funcional,[18,19] enquanto o estudo PROMISE[20] (um estudo pragmático da vida real que utilizou centros sem *expertise* em TCC) não demonstrou diferenças em longo prazo nos resultados. Ressalta-se que o treinamento médico é crucial nesse cenário para que os centros menos experientes se aproximem em qualidade e desempenho dos centros especializados terciários. Embora a TCC tenha sido incluída em muitos programas de treinamento em cardiologia desde 2006, nem todos oferecem essa modalidade de treinamento. Quanto mais médicos treinados a utilizar a TCC, maior será a utilidade clínica e mais rápida e precisa será a avaliação não invasiva da DAC.

O InCor novamente teve papel fundamental na evolução da técnica de TCC no mundo e no Brasil, liderando duas publicações essenciais e consideradas *landmarks* na área de TCC: a primeira validação da tomografia coronariana em caso de cateterismo invasivo, o estudo CorE64,[21] publicado no New England Journal of Medicine; e a publicação que validou a perfusão miocárdica por tomografia, o estudo Core320.[22]

Fundada em 2005, a Society of Cardiovascular Computed Tomography (SCCT) – em tradução livre, Sociedade de Tomografia Computadorizada Cardiovascular – é a entidade profissional internacional dedicada exclusivamente à TCC, com membros de mais de 60 países. A SCCT é uma comunidade de médicos, cientistas e tecnólogos que defendem a pesquisa, a educação e a excelência clínica no uso da TCC. Novamente a sociedade científica específica de alcance mundial atesta a importância fundamental deste método de imagem.

CENÁRIO ATUAL

Do exposto, fica clara a enorme importância dos métodos de RM e TC em cardiologia, e que os benefícios aos pacientes seriam ainda maiores se o treinamento dos médicos que utilizam e praticam estes métodos fosse mais amplamente difundido e completo. O InCor teve papel crucial no treinamento de profissionais na área de atuação de RMC e TCC, com a criação do estágio de complementação especializada em RMC e TCC da FMUSP (um programa de pós-graduação *lato sensu*) que já treinou mais de 150 profissionais desde a sua criação, em 2002. Esse fato relevante propiciou a difusão no Brasil do conhecimento em RMC e TCC da maneira mais eficiente: ensinando jovens cardiologistas e radiologistas a utilizar a técnica adequadamente para o benefício do paciente. Esse estágio foi o modelo para muitos outros que se disseminaram no Brasil e contribuem para o contínuo treinamento nessa área de atuação. A posição do Brasil nas áreas de RMC e TCC está hoje mais próxima dos países desenvolvidos, como EUA e Europa, do que dos países latino-americanos, o que muito provavelmente teve influência desse treinamento de alta qualidade e constante durante as duas últimas décadas.[1]

O treinamento de RMC e TCC no InCor introduziu essas novas técnicas nos moldes atuais de utilização e foi responsável pela formação especializada de grande número de líderes no país. Este livro é somente mais uma pequena contribuição para esta longa história de treinamento na área de RMC e TCC. Espero que todos aprendam e apreciem a leitura. Muito obrigado.

REFERÊNCIAS BIBLIOGRÁFICAS

1. Nacif MS, Rochitte CE. Cardiovascular computed tomography and magnetic resonance: History and growing impact in brazil and in the world. Arq Bras Cardiol. 2014;103(5):362-7.
2. Kramer CM, Hundley WG, Kwong RY, Martinez MW, Raman SV, Ward RP. Cocats 4 task force 8: Training in cardiovascular magnetic resonance imaging. J Am Coll Cardiol. 2015;65(17):1822-31.
3. Fernandes JL, Shiozaki AA, Azevedo CF, Rochitte CE, Pinto IM, Uellendhal MM, et al. Competência técnica em ressonância e tomografia cardiovascular. Rev Bras Ecocardiogr Imagem Cardiovasc. 2009;22:27-31.
4. Rochitte CE, Lima JA, Bluemke DA, Reeder SB, McVeigh ER, Furuta T, et al. Magnitude and time course of microvascular obstruction and tissue injury after acute myocardial infarction. Circulation. 1998;98(10):1006-14.
5. Rochitte CE, Oliveira PF, Andrade JM, Ianni BM, Parga JR, Avila LF, et al. Myocardial delayed enhancement by magnetic resonance imaging in patients with chagas' disease: A marker of disease severity. J Am Coll Cardiol. 2005;46(8):1553-8.
6. Serra JJ, Monte GU, Mello ES, Coral GP, Avila LF, Parga JR, et al. Images in cardiovascular medicine. Cardiac sarcoidosis evaluated by delayed-enhanced magnetic resonance imaging. Circulation. 2003;107(20):e188-9.
7. Salemi VM, Rochitte CE, Shiozaki AA, Andrade JM, Parga JR, de Avila LF, et al. Late gadolinium enhancement magnetic resonance imaging in the diagnosis and prognosis of endomyocardial fibrosis patients. Circ Cardiovasc Imaging. 2011;4(3):304-11.
8. Silva MC, Meira ZM, Gurgel Giannetti J, da Silva MM, Campos AF, Barbosa Mde M, et al. Myocardial delayed enhancement by magnetic resonance imaging in patients with muscular dystrophy. J Am Coll Cardiol. 2007;49(18):1874-9.
9. Azevedo CF, Nigri M, Higuchi ML, Pomerantzeff PM, Spina GS, Sampaio RO, et al. Prognostic significance of myocardial fibrosis quantification by histopathology and magnetic resonance imaging in patients with severe aortic valve disease. J Am Coll Cardiol. 2010;56(4):278-87.
10. Achenbach S, Ulzheimer S, Baum U, Kachelriess M, Ropers D, Giesler T, et al. Noninvasive coronary angiography by retrospectively ECG-gated multislice spiral CT. Circulation. 2000;102(23):2823-8.
11. Ropers D, Baum U, Pohle K, Anders K, Ulzheimer S, Ohnesorge B, et al. Detection of coronary artery stenoses with thin-slice multi-detector row spiral computed tomography and multiplanar reconstruction. Circulation. 2003;107(5):664-6.
12. Stone NJ, Robinson JG, Lichtenstein AH, Bairey Merz CN, Blum CB, Eckel RH, et al.; American College of Cardiology/American Heart Association Task Force on Practice G. 2013 ACC/AHA guideline on the treatment of blood cholesterol to reduce atherosclerotic cardiovascular risk in adults: A report of the american college of cardiology/american heart association task force on practice guidelines. J Am Coll Cardiol. 2014;63(25 Pt B):2889-934.
13. Goff DC Jr., Lloyd-Jones DM, Bennett G, Coady S, D'Agostino RB, Gibbons R, et al.; American College of Cardiology/American Heart Association Task Force on Practice G. 2013 acc/aha guideline on the assessment of cardiovascular risk: A report of the american college of cardiology/american heart association task force on practice guidelines. Circulation. 2014;129(25 Suppl 2):S49-73.
14. Faludi AA, Izar MCO, Saraiva JFK, Bianco HT, Chacra APM, Bertoluci MC, et al. Diretriz brasileira baseada em evidências sobre prevenção de doenças cardiovasculares em pacientes com diabetes: posicionamento da Sociedade Brasileira de Diabetes (SBD), da Sociedade Brasileira de Cardiologia (SBC) e da Sociedade Brasileira de Endocrinologia e Metabologia (SBEM). Arq Bras Cardiol. 2017;109:1-31.
15. Greenland P, Alpert JS, Beller GA, Benjamin EJ, Budoff MJ, Fayad ZA, et al.; American College of Cardiology Foundation/American Heart Asscoiation Tasl Force on Practice G. 2010 ACCF/AHA guideline for assessment of cardiovascular risk in asymptomatic adults: Executive summary: A re-

port of the american college of cardiology foundation/american heart association task force on practice guidelines. Circulation. 2010;122(25):2748-64.
16. Patel MR, Dai D, Hernandez AF, Douglas PS, Messenger J, Garratt KN, et al. Prevalence and predictors of nonobstructive coronary artery disease identified with coronary angiography in contemporary clinical practice. Am Heart J. 2014;167(6):846-52.
17. Hirshfeld JW Jr., Ferrari VA, Bengel FM, Bergersen L, Chambers CE, Einstein AJ, et al. 2018 ACC/HRS/NASCI/SCAI/SCCT expert consensus document on optimal use of ionizing radiation in cardiovascular imaging: Best practices for safety and effectiveness: A report of the american college of cardiology task force on expert consensus decision pathways. J Am Coll Cardiol. 2018;71(24):e283-351.
18. SCOT-HEART investigators. CT coronary angiography in patients with suspected angina due to coronary heart disease (scot-heart): An open-label, parallel-group, multicentre trial. Lancet. 2015;385(9985):2383-91.
19. Nielsen LH, Ortner N, Norgaard BL, Achenbach S, Leipsic J, Abdulla J. The diagnostic accuracy and outcomes after coronary computed tomography angiography vs. Conventional functional testing in patients with stable angina pectoris: A systematic review and meta-analysis. Eur Heart J Cardiovasc Imaging. 2014;15(9):961-71.
20. Douglas PS, Hoffmann U, Patel MR, Mark DB, Al-Khalidi HR, Cavanaugh B, et al.; Investigators P. Outcomes of anatomical versus functional testing for coronary artery disease. N Engl J Med. 2015;372(14):1291-300.
21. Miller JM, Rochitte CE, Dewey M, Arbab-Zadeh A, Niinuma H, Gottlieb I, et al. Diagnostic performance of coronary angiography by 64-row ct. N Engl J Med. 2008;359(22):2324-36.
22. Rochitte CE, George RT, Chen MY, Arbab-Zadeh A, Dewey M, Miller JM, et al. Computed tomography angiography and perfusion to assess coronary artery stenosis causing perfusion defects by single photon emission computed tomography: The core320 study. Eur Heart J. 2014;35(17):1120-30.

2 A estrutura básica do serviço de ressonância magnética cardiovascular e tomografia computadorizada cardiovascular

Raphael Scoppetta
Cesar Higa Nomura

INTRODUÇÃO

O objetivo deste capítulo é discutir alguns dos principais aspectos relacionados à estrutura básica de um serviço de ressonância magnética cardiovascular (RMC) e tomografia computadorizada cardiovascular (TCC).

ÁREA FÍSICA

É necessária a adequação do espaço físico para a realização de exames de TCC e RMC.

O projeto típico de um centro de diagnóstico com serviço de TCC conta com área física dedicada à monitoração periódica da pressão e da frequência cardíaca do paciente. Como é necessário um controle rígido da frequência cardíaca para a realização de um bom estudo tomográfico das coronárias, estes pacientes são habitualmente medicados, caso apresentem a frequência cardíaca acima do valor considerado ideal para o tomógrafo disponível. Por segurança, todos os pacientes que recebem medicação para controle da frequência cardíaca devem ser reavaliados após o exame, antes da liberação pelo setor.

Como há muita demanda por exames de angiotomografia computadorizada de coronárias (ATCC) pelo pronto atendimento e/ou internação, é preciso contar com um maior fluxo de pessoas pelo setor. Em casos de pacientes com dor torácica presente e/ou com término recente, é sugerido o acompanhamento médico com recursos necessários para atendimento de eventuais intercorrências graves.

A fim de reduzir o tempo de ocupação da área por profissionais e pacientes (e consequentemente aumentar a segurança e a qualidade do atendimento), sugere-se que o paciente seja enviado ao setor de imagem com a frequência cardíaca já controlada.

EQUIPAMENTOS, *SOFTWARE* E DROGAS

Tomografia computadorizada

A realização da técnica de escore de cálcio (EC) é recomendada em tomógrafos a partir de 16 fileiras de detectores, enquanto estudos de ATCC são obrigatórios em tomógrafos com 64 ou mais fileiras de detectores.

Diferentemente das outras especialidades da radiologia e diagnóstico por imagem, a aquisição das imagens será sincronizada ao eletrocardiograma (ECG).

As drogas habitualmente utilizadas, como betabloqueadores e dinitrato de isossorbida, devem ser de fácil disponibilidade no setor.

É preciso que haja uma *workstation* com *software* dedicado para avaliação avançada das coronárias, como para a realização do EC, análise morfológica das placas e reconstruções tridimensionais.

Ressonância magnética

É necessário que o aparelho de ressonância magnética possua bobina e *software* específico para a realização de exames de RMC.

A aquisição das imagens será sincronizada ao ECG. O uso de eletrodos não específicos para exames de RM pode resultar em queimaduras no paciente e artefatos nas imagens. Por isso, sugere-se a utilização apenas de eletrodos compatíveis com o método.

Para exames de RMC com estresse farmacológico, é necessário providenciar as drogas utilizadas no setor (p. ex., dipiridamol e aminofilina).

Os cálculos de massa, volumetria e função ventricular requerem *software* de pós-processamento específico. Não é possível a realização dessas medidas em estação de trabalho comum.

PROTOCOLOS

São inúmeras as sequências disponíveis em um estudo de RMC, logo, os protocolos são direcionados para a hipótese clínica apresentada.

É necessária a otimização de protocolos para um bom equilíbrio entre qualidade do exame e tempo de máquina. No geral, em um protocolo de RMC de rotina (p. ex., em estudos solicitados para avaliação de viabilidade miocárdica), o tempo de exame aproximado é de 30 minutos. A depender da máquina disponível no serviço, protocolo escolhido, número de sequências realizadas e paciente (biótipo, ritmo cardíaco, facilidade de apneia, entre outros), o estudo poderá ser mais breve e/ou mais demorado.

PROFISSIONAIS

Os exames de TCC e RMC são diferentes em diversos aspectos dos outros exames da radiologia, por isso, é muito importante o setor contar com enfermagem e biomédicos treinados e habituados com estes exames.

Além de conhecer as drogas habitualmente utilizadas em estudos de TCC e RMC, é importante que o enfermeiro conheça os procedimentos básicos da ressuscitação cardiopulmonar, que poderão ser requisitados.

Biomédicos devem ter experiência com estudos de imagem do coração, que têm características diferentes dos demais exames da radiologia.

Recomenda-se que os médicos responsáveis pelos laudos de TCC e RMC tenham recebido treinamento formal em centros reconhecidamente formadores, estando aptos para a interpretação, tanto de achados próprios do exame quanto de achados incidentais dentro do campo de visão.[1]

RELAÇÃO INTERPROFISSIONAL

Além de estimular a melhora contínua dos processos, os grandes centros que buscam ser prestadores de serviço de excelência também devem investir na maior capacitação do pessoal técnico operacional.

Como são exames relativamente novos, é preciso estimular o contato do especialista com o médico solicitante, em um processo de educação continuada. Deve ser sempre encorajada a solicitação do exame com base nas principais diretrizes clínicas. Esse hábito pode ajudar, por exemplo, na melhor seleção do perfil de paciente para um exame de TCC.

É muito importante facilitar o contato entre os profissionais dos diversos setores do hospital, com otimização do fluxo interno e maior segurança e qualidade do atendimento.

Por fim, deve-se promover, para todos os envolvidos, o entendimento de todos os aspectos necessários para realização de exames com qualidade apropriada, desde profissionais relacionados ao agendamento ambulatorial às diversas equipes das unidades de internação.

REFERÊNCIA BIBLIOGRÁFICA

1. Sara L, Szarf G, Tachibana A, Shiozaki AA, Villa AV, Oliveira AC, et al. II Diretriz de Ressonância Magnética e Tomografia Computadorizada Cardiovascular da Sociedade Brasileira de Cardiologia e do Colégio Brasileiro de Radiologia. Arquivos Brasileiros de Cardiologia. 2014;103(6):1-101.

Seção II

Ressonância magnética do coração

3 Princípios físicos e segurança da ressonância magnética do coração

José de Arimatéia Batista Araujo-Filho
Juliana Serafim da Silveira
Carlos Eduardo Rochitte

INTRODUÇÃO

A ressonância magnética cardiovascular (RMC) é um método diagnóstico não invasivo relativamente recente que se desenvolveu amplamente ao longo das duas últimas décadas. Por apresentar inúmeras vantagens, como a não utilização de radiação ionizante, a aquisição de imagens em qualquer plano independentemente do biótipo do paciente, com excelente resolução espacial e temporal para adequada avaliação funcional, a RMC se tornou o padrão-ouro para a avaliação anatômica e a quantificação dos volumes cardíacos. Além disso, fornece informações morfológicas com caracterização tecidual superior aos outros métodos diagnósticos não invasivos.[1]

Neste capítulo, serão brevemente discutidos os aspectos físicos que regem o método, bem como informações relevantes sobre a segurança do exame, incluindo a elegibilidade de portadores de implantes metálicos em geral ou de dispositivos cardiovasculares, além das regras para utilização dos meios de contrastes paramagnéticos.

PRINCÍPIO FÍSICO

A RM é um grande ímã que utiliza a excitação de íons de hidrogênio abundantes nas moléculas de água do organismo humano para a geração imagens. Apesar de a discussão aprofundada sobre os aspectos físicos que governam o método fugir do escopo desta obra, serão discutidas as informações básicas necessárias para o entendimento de como funciona a formação das imagens.

De forma prática, os prótons do organismo humano são *spins* que se movimentam de forma anárquica e funcionam como pequenos vetores giratórios (Figura 1A). Esse movimento giratório dos *spins* é chamado precessão. Uma vez que o corpo humano é colocado dentro da máquina de RM, os *spins* se alinham e processam ao longo do forte campo magnético gerado pelo aparelho, chamado por convenção de B_0 (Figura 1B). Em seguida, um pulso de radiofrequência é emitido pelo aparelho e depositado no organismo, perturbando o alinhamento e gerando um movimento de báscula dos *spins*, que absorvem a energia deste pulso (Figura 1C). Quando esse processo de excitação é cessado, os *spins* voltam ao estado de alinhamento inicial e emitem de volta a energia absorvida (Figura 1D). Essas ondas eletromagnéticas emitidas de volta pelos prótons são capturadas por elementos específicos localizados próximos à área a ser estudada, sendo em seguida decodificados por computadores e organizados de forma a gerar uma imagem de alta resolução.[2]

A perturbação da angulação dos *spins* durante o estímulo eletromagnético gera um estado de magnetização dos prótons de hidrogênio, que tendem

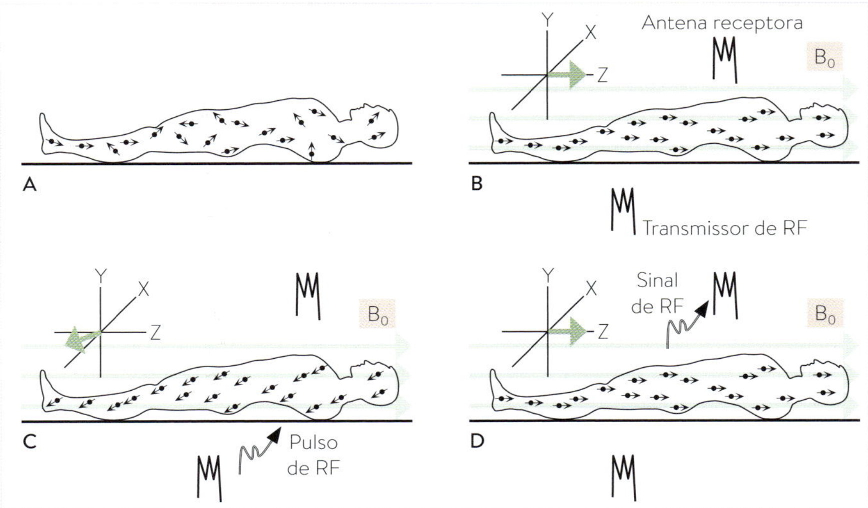

Figura 1 (A) quando o corpo humano não está submetido ao campo magnético, prótons de hidrogênio processam de forma randômica e encontram-se desalinhados; (B) ao colocar o paciente no aparelho de ressonância, os prótons se tornam polarizados e se alinham ao campo magnético B_0; (C) em seguida, envia-se um pulso de radiofrequência para os tecidos por meio de antenas transmissoras e os prótons de hidrogênio ganham energia e se inclinam para uma nova direção; (D) quando o pulso de radiofrequência cessa, os prótons retornam ao estado de equilíbrio inicial e emitem a energia absorvida, que é captada pelas antenas receptoras.

a retornar para o estado de equilíbrio inicial assim que o estímulo é cessado, com consequente realinhamento dos *spins* com o campo magnético B_0. O realinhamento dos *spins* pode ser dividido em dois componentes distintos: o tempo de recuperação longitudinal T1, que se refere ao componente de sinal que se recupera ao longo do eixo Z ou paralelo a B_0; e tempo de relaxamento transversal T2, ou ao decaimento do componente de sinal projetado nos eixos X-Y do campo magnético (Figura 2). Os tempos de relaxamento T1 e T2 são independentes um do outro e variam de tecido para tecido, sendo o tempo T2 sempre menor que o T1. Tanto o T1 quanto o T2 são parâmetros específicos de cada tecido e dependem, ainda, da intensidade do campo magnético B_0.[2]

O aparelho de RM é composto por quatro componentes: magneto, bobinas de gradiente, antenas de radiofrequência e um computador (Figura 3).[3] O primeiro componente, o magneto, é composto por arames dispostos de forma circular, feitos de material supercondutor, que, se mantidos abaixo de certa temperatura, perdem a resistência à passagem de corrente elétrica. Uma vez iniciada, a corrente elétrica nos arames circula de forma contínua e ininterrupta, gerando um campo magnético homogêneo no interior da máquina (B_0). A intensidade do campo magnético B_0 é expressa em Tesla (T). Para manter o magneto refrigerado abaixo da temperatura crítica, utiliza-se hélio líquido em uma câmara ao redor do magneto. Em função da corrente contínua, o campo magnético em um aparelho de RM sempre está ativo, independentemente do sistema de computadores e telas acoplados ao aparelho estarem ligados ou desligados. Essa informação é relevante para se evitar acidentes, uma vez que nenhum material metálico, como celulares, estetoscópios, cilindros de oxigênio ou até mesmo máquinas de limpeza, pode se aproximar do aparelho, correndo o risco de serem atraídos pelo forte campo magnético e atingir pacientes ou danificar a própria máquina, mesmo quando o aparelho estiver parado ou desligado.[4]

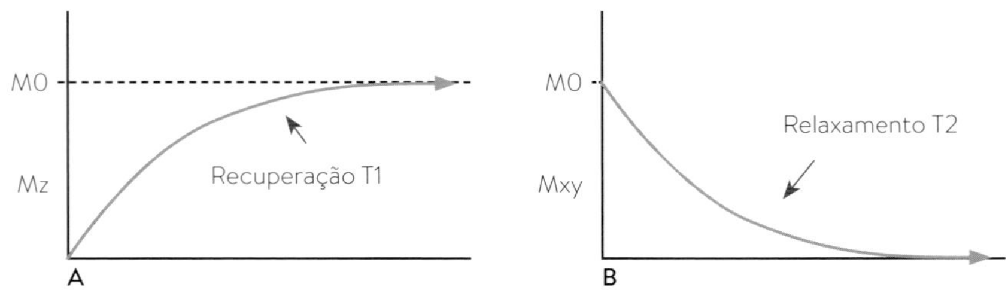

Figura 2 Curvas de recuperação da magnetização longitudinal T1 e relaxamento transversal T2, após um pulso de radiofrequência de 90 graus. A magnetização longitudinal T1 cresce no eixo Mz enquanto o relaxamento T2 cai progressivamente até zero no eixo transversal X-Y.

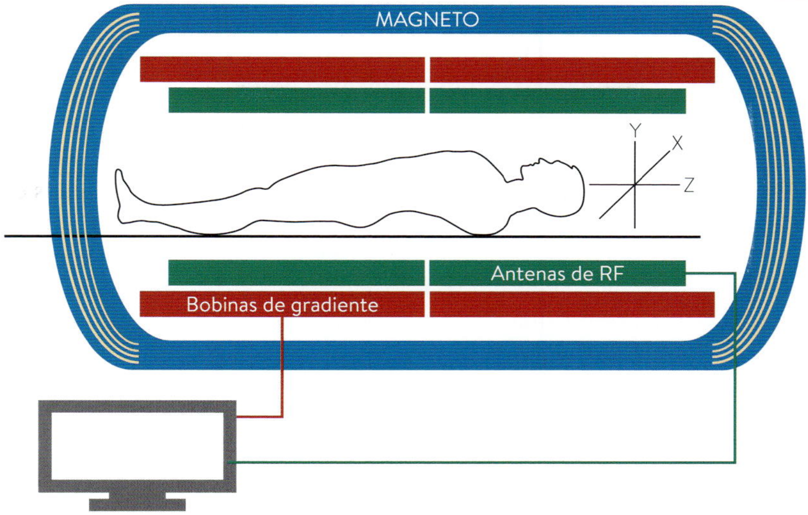

Figura 3 O aparelho de ressonância magnética é composto por quatro componentes principais: o magneto, as bobinas de gradiente, as antenas de radiofrequência e um computador central. O magneto é composto por arames de material supercondutor envoltos por uma câmara de hélio líquido e geram o campo magnético B_0. As bobinas de gradiente modificam o campo B_0 nos eixos cartesianos X, Y e Z, de forma a permitir a localização espacial dos prótons de hidrogênio ao longo do corpo humano. As antenas de radiofrequência são responsáveis por emitir e/ou receber as ondas de radiofrequência. Por fim, um computador central orquestra o envio dos estímulos aos tecidos e decodifica os sinais recebidos.

O segundo componente, as bobinas de gradiente, são utilizadas para alterar o campo magnético de forma linear nos eixos cartesianos X, Y e Z, e permitir variações de intensidade de campo ao longo do corpo do paciente, de forma a permitir excitar especificamente determinada área ou fatia do corpo humano, ou subdividir espacialmente de que região vem os sinais emitidos de volta pelo organismo.

O terceiro componente, as antenas de radiofrequência, é usado para transmitir os pulsos de radiofrequência que excitam os prótons de hidrogênio ou recebem os sinais emitidos.

Por fim, o quarto componente é um computador central acoplado ao sistema para enviar os comandos sobre as características dos pulsos de radiofrequência a serem transmitidos ao organismo e decodificar o sinal recebido, que será convertido em sinal digital por um conversor analógico, e processado para gerar as imagens.[3]

Os aparelhos de RM utilizados na prática clínica para a aquisição de imagens cardíacas são chamados alto campo, e podem ser de 1,5 ou 3 T. Para se ter uma ideia de grandeza, o campo magnético de um aparelho de 1,5 T (15 mil Gauss) é 30 mil vezes maior que o campo magnético do planeta terra (0,5 Gauss). Os aparelhos de 3 T foram desenvolvidos com a intenção de aumentar a relação sinal/ruído das imagens pelo aumento do campo magnético, permitindo mesclar, a depender da técnica de imagem e a aplicabilidade clínica, o aumento da velocidade de aquisição dos dados e/ou o aumento da resolução das imagens. Especificamente em relação à imagem cardíaca, algumas técnicas se beneficiam de campos magnéticos mais altos, como perfusão miocárdica, realce tardio e angiografia por RM. No entanto, o aumento do campo magnético também apresenta desvantagens, como aumento de artefatos nas imagens tipo cine SSFP e morfológicas tipo *black-blood*, e em pacientes com próteses metálicas e marca-passos.

Adicionalmente, a sincronização da aquisição com os batimentos cardíacos de indivíduos em aparelhos de 3 T pode ser afetada por ruídos gerados por voltagens induzidas nos grandes vasos, que podem se superpor ao traçado eletrocardiográfico.[5] Outro ponto relevante é o acúmulo recente de literatura que versa sobre a utilização segura de marca-passos condicionais e não condicionais em aparelhos de 1,5 T, ao passo que a segurança da exposição destes dispositivos a campos magnéticos mais altos permanece incerta. Enquanto novos estudos não estiverem disponiveis, sugere-se a realização de exames em pacientes com dispositivos cardíacos unicamente em máquinas de 1,5 T.[6-8]

Para a aquisição de imagens cardíacas, rotineiramente utiliza-se a sincronização da aquisição das imagens com o eletrocardiograma (*gating* cardíaco). A sincronização pode ser prospectiva (aquisição de um tempo fixo em milissegundos a partir da onda R) ou retrospectiva (aquisição ao longo de todo o ciclo cardíaco). A aquisição prospectiva é útil em pacientes que apresentam arritmias, em que a parte final dos intervalos R-R é descartada. No entanto, a análise de eventos diastólicos é prejudicada nas aquisições prospectivas. Por isso são comumente reservadas para as técnicas que estudam a morfologia cardíaca, sendo as aquisições retrospectivas preferenciais para aquisições funcionais, em que todo o ciclo cardíaco deve ser capturado.[9]

Com relação ao movimento respiratório, pode-se tanto realizar o exame solicitando ao paciente que realize apneias repetidas (geralmente em pausa expiratória em função da melhor reprodutibilidade em relação à pausa inspiratória) ou pode-se utilizar a sincronização concomitante com os movimentos respiratórios (*gating* respiratório). Para pacientes debilitados e que não conseguem realizar apneia, ou ainda, que apresentam arritmias que degradam a qualidade das imagens, algumas técnicas foram desenvolvidas sem *gating* cardíaco ou respiratório, como os cines *real-time* e as diversas técnicas de aquisição *free-breathing*.[10-12] No entanto, vale ressaltar que algumas das técnicas sem *gating* apresentam qualidade de imagem reduzida em relação às técnicas usuais, em função do comprometimento da resolução espacial das imagens para a necessária aceleração do tempo de aquisição, ficando reservadas para pacientes realmente incapacitados de se submeter às técnicas tradicionais.

As técnicas de imagem mais comumente utilizadas em RMC podem ser divididas em sequências *spin-eco* tipo *black-blood*, ou sangue preto, e sequências gradiente-eco com sangue branco. As sequências *spin-echo* apresentam tempo de aquisição mais longo e são utilizadas para avaliação morfológica e caracterização tecidual das estruturas cardíacas, podendo ser ponderadas tanto em T1 quanto em T2. As sequências ponderadas em T1 são importantes para a pesquisa de impregnação anormal pelo contraste paramagnético, uma vez que os contrastes à base de gadolínio encurtam o tempo de recuperação T1 dos tecidos.

Já as sequências tipo gradiente-eco com sangue branco são sequências de aquisição mais rápida, utilizadas para aquisições funcionais, como as imagens tipo cine para análise da contratilidade miocárdica ou contraste de fase para análise de fluxo sanguíneo. Adicionalmente, vale ressaltar o importante papel de sequências que suprimem o sinal de um tecido específico como a gordura ou o miocárdio, a partir de sequências tipo inversão-recuperação ou saturação-recuperação. Entre elas, destaca-se o realce tardio, que utiliza a inversão do sinal do miocárdio normal para visualizar áreas de fibrose miocárdica, que se impregnam fortemente pelo meio de contraste paramagnético.[13]

SEGURANÇA EM RESSONÂNCIA MAGNÉTICA CARDIOVASCULAR

Embora nenhum efeito deletério direto tenha sido associado aos campos magnéticos usualmente utilizados em RM na prática clínica, alguns aspectos de segurança merecem discussão em virtude da potencial interação do campo magnético com qualquer objeto ferromagnético dentro da sala de exame, bem como com alguns dispositivos cardiovasculares, clipes cerebrais e implantes cocleares. Por tais motivos, recomenda-se sempre que o paciente ou o responsável legal preencha um questionário de segurança antes de entrar na sala de exame, incluindo a extensa averiguação desses materiais.

Alguns cuidados devem ser sempre lembrados diante da necessidade de utilização de objetos como macas, cadeiras, bombas de infusão e cilindros de oxigênio não adaptados para o uso dentro do campo de ação do aparelho. É válido e oportuno lembrar que tais cuidados devem ser preconizados mesmo quando o aparelho não estiver adquirindo imagens, pois o campo magnético encontra-se sempre ligado, devendo ser rotineiramente explicados para toda a equipe médica, enfermagem, técnicos e profissionais de limpeza circulantes. Vários relatos de objetos que se movem para o interior do aparelho com força e velocidade significativas justificam a prevenção de danos irreversíveis aos aparelhos ou mesmo acidentes potencialmente graves envolvendo pacientes e profissionais. Recomendações internacionais incluem a delimitação de zonas de acesso (I, II, III e IV, de acordo com a distância do magneto), restrições de circulação (sobretudo nas zonas III e IV) e uso de rótulos visíveis em objetos na sala de exame (zona IV) (Figura 4).[4]

Protetores auriculares para pacientes e acompanhantes dentro da sala de exame durante a aquisição das imagens devem também ser utilizados quando o nível de ruído exceder 80 dB.[14] Pacientes claustrofóbicos devem receber orientações pré-procedimento ou ser posicionados em aparelhos com maior *gantry*, quando disponíveis. Ansiolíticos e realização do procedimento sob anestesia podem ser indicados para os casos limitantes.[15]

Em relação ao uso da RM durante a gravidez, as referidas recomendações de segurança do American College of Radiology (ACR) afirmam que o método pode ser indicado para grávidas em qualquer trimestre, desde que a informação requerida pela investigação não possa ser obtida por outro método não ionizante (sobretudo ultrassonografia), tenha impacto significativo no manejo da paciente ou do feto e quando a realização do exame não possa ser postergada para depois do parto.[4,16]

Quanto aos dispositivos cardiovasculares, muitas controvérsias persistem sobre a segurança do uso em campos magnéticos. Atualmente, os aparelhos implantáveis mais modernos são comumente confeccionados com materiais não ferromagnéticos ou fracamente ferromagnéticos, porém qualquer apare-

Figura 4 Critérios de rotulagem sugeridos pela FDA (Food and Drug Administration) para objetos portáteis expostos ao campo magnético. O rótulo verde se aplica a objetos não metálicos (*MR safe*), o amarelo para objetos com introdução condicional (*MR conditional*) e o vermelho para aqueles proibidos no interior da sala de exame (*MR unsafe*).

lho deve passar por testes individuais para verificar a potencial rotação/translação dentro do campo magnético, sobretudo nos campos de maior potência (3 T). Para portadores de marca-passo ou cardioversor desfibrilados implantável (CDI), a ACR sugere que a RMC seja indicada apenas quando estritamente necessária, em virtude da possibilidade de efeitos adversos como danos ao dispositivo, inibição da função ou deflagração de ritmos inapropriados.[4] Outrossim, recomenda-se uma avaliação conjunta com a equipe de eletrofisiologia, evitando-se a indicação do exame para pacientes totalmente dependentes do marca-passo. Recentemente, alguns centros passaram a oferecer esse exame para esta população em casos selecionados (*case-by case* e *site-by-site*), especialmente após o desenvolvimento de marca-passos de nova geração.

As próteses valvares e os *stents* vasculares (farmacológicos ou não) são considerados – via de regra – seguros em relação ao estudo de RM, independentemente do tempo pós-implante.[4,17] Em relação aos filtros de veia cava, a maioria dos dispositivos é também considerada segura, embora se deva considerar a possibilidade de esperar 6 semanas após a colocação, tencionando-se maior fixação local do dispositivo.[18]

A Tabela 1 resume as principais contraindicações do método em cardiologia segundo as diretrizes brasileiras vigentes.[15] Sempre que persistirem dúvidas sobre o assunto, sugerem-se consultas rotineiras ao endereço eletrônico *www.mrisafety.com*, que contém informações sistemáticas e atualizadas sobre a segurança na utilização de equipamentos de RM.

Tabela 1 Considerações práticas sobre as principais contraindicações da ressonância magnética em cardiologia segundo a II Diretriz de RM e TC Cardiovascular da Sociedade Brasileira de Cardiologia e do Colégio Brasileiro de Radiologia (2014)

Não podem realizar exames	Podem realizar exames
Portadores de marca-passos não compatíveis com RM	Pacientes com *stents* coronarianos (mesmo logo após o implante)
Portadores de cardiodesfibriladores implantáveis não compatíveis com RM	Portadores de próteses valvares (biológicas ou metálicas)
Pacientes com clipes cerebrais	Pacientes com suturas metálicas no esterno
Pacientes com implantes cocleares	Pacientes com próteses de aorta
Pacientes com fragmentos metálicos nos olhos	Próteses ortopédicas (p.ex., prótese de quadril)

Antes do agendamento de um exame de ressonância magnética, devem ser questionadas as contraindicações para a realização, sendo os pacientes interrogados quanto a dispositivos metálicos, tendo especial atenção quanto a marca-passo ou CDI, clipes cerebrais e implantes cocleares.[19] Após a marcação, já no setor de radiologia, os pacientes são novamente interrogados quanto às contraindicações antes da exposição ao campo magnético.

Atualmente, já existem marca-passos e CDI aprovados para exames de ressonância magnética, mas mesmo os não aprovados podem ser submetidos ao exame, desde que permitidos pelo cardiologista e o exame acompanhado por um especialista nestes dispositivos.[6,20] Para realizar exames nesse grupo de pacientes, algumas considerações devem ser notadas:

- Não realizar o exame em pacientes com CDI e dependentes da função de marca-passo.
- Interrogar a programação do aparelho antes e depois do exame, para manter a mesma programação ao liberar o paciente do setor.
- Se o paciente não for dependente do marca-passo ou da função de marca-passo do CDI, desligar a estimulação (OVO/ODO) ou deixá-la em modo de demanda (VVI/DDI).
- Se o paciente for dependente do marca-passo (não pode possuir CDI), deixá-lo em modo assincrônico (VOO/DOO).
- Desligar a função antitaquicardia.
- É importante considerar para exames de RMC, que esses dispositivos podem causar artefatos metálicos na região do mediastino, que podem prejudicar e até mesmo impossibilitar a análise das imagens.

Pacientes com claustrofobia podem realizar, a critério do médico solicitante, exames de ressonância magnética sob anestesia, porém no caso da RMC sob estresse farmacológico, seja com vasodilatador ou dobutamina, a sedação contraindica o exame por não ser possível monitorar sintomas relatados pelo paciente durante a realização do estresse farmacológico, que possam indicar a interrupção.

Os meios de contraste paramagnéticos à base de gadolínio utilizados na RMC são fármacos extremamente seguros, com taxas de reações alérgicas graves muito baixas. A frequência de reações adversas agudas aumenta cerca de 8 vezes caso o paciente tenha sofrido reação alérgica prévia a algum contraste paramagnético, sendo nestes casos indicada a dessensibilização com corticosteroides antes de novas injeções de contraste. Histórico de asma ou outras alergias parece elevar discretamente o risco de reações em relação à população em geral.[21]

A fibrose sistêmica nefrogênica relacionada à deposição de gadolínio nos tecidos subcutâneos e na pele é uma doença de descrição relativamente recente, sobretudo em pacientes em estágio avançado de doença renal crônica. Apesar de o mecanismo exato do desenvolvimento da doença ainda ser desconhecido, supõe-se que a molécula de gadolínio se dissocie das moléculas carreadoras e se deposite nos tecidos superficiais em pacientes com tempos prolongados de *clearance* sanguíneo do fármaco. Os tecidos superficiais evoluem com fibrose e contraturas em flexão, de forma semelhante aos achados na esclerodermia ou fasciíte eosinofílica, podendo ocorrer anos após a exposição. No entanto, compostos com moléculas carreadoras de conformação macrocíclica são mais estáveis e menos suscetíveis à dissociação em relação aos compostos lineares, uma vez que o gadolínio fica totalmente envolto pela molécula carreadora nos compostos macrocíclicos. Os pacientes de alto risco em que se deve pesar o risco-benefício da injeção de compostos à base de gadolínio incluem os com lesão renal aguda, os que apresentam taxas de filtração glomerular inferiores a 30 mL/minuto/1,73 m^2, e em diálise. Nesses pacientes, o uso de compostos lineares é contraindicado e caso se opte pela administração do fármaco, devem ser usados compostos macrocíclicos.[21]

REFERÊNCIAS BIBLIOGRÁFICAS

1. Kumar A, Patton DJ, Friedrich MG. The emerging clinical role of cardiovascular magnetic resonance imaging. Can J Cardiol. 2010;26(6):313-22.
2. Pooley RA. AAPM/RSNA physics tutorial for residents: fundamental physics of MR imaging. Radiographics. 2005;25(4):1087-99.
3. Ridgway JP. Cardiovascular magnetic resonance physics for clinicians: part I. J Cardiovasc Magn Reson. 2010;12:71.
4. Expert Panel on MR Safety, Kanal E, Barkovich AJ, Bell C, Borgstede JP, Bradley WG, Jr., Froelich JW, et al. ACR guidance document on MR safe practices: 2013. J Magn Reson Imaging. 2013;37(3):501-30.
5. Simonetti OP. Cardiac Imaging: 1.5T vs. 3.0T - Where's the Benefit? 2006. Disponível em: https://afni.nimh.nih.gov/sscc/staff/rwcox/ISMRM_2006/Syllabus%202006%20-%203340/files/N_12.pdf. Acesso em: 4 ago. 2019.
6. Russo RJ, Costa HS, Silva PD, Anderson JL, Arshad A, Biederman RW, et al. Assessing the Risks Associated with MRI in Patients with a Pacemaker or Defibrillator. New Engl J Med. 2017;376(8):755-64.
7. Nazarian S, Hansford R, Rahsepar AA, Weltin V, McVeigh D, Gucuk Ipek E, et al. Safety of Magnetic Resonance Imaging in Patients with Cardiac Devices. The New Engl J Med. 2017;377(26):2555-64.
8. Eyal A, Roguin A. Cardiology patient page. Magnetic resonance imaging in patients with cardiac implantable electronic devices. Circulation. 2015;132(14):e176-8.
9. Nacif MS, Zavodni A, Kawel N, Choi EY, Lima JA, Bluemke DA. Cardiac magnetic resonance imaging and its electrocardiographs (ECG): tips and tricks. Int J Cardiovasc Imaging. 2012;28(6):1465-75.
10. Kaji S, Yang PC, Kerr AB, Tang WH, Meyer CH, Macovski A, et al. Rapid evaluation of left ventricular volume and mass without breath-holding using real-time interactive cardiac magnetic resonance imaging system. J Am Coll Cardiol. 2001;38(2):527-33.
11. Andersson C, Kihlberg J, Ebbers T, Lindstrom L, Carlhall CJ, Engvall JE. Phase-contrast MRI volume flow–a comparison of breath held and navigator based acquisitions. BMC Medical Imaging. 2016;16:26.
12. Jin N, da Silveira JS, Jolly MP, Firmin DN, Mathew G, Lamba N, et al. Free-breathing myocardial T2* mapping using GRE-EPI and automatic non-rigid motion correction. J Cardiovasc Magn Resonan. 2015;17:113.
13. Biglands JD, Radjenovic A, Ridgway JP. Cardiovascular magnetic resonance physics for clinicians: Part II. J Cardiovasc Magn Resonan. 2012;14:66.

14. Association of Anaesthetists of Great Britain and Ireland, Farling PA, Flynn PA, Darwent G, De Wilde J, Grainger D, King S, et al. Safety in magnetic resonance units: an update. Anaesthesia. 2010;65(7):766-70.
15. Sara L, Szarf G, Tachibana A, Shiozaki AA, Villa AV, de Oliveira AC, et al. II Guidelines on Cardiovascular Magnetic Resonance and Computed Tomography of the Brazilian Society of Cardiology and the Brazilian College of Radiology. Arq Bras Cardiol. 2014;103(6 Suppl 3):1-86.
16. Tirada N, Dreizin D, Khati NJ, Akin EA, Zeman RK. Imaging pregnant and lactating patients. Radiographics. 2015;35(6):1751-65.
17. Shellock FG. Prosthetic heart valves and annuloplasty rings: assessment of magnetic field interactions, heating, and artifacts at 1.5 Tesla. J Cardiovasc Magn Reson. 2001;3(4):317-24.
18. Dill T. Contraindications to magnetic resonance imaging: non-invasive imaging. Heart. 2008;94(7):943-8.
19. Grupo de Estudo em Ressonância e Tomografia Cardiovascular (GERT) do Departamento de Cardiologia Clínica da Sociedade Brasileira de Cardiologia, Rochitte CE, Pinto IM, Fernandes JL, Filho CF, Jatene A, Carvalho AC, et al. Diretrizes SBC - Ressonância e Tomografia Cardiovascular. Arq Bras Cardiol. 2006;87(3):e60-100.
20. Nazarian S, Hansford R, Roguin A, Goldsher D, Zviman MM, Lardo AC, et al. A prospective evaluation of a protocol for magnetic resonance imaging of patients with implanted cardiac devices. Ann Intern Med. 2011;155(7):415-24.
21. Kodzwa R. Updates to the ACR Manual on Contrast Media. Radiol Technol. 2017;89(2):186-9.

4 O exame de ressonância magnética cardiovascular, componentes e considerações operacionais

Carlos Eduardo Rochitte

CONSIDERAÇÕES OPERACIONAIS

O equipamento de ressonância magnética cardiovascular

O equipamento de ressonância magnética cardiovascular (RMC) possui múltiplos componentes que necessitam em torno de 75 m^2 para serem instalados. Um esquema desses componentes é mostrado na Figura 1. Normalmente, o serviço de RMC inclui ainda uma sala de espera para o paciente, trocadores, banheiros, área de preparação, escritórios e local para as estações de leitura. Existem diretrizes específicas para projeto de instalações.[1,2] Algumas considerações adicionais são ainda importantes na instalação de um centro de RMC, como a avaliação de interferência eletromagnética extrínseca e a vibração, o fornecimento adequado de energia e água gelada e finalmente a capacidade da estrutura para suportar o peso do magneto, componente mais pesado do equipamento de RMC.

Equipamentos necessários para a realização de exames de RMC com estresse farmacológico, com anestesia e para angiografias de RMC tem que ser compatíveis com RM e autorizados para uso no ambiente magnético por órgãos regulatórios. Entre eles estão a bomba injetora para contraste, bomba de infusão contínua para drogas, equipamento de monitoração e respiradores mecânicos compatíveis com RMC.

Pessoal para RMC

Para um fluxo eficiente de trabalho é necessário uma equipe clínica com 2 biomédicos/tecnólogos para realizar a triagem de segurança (contraindicações a

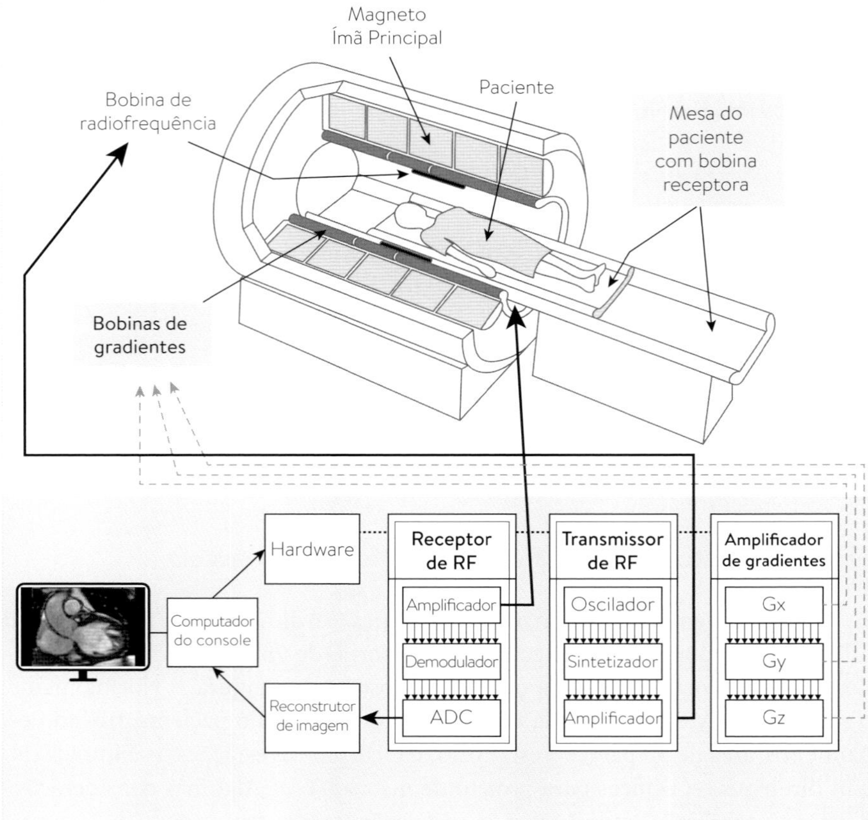

Figura 1 Esquema demonstrando o equipamento de ressonância magnética, seus principais componentes de *hardware* e circuitos eletrônicos envolvidos no processo de geração da imagem.

RMC ou a partes do exame, como estresse farmacológico), obter pequena história clínica, realizar o exame e, em alguns serviços, o pós-processamento; um técnico de enfermagem ou enfermeira para fornecer instruções pré-procedimento, preparar o acesso venoso e administrar medicamentos, e monitorar pacientes durante o teste de estresse; e 1 ou 2 médicos para supervisionar e interpretar os exames RMC. História clínica antes do estudo é fundamental para a escolha do protocolo correto de aquisição de imagens. A análise das imagens antes da saída do paciente do aparelho de RMC é fundamental, pois as imagens podem descobrir achados inesperados e que podem precisar de avaliação adicional para esclarecimento.

A equipe administrativa deve gerenciar o agendamento, faturamento e tecnologia da informação (quando estes não forem gerenciados por área específica e centralizada da instituição).

TREINAMENTO E CREDENCIAMENTO MÉDICOS

A complexidade da RMC exige que os médicos sejam submetidos a treinamento específico. Embora não tenha sido finalizada, existe um acordo assinado entre as Sociedades de Cardiologia e Radiologia brasileiras para a criação de uma área de atuação de RMC e tomografia computadorizada cardiovascular (TCC), que provavelmente normatizará o treinamento e o credenciamento no Brasil. No momento já existem diretrizes internacionais para treinamento da Sociedade de Ressonância Magnética Cardiovascular (Society for Cardiovascular Magnetic Resonance [SCMR])[3,4] e publicações nacionais de grupo pioneiro no treinamento destes profissionais no país.[5]

O treinamento básico, considerado nível 1 pelas sociedades internacionais, é recomendado para todos os residentes de cardiologia, e de fato, muitas residências no Brasil já tornaram obrigatório o estágio de 15 dias a 1 mês no setor de RMC e TCC. O objetivo desse nível de treinamento é familiarizar o profissional médico com as indicações, contraindicações e interpretações básicas das imagens de RMC. Ainda cursos nacionais e internacionais de nível 1 estão disponíveis em uma gama de treinamentos fornecidos por hospitais e congressos.

Os níveis 2 e 3 baseados em estágios de longa duração de 1 a 2 anos são oferecidos em vários núcleos de RMC ao redor do mundo. Baseado em recomendação nacional do Conselho Federal de Medicina (CFM) para as áreas de atuação, o nível 2 com estágios de 1 ano ou menos não é recomendado no Brasil. Assim, o treinamento do médico cardiologista ou radiologista para se especializar na RMC e TCC no Brasil deve ser um estágio de duração mínima de 2 anos. Deve-se incluir no treinamento a operação prática do equipamento de RMC, abrangendo resolução de problemas na aquisição da imagem, e não apenas a interpretação de imagem. Na realidade do Brasil, tecnólogos têm treinamento em RM geral e, embora possam ter treinamento em RMC, é em geral limitado. Assim, até mesmo tecnólogos experientes, mas sem treinamento para RMC, precisam de educação na anatomia cardíaca, patologia e aspectos específicos da imagenologia cardíaca e essenciais para a boa qualidade das imagens adquiridas, como teste de estresse com vasodilatador farmacológico, otimização de sequências de pulso interativas, interação com o monitoração e *trigger* cardíaco etc.). Muitas vezes, a responsabilidade desse treinamento recai sobre o médico que estabelece o novo serviço RMC. No caso específico da RMC, o tecnólogo precisa reconhecer anormalidades cardiovasculares durante o curso do exame para, se necessário, modificar o protocolo de imagem e investigar completamente descobertas inesperadas.

O tecnólogo bem treinado e experiente tem facilidade em modificar protocolos de imagem e parâmetros das sequências de pulso quando necessário para obter imagens adequadas ao correto diagnóstico.

REEMBOLSO DA RESSONÂNCIA MAGNÉTICA CARDIOVASCULAR

Como acontece com qualquer tipo de exame de imagem, as políticas de reembolso podem variar entre diferentes pagadores e regiões. A RMC já é há muitos anos contemplada no rol da Agência Nacional de Saúde, o que torna a RMC de cobertura obrigatória por convênios e seguros de saúde no Brasil. Os valores da RMC se baseiam em ao menos 3 códigos da Classificação Brasileira Hierarquizada de Procedimentos Médicos (CBHPM) específicos para o coração e uma série de códigos para as várias localizações e especificações vasculares (angiografias torácicas, abdominais, renais, ilíacas, arteriais e venosas etc.). Baseados nesses códigos, os valores pagos aos exames de RMC são calculados pelos convênios de saúde e para os exames particulares. A RMC está também coberta pelo Sistema Único de Saúde (SUS) nos serviços públicos de saúde que dispõe de equipamentos e pessoal treinado para realizá-la, o que infelizmente ainda representa um número limitado de instituições.

A RMC está presente no rol da Agência Nacional de Saúde Suplementar (ANS) desde o surgimento, assim como na CBHPM. Atualmente, existem 3 códigos para a utilização (códigos da Terminologia Unificada da Saúde Suplementar [TUSS] unificados):

- 411011038-RM – coração – morfológico e funcional – ressonância magnética: exame básico com finalidade de apenas estudo de função ventricular e avaliação anatômica geral.
- 411011046-RM – coração – morfológico e funcional + perfusão + estresse – ressonância magnética: exame em que, além da análise de cine e morfologia, adiciona-se um exame de perfusão miocárdica sob estresse.
- 411011054-RM – coração – morfológico e funcional + perfusão + viabilidade miocárdica – ressonância magnética: exame em que, além da análise de cine e morfologia, adiciona-se um exame de pesquisa de cicatrizes miocárdicas para detecção de realce tardio.

Usualmente, os códigos são combinados dependendo do objetivo do exame para pesquisa conjunta das técnicas que devam ser utilizadas em cada caso.

Por exemplo, na investigação da doença coronariana, usam-se os 2 códigos 411011046 + 411011054 para pesquisa conjunta de perfusão e cicatrizes miocárdicas que identificam infartos prévios (Figura 2).

O EXAME DE RMC E SEUS COMPONENTES

Sequências de pulso

A versatilidade da RMC provem da capacidade de acessar vasta gama de parâmetros biológicos por meio de sequências de pulso, que são pequenos *softwares* que rodam dentro da máquina, e que controlam o funcionamento, a ordem, a frequência e o sincronismo dos pulsos de radiofrequência e dos gradientes para obter determinado tipo de imagem. Dependendo de como é programada esta estimulação, obtém-se imagens com características completamente diferentes. Se por um lado permite controlar detalhes da imagem que se quer obter, por outro lado gera complexidade da RMC, pois pode não estar claro qual sequência de pulso será melhor para determinada situação ou investigação clínica, baseado nas propriedades biológicas do tecido normal e patológico e se é desejável realçá-las ou suprimi-las na imagem.

Uma maneira simples de entender as sequências de pulso são consideradas duas partes separadas: a geração de imagens (define o tipo de imagem, basicamente *spin-eco* e gradiente-eco) e os modificadores ou pulsos preparatórios da magnetização associados (saturação de gordura, saturação do miocárdio normal etc.). A Figura 3 lista algumas das sequências de pulso mais comuns usada em RMC.

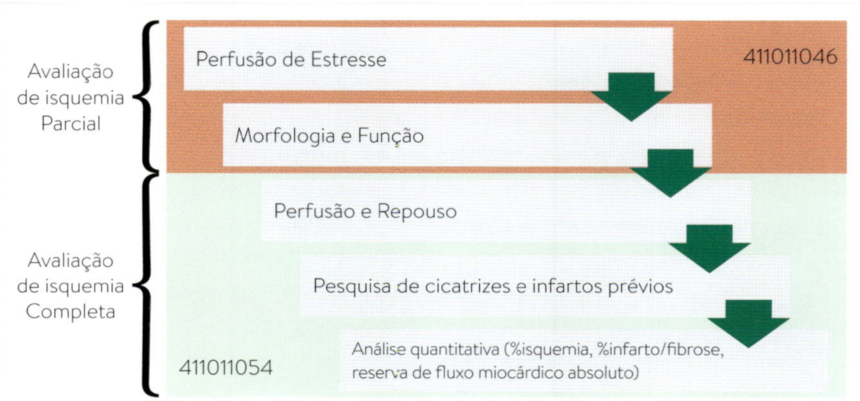

Figura 2 Códigos da terminologia unificada da saúde suplementar (TUSS) e seus componentes no exame de ressonância magnética do coração.

Sequências de pulso principais

- **Imagens localizatórias** – planos ortogonais do tórax gerados a partir de um centro determinado para iniciar o processo de obter os planos de eixos curto e longo do ventrículo esquerdo (VE). Esses planos são fundamentais para a imagem do coração. Para imagens extracardíacas, como a angiografia vascular, as imagens tradicionais de planos ortogonais (axial, sagital e coronal) são usadas para localizar a estrutura de interesse. As sequências clássicas para as imagens localizatórias podem ser um gradiente-eco em estado de equilíbrio (SSFP) ou um *spin-eco* rápido (HASTE).
- **Função/volumes** – a chamada cine-RM, usando um gradiente-eco (GRE ou SSFP, esta última a mais usada atualmente) é altamente precisa e reprodutível na medida de volumes e fração de ejeção ventriculares esquerda e direita e massa cardíaca.[6] A cine-RM tornou-se amplamente aceita como o padrão-ouro para a medição destes parâmetros, sendo usada em estudos de

Sequências de pulso de RMC

Sequências básicas principais

- *Spin*-Eco (SE)
  - *Spin*-Eco rápido (FSE ou TSE)
  - Imagem de sangue-escuro
  - Avaliar morfologia
- Gradiente-Eco (GRE, TFE)
  - Cine-RM (SSFP mais usado)
  - Realce tardio
  - Perfusão miocárdica
  - Imagem de sangue claro
  - Mais importante em RMC

Modos de aquisição

- Segmentado
  - Dados de cada imagem adquiridos em partes divididas em vários batimentos cardíacos
  - Permite alta resolucão espacial e temporal
- *Single-shot* (tacada-única)
  - Dados de cada imagem adquiridos continuamente em único bloco
  - Permite imagem dinâmica em "*real time*" ou *snapshot* de imagem estática

Preparadores da magnetização

- Sangue-escuro
  - Morfologia vascular e cardíaca
- Supressão de gordura
  - Massas, pericárdio e displasia
- Prepulso inversão-recuperação (IR)
  - Alta ponderação em T1
  - Realce tardio
- Prepulso de saturação
  - Perfusão miocárdica, angiografia
- Cine-*tagging*
  - Prepulso modulado espacialmente
  - Contratilidade regional, *Strain*
- Codificação de velocidade
  - Gradiente-bipolar
  - *Phase-contrast* (PC), mapa de fluxo
  - Quantificar velocidades e fluxos (semelhante ao Doppler)

Aceleração da aquisição

- Imagem paralela
  - SENSE, mSENSE, ASSET, ARC, etc
  - *Compressed Sensing*

Figura 3 Sequências de pulso mais comuns utilizadas em ressonância magnética do coração e seus componentes principais, como preparação da magnetização, modo de aquisição e técnicas de aceleração.

remodelação ventricular esquerda[7-9] e como referência para outras técnicas de imagem.[10,11] Uma varredura de eixo curto desde o plano da valva mitral até o ápex do VE e planos de eixo longo de 2, 3 e 4 câmaras são classicamente obtidos. Adicionalmente, a função valvular (por exemplo, avaliações de regurgitação e medidas da estenose valvar por planimetria) também podem ser determinada a partir de cine-RM.

- **Perfusão miocárdica em estresse e repouso** – esta técnica permite à RMC investigar isquemia miocárdica na suspeita de doença arterial coronariana. A sensibilidade, a especificidade e a precisão diagnóstica da perfusão por RMC aparecem pelo menos comparável, e talvez superior, à da cintilografia miocárdica por SPECT (tomografia computadorizada por emissão de fóton único). Assim, hoje esta técnica é considerada apropriada e indicada em várias diretrizes para investigação clínica da isquemia miocárdica, em particular em pacientes com dor torácica e risco intermediário de doença arterial coronariana e quando é necessário determinar a significância fisiológica de lesões coronárias indeterminadas.[12-14] A técnica adquire imagens dinâmicas saturadas para criar um pano de fundo escuro para visualizar a primeira passagem do contraste baseado em gadolínio (e que torna os pixels mais intensos e brancos) pelas cavidades cardíacas e pelo miocárdio, desta forma visualizando a perfusão miocárdica. Semelhante ao SPECT, as imagens são adquiridas durante a vasodilatação farmacológica (geralmente com dipiridamol ou adenosina) e durante repouso, em geral cerca de 15 minutos após estresse e após reversão da vasodilatação espontaneamente no caso da adenosina ou com aminofilina (mandatório após uso do dipiridamol). As sequências de pulso utilizadas são o gradiente-eco, gradiente-eco com leitura eco-planar (EPI) ou gradiente-eco em estado de equilíbrio (SSFP). Quatro a cinco cortes de eixo curto são obtidos continuamente por aproximadamente 1 minuto, cobrindo assim toda a primeira passagem do contraste pelo coração.
- **Viabilidade miocárdica e detecção de infarto** – a avaliação acontece simultaneamente e utiliza a técnica de realce tardio (RT) miocárdico.[15] Em pacientes com doença arterial coronariana (DAC), o RT é altamente eficaz na identificação da presença, localização e extensão do infarto miocárdio no cenário agudo[16,17] e crônico[18,19] e é superior ao SPECT para a detecção de infarto do miocárdio subendocárdico.[20] Além disso, a técnica é atualmente considerada o padrão-ouro para identificação de atordoamento miocárdico após infarto agudo do miocárdio[16,17] ou de miocárdio hibernado em isquemia crônica da doença cardíaca.[18,21] O realce tardio permite ainda melhorar a especificidade e a precisão diagnóstica do teste de estresse com perfusão miocárdica.[22] O RT tem ganhado grande importância na avaliação de pacientes com cardiomiopatias não isquêmicas, incluindo cardiomiopatia

hipertrófica (HCM),[23] cardiomiopatia dilatada,[24-27] sarcoidose,[28] doença de Chagas[29] e muitas outras que serão discutidas em capítulos apropriados. Várias diretrizes suportam o uso do RT para avaliação de fibrose miocárdica.[30,31] O objetivo do RT é criar imagens com alto contraste entre tecidos do miocárdico anormal, que geralmente apresenta excesso de gadolínio (após administração intravenosa) e normal em que a concentração de gadolínio é baixa. A sequência de pulso mais utilizada para o RT é um gradiente-eco precedido por um pulso de inversão-recuperação para aumentar a ponderação em T1.[15] O RT é idealmente adquirido após 10 a 15 minutos da injeção intravenosa de contraste baseado em gadolínio, com dose de 0,15 a 0,20 mmol/kg. Imagens dos eixos curto e longo no planos idênticos aos usados para cine-RM são obtidas em pausas respiratórias de 6 a 10 segundos e com *trigger* ajustado para a aquisição na mesodiástole para minimizar o movimento cardíaco e em batimentos cardíacos alterados (um sim e um não) para permitir a recuperação adequada do relaxamento longitudinal entre pulsos de inversão.[32] Técnicas rápidas de RT também estão disponíveis podendo adquirir todos os cortes de eixo curto cobrindo o VE em uma única pausa respiratória, ideal para pacientes graves ou não colaborativos.[33]

- **Mapeamento miocárdico – mapas T1, T2 e T2*** – o mapeamento T1 nativo (adquirido sem contraste) e o volume extracelular do miocárdio (ECV) fornecem conhecimento sobre doenças que afetam tanto o miocárdio quanto o interstício. As alterações do T1 nativo do miocárdio refletem doenças cardíacas (síndromes coronarianas agudas, infarto, miocardite e fibrose difusa, todas com alto T1) e doenças sistêmicas, como amiloidose cardíaca (T1 alto), doença de Anderson-Fabry (T1 baixo) e siderose (T1 baixo). O ECV, um índice gerado pelo mapeamento T1 nativo e pós-contraste, mede os compartimentos de matriz intersticial e extracelular. Atualmente, a aplicação desses novos índices abre novos horizontes, tanto para o diagnóstico como para o tratamento de todos os pacientes nos quais é necessária uma avaliação de edema e fibrose intersticial difusa, incluindo estenose aórtica, HCM, miocardite, cardiomiopatia isquêmica e não isquêmica, insuficiência cardíaca de qualquer etiologia e doenças reumáticas, neuromusculares e endócrinas com envolvimento cardíaco.[34-36]

A técnica de mapeamento T2 pode detectar com precisão e confiabilidade áreas de edema miocárdico sem as limitações das imagens qualitativas pesadas em T2. As sequências de mapeamento T2 são úteis para a detecção de edema miocárdico por infarto agudo do miocárdio,[37] miocardite, cardiomiopatia de estresse,[38] sarcoidose[39] e rejeição de aloenxerto cardíaco.[40] Os valores normais de T2 miocárdico adquiridos com a técnica de SSFP foram reportados como sendo de $52,18 \pm 3,4$ ms em 1,5T[41] e 45,1 ms em 3T.[42]

A quantificação da deposição de ferro miocárdico em várias doenças que cursam com sobrecarga de ferro, como talassemia, doença falciforme e síndrome mielodisplásica, é realizada por T2* (lê-se "te dois estrela"). Essa técnica foi validada contra a doença e representa o padrão-ouro atualmente mais utilizado para a avaliação não invasiva da sobrecarga de ferro.[43]

- **Morfologia** – a anatomia cardíaca e vascular proximal são comumente avaliadas por cine-RM (SSFP). Em situações específicas, como doença congênita, massas cardíacas ou dilatações vasculares e outras, as técnicas especialmente desenvolvidas para avaliar em alta resolução espacial, as estruturas cardíacas e vasculares devem ser utilizadas. Em geral, varreduras em planos ortogonais do tórax (axial, sagital e coronal) ou do coração (eixos longo e curto) podem ser utilizados. Estão disponíveis sequências de pulso ultrarrápida de gradiente-eco (SSFP, sangue claro) e de *spin-eco* rápido (sangue-escuro, com duplo pulso de inversão-recuperação para garantir saturação homogênea do sangue). Técnicas rápidas de *spin-eco*, como o HASTE, e com saturação de gordura, como o spin-eco com triplo pulso de inversão-recuperação (STIR) estão disponíveis e podem ser utilizados dependendo a suspeita clínica. Ambas as técnicas podem ser utilizadas se as imagens não forem conclusivas, uma vez que o tempo de aquisição é mínimo. Porque o custo do tempo é mínimo. Para atingir alta resolução espacial, a aquisição pode ser feita corte a corte e durante pausa respiratória. Sequências de pulso de sangue escuro devem ser realizadas antes da administração de gadolínio, porque o encurtamento do T1 do sangue prejudica a supressão do sinal sanguíneo.
- **Mapa de fluxo e velocidade** – imagem dinâmica em cine-RM codificada para a velocidade (VENC) é usada para medir as velocidades do fluxo de sangue em artérias, veias e através de válvulas e *shunts*. A sequência de pulso é também conhecida como cine-RM com contraste de fase ou *phase-contraste* (PC), cujo princípio baseia-se no aumento da fase dos *spins* em movimento comparado aos *spins* estáticos, quando gradiente de campo magnético é aplicado na direção de movimento. Quanto maior a velocidade do *spin*, maior o ganho de fase e, desta forma, a intensidade do pixel é proporcional à velocidade do sangue. Usando uma escala de cinza, o branco corresponde ao fluxo máximo em uma direção e o preto ao fluxo máximo na direção oposta, cinza mediano indica ausência de fluxo (*spin* estático). A velocidade é em geral medida pelo plano de corte, ou seja, perpendicular a este, embora possa ser também visualizada no plano da imagem. A cine-RM com PC pode ser adquirida com respiração livre ou em pausa respiratória. Deve-se otimizar a velocidade máxima para pouco acima da velocidade máxima esperada na região a ser medido o fluxo, para evitar *aliasing* (velocidade abaixo da máxima) ou

perda da precisão nas medidas de velocidades (velocidade muito acima da máxima, faixa dinâmica de velocidade inadequada);[40-42] no entanto, otimizando a velocidade máxima é que pode ser medido – o que é inversamente relacionado ao gradiente força (por um tempo de aplicação constante) importante. A cine-RM com PC tem função semelhante ao Doppler na ecocardiografia, embora as diferenças técnicas sejam muitas: pausa-respiratórias *versus* tempo real; por meio do plano (*en-face*) *versus* no plano; medida do perfil do fluxo *versus* medida apenas no centro do fluxo; medida de fluxo e diâmetros simultâneos *versus* medidas em tempos diferentes.

- **Angiografia de RM (ARM)** – ARM com contraste é realizada em conjunto com imagens morfológicas para definir de forma tridimensional e com possibilidade de reformatação, estruturas vasculares arteriais ou venosas. O mais comum é adicionar ARM da aorta torácica, artéria pulmonar, veia pulmonar ao estudo cardíaco, baseado na suspeita clínica. O contraste de gadolínio é administrado em bolo por bomba injetora durante a aquisição de imagens. A sequência de pulso mais comum é um gradiente-eco tridimensional adquirido durante pausa respiratória e durante a injeção de contraste. Uma aquisição pré-contraste também é feita para subtração da aquisição com contraste para eliminar os tecidos não vasculares e agilizar o pós-processamento em uma estação de trabalho.

Os protocolos

Em função do grande número de sequências de pulsos a serem usadas para avaliar pacientes, é fundamental organizar e padronizar os protocolos de imagem para melhorar o fluxo de trabalho e para garantir a consistência entre os operadores do equipamento de RMC. O protocolos são em geral montados com o objetivo de investigar uma indicação ou suspeita clínica específica. Assim, há protocolos específicos para várias indicações clínicas como exemplificados nas Figuras 4 a 12, que descrevem as etapas do protocolo, sequências de pulso e ordem em um típico exame para avaliação de suspeita clínica específica, incluindo sequências consideradas obrigatórias e opcionais. Detalhes específicos das sequências de pulso são discutidos nos capítulos específicos deste livro.

Relatórios e arquivamento

Na maioria dos centros, os estudos cardíacos são interpretados usando o modelo de segmentação do American Heart Association/American College of

Cardiology (AHA/ACC).[43] O relatório ou o laudo é significativamente facilitado pela capacidade de ver várias séries de imagens simultaneamente. Na maioria dos serviços, um sistema de arquivamento (PACS [*picture archivingand communication system*]) é utilizado e funciona como depositário das imagens e comunicador entre o aparelho de RM e as estações de trabalho com *softwares* específicos para a análise de RM do coração. Em geral, um exame de RM do coração de rotina pode atingir 1.000 imagens e requer 50 a 100 megabytes de armazenamento. Estudos vasculares, especialmente aqueles que envolvem vários estágios, como o estudo vascular periférico exame, podem atingir tamanhos várias vezes maiores.

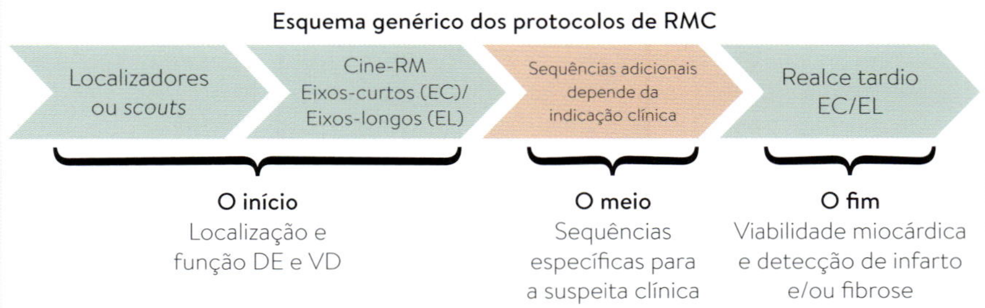

Figura 4 Esquema global dos protocolos de aquisição de imagens de ressonância magnética do coração.

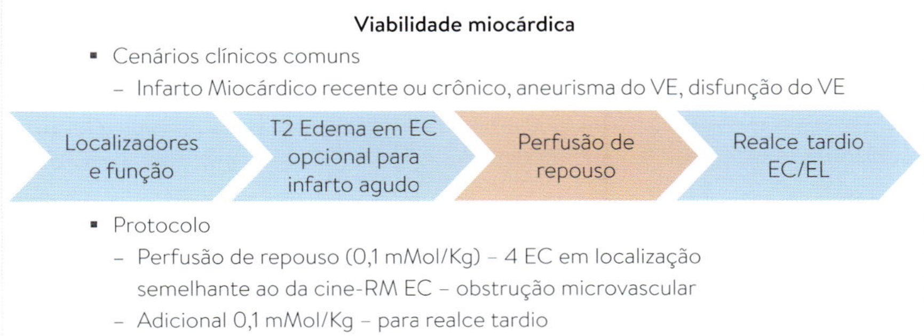

Figura 5 Esquema do protocolo para avaliação de viabilidade miocárdica.

Estresse com dipiridamol

- Cenários clínicos comuns
  - DAC conhecida, teste duvidoso prévio, dor torácica estável, nova ou piora da disfunção ventricular

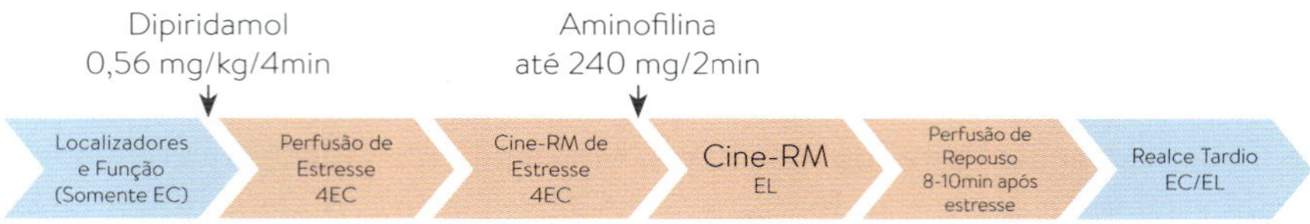

- Protocolo
  - Perfusão em estresse (Gd 0,1 mMol/Kg @3-5ml/s)
    - » 4 EC semelhantes ao EC da cine-RM – Aquisição em todos os batimentos – 1RR (1 corte apical, 1 médio e 2 basais) durante 1 min.
    - » FC<84bpm – matriz 128x128
    - » FC>85bpm– matriz 128x96 e manter aquisição em 1 RR
    - » HR>105bpm – aquisição em 2 R-R
    - » Iniciar injeção de Gd e imagem simultaneamente → 2-3 min após o final da injeção do Dipiridamol + FC mais estável
  - EC cine-RM estresse – mesmos 4 EC usados na pergusão de estresse
  - Opcional *high dose* – 0,84 mg/kg/min (0,56 mg/kg/min/ + 0,28 mg/kg/min)
  - GRE-EPI, GRE ou SSFP

Figura 6 Esquema do protocolo para avaliação de isquemia miocárdica com estresse farmacológico com dipiridamol.

Estresse com adenosina

- Cenários clínicos comuns → mesmos do estresse com dipiridamol

- Protocolo
  - Infusão de adenosina – 140µg/kg/min durante 4-6min
  - Perfuão de estresse (Gd 0,1 mMol/Kg @ 3-5ml/s)
    - » 4 EC semelhantes ao EC da cine-RM – Aquisição em todos os batimentos – 1RR (1 corte apical, 1 médio e 2 basais) durante 1 min.
    - » FC<84bpm – matriz 128x128
    - » FC>85bpm– matriz 128x96 e manter aquisição em 1 RR
    - » HR>105bpm – aquisição em 2 R-R
    - » Iniciar injeção de Gd e imagem simultaneamente

Figura 7 Esquema do protocolo para avaliação de isquemia miocárdica com estresse farmacológico com adenosina.

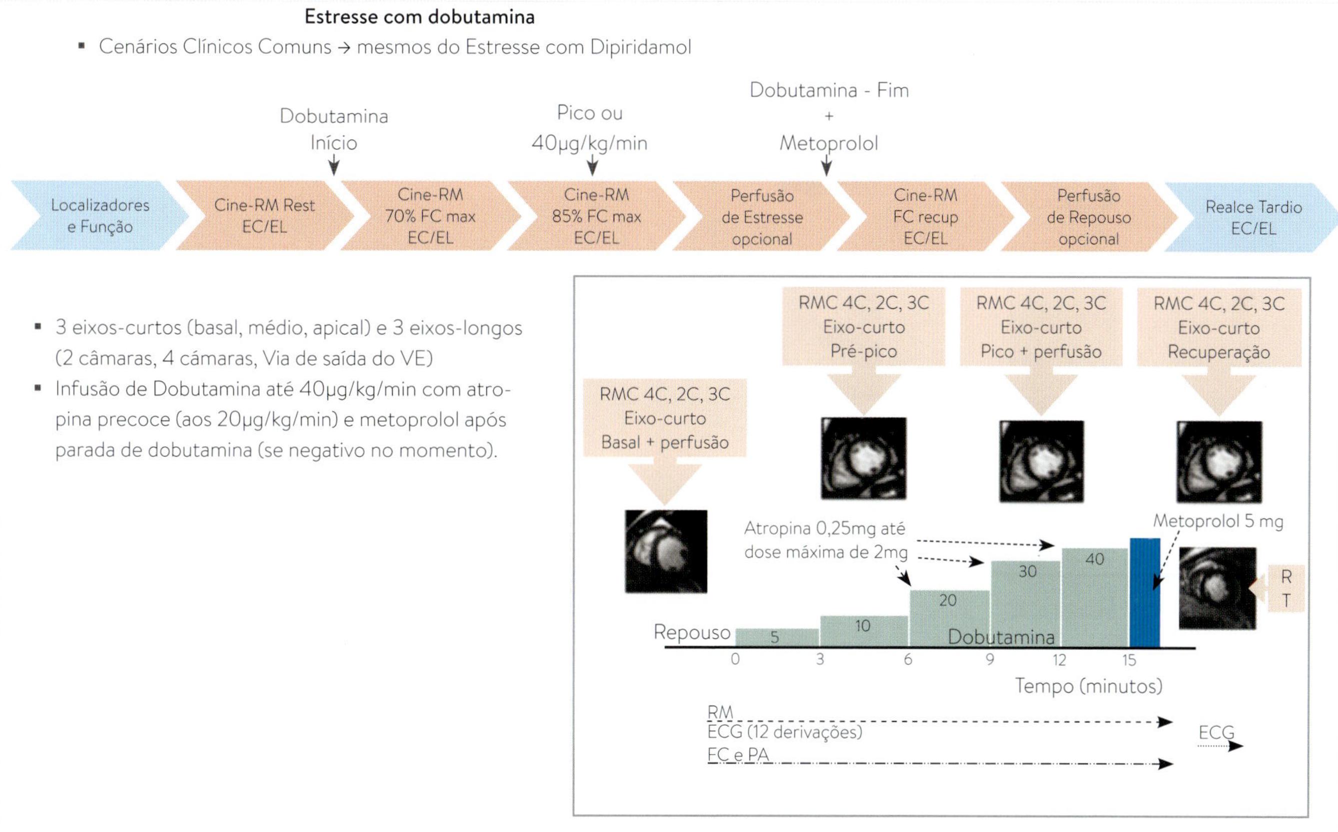

Figura 8 Esquema do protocolo para avaliação de isquemia miocárdica com estresse farmacológico com dobutamina.

Cardiomiopatias

- Cenários Clínicos Comuns
  - Suspeita Clínica de miocardite, uma gama extensa de cardiomiopatias, dilatação ou disfunção do VE e VD, arritmia ventricular

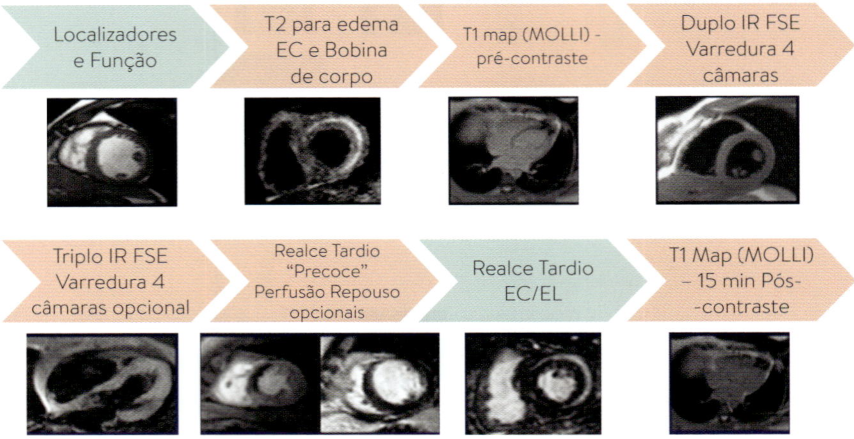

- Protocolo
  - Varredura em 4 câmaras (5 cortes) - Duplo IR (TE 42ms) - pericárdio (espessura, derrame)
  - EC com bobina de corpo - Triple IR (TE ≥ 70-80ms)
  - Opcionais - Realce Tardio "Precoce" com T1 fixo de 400ms imediatamente após injeção do contraste (Obrigatório na miocardite aguda), Duplo IR EC (TE 100-140ms, bobina de corpo).

Figura 9 Esquema do protocolo para avaliação de cardiomiopatias.

Displasia arritmogênica do VD

- Cenários Clínicos Comuns
  - DAVD suspeita, arritmia ventricular
- Protocolo

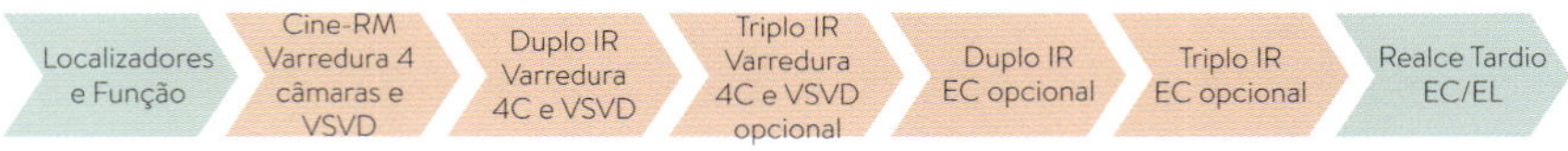

- Planos Específicos Obrigatórios:
  - Varredura 4 câmaras (4C) ampla cobrindo todo o VD (opcional plano axial, recomendado SCMR)
  - Via de saída do VD (VSVD)
- Alta resolução espacial para parede do VD
  - Bobina anterior somente
  - Pequeno campo de visão - pequeno FOV (20-26cm)

Figura 10 Esquema do protocolo para avaliação de displasia/cardiomiopatia arritmogênica do VD.

Valvopatias

- Cenários Clínicos Comuns
  - Regurgitação Mitral ou Aórtica – quantificação, ecocardiografia duvidosa, pobre janela acústica, antes da intervenção valvar
  - Outras valvopatias: Ao, Mi estenoses e outras valvas (tricúspide e pulmonar).

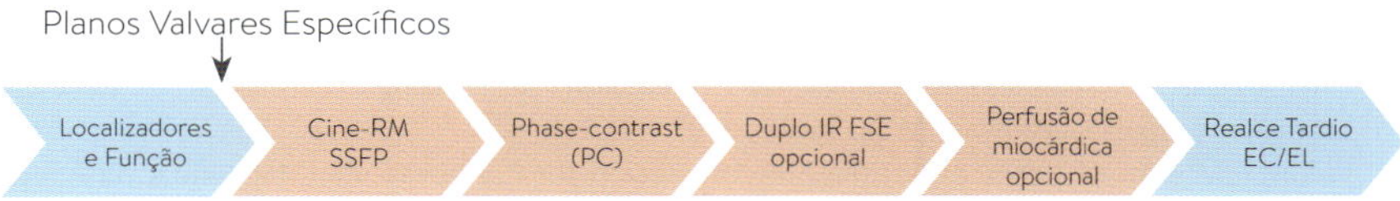

- Protocolo
  - Planos valvares específicos para cada valva → Cine-RM e PC
    - » Aórtica: Varredura VSVE, plano transverso (área abertura)
    - » Pulmonar: Varredura VSVD, plano transverso
    - » Mitral: Varredura 4 câmara, Varredura EL perpendicular a linha de abertura, plano transverso
    - » Tricúspide: Varredura 4 câmaras, 2 câmaras do VD, plano transverso

Figura 11 Esquema do protocolo para avaliação de valvopatias.

Massas cardíacas

- Cenários Clínicos Comuns
  - Massas visualizadas na ecocardiograma e suspeita de massa com diferencial para tumor ou trombo

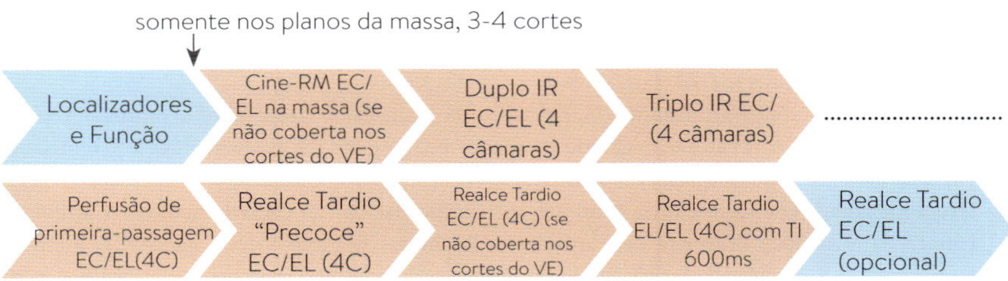

- Protocolo
  - Cine-RM (SSPF) – mais pesado em T2 (relações T2/T1)
  - Duplo IR – T1/PD (TE=42ms)
  - Triple IR – FatSat and T2 (TE≥70-80MS)
  - Perfusão – vascularização das massas
  - Realce Tardio – fibrose, aumento do espaço extracelular, trombo (avascular)

Figura 12 Esquema do protocolo para avaliação de massas cardíacas e pericardíacas.

REFERÊNCIAS BIBLIOGRÁFICAS

1. Kanal E, Borgstede JP, Barkovich AJ, Bell C, Bradley WG, Etheridge S, et al.; American College of Radiology. American College of Radiology white paper on mr safety: 2004 update and revisions. AJR Am J Roentgenol. 2004;182(5):1111-4.
2. Kanal E, Borgstede JP, Barkovich AJ, Bell C, Bradley WG, Felmlee JP, et al.; American College of Radiology. American College of Radiology white paper on mr safety. AJR Am J Roentgenol. 2002;178(6):1335-47.
3. Kim RJ, de Roos A, Fleck E, Higgins CB, Pohost GM, Prince M, Manning WJ, Society for Cardiovascular Magnetic Resonance Clinical Practice C. Guidelines for training in cardiovascular magnetic resonance (cmr). J Cardiovasc Magn Reson. 2007;9(1):3-4.
4. Pohost GM, Kim RJ, Kramer CM, Manning WJ; Society for Cardiovascular Magnetic R. Task force 12: Training in advanced cardiovascular imaging (cardiovascular magnetic resonance [cmr]): Endorsed by the society for cardiovascular magnetic resonance. J Am Coll Cardiol. 2006;47(4):910-4.
5. Fernandes JL, Shiozaki AA, Azevedo CF, Rochitte CE, Pinto IM, Uellendhal MM, Schvartzman PR. Competência técnica em ressonância e tomografia cardiovascular. Rev Bras Ecocardiogr Imagem Cardiovasc. 2009;22:27-31.
6. Pennell DJ, Sechtem UP, Higgins CB, Manning WJ, Pohost GM, Rademakers FE, et al.; Society for Cardiovascular Magnetic R, Working Group on Cardiovascular Magnetic Resonance of the European Society of C. Clinical indications for cardiovascular magnetic resonance (cmr): Consensus panel report. Eur Heart J. 2004;25(2):1940-65.
7. Bellenger NG, Davies LC, Francis JM, Coats AJ, Pennell DJ. Reduction in sample size for studies of remodeling in heart failure by the use of cardiovascular magnetic resonance. J Cardiovasc Magn Reson. 2000;2(4):271-8.
8. Bellenger NG, Rajappan K, Rahman SL, Lahiri A, Raval U, Webster J, et al.; Committee CSS, Investigators. Effects of carvedilol on left ventricular remodelling in chronic stable heart failure: A cardiovascular magnetic resonance study. Heart. 2004;90(7):760-4.
9. Osterziel KJ, Strohm O, Schuler J, Friedrich M, Hanlein D, Willenbrock R, et al. Randomised, double-blind, placebo-controlled trial of human recombinant growth hormone in patients with chronic heart failure due to dilated cardiomyopathy. Lancet. 1998;351(9111):1233-7.
10. Corsi C, Lang RM, Veronesi F, Weinert L, Caiani EG, et al. Volumetric quantification of global and regional left ventricular function from real-time three-dimensional echocardiographic images. Circulation. 2005;112(8):1161-70.
11. Ioannidis JP, Trikalinos TA, Danias PG. Electrocardiogram-gated single-photon emission computed tomography versus cardiac magnetic resonance imaging for the assessment of left ventricular volumes and ejection fraction: A meta-analysis. J Am Coll Cardiol. 2002;39(12):2059-68.
12. Grupo de Estudos de Ressonancia e Tomografia Cardiovascular do Departamento de Cardiologia Clinica da Sociedade Brasileira de Cardiologia; Rochitte CE, Pinto IM, Fernandes JL, Filho CF, Jatene A, et al. I cardiovascular magnetic resonance and computed tomography guidelines of the brazilian society of cardiologia - executive summary. Arq Bras Cardiol. 2006;87(3):e48-59.
13. Hendel RC, Patel MR, Kramer CM, Poon M, Hendel RC, Carr JC, et al.; American College of Cardiology Foundation Quality Strategic Directions Committee Appropriateness Criteria Working G, American College of R, Society of Cardiovascular Computed T, Society for Cardiovascular Magnetic R, American Society of Nuclear C, North American Society for Cardiac I, Society for Cardiovascular A, Interventions, Society of Interventional R. Accf/acr/scct/scmr/asnc/nasci/scai/sir 2006 Appropriateness Criteria for Cardiac Computed Tomography and Cardiac Magnetic Resonance Imaging: A Report of the American College Of Cardiology Foundation Quality Strategic Directions Committee Appropriateness Criteria Working Group, American College of Radiology, Society of Cardiovascular Computed Tomography, Society for Cardiovascular Magnetic Resonance,

American Society of Nuclear Cardiology, North American Society for Cardiac Imaging, Society for Cardiovascular Angiography and Interventions, and Society of Interventional Radiology. J Am Coll Cardiol. 2006;48(7):1475-97.

14. Sara L, Szarf G, Tachibana A, Shiozaki AA, Villa AV, de Oliveira AC, et al.; Sociedade Brasileira de C, Colegio Brasileiro de R. II Guidelines on Cardiovascular Magnetic Resonance and Computed Tomography of the Brazilian Society of Cardiology and the Brazilian College of Radiology. Arq Bras Cardiol. 2014;103(6 Suppl 3):1-86.
15. Simonetti OP, Kim RJ, Fieno DS, Hillenbrand HB, Wu E, Bundy JM, et al. An improved mr imaging technique for the visualization of myocardial infarction. Radiology. 2001;218(1):215-23.
16. Choi KM, Kim RJ, Gubernikoff G, Vargas JD, Parker M, Judd RM. Transmural extent of acute myocardial infarction predicts long-term improvement in contractile function. Circulation. 2001;104(10):1101-07.
17. Gerber BL, Garot J, Bluemke DA, Wu KC, Lima JA. Accuracy of contrast-enhanced magnetic resonance imaging in predicting improvement of regional myocardial function in patients after acute myocardial infarction. Circulation. 2002;106(9):1083-9.
18. Kim RJ, Wu E, Rafael A, Chen EL, Parker MA, Simonetti O, et al. The use of contrast-enhanced magnetic resonance imaging to identify reversible myocardial dysfunction. N Engl J Med. 2000;343(20):1445-53.
19. Wu E, Judd RM, Vargas JD, Klocke FJ, Bonow RO, Kim RJ. Visualisation of presence, location, and transmural extent of healed q-wave and non-q-wave myocardial infarction. Lancet. 2001;357(8249):21-8.
20. Wagner A, Mahrholdt H, Holly TA, Elliott MD, Regenfus M, Parker M, et al. Contrast-enhanced mri and routine single photon emission computed tomography (spect) perfusion imaging for detection of subendocardial myocardial infarcts: An imaging study. Lancet. 2003;361(9355):374-9.
21. Schvartzman PR, Srichai MB, Grimm RA, Obuchowski NA, Hammer DF, McCarthy PM, et al. Nonstress delayed-enhancement magnetic resonance imaging of the myocardium predicts improvement of function after revascularization for chronic ischemic heart disease with left ventricular dysfunction. Am Heart J. 2003;146(3):535-41.
22. Klem I, Heitner JF, Shah DJ, Sketch MH, Jr., Behar V, Weinsaft J, et al. Improved detection of coronary artery disease by stress perfusion cardiovascular magnetic resonance with the use of delayed enhancement infarction imaging. J Am Coll Cardiol. 2006;47(8):1630-8.
23. Chan RH, Maron BJ, Olivotto I, Pencina MJ, Assenza GE, Haas T, et al. Prognostic value of quantitative contrast-enhanced cardiovascular magnetic resonance for the evaluation of sudden death risk in patients with hypertrophic cardiomyopathy. Circulation. 2014;130(6):484-95.
24. Halliday BP, Gulati A, Ali A, Guha K, Newsome S, Arzanauskaite M, et al. Association between midwall late gadolinium enhancement and sudden cardiac death in patients with dilated cardiomyopathy and mild and moderate left ventricular systolic dysfunction. Circulation. 2017;135(22):2106-15.
25. Di Marco A, Anguera I, Schmitt M, Klem I, Neilan TG, White JA, et al. Late gadolinium enhancement and the risk for ventricular arrhythmias or sudden death in dilated cardiomyopathy: Systematic review and meta-analysis. JACC Heart Fail. 2017;5(1):28-38.
26. Kuruvilla S, Adenaw N, Katwal AB, Lipinski MJ, Kramer CM, Salerno M. Late gadolinium enhancement on cardiac magnetic resonance predicts adverse cardiovascular outcomes in nonischemic cardiomyopathy: A systematic review and meta-analysis. Circ Cardiovasc Imaging. 2014;7(2):250-8.
27. Wong TC, Piehler K, Meier CG, Testa SM, Klock AM, Aneizi AA, et al. Association between extracellular matrix expansion quantified by cardiovascular magnetic resonance and short-term mortality. Circulation. 2012;126(10):1206-16.
28. Patel MR, Cawley PJ, Heitner JF, Klem I, Parker MA, Jaroudi WA, et al. Detection of myocardial damage in patients with sarcoidosis. Circulation. 2009;120(20):1969-77.

29. Rochitte CE, Oliveira PF, Andrade JM, Ianni BM, Parga JR, Avila LF, et al. Myocardial delayed enhancement by magnetic resonance imaging in patients with chagas' disease: A marker of disease severity. J Am Coll Cardiol. 2005;46(8):1553-8.
30. Writing Committee M; Yancy CW, Jessup M, Bozkurt B, Butler J, Casey DE, Jr., Drazner MH, et al.; American College of Cardiology Foundation/American Heart Association Task Force on Practice G. 2013 ACCF/AHA Guideline for the Management of Heart Failure: A Report of the American College of Cardiology Foundation/American Heart Association Task Force on Practice Guidelines. Circulation. 2013;128(16):e240-327.
31. McMurray JJ, Adamopoulos S, Anker SD, Auricchio A, Bohm M, Dickstein K, et al.; Guidelines ESCCfP. Esc Guidelines for the Diagnosis and Treatment of Acute and Chronic Heart Failure 2012: The Task Force for the Diagnosis and Treatment of Acute and Chronic Heart Failure 2012 of The European Society of Cardiology. Developed in collaboration with the Heart Failure Association (HFA) of the ESC. Eur Heart J. 2012;33(14):1787-847.
32. Kim RJ, Shah DJ, Judd RM. How we perform delayed enhancement imaging. J Cardiovasc Magn Reson. 2003;5(3):505-14.
33. Li W, Li BS, Polzin JA, Mai VM, Prasad PV, Edelman RR. Myocardial delayed enhancement imaging using inversion recovery single-shot steady-state free precession: Initial experience. J Magn Reson Imaging. 2004;20(2):327-30.
34. Fernandes JL, Rochitte CE. T1 mapping: Technique and applications. Magn Reson Imaging Clin N Am. 2015;23(1):25-34.
35. Sibley CT, Noureldin RA, Gai N, Nacif MS, Liu S, Turkbey EB, et al. T1 mapping in cardiomyopathy at cardiac mr: Comparison with endomyocardial biopsy. Radiology. 2012;265(3):724-32.
36. Mavrogeni S, Apostolou D, Argyriou P, Velitsista S, Papa L, Efentakis S, et al. T1 and T2 mapping in cardiology: Mapping the obscure object of desire. Cardiology. 2017;138(4):207-17.
37. Verhaert D, Thavendiranathan P, Giri S, Mihai G, Rajagopalan S, Simonetti OP, Raman SV. Direct T2 quantification of myocardial edema in acute ischemic injury. JACC Cardiovasc Imaging. 2011;4(3):269-78.
38. Thavendiranathan P, Walls M, Giri S, Verhaert D, Rajagopalan S, Moore S, et al. Improved detection of myocardial involvement in acute inflammatory cardiomyopathies using T2 mapping. Circ Cardiovasc Imaging. 2012;5(1):102-10.
39. Crouser ED, Ono C, Tran T, He X, Raman SV. Improved detection of cardiac sarcoidosis using magnetic resonance with myocardial T2 mapping. Am J Respir Crit Care Med. 2014;189(1):109-12.
40. Usman AA, Taimen K, Wasielewski M, McDonald J, Shah S, Giri S, et al. Cardiac magnetic resonance t2 mapping in the monitoring and follow-up of acute cardiac transplant rejection: A pilot study. Circ Cardiovasc Imaging. 2012;5(6):782-90.
41. Giri S, Shah S, Xue H, Chung YC, Pennell ML, Guehring J, et al. Myocardial T(2) mapping with respiratory navigator and automatic nonrigid motion correction. Magn Reson Med. 2012;68:1570-1578.
42. von Knobelsdorff-Brenkenhoff F, Prothmann M, Dieringer MA, Wassmuth R, Greiser A, Schwenke C, et al. Myocardial T1 and T2 mapping at 3 T: Reference values, influencing factors and implications. J Cardiovasc Magn Reson. 2013;15:53.
43. Pennell DJ, Udelson JE, Arai AE, Bozkurt B, Cohen AR, Galanello R, et al.; American Heart Association Committee on Heart F, Transplantation of the Council on Clinical C, Council on Cardiovascular R, Imaging. Cardiovascular function and treatment in beta-thalassemia major: A consensus statement from the american heart association. Circulation. 2013;128(3):281-308.

5 A avaliação da viabilidade e isquemia miocárdica na doença arterial coronariana

Adriano Camargo de Castro Carneiro
Bernardo Baptista Lopes
Carlos Eduardo Rochitte

INFARTO E VIABILIDADE MIOCÁRDICA

Introdução

Apesar da redução na mortalidade cardiovascular, dados nacionais mostram que se deu principalmente pela diminuição da etiologia cerebrovascular, em detrimento da estabilização nas taxas de mortalidade por doença arterial coronariana (DAC).[1] A American Heart Association (AHA) projeta o aumento de 18% na prevalência mundial de DAC até 2030. Concomitantemente, nos países em desenvolvimento, observa-se um incremento nas admissões hospitalares por insuficiência cardíaca (IC), justificado em parte pelo envelhecimento populacional, mas também pelo aumento da sobrevida de infartados, o que acarreta custos crescentes.[2]

Nos últimos anos, a rápida evolução dos métodos de imagem não invasivos para avaliação da DAC ocorreu em paralelo à crescente preocupação com os custos relacionados à utilização crescente e inapropriada. Os diversos métodos expandiram as possibilidades de investigação, desde a anatomia coronariana à repercussão funcional e metabólica, porém adicionaram complexidade ao cardiologista clínico, que frequentemente inicia uma cascata investigativa desnecessária e onerosa. Grande empenho da comunidade cardiológica tem sido direcionado para a identificação do benefício clínico oferecido por cada modalidade diagnóstica, objetivando reduzir desfechos e otimizar a relação custo-efetividade.

A ressonância magnética cardiovascular (RMC) apresenta vantagens principalmente pela versatilidade e segurança (ausência de radiação ionizante) apesar ainda das limitações de custo e disponibilidade. Atualmente a viabilidade miocárdica, bem como a análise de volumes e função ventricular, compõe o pilar da RMC na avaliação da DAC. A prova isquêmica com vasodilatador, apesar de subutilizada em território nacional, tem amadurecido mundialmente com ampla base de evidências demonstrando excelente acurácia diagnóstica e impacto prognóstico, refletindo nas atuais diretrizes.

Fisiopatologia do infarto e viabilidade

O miocárdico ao sofrer uma lesão isquêmica, passa por uma sequência de alterações metabólicas e estruturais que resultam em disfunção regional, a depender da intensidade e do tempo da isquemia, classicamente dividida em: atordoamento (*stunning*), hibernação e lesão irreversível (necrose).

O atordoamento miocárdico, geralmente observado no espasmo coronariano ou na síndrome coronariana aguda (SCA) reperfundida, é decorrente de uma isquemia aguda e transitória (de até 15 minutos) que provoca disfunção contrátil temporária (horas a semanas).[3] Já a hibernação miocárdica, observada com mais frequência na cardiomiopatia isquêmica crônica (20 a 50% dos casos),[4] é consequência de uma isquemia persistente ou atordoamento repetido em razão da baixa reserva de fluxo coronariano,[5] que resulta na diminuição compensatória (*down-regulation*) e permanente do metabolismo e da contratilidade miocárdica até o restabelecimento do fluxo regional.

A relação precisa entre o tempo de isquemia e a lesão celular irreversível é parcialmente conhecida em humanos. Em cães, 15 a 20 minutos após a oclusão coronariana, inicia-se uma frente de onda de necrose que progride do endocárdio para o epicárdio, e ao final de 40 minutos grande parte do endocárdio apresenta morte celular (infarto). Em até 6 horas, caso persista a oclusão, o infarto estende-se à transmuralidade miocárdica e a reperfusão se torna inútil[6] (Figura 1).

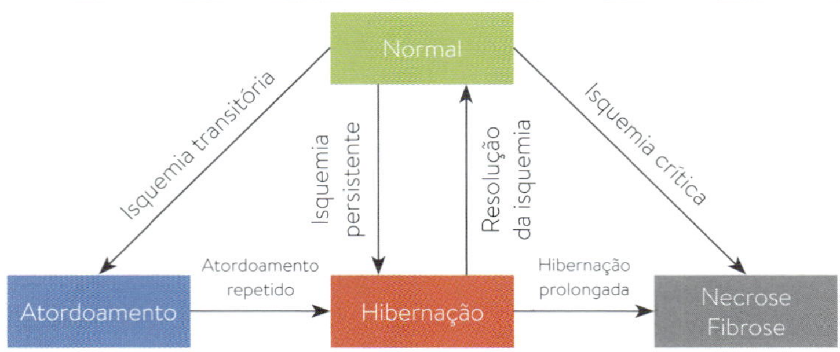

Figura 1 Espectro da disfunção miocárdica na cardiomiopatia isquêmica.

O conceito clínico de viabilidade miocárdica é prospectivo e exprime a probabilidade de recuperação contrátil do miocárdio hibernante após o restabelecimento da perfusão fisiológica do tecido. A identificação da hibernação é o primeiro passo nessa avaliação, e os diferentes métodos fornecem informações sobre mecanismos distintos da lesão miocárdica. Nem sempre o miocárdio hibernante identificado por uma modalidade de imagem específica recupera a função contrátil com o restabelecimento da perfusão naquele território. Assim, genericamente, a avaliação do metabolismo celular pela tomografia computadorizada por emissão de pósitrons (PET) e da função e/ou integridade do sarcolema pela tomografia computadorizada por emissão de fóton único (SPECT) e RMC apresentam maior sensibilidade para predição de recuperação contrátil. Já a avaliação da reserva contrátil (RMC e ecocardiograma com dobutamina) mostra melhor especificidade (Figura 2). A RMC consegue agregar informações morfológicas, funcionais e teciduais, posicionando-se atualmente como modalidade padrão-ouro na avaliação da hibernação e na viabilidade miocárdica.

Detecção do infarto pela RMC

Apesar de ter sido incorporado à prática clínica somente após a virada do século, o realce tardio por RMC é considerado hoje o método mais acurado na detecção e na quantificação do infarto miocárdico. O primeiro relato do uso de contraste à base de gadolínio na identificação do infarto data de 1984.[7] A partir de então diversos estudos validaram o uso, com a participação relevante de pesquisadores brasileiros, como João Lima, em 1995, quando estudou as características de distribuição do gadolínio no tecido infartado de humanos[8] e posteriormente, em 1998, Carlos Rochitte, quando caracterizou em cães a

	Atividade metabólica	Perfusão	Integridade de membrana	Fibrose	Espessura diastólica	Reserva contrátil
SPECT	✓	✓	✓	✗	✗	✗
PET	✓	✓	✓	✗	✗	✗
ECO	✗	✓	✗	✗	✓	✓
RM	✗	✓	✓	✓	✓	✓
TC	✗	✓	✗	✓	✓	✓

Figura 2 Componentes da hibernação avaliados pelos diferentes métodos. Em verde maior sensibilidade e em azul maior especificidade. Notar a versatilidade da RMC na avaliação do miocárdio hibernante.

relação do tempo de oclusão coronariana com a extensão do dano tecidual pela RMC (infarto e obstrução microvascular).[9] Mas foi somente em 1999 que se conheceu a sequência de pulso mais utilizada até hoje para esse objetivo: gradiente eco inversão-recuperação (GRE-IR), que permitiu a caracterização precisa do miocárdio infartado, retratado com sinal até 500% acima do miocárdio normal, um salto para a época, o que elevou a RMC a um patamar antes não imaginado.[10]

A contrastação miocárdica se baseia no encurtamento do tempo de relaxamento T1 nos tecidos em que o gadolínio se concentra e exerce efeito paramagnético. Didaticamente, após o bolo inicial de contraste, pode-se dividir o tempo de distribuição em 3 momentos principais: perfusão de primeira passagem, realce precoce e realce tardio. A perfusão de primeira passagem ocorre nos primeiros 20 segundos, e após 1 a 3 minutos são adquiridas as imagens do realce precoce. A detecção e a quantificação da obstrução microvascular, bem como a identificação de trombos intracavitários, são mais precisas e validadas no realce precoce. Após 10 minutos, momento aproximado em que a distribuição do contraste encontra-se em estado de equilíbrio nos diferentes compartimentos teciduais, as imagens do realce tardio são adquiridas[11] (Figura 3).

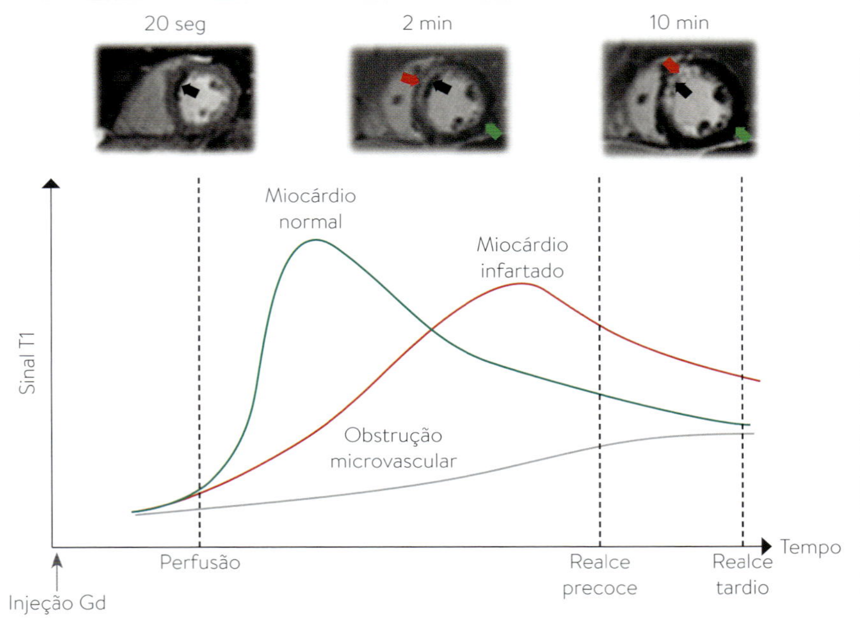

Figura 3 Evolução temporal do sinal T1 nos diferentes compartimentos do miocárdio infartado.

De um modo geral, as imagens do realce tardio são obtidas com uma sequência de pulso GRE IR ou PSIR (*phase sensitive IR*), que objetiva anular o sinal do miocárdio sadio tornando-o uniformemente "preto", permitindo a visualização da lesão miocárdica repleta de gadolínio e "brilhante" na imagem ponderada em T1. A aquisição das imagens de realce deve seguir uma sequência temporal e alguns cuidados estão especificados na Tabela 1.

Tabela 1 Protocolo do realce por RMC

- **Contraste**: Gd 0,1-0,2 mmol/kg em velocidade 2 ml/s
- **Sequência de pulso**: GRE segmentada com IR ou PSIR
  - Sincronizada por ECG na diastole média ou final
  - Apnéia expiratória
  - Se IR: ajuste do TI com Look Locker (TI scout)
    - » Avaliação de trombo intracavitário: TI 500-600ms
  - Sequências opcionais:
    - » Single-shot SSFP: rápida, para pacientes com arritmia ou dificuldade na apneia
    - » 3D IR (GE ou SSFP): cortes finos e maior relação contraste-ruído; apneia longa (desvantagem)
- **Planos**: 2, 3 e 4 câmaras e eixo curto do VE (ajustar plano de corte de acordo com região de interesse); buscar localização dos eixos curtos semelhante à da cineRM;
- **Tempo até aquisição**: realce precoce de 1-3 minutos e realce tardio após 10-20 minutos da injeção do Gd
- **Parâmetros (aquisição segmentada)**: espessura de corte 8-10mm; resolução in-plane < 2mm; TE/TR/TI = 3-4/8-9/200-400; flip-angle 20-30o; banda 140 Hz/pixel; aquisição a cada 2-3 batimentos (gating factor)

O contraste utilizado na prática é composto por uma molécula quelante associada ao gadolínio e caracteriza-se pela distribuição extracelular estrita. No infarto agudo do miocárdio (IAM), a necrose levando à perda da integridade do sarcolema proporciona a expansão do compartimento de distribuição do contraste, com entrada no miócito, resultando em maior tempo de "lavagem" (do inglês *wash-out*), sendo possível detectar a presença tardiamente no tecido infartado (realce tardio). Já no infarto crônico, o mecanismo postulado, também consequência do maior tempo de *wash-out*, é a expansão do compartimento intersticial em relação ao celular pelo aumento da matriz de colágeno consequente ao processo cicatricial (Figura 4).

A extensão e a localização do infarto pelo realce tardio em modelo canino têm excelente correlação com regiões de necrose e fibrose pela histopatologia, chegando em nível próximo ao celular.[13] A resolução espacial superior da RMC

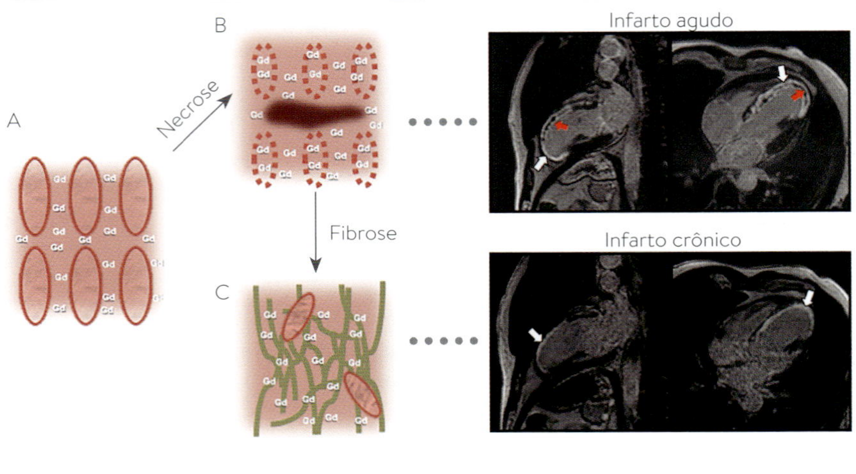

Figura 4 A ilustração demonstra a distribuição do quelante de gadolínio (Gd): (A) no compartimento extracelular do miocárdio normal; (B) extra e intracelular no infarto agudo do miocárdio (IAM) em razão da perda da integridade do sarcolema; (C) na matriz de colágeno extracelular (fibrose de substituição) no infarto evoluído. Exemplo de um caso ao lado da ilustração mostrando um IAM pela RMC com a evolução, 30 dias após, para remodelamento e fibrose (seta branca). Notar a ausência de gadolínio no centro do infarto (marrom na ilustração B e seta vermelha em exemplo real) demonstrando a obstrução microvascular. Modificado de Arai.[12]

permite a identificação de infartos subendocárdicos e embólicos indetectáveis pelos métodos atuais. Em pacientes com cardiomiopatia isquêmica, Klein et al. encontraram boa concordância entre RMC e PET na identificação e na quantificação da fibrose pós-infarto, mas apontaram que 55% dos segmentos com infarto subendocárdico pela RMC passariam despercebidos pelo PET.[14] Um outro diferencial da RMC é a detecção do infarto no ventrículo direito, que em estudo de Kumar et al. foi identificado pela RMC em 57% dos pacientes com infarto inferior eletrocardiográfico.[15] Em 2008, o realce tardio por RMC foi validado em estudo multicêntrico internacional e randomizado que incluiu 600 pacientes, apresentando acurácia diagnóstica de até 99% para o infarto agudo e 91% para o crônico, bem como excelente correlação entre a extensão do infarto pela RMC e a CKMB ($p < 0,0001$). Vale ressaltar que a performance diagnóstica foi semelhante nas aquisições do realce tardio entre 10 e 30 minutos e, ainda, as doses de contraste (gadoversetamida) de 0,2 e 0,3 mmol/kg apresentaram a melhor sensibilidade.[16]

Avaliação da viabilidade miocárdica pelo realce tardio

Apesar da prática clínica ter consagrado o valor de 50% de fibrose em determinado segmento como limiar da presença (< 50%) ou ausência (> 50%) de viabilidade, esta abordagem é simplória. Na realidade, a probabilidade de recuperação contrátil segmentar reduz progressivamente à medida que o realce se estende à transmuralidade, como demonstrado em estudo seminal de Kim et al.[17] (Figura 5).

É recomendável que a interpretação dos achados seja realizada por segmento utilizando o modelo de 17 segmentos da AHA. A transmuralidade do infarto é classicamente dividida em 5 grupos: ausência (0%), 1 a 25%, 26 a 50%, 51 a 75% e 76 a 100%. Pode-se utilizar um modelo de pontuação de 0 a 5 por segmento, sendo 0 a ausência de realce e 5 a presença de realce em 76 a 100% da transmuralidade, como também a estimativa por segmento da porcentagem

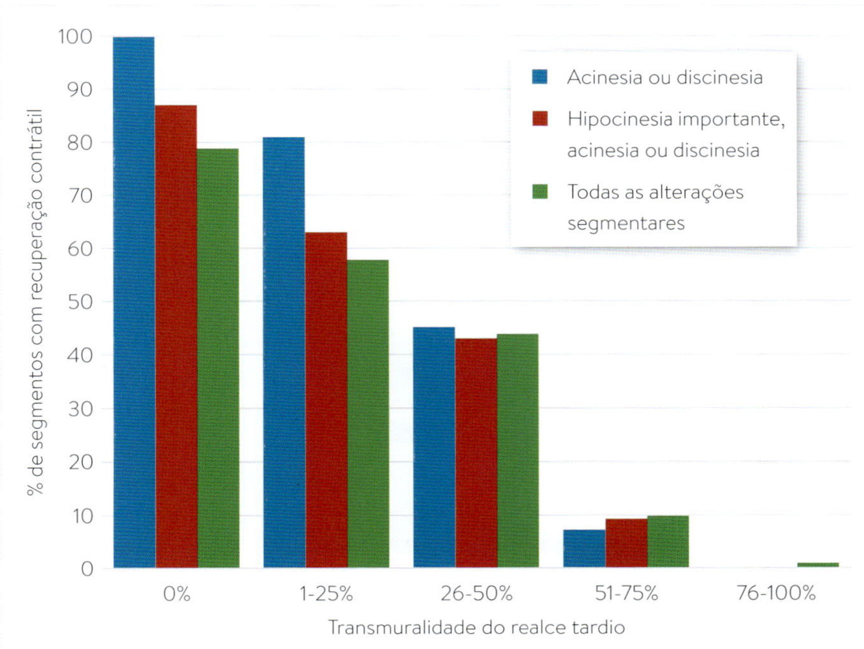

Figura 5 Gráfico mostrando a queda progressiva do percentual de segmentos com recuperação contrátil à medida que aumenta a transmuralidade do realce. Notar que nos pacientes com alteração da contratilidade mais grave (acinesia ou discinesia) e fibrose < 25% a probabilidade de recuperação contrátil é maior para um mesmo grau de fibrose. Modificado de Kim et al.[17]

de realce (Figuras 6 e 7). Alguns cuidados devem ser tomados na interpretação da imagem visando a detectar infartos subendocárdicos pequenos, muitas vezes incluídos como cavidade ventricular em razão da dificuldade em diferenciar o sangue intracavitário do realce subendocárdico. A comparação dos achados do realce com os cortes de cine, e o uso de aquisições mais tardias (após 10 minutos), quando a cavidade sanguínea apresenta menor sinal em relação ao miocárdio infartado em razão da diferente cinética do gadolínio nesses compartimentos, são os principais cuidados.[11] Por fim, deve-se lembrar da quantificação do infarto em gramas ou porcentagem do ventrículo esquerdo, bem como das áreas de obstrução microvascular, que agregam informações importantes e com relevância prognóstica.

Mais relevante que predizer a melhora contrátil segmentar é considerar o benefício equacionado na melhora da função sistólica global, que em geral correlaciona-se com melhora da capacidade funcional e sobrevida. A maioria dos estudos utiliza o incremento de 5% na fração de ejeção do ventrículo esquerdo (FEVE) como critério de resposta.[18] Pegg et al., considerando viáveis os segmentos com < 50% de fibrose, mostraram que quando a somatória do número de segmentos viáveis com os normais era ≥ 10 (utilizando modelo de 16 segmentos da AHA), melhor era a acurácia na predição do aumento da FEVE e de remodelamento negativo por RMC após 6 meses da revascularização cirúr-

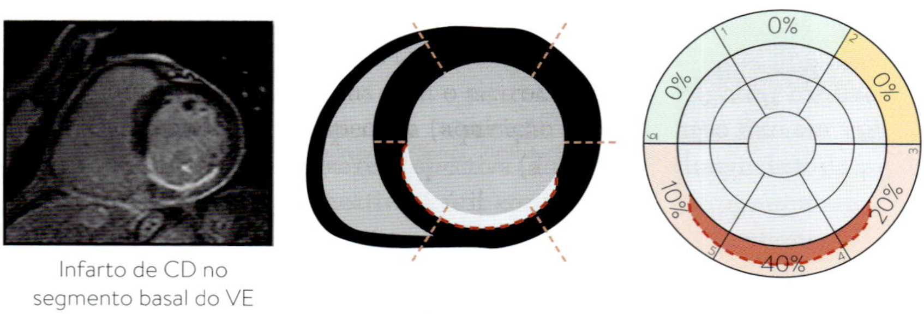

Interpretação:

Segmento AHA	Contratilidade	% Fibrose	% Recuperação
5 – inferosseptal basal	hipocinesia	10 (1-25)	63 (viável)
4 – inferior basal	acinesia	40 (26-50)	> 45 (viável)
3 – inferolateral basal	hipocinesia	20 (1-25)	63 (viável)
2 – anterolateral basal	hipocinesia	0	80 (viável)

Figura 6 Exemplo de infarto da artéria coronária direita, subendocárdico, com viabilidade nos segmentos inferior, inferolateral e inferosseptal basais. Notar que o segmento anterolateral basal (em laranja) apresenta hipocinesia e ausência de realce, portanto viável.

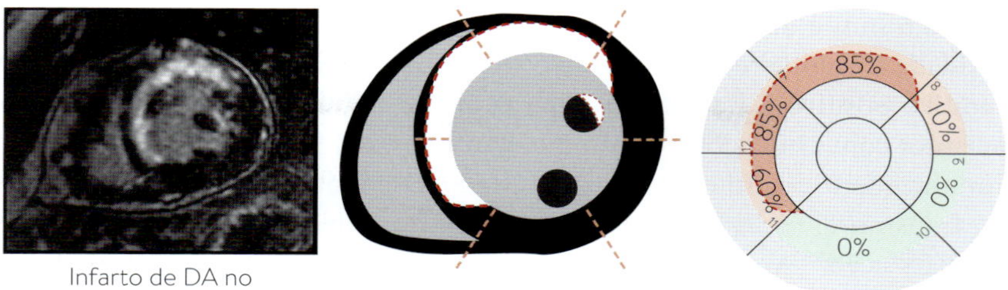

Infarto de DA no segmento médio do VE

Interpretação:

Segmento AHA	Contratilidade	% Fibrose	% Recuperação
11 – inferosseptal médio	acinesia	60 (51-75)	7 (não viável)
12 – anterosseptal médio	acinesia	85 (76-100)	0 (não viável)
7 – anterior médio	acinesia	85 (76-100)	0 (não viável)
8 – anterolateral médio	hipocinesia	10 (1-25)	63 (viável)

Figura 7 Exemplo de infarto da artéria descendente anterior, transmural (> 50%) na maioria dos segmentos analisados. Notar que o segmento anterolateral médio apresenta realce em apenas 10% da totalidade, portanto, com probabilidade de recuperação contrátil ~ 63%.

gica.[19] Diversos outros estudos observacionais com RMC mostraram relação positiva e linear entre o número de segmentos viáveis e a FEVE após a revascularização, entretanto nenhum discriminou um número de segmentos mínimo que prediga o aumento da FEVE. Na prática, a presença de ≥ 4 segmentos com disfunção contrátil e realce < 50% da transmuralidade representam viabilidade significativa e geralmente estão associados à melhora da função sistólica global do ventrículo esquerdo.[20]

Avaliação da espessura e reserva contrátil

Apesar de a maioria dos cardiologistas associar a avaliação de viabilidade miocárdica por RMC com realce tardio, o estudo da reserva contrátil pela prova farmacológica com dobutamina em baixa dose, bem como parâmetros de remodelamento pós-infarto, especialmente a espessura miocárdica ao final da diástole, devem ser lembrados como adjuvantes nessa avaliação.

Na prática cardiológica, o achado ecocardiográfico de alteração contrátil associado ao afilamento mural pronunciado é um dado fortemente sugestivo de ausência de viabilidade em paciente com infarto antigo e ventrículo remodelado. Estudos pequenos (30 a 40 pacientes) com ecocardiograma[21] e RMC de fato mostraram que a espessura do miocárdio ao final da diástole menor que 5 a 6 mm é um marcador de lesão miocárdica irreversível com alta sensibilidade e valor preditivo negativo (85%), mas baixa especificidade e valor preditivo positivo.[22] Entretanto, Shah et al. em estudo prospectivo com 1.055 pacientes com DAC, observaram que dentre os 201 pacientes com afilamento pronunciado (5,5 mm ou menos) estudados, 18% ainda apresentavam fibrose não transmural (≤ 50%) e recuperaram contratilidade e espessura após a revascularização.[23] Assim, mesmo segmentos muito afilados (≤ 5,5 mm) podem apresentar recuperação contrátil, e a RMC tem potencial de discriminar com boa acurácia a viabilidade miocárdica neste cenário. A Figura 8 retrata um caso de recuperação contrátil e espessura após a revascularização de paciente com afilamento miocárdico pronunciado e fibrose subendocárdica.

O miocárdio hibernante apresenta um comportamento contrátil característico após estímulo com dobutamina em baixa dose: a resposta bifásica. Essa resposta é classicamente caracterizada como aumento na contratilidade segmentar na velocidade de infusão de 5 a 10 mcg/kg/minuto (baixa dose)

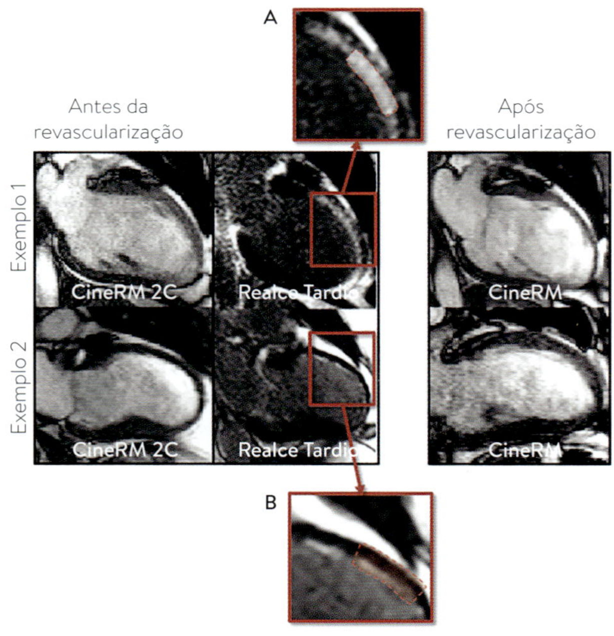

Figura 5.8 Exemplo de pacientes com afilamento mural importante antes da revascularização: exemplo 1 com infarto transmural não viável (A) e exemplo 2 com infarto subendocárdico viável (B). Após a revascularização nota-se em imagem diastólica de cine-RM a recuperação da espessura mural no exemplo 2 e manutenção do afilamento no exemplo 1.

que, no entanto, reduz após elevação para 10 a 40 mcg/kg/minuto, reflexo do agravamento da isquemia taquicárdica induzida. A RMC mostrou acurácia superior à ecocardiografia na estimativa da viabilidade, especialmente pela ótima resolução espacial e visualização da borda endocárdica, com excelente especificidade (~ 91%).[22] Vale ressaltar, que a acurácia dos métodos que avaliam a reserva contrátil com dobutamina depende da população estudada, caindo significativamente quando a disfunção ventricular é importante. Gunning et al., em avaliação da reserva contrátil por RMC, encontraram boa especificidade (81%) mas baixa sensibilidade (50%) em pacientes com FEVE média de 24%.[24] Essa redução na sensibilidade pode ser explicada pela indução precoce de isquemia, mesmo em baixa dose de inotrópico. Por fim, assim como o *speckle tracking* da ecocardiografia, a RMC também agrega ferramentas semelhantes para a análise de deformação miocárdica (*feature tracking* ou CMR-FT), ainda em validação clínica, com potencial de melhorar a acurácia.[25]

Apesar de o estudo de viabilidade por RMC com dobutamina em baixa dose ser pouco utilizado, em cenário específico esse pode ser de grande auxílio, especialmente nos pacientes com alto risco cirúrgico, nos quais o benefício da intervenção deve ser maximizado. Romero et al., em metanálise com 24 estudos de viabilidade por RMC, encontraram que idealmente, para otimizar ao máximo a acurácia preditiva do método, os pacientes com fibrose entre 1 e 50% deveriam ser submetidos ao estudo da reserva contrátil com dobutamina.[22] Aliar-se-ia assim às excelentes sensibilidade (95%) e especificidade (91%) do realce tardio e da reserva contrátil respectivamente, para predição de recuperação contrátil do miocárdio hibernante. Por fim, é válido lembrar que nos pacientes com doença renal crônica grau 4 ou 5 (TFG < 30 mL/minuto/m^2), especialmente dialítica, a avaliação da reserva contrátil é a opção mais segura para viabilidade por RMC em razão do maior risco de fibrose sistêmica nefrogênica com o uso de gadolínio, apesar de alguns quelantes apresentarem bom perfil de segurança.[26]

Valor prognóstico

A constante evolução do tratamento clínico e a utilização crescente de cárdio desfibriladores implantáveis (CDI) melhoraram sobremaneira a sobrevida de pacientes com cardiomiopatia isquêmica, ao ponto da revascularização miocárdica beneficiar subgrupos cada vez mais seletos. Múltiplos fatores influenciam na tomada de decisão quanto à revascularização em um paciente específico, e devem ser levados em consideração como um conjunto. Preferência do paciente, idade, comorbidades, angina, classe funcional, risco cirúrgico, complexidade anatômica, remodelamento ventricular, extensão da área isquêmica e viabilidade miocárdica, compõem os principais. Como já exposto, a viabilidade miocárdica pode ser avaliada por métodos com diferentes performances diagnósticas, tendo a RMC um papel destacado. Apesar disso, com o propósito de guiar uma decisão terapêutica com risco por vezes elevado, os métodos devem ser testados quanto à predição de benefício clínico, principalmente redução de mortalidade.

Nesse sentido, Allman et al., em metanálise com 24 estudos observacionais da década de 1990, nenhum utilizando a RMC, que incluiu 3.088 pacientes com FEVE média de 32%, demonstraram forte associação entre a presença de viabilidade e a melhora da sobrevida após a revascularização. Quando comparada ao tratamento clínico, a revascularização associou-se à redução da mortalidade anual próxima a 80% (3,2% *versus* 16%, p < 0,001). Contudo, na ausência de viabilidade, a mortalidade foi semelhante entre os grupos (7,7 *versus* 6,2%, p = NS).[4] Em decorrência das limitações inerentes à qualidade da evidência gerada por estudos observacionais pequenos e heterogêneos, a eficácia da revascularização guiada por viabilidade permaneceu incerta.

Em consequência disso, 3 estudos testaram a hipótese em desenho prospectivo e randomizado: HEART,[27] PARR-2[28] e uma subanálise do STICH trial.[29] O HEART foi terminado prematuramente, após recrutamento de 138 dos 800 pacientes previstos, não apresentando poder estatístico. Já o estudo PARR-2 recrutou pacientes com cardiomiopatia isquêmica (FEVE média = 27%) que foram randomizados para tratamento convencional (n = 212) ou guiado por FDG-PET (n = 218). De acordo com o protocolo, quando randomizado para manejo guiado por PET, na circunstância de viabilidade significativa, este paciente deveria prosseguir para revascularização. Concluiu-se que o manejo assistido pela PET não demonstrou redução significativa de eventos, mas em subanálise dos pacientes que aderiram às recomendações de revascularização guiadas por PET (minoria, 25%), a redução da mortalidade foi significativa.

Em sequência aos inconclusivos HEART e PARR-2, os resultados da subanálise de viabilidade do STICH foram apresentados, foram avaliados 601 pacientes do total de 1.212 do estudo principal, todos com FEVE ≤ 35%, que foram submetidos à prova de viabilidade com SPECT (n = 321) ou ecocardiograma com dobutamina (n = 130) ou ambos (n = 150), a critério do cardiologista assistente, e seguidos pela mediana de 5,1 anos. Os resultados mostraram que nos pacientes com viabilidade significativa, a revascularização cirúrgica quando comparada ao tratamento clínico não reduziu a mortalidade.[29] Entretanto, alguns fatores que limitam a generalização das conclusões devem ser apontados, principalmente os critérios subjetivos utilizados na seleção dos pacientes, a randomização somente após o estudo de viabilidade, a definição arbitrária de viabilidade significativa, e a análise limitada ao SPECT e/ou ecocardiograma com dobutamina.

Em razão das significativas limitações metodológicas, reflexo dos desafios na condução de estudos prospectivos e randomizados nesse cenário, o conceito de revascularização guiada por viabilidade apresenta, ainda, mais perguntas que respostas. A avaliação de viabilidade com a técnica de realce tardio por RMC foi testada como preditora de desfechos intermediários (recuperação contrátil segmentar e de função ventricular) em estudos relativamente recentes, e pouco se sabe do impacto prognóstico na redução de mortalidade. Gerber et al. foram pioneiros no estudo do papel prognóstico da viabilidade por RMC.[20] Em coorte prospectiva, 144 pacientes portadores de cardiomiopatia isquêmica (FEVE 24 ± 7%) foram submetidos à revascularização completa por angioplastia ou cirurgia (n = 86), ou revascularização incompleta (n = 12), ou tratamento clínico, e seguidos pela média de 3 anos. Encontraram que nos pacientes com viabilidade significativa (≥ 4 segmentos disfuncionais com ≤ 50% de fibrose) mantidos em tratamento clínico, o risco de morte era 4,6 vezes maior que nos submetidos à revascularização completa. Além disso, não observaram diferença significativa na mortalidade quando comparados revascularização e tratamento clínico na ausência de viabilidade.

Não somente a viabilidade, mas a extensão global da fibrose avaliada por RMC em pacientes com cardiomiopatia isquêmica grave deve ser destacada como um marcador de risco independente, especialmente se > 30% da massa ventricular.[30] E ainda, o tamanho da zona cinzenta adjacente ao infarto, caracterizada pela presença de miócitos viáveis em meio à matriz de colágeno, com grande potencial gerador de circuitos de reentrada, prediz arritmia ventricular e assinala infartos com pior prognóstico.[31]

As diretrizes brasileiras e mundiais de revascularização,[32] insuficiência cardíaca[33] e RMC,[34] sustentam a indicação do estudo de viabilidade (classe IIa) e apontam a avaliação por RMC como apropriada antes da revascularização miocárdica. No momento atual deve-se ter cautela na generalização dos resultados do STICH, e o estudo individualizado da viabilidade no cenário da cardiomiopatia isquêmica continua tendo valor na prática, não como parâmetro único na tomada de decisão, mas agregada aos diversos outros fatores prognósticos e ao risco cirúrgico do paciente. A RMC permite refinada avaliação do miocárdio, não somente do componente "morto" (realce tardio), mas do "vivo" (reserva contrátil), e desponta como um método com acurácia superior que deve ter a relevância clínica mais validada nos próximos anos.

Infarto agudo do miocárdio

O IAM é identificado clinicamente e confirmado mediante achados eletrocardiográficos e a elevação dos marcadores de necrose miocárdica. Em um momento inicial, à beira do leito, o ecocardiograma fornece informações valiosas, entretanto, permite discernimento incompleto do complexo insulto tecidual. A RMC, após a estabilização clínica inicial, é capaz de trazer informações teciduais únicas e com implicação prognóstica, tais como a quantificação da área de risco e da obstrução microvascular, a detecção de hemorragia miocárdica e trombo intracavitário. O impacto de alguns desses marcadores, como a avaliação do índice de salvamento miocárdico (calculado pela área de salvamento, ver adiante), pode ser observado nos estudos de cardioproteção, que o vêm utilizando para avaliação de resposta terapêutica, permitindo a redução do tamanho amostral sem comprometer o poder estatístico.[35]

A isquemia aguda consequente à oclusão ou à suboclusão crítica provoca precocemente nos miócitos do território irrigado pela coronária culpada acúmulo de água livre em decorrência de alterações na bomba de sódio-potássio, perda conformacional de macromoléculas que se ligam à água e mais tardiamente perda parcial da integridade de membrana que culmina no edema. Pela RMC, o edema é identificado como um hipersinal no miocárdico em sequências de pulso ponderadas em T2, principalmente a *triple* IR com bobina de corpo no cenário do IAM. Este pode ser observado imediatamente após o insulto isquêmico crítico, antes até da elevação dos marcadores de necrose miocárdica,[36] e auxilia no diagnóstico diferencial entre infarto recente e antigo, estando presente no primeiro e praticamente ausente no segundo, quando avaliado após 7 meses do evento.[37] Alguns autores defendem que o edema identificado pela RMC no IAM representa a área do miocárdio em risco. Frequentemente, a RMC mostra uma área de edema (hipersinal em T2) maior que a de necrose (realce tardio), e a subtração dessas duas permite a estimativa da área de salvamento no IAM, ou melhor, a área que não infartou no território em risco[38] (Figura 9). Diversos ensaios de cardioproteção e terapias alternativas no IAM vêm empregando o índice de salvamento como desfecho intermediário para avaliação de eficácia terapêutica.[39]

Além da detecção do infarto, a técnica do realce com gadolínio permite a visualização de outras consequências desta doença. A RMC apresentou excelente acurácia (S = 88%, E = 99%) para detecção de trombo intracardíaco, confirmado por cirurgia ou doença. Em contraste, nesse mesmo estudo o ecocardiograma transesofágico e transtorácico mostraram sensibilidade inferior (40 e 27%, respectivamente), mas boa especificidade (96%).[40] Trombos laminares aderidos à superfície endocárdica podem ser confundidos com miocárdio nos métodos habituais de investigação (Figura 10).

Outro importante achado no IAM é a obstrução microvascular. Essa é geralmente observada em pacientes com reperfusão tardia (isquemia prolonga-

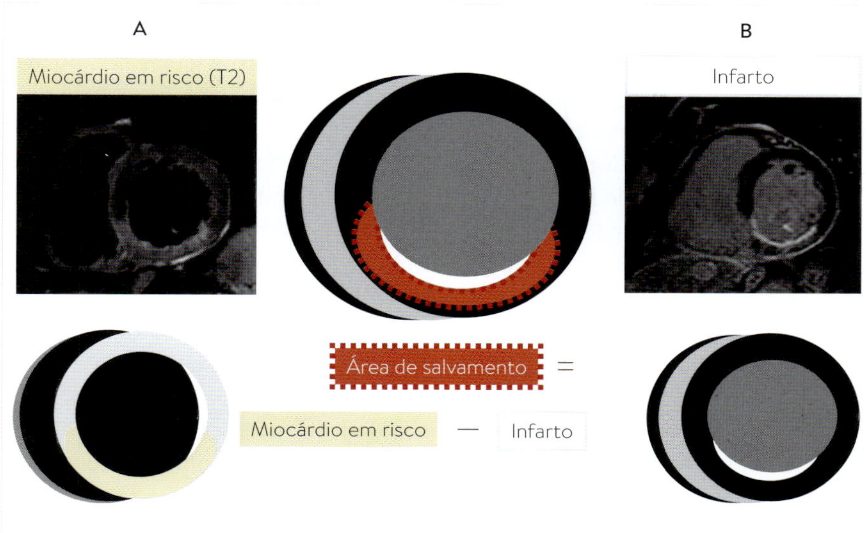

Figura 9 Em (A) imagem ponderada em T2 com ilustração assinalando edema miocárdico (em bege), utilizado para inferir a área do miocárdio em risco, e em (B) realce tardio com ilustração demonstrando o infarto (branco). Ao centro exemplo de cálculo da área de salvamento miocárdico.

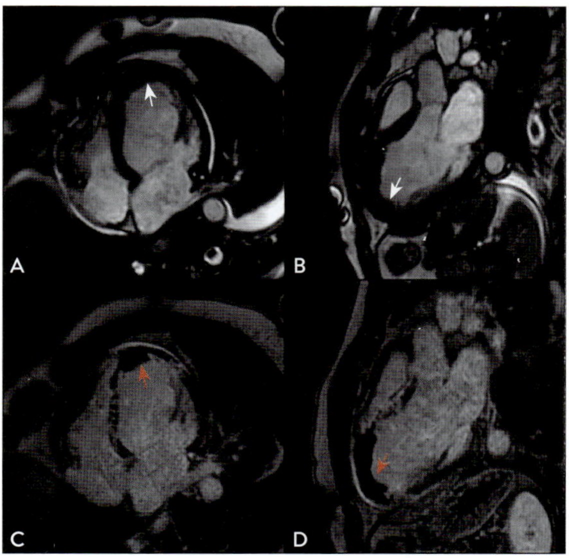

Figura 10 Trombo no ápex do ventrículo esquerdo em imagens de cine-RM 2 e 3 câmaras (A e B, seta branca), mais bem retratado em imagens de realce precoce (C e D, seta vermelha).

da) e permanece mesmo após a revascularização, por tempo aproximado de 3 meses. O dano tecidual observado na obstrução microvascular por doença é caracterizado por graus variados de lesão do endotélio, trombose local e/ou embólica, bem como extravasamento de hemácias, que a depender da magnitude alguns autores denominam infarto hemorrágico. Esses achados, sejam eles com indícios ou não de hemorragia, apresentam significado clínico. Wu et al. demonstraram, em 44 pacientes com IAM, que a presença de obstrução microvascular foi um forte marcador prognóstico, independentemente do tamanho do infarto, e diversos outros estudos em sequência corroboraram os achados.[41] Além disso, sinais de hemorragia (visualizada como hipointensidade em T2 no centro da área de edema e/ou T2* reduzido) também se associaram a eventos cardíacos maiores.[42]

No cenário do IAM, a avaliação da viabilidade miocárdica pelo realce tardio também foi validada. Assim como Kim et al. já haviam encontrado no infarto crônico, Choi et al. demonstraram, em estudo com pacientes no primeiro infarto, que a transmuralidade, mas não a extensão total do infarto ou o valor de CKMB, foi o melhor preditor de recuperação contrátil segmentar e de função ventricular global em 8 a 12 semanas. A necrose em < 25% da transmuralidade foi o melhor preditor de recuperação ($p < 0{,}005$ para FEVE).[43]

Por fim, deve-se lembrar que os sinais e sintomas do IAM podem ser confundidos com outras doenças miocárdicas agudas, e a RMC tem um papel único na diferenciação e na definição de conduta, especialmente quando não há doença coronariana epicárdica significativa, entidade hoje referenciada como MINOCA (*myocardial infarction with non-obstructive coronary arteries*). Nesse cenário, não infrequente, apenas um quarto dos pacientes apresenta realce compatível com infarto pela RMC. A miocardite é o diagnóstico mais frequente, detectada em um terço dos casos, e um quarto não mostra anormalidades pela RMC.[44] O preciso diagnóstico diferencial realizado com base nos padrões de lesão tecidual detalhados no capítulo 6 justifica o uso rotineiro da RMC na MINOCA.

ISQUEMIA MIOCÁRDICA

Introdução

Os exames funcionais não invasivos sempre tiveram importante papel na avaliação da DAC, inicialmente com objetivo de diagnóstico de estenoses obstrutivas pela cinecoronariografia, e após com valor prognóstico no seguimento destes pacientes. O estudo FAME, publicado em 2009, randomizou 1.005 pacientes com DAC multiarterial com estenoses coronarianas ≥ 50% e indicação de angioplastia (excluindo aqueles com lesão do tronco da coronária esquerda) para angioplastia com *stents* farmacológicos ou angioplastia somente nas lesões com reserva de fluxo fracionada (*fractionalflow reserve* [FFR]) ≤ 0,80.[45] O grupo que recebeu angioplastia guiado pela cinecoronariografia implantou a média de 2,7 *stents* por paciente, e o grupo guiado pelo FFR a média de 1,9 (p < 0,001). Após 1 ano, o desfecho primário de morte, infarto não fatal e nova revascularização foi menor no grupo guiado pelo FFR (18,3 *versus* 13,2%, p = 0,02), com a prevalência livre de angina em 1 ano igual em ambos os grupos (78 *versus* 81%, p = 0,2). Esse estudo acrescentou uma nova visão ao tratamento com DAC, mostrando que a realização de angioplastia em pacientes com FFR negativo, possui pior evolução quando guiada por esse método funcional invasivo.

A RMC apresentou nas últimas décadas importantes avanços tecnológicos e comprovação científica na pesquisa de isquemia, mostrando evidências de que é o melhor método para avaliação não invasiva de isquemia e o único que permite uma conduta semelhante à guiada pelo FFR invasivo nos pacientes com estenoses obstrutivas, já que foi o único método não invasivo comparado com esta técnica de forma randomizada na prática clínica.[46,47]

Em metanálise de 2016, com 3.788 pacientes (5.323 vasos) comparando vários métodos com a pesquisa de fluxo limitante pelo FFR, a RMC apresentou a melhor acurácia diagnóstica entre todos os métodos, com a sensibilidade de 91% e a especificidade de 85% na análise por vaso.[46] Em comparação, a sensibilidade foi semelhante à da angiotomografia de coronárias e FFR_{CT} (FFR estimado pela angiotomografia) com valores de 91 e 83%, e significativamente maior para a cinecoronariografia e cintilografia de perfusão miocárdica (SPECT), com valores de 71 e 57%, respectivamente. Em relação à especificidade, foi semelhante ao FFR_{CT} (78%) e SPECT (75%), e significativamente maior que a cinecoronariografia (66%) e a angiotomografia (58%). A ecocardiografia sob estresse não apresentou dados disponíveis por vasos, mas na análise por paciente apresentou menores sensibilidade e especificidade quando comparada à RMC.

Em março de 2017, foi apresentado no congresso da ACC (American College of Cardiology) o estudo MR-INFORM, que randomizou 918 com angina estável e risco intermediário ou alto para DAC, para cinecoronariografia com FFR e revascularização naqueles com FFR positivo, ou para RMC com perfusão miocárdica sob estresse e indicação de cinecoronariografia para revascularização se presença de isquemia.[47] Em um ano, o desfecho primário de morte, infarto não fatal e nova revascularização foi igual e baixo nos dois grupos (3,9 *versus* 3,3% respectivamente, p = 0,62), com menor taxa de revascularização no grupo da RMC (44,2 *versus* 36%, p = 0,0053), mostrando que a conduta inicial destes pacientes com pesquisa de isquemia pela RMC é tão segura quando a estratégia invasiva associada ao FFR.

O EuroCMR é um registro multicêntrico de 15 países europeus e 57 centros, em que mais de 27 mil pacientes realizaram RMC, sendo 34,3% para pesquisa de isquemia e 14,6% para avaliação de viabilidade miocárdica.[48] Nos pacientes com suspeita de DAC, a RMC mostrou impacto na conduta médica em 71,4% dos pacientes, apresentou baixo número de eventos coronarianos dos pacientes sem isquemia, e ainda apresentou um novo diagnóstico não suspeitado em 8,1% dos casos. Esses dados mostram o importante valor desse método multifuncional e sem radiação ionizante na conduta de pacientes com suspeita de DAC, apesar de ainda ser subutilizado no Brasil.

Sequências de pulso

Para a pesquisa de isquemia pela RMC é necessário observar o miocárdio sob estresse farmacológico, que pode ser realizado de duas formas principais: com vasodilatadores (adenosina, dipiridamol ou regadenoson) ou da dobutamina em bomba de infusão contínua com altas doses.

A pesquisa de isquemia sob estresse farmacológico com dobutamina tem como objetivo provocar isquemia e atordoamento miocárdico pela taquicardia induzida, sendo diagnosticada por meio de alterações da contratilidade segmentar (hipocinesia, acinesia ou discinesia) nos territórios acometidos. As sequências usadas para essa finalidade são as mesmas utilizadas para a cine-ressonância de repouso, já discutidas no capítulo anterior, e baseadas no gradiente-eco com precessão livre em estado de equilíbrio (*steady state free precession* [SSFP]), que permite uso de menor tempo de repetição (TR) e consequentemente com melhores resoluções temporal e espacial, além de ótima definição das bordas endocárdicas.[49]

Para a pesquisa de isquemia sob estresse farmacológico com vasodilatadores, observa-se a perfusão de primeira passagem do gadolínio no miocárdico, sendo uma aquisição dinâmica que necessita de sequências de pulsos rápidas e com um TR muito curto. Existem 3 sequências de pulso que permitem a avaliação da perfusão miocárdica pela RMC: *fast/turbo gradientecho* (FGE), *echo planar imaging* (EPI) e SSFP. As sequência de FGE e EPI são mais utilizadas na prática clínica por permitirem uma resolução espacial adequada e menor suscetibilidade a artefatos, enquanto o SSFP, apesar de apresentar a melhor qualidade de imagem, é a mais prejudicada por artefatos, podendo apresentar imagens não diagnósticas quando presentes.[50]

Preparo do paciente e contraindicações

Antes do agendamento de um exame de ressonância magnética, os pacientes devem ser questionados quanto a contraindicações ao exame, descritas em detalhes no capítulo 3.

Na necessidade do uso de gadolínio, fundamental no caso do exame sob estresse farmacológico com vasodilatador, e opcional no caso do exame com dobutamina, os pacientes devem ser orientados a estar de jejum 2 horas antes do exame, e devem ser avaliadas as contraindicações, como anafilaxia em exame anterior e insuficiência renal aguda. Nesses últimos, se *clearance* de creatinina < 30 mL/minuto, devem ser pesados riscos e benefícios, devendo ser avaliado se a resposta clínica poderia ser respondida por outra modalidade diagnóstica, pois o uso de gadolínio nessa população pode causar fibrose sistêmica nefrogênica, complicação rara, mas potencialmente fatal.[52]

Para cada tipo de estresse farmacológico indicado, devem ser realizadas orientações de preparo e questionadas contraindicações específicas (Tabelas 3 e 4). Antes e após ao exame é realizado um eletrocardiograma (ECG) de 12 derivações para análise de algumas contraindicações ao estresse farmacológico, e para verificar alterações em relação ao primeiro ECG. Durante a infusão do agente estressor, dentro da sala de ressonância magnética, o exame é acompanhado por um cardiologista, devendo ser monitorados os sintomas, a frequência cardíaca e a pressão arterial. Como as alterações do segmento ST ao ECG dentro da sala de exame são de análise limitada por interferência do campo magnético, é importante a avaliação dos critérios clínicos e hemodinâmicos que possam indicar a interrupção da infusão do agente estressor (Tabelas 3 e 4).[53,54]

Protocolos de aquisição

Como abordado anteriormente, é possível realizar a RMC sob estresse farmacológico com vasodilatadores (dipiridamol, adenosina ou regadenoson) ou com altas doses de dobutamina. O protocolo com dobutamina tem maior probabilidade de causar sintomas limitantes e necessita de bomba de infusão compatível com o campo magnético da ressonância, menos disponível no Brasil, sendo então utilizado com menor frequência. O protocolo com vasodilatadores é o preferido em território nacional, sendo o dipiridamol o agente de escolha pelo menor preço no país em comparação com os outros vasodilatadores.

Tabela 3 Orientações de preparo, contraindicações ao exame e critérios de interrupção da RMC sob estresse farmacológico com vasodilatadores (dipiridamol, adenosina ou regadenoson)

Orientações de preparo:
Suspender uso de xantinas (café, chá, chocolate, refrigerantes e energéticos) 24 horas antes do exame
Contraindicações ao exame:
Asma brônquica e doença pulmonar obstrutiva crônica
Hipotensão arterial sistêmica (PAS < 90 mmHg)
Bradicardia significativa e bloqueios atrioventriculares do 2° e 3° graus sem uso de marcapasso
Critérios de interrupção do exame:
Angina acentuada
Broncoespasmo
Hipotensão arterial (PAS < 80 mmHg)
Bloqueios atrioventriculares de alto grau

Tabela 4 Orientações de preparo, contraindicações ao exame e critérios de interrupção da RMC sob estresse farmacológico com dobutamina

Orientações de preparo:
Evitar medicações com efeitos cronotrópicos negativos que interfiram na frequência cardíaca alvo a ser atingida (estas medicações só podem ser suspensas pelo médico do paciente)
Contraindicações ao exame:
Angina instável e fase aguda do infarto
Hipertensão arterial não controlada (PA ≥ 220 x 120 mmHg)
Arritmias complexas (incluindo fibrilação atrial com alta resposta ventricular)
Estenose aórtica importante
Cardiomiopatia hipertrófica obstrutiva
Dissecção da aorta e aneurismas arteriais
Critérios de interrupção do exame:
Eficácia em se atingir a frequência cardíaca alvo antes da dose máxima da dobutamina
Angina ou dispneia acentuadas
Hipertensão arterial (PA > 240 x 120 mmHg)
Queda da PAS ≥ 40 mmHg acompanhada de sintomas
Arritmias cardíacas complexas

No protocolo de RMC sob estresse com vasodilatadores, o exame começa com os planos localizatórios, seguido da aquisição da cine-RM em eixo curto para análise dos volumes e funções ventriculares (Figura 11). Após, é realizado a infusão do agente vasodilatador, e, no pico de ação, realizada a injeção do gadolínio e adquiridas as imagens de perfusão miocárdica sob estresse (Tabela 5). Costumam ser adquiridos nas imagens de perfusão no mínimo três cortes em eixo curto nas posições basal, medial e apical, porém a depender da programação da sequência de pulso utilizada, pode-se adquirir mais cortes em eixo curto ou associar cortes em eixos longos, desde que se evite a perda da resolução temporal. Em seguida, pode-se realizar opcionalmente imagens de cine-RM em eixo curto (3 a 5 cortes) para avaliação de novos defeitos de contratilidade segmentar sob estresse, achado com baixa sensibilidade, porém alta especificidade com vasodilatadores. Depois da aquisição das imagens sob estresse, é aplicado aminofilina para reverter os efeitos farmacológicos dos vasodilatadores, obrigatória no uso do dipiridamol, e não habitual no uso de adenosina e regadenoson em razão da meia-vida mais curta, porém podendo ser necessário em alguns pacientes com sintomas persistentes.

Costuma-se esperar, para garantir a reversão dos efeitos dos vasodilatadores, 10 a 15 minutos após o término das imagens sob estresse com vasodilatadores, para se adquirir as imagens de perfusão miocárdica em repouso com uma nova dose de gadolínio. Nesse intervalo, para se minimizar o tempo em máquina, são adquiridas as imagens de cine-RM nos eixos longos. Posteriormente, à perfusão miocárdica em repouso, são finalmente realizadas as imagens de realce tardio para avaliação de infarto e viabilidade miocárdica, e então encerrado o exame.[55]

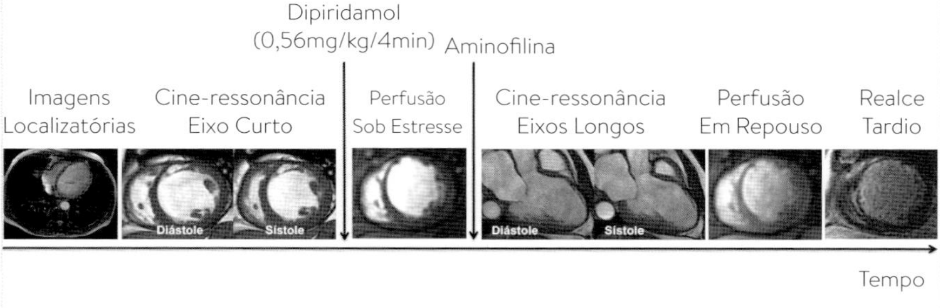

Figura 11 Exemplo das fases do protocolo de RMC sob estresse farmacológico com vasodilatador (dipiridamol).

Tabela 5 Orientações gerais e doses dos vasodilatadores para RMC sob estresse farmacológico com vasodilatadores

Dipiridamol
Dose: 0,56 mg/kg em 4 minutos (mais usada) ou 0,84 mg/kg em 6-10 minutos. Dose máxima total de 60 mg
Infusão: manual
Perfusão sob estresse: 2 minutos após o fim da infusão do dipiridamol
Adenosina
Dose: 0,140 µg/kg/min por 4-6 minutos
Infusão: em bomba de infusão contínua por acesso separado ao da infusão de gadolínio
Perfusão sob estresse: 3 minutos após o início da infusão da adenosina (desligar a adenosina quando término da aquisição das imagens sob estresse)
Regadenoson
Dose: 0,4 mg em bolus (10 segundos) seguido de 5 ml de soro fisiológico
Infusão: manual
Perfusão sob estresse: 10 a 20 segundos após infusão do regadenoson
Aminofilina
Dose: 120 a 240 mg em 1 a 4 minutos
Infusão: manual
Gadolínio
Dose: 0,05 a 1 mmol/kg em cada fase de perfusão (estresse e repouso), totalizando de 0,1 a 0,2 mmol/kg
Infusão: em bomba de infusão contínua com fluxo de 3 a 5 ml/s, seguido de 20-30 ml de soro fisiológico

No protocolo de RMC sob estresse com dobutamina, o exame também começa com os planos localizatórios, mas depois já é seguido das imagens de cine-RM em eixos curtos e longos, e qualquer sequência adicional necessária (Figura 12). Após inicia-se a infusão de dobutamina intravenosa em bomba de infusão contínua em doses crescentes a cada 3 minutos (5, 10, 20, 30 e 40 mcg/kg/minuto) até se atingir a frequência cardíaca alvo, definida como 85% da frequência cardíaca máxima para a idade (FC_{MAX} = 220 - idade).[56] Caso a frequência cardíaca alvo não seja atingida com a dose máxima da dobutamina e ainda não sejam observadas alterações de contratilidade sugestivas de isquemia, pode-se realizar suplementação com atropina intravenosa em bolo (0,25 mg por dose até o máximo de 1 mg) para se elevar a frequência cardíaca. A cada dose de dobutamina, são adquiridas 3 imagens de cine-RM em eixo curto (basal, medial e apical) e 3 em eixos longos (2, 3 e 4 câmaras). O exame pode ser finalizado nesse momento, ou a critério médico, pode-se realizar adicionalmente injeção gadolínio, tanto para perfusão miocárdica sob estresse como para o realce tardio, obtendo-se informações extras ao habitual para avaliação de isquemia e viabilidade miocárdica.

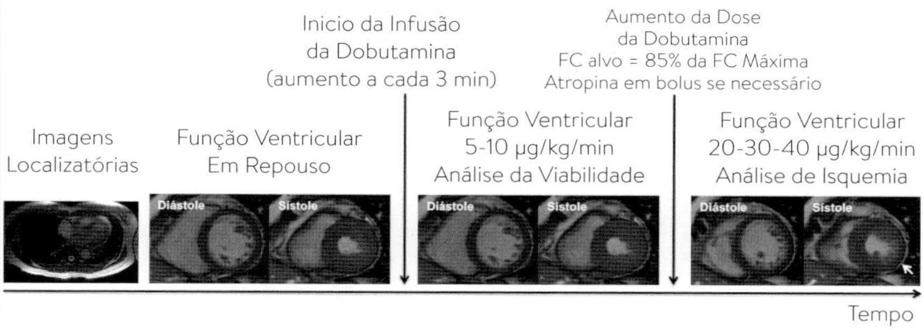

Figura 12 Exemplo das fases do protocolo de RMC sob estresse farmacológico com dobutamina.

Interpretação da isquemia pela perfusão miocárdica sob estresse com vasodilatadores

Uma das vantagens da RMC é a multifuncionalidade, não se avaliando apenas a isquemia miocárdica nas imagens de perfusão, mas também a função sistólica biventricular, a presença de infarto e a viabilidade miocárdica pelo realce tardio, e outras doenças não isquêmicas. Essa análise de múltiplos parâmetros ajuda a aumentar a acurácia diagnóstica do método, tornando-o um exame de primeira linha na investigação de isquemia miocárdica.

Para a análise qualitativa de isquemia miocárdica, é importante começar primeiro com a análise da função segmentar e depois com as imagens de realce tardio. Com essas informações, já é definida a presença ou não de infarto, e a depender da transmuralidade, da viabilidade miocárdica como exposto anteriormente, ajudando na análise posterior das imagens de perfusão sob estresse e em repouso.

O exame normal, negativo para DAC obstrutiva, não apresenta áreas de realce tardio, afastando infarto, e tem as perfusões miocárdicas sob estresse e repouso homogêneas em todos os segmentos, afastando isquemia miocárdica (Figura 13).

Nos exames com isquemia miocárdica, observar-se um defeito perfusional miocárdico sob estresse, que pode ser subendocárdico ou transmural a depender da gravidade, que terá reversão completa ou parcial durante a perfusão em repouso, e não será coincidente com uma área de infarto pelo realce tardio. Em territórios sem infarto, quando se observa esse defeito perfusional reversível, tem-se o diagnóstico de isquemia miocárdica (Figura 14), e em territórios com infarto pelo realce tardio, se a área de defeito perfusional sob estresse for semelhante à área do infarto, não se tem isquemia, já que todo o território com defeito perfusional apresenta fibrose (Figuras 15 e 16), e se a área de defeito perfusional sob estresse for maior que a área do infarto, tem-se isquemia peri-infarto (Figura 16).

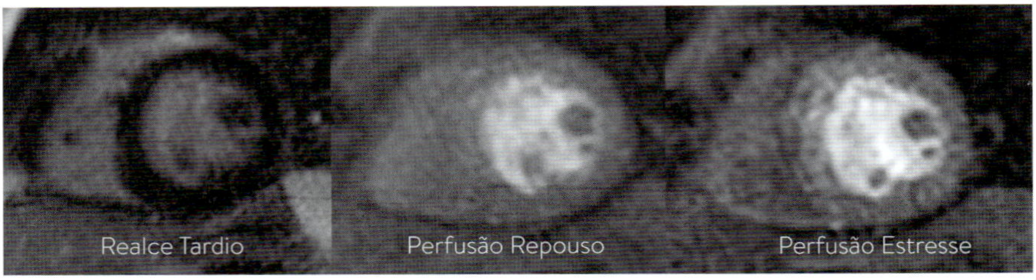

Figura 13 Exame normal de RMC sob estresse farmacológico com dipiridamol. A imagem de realce tardio não demonstra áreas sugestivas de infarto do miocárdico, e as perfusões em repouso e sob estresse não apresentam áreas de hipoperfusão miocárdica.

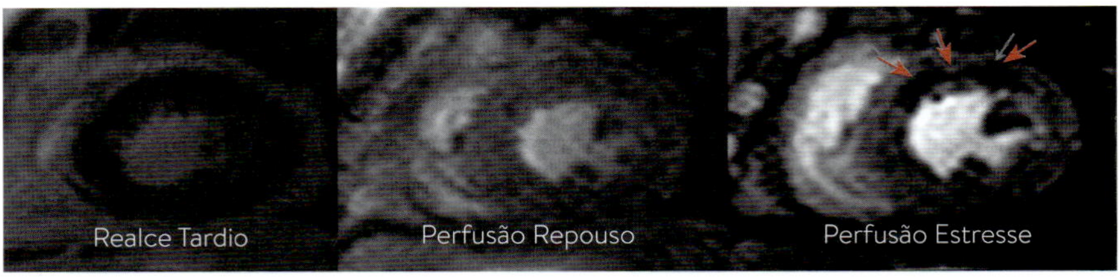

Figura 14 Exame com isquemia miocárdica pela RMC sob estresse farmacológico com dipiridamol. Ausência de infarto pelas imagens de realce tardio e com perfusão em repouso sem anormalidades, apresentando na perfusão sob estresse evidente defeito subendocárdico em segmentos anterior e anterosseptal (setas vermelhas), compatível com isquemia miocárdica.

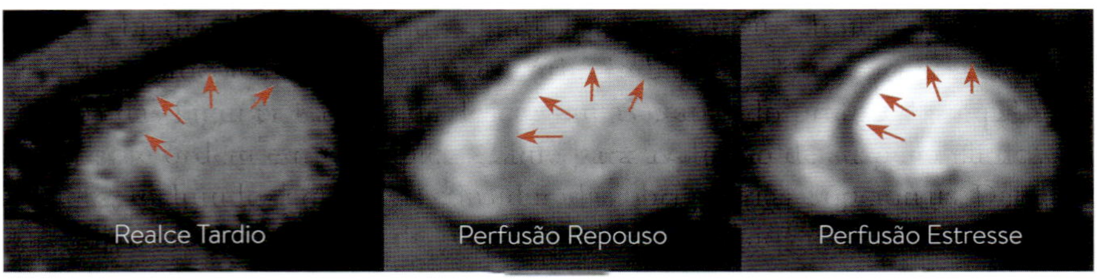

Figura 15 Exame de RMC sob estresse farmacológico com dipiridamol com infarto sem viabilidade miocárdica e com defeito perfusional sob estresse que não caracteriza isquemia miocárdica. Infarto transmural sem viabilidade miocárdica em segmentos anterior e anterosseptal (setas vermelhas) na imagem de realce tardio, com perfusão em repouso com discreto defeito perfusional no mesmo território, e perfusão sob estresse com extenso defeito de perfusão transmural. Como a área de defeito perfusional sob estresse é semelhante à área do infarto, não se caracteriza isquemia miocárdica.

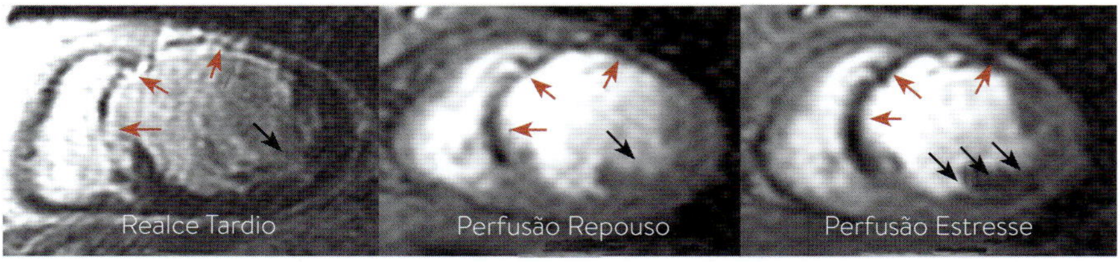

Figura 16 Exame de RMC sob estresse farmacológico com dipiridamol com infarto transmural em segmentos anterior e anterosseptal, e pequeno infarto subendocárdico inferolateral com isquemia peri-infarto associada. Na imagem de realce tardio, observam-se dois infartos. Um transmural em segmentos anterior e anterosseptal sem viabilidade miocárdica (setas vermelhas), que apresenta defeito de perfusão transmural fixo em repouso e sob estresse, que por ser coincidente com a área do infarto pelo realce tardio, não caracteriza isquemia. O outro infarto subendocárdico de pequena extensão em segmento inferolateral (setas pretas), com o segmento apresentando viabilidade miocárdica, e que apresenta um defeito de perfusão subendocárdica sob estresse e reversível em repouso, maior do que a área de infarto pelo realce tardio, caracterizando isquemia peri-infarto.

Caso o exame apresente áreas de defeito perfusional fixo sob estresse e em repouso, sem uma área de infarto correspondente nas imagens de realce tardio, este achado pode representar um artefato de imagem. O mais comum, conhecido como artefato de borda escura (*dark rim artifact*), pode se apresentar com uma linha sem sinal, geralmente no subendocárdio, que pode simular um defeito perfusional. Comumente essa perda de sinal já pode ser notada antes da chegada do gadolínio ao miocárdio, desaparece rapidamente, ou pode aparecer e desaparecer à medida que novas imagens sejam adquiridas, diferenciando-as de uma isquemia real. Para ajudar na interpretação do diagnóstico de cardiomiopatia isquêmica pela RMC sob estresse com vasodilatadores, um algoritmo sugerido encontra-se na Figura 17.[55]

Uma possibilidade não obrigatória na interpretação da isquemia miocárdica pode ser realizada por análise quantitativa associada à análise qualitativa abordada. Por meio de *softwares* direcionados para essa função, não disponíveis em todos os centros diagnósticos, pode-se definir as bordas endocárdicas e epicárdicas do ventrículo esquerdo em todas as imagens de perfusão, e observar as curvas de sinal pelo tempo na cavidade ventricular, no miocárdio normal e no segmento miocárdico com suspeita de isquemia.[57]

Interpretação da isquemia pela contratilidade segmentar sob estresse com dobutamina

Realiza-se a interpretação da RMC sob estresse farmacológico com dobutamina da mesma forma que a realizada pela ecocardiografia sob estresse. A vantagem

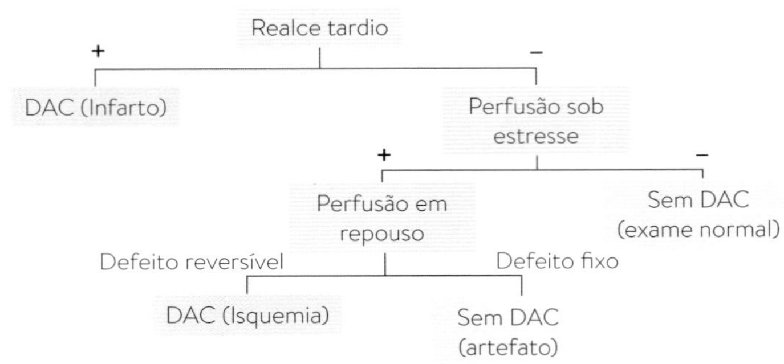

Figura 17 Algoritmo de interpretação da RMC sob estresse farmacológico com vasodilatadores.

da interpretação pela RMC se deve ao fato de não sofrer limitações por janela acústica inadequada, e à melhor avaliação da contratilidade de todos os segmentos por maior resolução espacial e melhor definição das bordas do miocárdio.

Primeiramente se analisa a contratilidade segmentar do ventrículo esquerdo em repouso, classificando os segmentos em normocinéticos, hipocinéticos, acinéticos e discinéticos. Após, analisam-se as imagens com baixas doses de dobutamina (5 a 10 mcg/kg/minuto) para observar melhora da contratilidade nos segmentos com disfunção, a fim de se diagnosticar presença de reserva contrátil e consequentemente viabilidade miocárdica.[58] Então se observa a contratilidade segmentar com altas doses de dobutamina (20, 30 e 40 mcg/kg/minuto) para observar piora da contratilidade segmentar em relação às imagens de repouso, com objetivo de se diagnosticar isquemia miocárdica (Figura 18). Para se afastar a isquemia miocárdica é necessário que não haja piora da contratilidade segmentar com altas doses de dobutamina, desde que a frequência cardíaca alvo seja atingida.[54]

Acurácia diagnóstica

Diversos estudos já demonstraram a excelente acurácia diagnóstica da RMC para pesquisa de isquemia, e na introdução já foram abordados alguns dos mais recentes que a colocaram como o método não invasivo de maior acurácia e o único método não invasivo comprovado contra o FFR em um estudo randomizado na prática clínica para indicar revascularização em pacientes com suspeita de DAC. A seguir serão relatados alguns outros que mostraram essa validação na investigação.

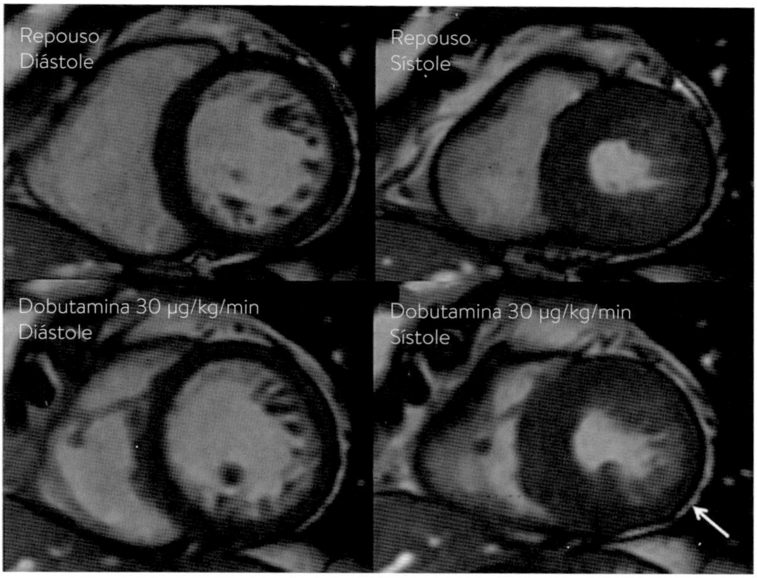

Figura 18 Exame de RMC sob estresse farmacológico com dobutamina mostrando isquemia inferolateral. Acima, nas imagens de repouso se observam todos os segmentos normocinéticos. Abaixo, nas imagens com dobutamina 30 mcg/kg/minuto, observa-se acinesia inferolateral, caracterizando isquemia miocárdica.

Para RMC sob estresse com vasodilatadores, Nandalur et al. publicaram, em 2007, uma metanálise com 1.516 pacientes com prevalência de DAC de 57,4%, e quando comparada à presença de estenose ≥ 50% pela cinecoronariografia, a RMC apresentou sensibilidade de 91% e especificidade de 81%.[59] Em outro estudo chamado CE-MARC, a perfusão miocárdica pela RMC foi comparada a da cintilografia, tendo a cinecoronariografia como padrão-ouro em uma população de 628 pacientes com prevalência de DAC de 39%. Esse estudo mostrou superiores sensibilidade (86,5 *versus* 66,5%) e valor preditivo negativo (90,5 *versus* 79,1%) pela RMC, e especificidade (83,4 *versus* 82,6%) e valor preditivo positivo (77,2 *versus* 71,4%) estatisticamente semelhantes.[60]

Em 2012, foi publicada uma metanálise comparando a perfusão pela RMC, o PET e a cintilografia para pesquisa de isquemia. Esse estudo mostrou sensibilidade semelhante dos três métodos (RMC 89%, PET 84% e SPECT 88%), com maior especificidade da RMC e do PET em relação à cintilografia (RMC 76%, PET 81% e SPECT 61%), e reforçou a ausência de radiação ionizante somente na RMC.[61]

Para a RMC sob estresse com dobutamina, a mesma metanálise citada por Nandalur et al., em 2007, mostrou que em 754 pacientes com prevalência de

DAC de 70,5%, o método apresentou sensibilidade de 83% e especificidade de 86%.[59] Em outro estudo comparando a RMC sob estresse com dobutamina com a ecocardiografia sob estresse com dobutamina em 208 pacientes com o objetivo de detectar estenose ≥ 50% pela cinecoronariografia, a RMC apresentou melhores sensibilidade (86,2 *versus* 74,3%), especificidade (85,7 *versus* 69,8%) e acurácia diagnóstica (86 *versus* 72,7%) do que a ecocardiografia.[56]

Valor prognóstico

Tanto o estresse com vasodilatadores quanto com dobutamina, tem prognóstico demonstrado na literatura. Em estudo com 908 pacientes submetidos à RMC sob estresse com adenosina e seguidos por 2,6 ± 1,2 anos, os pacientes com exames normais apresentaram taxa anual < 1% de morte cardíaca e infarto, e aqueles com exames alterados, a taxa anual de 5,6 a 7% de eventos cardíacos de acordo com o número de anormalidades encontradas na análise multifuncional (função ventricular, infarto e isquemia).[62] Em outro estudo que usou um dos dois tipos de estressores em 513 pacientes com mediana de seguimento de 2,3 anos, Jahnke et al. observaram para o uso de vasodilatadores a taxa cumulativa de eventos cardíacos (morte cardíaca e infarto) em 2 anos de 0,7% nos pacientes sem isquemia e 12,2% nos pacientes com defeito perfusional, e para a dobutamina, a taxa cumulativa em 3 anos de 3,3% nos pacientes sem alterações da contratilidade segmentar e 18,8% naqueles com exames alterados.[63]

Angiorresonância das artérias coronárias

É possível a realização de imagens das artérias coronárias pela RMC, técnica pouco utilizada na prática clínica por ainda não possuir resolução espacial adequada para avaliar estenose aterosclerótica das artérias coronárias, sendo a principal indicação na suspeita de anomalias das artérias coronárias. As técnicas mais utilizadas para esse propósito são de aquisição tridimensional por GRE ou SSFP, habitualmente sem uso de contraste, com sincronização ao ECG, supressão da respiração (apneia ou navegador) e pré-pulsos para melhorar a relação contraste/ruído (saturação de gordura e preparação T2).[52]

Indicações clínicas

As indicações da RMC para pesquisa de isquemia tem como principais indicações as mesmas que a de outros exames de imagem não invasivos, como em pacientes com suspeita de angina estável com probabilidade pré-teste intermediária de DAC, com incapacidade de realizar o teste ergométrico e/ou com eletrocardiograma não interpretável. Pacientes com estenoses coronarianas com repercussão funcional não definida pela cinecoronariografia ou angiotomografia, também tem indicação nos consensos cardiológicos para pesquisa de isquemia naqueles territórios.[34,51,52,64]

Os pacientes com suspeita de angina instável que apresentam troponina normal ou duvidosa, e ECG normal ou inconclusivo, de riscos baixo ou intermediário, também podem realizar o exame. Em estudo com 105 pacientes com suspeita de SCA, Miller et al. randomizaram-nos para realização de RMC sob estresse ou para investigação habitual. Os pacientes do grupo da RMC apresentaram reduções significativas do número de revascularizações (2 *versus* 15%), de novas internações (8 *versus* 23%) e de novos exames cardíacos (4 *versus* 17%). Além disso, SCA ocorreu em 3 pacientes (6%) no grupo da investigação habitual após a alta hospitalar e em nenhum do grupo da RMC.[65]

REFERÊNCIAS BIBLIOGRÁFICAS

1. Mansur AP, Desidério F. Trends in mortality rate from cardiovascular disease in Brazil, 1980-2012. Arq Bras Cardiol. 2016;107(1):20-5.
2. Writing Group Members; Mozaffarian D, Benjamin EJ, Go AS, Arnett DK, Blaha MJ, Cushman M, et al.; American Heart Association Statistics Committee; Stroke Statistics Subcommittee. Heart Disease and Stroke Statistics-2016 Update: A report from the American Heart Association. Circulation. 2016;133(4):e38-360.
3. Braunwald E, Robert AK. The stunned myocardium: prolonged, postischemic ventricular dysfunction. Circulation. 1982;66(6):1146-9.
4. Allman KC, Shaw LJ, Hachamovitch R, Udelson JE. Myocardial viability testing and impact of revascularization on prognosis in patients with coronary artery disease and left ventricular dysfunction: a meta-analysis. J Am Coll Cardiol. 2002;39(7):1151-8.
5. Bolli R. Mechanism of myocardial stunning. Circulation. 1990;82(3):723-38.
6. Reimer KA. The relationship between coronary blood flow and reversible and irreversible ischemic injury. Acute Coronary Care. 1985;9-20.
7. Wesbey GE, Higgins CB, McNamara MT, Engelstad BL, Lipton MJ, Sievers R, et al. Effect of gadolinium-DTPA on the magnetic relaxation times of normal and infarcted myocardium. Radiology. 1984;153(1):165-9.
8. Lima JA, Judd RM, Bazille A, Schulman SP, Atalar E, Zerhouni EA. Regional heterogeneity of human myocardial infarcts demonstrated by contrast-enhanced MRI. Potential mechanisms. Circulation. 1995;92(5):1117-25.
9. Rochitte CE, Lima JA, Bluemke DA, Reeder SB, McVeigh ER, Furuta T, et al. Magnitude and time course of microvascular obstruction and tissue injury after acute myocardial infarction. Circulation. 1998;98(10):1006-14.
10. Simonetti OP, Kim RJ, Fieno DS, Hillenbrand HB, Wu E, Bundy JM, et al. An improved MR imaging technique for the visualization of myocardial infarction. Radiology. 2001;218(9):215-23.
11. Kim RJ, Shah DJ, Judd RM. How we perform delayed enhancement imaging. J Cardiovasc Magn Reson. 2003;5(3):505-14.
12. Arai AE. The cardiac magnetic resonance (CMR) approach to assessing myocardial viability. J Nucl Cardiol. 2011;18(6):1095-102.

13. Schelbert EB, Hsu L, Anderson SA, Mohanty BD, Karim SM, Kellman P, et al. Late gadolinium-enhancement cardiac magnetic resonance identifies postinfarction myocardial fibrosis and the border zone at the near cellular level in ex vivo rat heart. Circ Cardiovasc Imaging. 2010;3(6):743-52.
14. Klein C, Nekolla SG, Bengel FM, Momose M, Sammer A, Haas F, et al. Assessment of myocardial viability with contrast-enhanced magnetic resonance imaging comparison with positron emission tomography. Circulation. 2002;105(2):162-7.
15. Kumar A, Abdel-Aty H, Kriedemann I, Schulz-Menger J, Gross CM, Dietz R, Friedrich MG. Contrast-enhanced cardiovascular magnetic resonance imaging of right ventricular infarction. J Am Coll Cardiol. 2006;48(10):1969-76.
16. Kim RJ, Albert TSE, Wible JH, Elliott MD, Allen JC, Lee JC, et al. Performance of delayed-enhancement magnetic resonance imaging with gadoversetamide contrast for the detection and assessment of myocardial infarction: An international, multicenter, double-blinded, randomized trial. Circulation. 2008;117(5):629-37.
17. Kim RJ, Wu E, Rafael A, Chen EL, Parker MA, Simonetti O, et al. The use of contrast-enhanced magnetic resonance imaging to identify reversible myocardial dysfunction. N Engl J Med. 2000;343(20):1445-53.
18. Schinkel AFL, Bax JJ, Poldermans D, Elhendy A, Ferrari R, Rahimtoola SH. Hibernating myocardium: diagnosis and patient outcomes. Curr Probl Cardiol. 2007;32(7):375-410.
19. Pegg TJ, Selvanayagam JB, Jennifer J, Francis JM, Karamitsos TD, Dall'Armellina E, et al. Prediction of global left ventricular functional recovery in patients with heart failure undergoing surgical revascularization, based on late gadolinium enhancement cardiovascular magnetic resonance. J Cardiovasc Magn Reson. 2010;12:56.
20. Gerber BL, Rousseau MF, Ahn SA, le Polain de Waroux JB, Pouleur AC, Phlips T, et al. Prognostic value of myocardial viability by delayed-enhanced magnetic resonance in patients with coronary artery disease and low ejection fraction: impact of revascularization therapy. J Am Coll Cardiol. 2012;59(9):825-35.
21. LaCanna G, Rahimtoola SH, Visioli O, Giubbini R, Alfieri O, Zognio M, et al. Sensitivity, specificity, and predictive accuracies of non-invasive tests, singly and in combination, for diagnosis of hibernating myocardium. European Heart J. 2000;21(16):1358-67.
22. Romero J, Xue X, Gonzalez W, Garcia MJ. CMR imaging assessing viability in patients with chronic ventricular dysfunction due to coronary artery disease: a meta-analysis of prospective trials. JACC Cardiovascr Imaging. 2012;5(5):494-508.
23. Shah DJ, Kim HW, James O, Parker M, Wu E, Bonow RO, et al. Prevalence of regional myocardial thinning and relationship with myocardial scarring in patients with coronary artery disease. JAMA. 2013;309(9):909-18.
24. Gunning MG, Anagnostopoulos C, Knight CJ, Pepper J, Burman ED, Davies G, et al. Comparison of 201Tl, 99mTc-tetrofosmin, and dobutamine magnetic resonance imaging for identifying hibernating myocardium. Circulation. 1998;98(18):1869-74.
25. Schuster A, Paul M, Bettencourt N, Morton G, Chiribiri A, Ishida M, et al. Cardiovascular magnetic resonance myocardial feature tracking for quantitative viability assessment in ischemic cardiomyopathy. Int J Cardiol. 2013;166(2):413-20.
26. Soyer P, Dohan A, Patkar D, Gottschalk A. Observational study on the safety profile of gadoterate meglumine in 35,499 patients: The SECURE study. J Magn Reson Imaging. 2017;45(4):988-97.
27. Cleland JGF, Calvert M, Freemantle N, Arrow Y, Ball SG, Bonser RS, et al. The Heart Failure Revascularisation Trial (HEART). Eur J Heart Fail. 2011;13(2):227-33.
28. Beanlands RS, Nichol G, Huszti E, Humen D, Racine N, Freeman M, et al.; PARR-2 Investigators. F-18-fluorodeoxyglucose positron emission tomography imaging-assisted management of patients with severe left ventricular dysfunction and suspected coronary disease: a randomized, controlled trial (PARR-2). J Am Coll Cardiol. 2007;50920):2002-12.

29. Bonow RO, Maurer G, Lee KL, Holly TA, Binkley PF, Desvigne-Nickens P, et al.; STICH Trial Investigators. Myocardial viability and survival in ischemic left ventricular dysfunction. N Engl J Med. 2011;364(17):1617-25.
30. Kwon DH, Halley CM, Carrigan TP, Zysek V, Popovic ZB, Setser R, et al. Extent of left ventricular scar predicts outcomes in ischemic cardiomyopathy patients with significantly reduced systolic function: a delayed hyperenhancement cardiac magnetic resonance study. J Am Coll Cardiol Img. 2009;2(1):34-44.
31. Yan AT, Shayne AJ, Brown KA, Gupta SN, Chan CW, Luu TM, et al. Characterization of the peri-infarct zone by contrast-enhanced cardiac magnetic resonance imaging is a powerful predictor of post-myocardial infarction mortality. Circulation. 2006;114(1):32-9.
32. Kolh P, Windecker S, Alfonso F, Collet JP, Cremer J, Falk V, et al.; European Society of Cardiology Committee for Practice Guidelines, Zamorano JL, Achenbach S, Baumgartner H, Bax JJ, Bueno H, Dean V, Deaton C, Erol Ç, Fagard R, Ferrari R, Hasdai D, Hoes AW, Kirchhof P, Knuuti J, Kolh P, Lancellotti P, Linhart A, Nihoyannopoulos P, Piepoli MF, Ponikowski P, Sirnes PA, Tamargo JL, Tendera M, Torbicki A, Wijns W, Windecker S; EACTS Clinical Guidelines Committee; Task Force on Myocardial Revascularization of the European Society of Cardiology and the European Association for Cardio-Thoracic Surgery; European Association of Percutaneous Cardiovascular Interventions. ESC/EACTS Guidelines on myocardial revascularization: The Task Force on Myocardial Revascularization of the European Society of Cardiology (ESC) and the European Association for Cardio-Thoracic Surgery (EACTS) Developed with the special contribution of the European Association of Percutaneous Cardiovascular Interventions (EAPCI). Euro J Cardio-thoracic Surg. 2014;46(4):517-92.
33. Bocchi EA, Marcondes-Braga FG, Bacal F, Ferraz AS, Albuquerque D, Rodrigues D, et al. Sociedade Brasileira de Cardiologia. Atualização da Diretriz Brasileira de Insuficiência Cardíaca Crônica - 2012. Arq Bras Cardiol. 2012:98(1 Suppl 1):1-33.
34. Sara L, Szarf G, Tachibana A, Shiozaki AA, Villa AV, Oliveira A, et al. II Diretriz de Ressonância Magnética e Tomografia Computadorizada Cardiovascular da Sociedade Brasileira de Cardiologia e do Colégio Brasileiro de Radiologia. Arq Bras Cardiol. 2014;103(6):1-86.
35. Engblom H, Heiberg E, Erlinge D, Jensen SE, Nordrehaug JE, Dubois-Randé J-L, et al. Sample size in clinical cardioprotection trials using myocardial salvage index, infarct size, or biochemical markers as endpoint. J Am Heart Assoc. 2016;5(3):e002708.
36. Rajiah P, Desai MY, Kwon D, Flamm SD. MR imaging of myocardial infarction. Radiographics. 2013;33(5):1383-412.
37. Abdel-Aty H, Zagrosek A, Schulz-Menger J, Taylor AJ, Messroghli D, Kumar A, et al. Delayed enhancement and T2-weighted cardiovascular magnetic resonance imaging differentiate acute from chronic myocardial infarction. Circulation. 2004;109(20):411-6.
38. Friedrich MG, Kim HW, Kim RJ. T2-weighted imaging to assess post-infarct myocardium at risk. JACC Cardiovasc Imaging. 2011;4(9):1014-21.
39. Erlinge D, Gotberg M, Lang I, Holzer M, Noc M, Clemmensen P, et al. Rapid endovascular catheter core cooling combined with cold saline as an adjunct to percutaneous coronary intervention for the treatment of acute myocardial infarction: the CHILL-MI Trial: a randomized controlled study of the use of central venous catheter core cooling combined with cold saline as an adjunct to percutaneous coronary intervention for the treatment of acute myocardial infarction. J Am Coll Cardiol. 2014;63(18):1857-65.
40. Srichai MB, Junor C, Rodriguez LL, Stillman AE, Grimm RA, Lieber ML, et al. Clinical, imaging, and pathological characteristics of left ventricular thrombus: A comparison of contrast-enhanced magnetic resonance imaging, transthoracic echocardiography, and transesophageal echocardiography with surgical or pathological validation. Am Heart J. 2006;152(1):75-84.

41. Wu KC, Zerhouni EA, Judd RM, Lugo-Olivieri CH, Barouch LA, Schulman SP, et al. Prognostic significance of microvascular obstruction by magnetic resonance imaging in patients with acute myocardial infarction. Circulation. 1998;97(8):765-72.
42. Eitel I, Kubusch K, Strohm O, Desch S, Mikami Y, de Waha S, et al. Prognostic value and determinants of a hypointense infarct core in T2-weighted cardiac magnetic resonance in acute reperfused ST-elevation-myocardial infarction. Circ Cardiovasc Imaging. 2011;4(4):354-62.
43. Choi KM, Kim RJ, Gubernikoff G, Vargas JD, Parker M, Judd RM. Transmural extent of acute myocardial infarction predicts long-term improvement in contractile function. Circulation. 2001;104(10):1101-7.
44. Pasupathy S, Air T, Dreyer RP, Tavella R, Beltrame JF. Systematic review of patients presenting with suspected myocardial infarction and nonobstructive coronary arteries. Circulation. 2015;131(10):861-70.
45. Tonino PAL, Bryne BD, Pijls NH, Siebert U, Ikeno F, van' t Veer M, et al.; FAME Study Investigators. Fractional flow reserve versus angiography for guiding percutaneous coronary intervention. N Engl J Med. 2009;360(3):213-24.
46. Danad I, Szymonifka J, Twisk JWR, Norgaard BL, Zarins CK, Knaapen P, Min JK . Diagnostic performance of cardiac imaging methods to diagnose ischaemia-causing coronary artery disease when directly compared with fractional flow reserve as a reference standard: a meta-analysis. Eur Heart J. 2017;38(13):991-8.
47. Nagel EC. American College of Cardiology Annual Scientific Session (ACC 2017), Washington, DC, March 17, 2017. Clinical Trials.gov identifier: NCT01236807. Available from: https://clinicaltrials.gov/ct2/show/NCT03700294.
48. Bruder O, Wagner A, Lombardi M, Schwitter J, van Rossum A, Pilz G, et al. European Cardiovascular Magnetic Resonance (EuroCMR) registry-multi national results from 57 centers in 15 countries. J Cardiovasc Magn Reson. 2013;15:9.
49. Ridgway JP. Cardiovascular magnetic resonance physics for clinicians: part I. J Cardiovasc Magn Reson. 2010;12:71.
50. Biglands JD, Radjenovic A, Ridgway JP. Cardiovascular magnetic resonance physics for clinicians: part II. J Cardiovasc Magn Reson. 2012;14:66.
51. Grupo de Estudo em Ressonância e Tomografia Cardiovascular (GERT) do Departamento de Cardiologia Clínica da Sociedade Brasileira de Cardiologia, Rochitte CE, Pinto IM, Fernandes JL, Filho CF, Jatene A, Carvalho AC, et al. Diretrizes SBC - Ressonância e Tomografia Cardiovascular. Arq Bras Cardiol. 2006;87(3):e60-100.
52. American College of Cardiology Foundation Task Force on Expert Consensus Documents, Hundley WG, Bluemke DA, Finn JP, Flamm SD, Fogel MA, Friedrich MG, et al. ACCF/ACR/AHA/NASCI/SCMR 2010 expert consensus document on cardiovascular magnetic resonance: a report of the American College of Cardiology Foundation Task Force on Expert Consensus Documents. J Am Coll Cardiol. 2010;55(23):2614-62.
53. Mastrocolla LE, et al. Consenso Nacional de Ergometria. Arq Bras Cardiol. 1995;65(2):191-211.
54. Charoenpanichkit C, Hundley WG. The 20 year evolution of dobutamine stress cardiovascular magnetic resonance. J Cardiovasc Magn Reson. 2010;12:59.
55. Klem I, Heitner JF, Shah DJ, Sketch MH Jr, Behar V, Weinsaft J, et al. Improved detection of coronary artery disease by stress perfusion cardiovascular magnetic resonance with the use of delayed enhancement infarction imaging. J Am Coll Cardiol. 2006;47(8):1630-8.
56. Nagel E, Lehmkuhl HB, Bocksch W, Klein C, Vogel U, Frantz E, et al. Noninvasive diagnosis of ischemia-induced wall motion abnormalities with the use of high-dose dobutamine stress mri: comparison with dobutamina stress echocardiography. Circulation. 1999;99(6):763-70.
57. Herold MJ. Quantification of myocardial perfusion by cardiovascular magnetic resonance. J Cardiovasc Magn Reson. 2010;12:57.

58. Baer FM, Theissen P, Schneider CA, Voth E, Sechtem U, Schicha H, Erdmann E. Dobutamine magnetic resonance imaging predicts contractile recovery of chronically dysfunctional myocardium after successful revascularization. J Am Coll Cardiol. 1998;31(5):1040-8.
59. Nandalur KR, Dwamena BA, Choudhri AF, Nandalur MR, Carlos RC. Diagnostic performance of stress cardiac magnetic resonance imaging in the detection of coronary artery disease. J Am Coll Cardiol. 2007;50(14):1343-53.
60. Greenwood JP, Maredia N, Younger JF, Brown JM, Nixon J, Everett CC, et al. Cardiovascular magnetic resonance and single-photon emission computed tomography for diagnosis of coronary heart disease (CE-MARC): a prospective trial. Lancet. 2012;379(9814):453-60.
61. Jaarsma C, Leiner T, Bekkers SC, Crijns HJ, Wildberger JE, Nagel E, Nelemans PJ, Schalla S. Diagnostic performance of noninvasive myocardial perfusion imaging using single-photon emission computed tomography, cardiac magnetic resonance, and positron emission tomography imaging for the detection of obstructive coronary artery disease: a meta-analysis. J Am Coll Cardiol. 2012;59(19):1719-28.
62. Bingham SE, Hachamovitch R. Incremental prognostic significance of combined cardiac magnetic resonance imaging, adenosine stress perfusion, delayed enhancement, and left ventricular function over preimaging information for the prediction of adverse events. Circulation. 2011;123(14):1509-18.
63. Jahnke C, Nagel E, Gebker R, Kokocinski T, Kelle S, Manka R, et al. Prognostic value of cardiac magnetic resonance stress tests: adenosine stress perfusion and dobutamine stress wall motion imaging. Circulation. 2007;115(13):1769-76.
64. Hendel RC, Patel MR, Kramer CM, Poon M, Hendel RC, Carr JC, et al.; American College of Cardiology Foundation Quality Strategic Directions Committee Appropriateness Criteria Working Group; American College of Radiology; Society of Cardiovascular Computed Tomography; Society for Cardiovascular Magnetic Resonance; American Society of Nuclear Cardiology; North American Society for Cardiac Imaging; Society for Cardiovascular Angiography and Interventions; Society of Interventional Radiology. ACCF/ACR/SCCT/SCMR/ASNC/NASCI/SCAI/SIR 2006 Appropriateness Criteria for Cardiac Computed Tomography and Cardiac Magnetic Resonance Imaging: a report of the American College of Cardiology Foundation Quality Strategic Directions Committee Appropriateness Criteria Working Group, American College of Radiology, Society of Cardiovascular Computed Tomography, Society for Cardiovascular Magnetic Resonance, American Society of Nuclear Cardiology, North American Society for Cardiac Imaging, Society for Cardiovascular Angiography and Interventions, and Society of Interventional Radiology. J Am Coll Cardiol. 2006;48(7):1475-97.
65. Miller CD, Case LD, Little WC, Mahler SA, Burke GL, Harper EN, et al. Stress CMR reduces revascularization, hospital readmission, and recurrent cardiac testing in intermediate-risk patients with acute chest pain. JACC Cardiovasc Imaging. 2013;6(7):785-94.

6 O papel da ressonância magnética na insuficiência cardíaca e cardiomiopatias

Antonildes N. Assunção-Jr.
Cesar Higa Nomura

INTRODUÇÃO

A ressonância magnética cardiovascular (RMC) tem um importante papel na avaliação dos vários estágios das cardiomiopatias, incluindo detecção de alterações subclínicas, auxílio no diagnóstico diferencial de etiologias, planejamento terapêutico e estratificação de risco, quando a doença se apresenta já estabelecida e com sinais/sintomas avançados de insuficiência cardíaca e/ou arritmias graves. Este capítulo discorrerá sobre estes pontos de acordo com as principais cardiomiopatias, seguindo a divisão da American Heart Association (AHA) para classificação da doença. No final, também serão discutidas as perspectivas de novas técnicas de aquisição e pós-processamento de imagens pela RMC (sobretudo nos estágios iniciais da doença), bem como o papel da RMC em estágios mais avançados de insuficiência cardíaca.

CARDIOMIOPATIAS PRIMÁRIAS

Genéticas

Cardiomiopatia hipertrófica

A cardiomiopatia hipertrófica (CMH) é uma desordem genética caracterizada por inapropriada hipertrofia ventricular. A localização e a extensão podem variar consideravelmente, apresentando-se de forma simétrica ou assimétrica, em um ou mais segmentos ventriculares, envolvendo ou não músculos papilares.

Essas informações anatômicas, sobretudo a espessura miocárdica máxima (EMM), são cruciais para o diagnóstico, a estratificação de risco e o manejo clínico da doença. Apesar da RMC ser aceita como padrão-ouro na quantificação da massa e na espessura do ventrículo esquerdo (VE) pela elevada resolução espacial, recomendações da American College of Cardiology (ACC)/AHA[1] e European Society of Cardiology (ESC)[2] colocam a RMC como indicação classe I somente em situações em que o ecocardiograma for inconclusivo na CMH. Isso ocorre em parte pela menor disponibilidade e maior custo da RMC.

Entretanto, recente publicação de Hindieh et al., estudando 195 pacientes com diagnóstico definitivo de CMH em um centro terciário, mostraram preocupante discordância entre o ecocardiograma e a RMC.[3] Em metade dos casos, a medida da EMM foi maior que 10% diferente entre exames. Destas diferenças, 16 (8,2%) tiveram elevada relevância clínica: em seis pacientes, afetou o diagnóstico (EMM > 15 mm) e em 10 pacientes, o ponto de corte para prognóstico (EMM > 30 mm). Estudos anteriores também já apontaram erros do ecocardiograma no diagnóstico de CMH ao redor de 5%.[4]

Rowin et al. recentemente chamaram atenção para outro dado morfológico na avaliação da CMH, o aneurisma apical.[5] Os autores avaliaram retrospectivamente taxa de eventos cardiovasculares adversos em 1.940 pacientes com CMH e observaram 3 vezes maior naqueles com aneurisma apical em comparação com os demais. Tal achado morfológico ventricular também é melhor avaliado pela RMC quando comparada ao ecocardiograma.

Outras informações morfofuncionais incluem a identificação de jato de aceleração de fluxo na via de saída e movimento sistólico anterior da valva mitral, o que sugere obstrução de via de saída do VE. Nesse aspecto, o ecocardiograma continua sendo o exame mais indicado para essa avaliação.

Por último, o realce tardio miocárdico (RTM-RMC) na CMH apresenta importante valor prognóstico. Os dados mais fortes a suportarem a entrada deste marcador na estratificação de risco vêm dos estudos capitaneados por Maron.[6-8] Ao trabalhar com vários grupos, o autor vem demostrando que extensas áreas de fibrose miocárdica (massa de fibrose > 15% da massa do VE) se associam com pior prognóstico. Atualmente, ACC/AHA recomenda o uso do RTM-RMC na estratificação de risco de casos limítrofes.[1] Com relação ao padrão do RTM-RMC, a fibrose geralmente é multifocal, atingindo regiões das inserções do ventrículo direito (VD) no VE (padrão junção ventricular) e em que a hipertrofia é mais acentuada (Figura 1).

Miocárdio não compactado

Miocárdio não compactado (MNC) é uma doença genética rara. Mesmo assim, exames de RMC para a pesquisa dessa doença vêm se tornando relativamente frequentes na rotina clínica de hospitais terciários. Isso se deve em parte ao maior reconhecimento dessa doença pelos clínicos, aos avanços nos métodos diagnósticos de imagem e ao rastreamento familiar recomendado pelas diretrizes. Entretanto, há uma preocupação crescente do sobrediagnóstico dessa en-

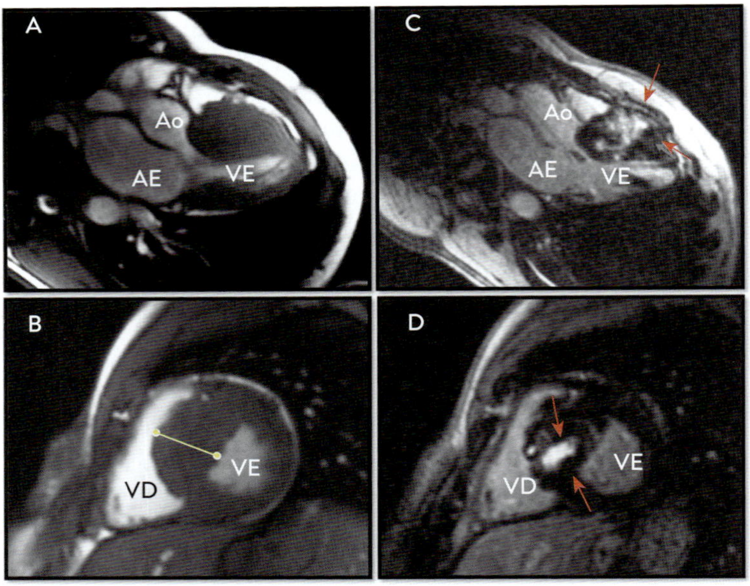

Figura 1 Cardiomiopatia hipertrófica assimétrica. Cinerressonância (SSFP) e realce tardio miocárdico (RTM) da via de saída do ventrículo esquerdo (3-CH) e em eixo curto (A e C; B e D; respectivamente). O paciente apresenta espessura miocárdica máxima de 33 mm (linha amarela) e elevada quantidade de massa de fibrose (setas vermelhas) – 17% em relação à massa do ventrículo esquerdo.
AE: átrio esquerdo; VD: ventrículo direito; VE: ventrículo esquerdo.

tidade, sobretudo em indivíduos assintomáticos, de baixo risco para a doença, sem alterações morfofuncionais do VE e, por último (mas não menos importante), quando uma outra etiologia é potencialmente a causa e não foi devidamente afastada. Fenotipicamente, MNC é caracterizado por proeminentes trabeculações do VE (Figura 2), o que pode ser encontrado mesmo em indivíduos saudáveis, principalmente afrodescendentes, ou em atletas de alta *performance*.[9-11]

Atualmente, um fluxograma sugerido por Petersen[12] para o diagnóstico de MNC tem sido amplamente aceito e está representado na Figura 3. Vários critérios ecocardiográficos e da RMC são sugeridos para a definição de aumento da trabeculação do VE. A RMC, entretanto, possui elevada resolução espacial, não sofre de limitações de janelas acústicas e permite melhor visualização de áreas frequentemente afetadas por MNC (apicais), por isso tem sido preferida por muitos especialistas na investigação. O critério de Petersen na RMC (relação miocárdio não compactado[NC]/compactado [C] $\geq$ 2,3) tem sido o mais usado, pois apresenta probabilidade pós-teste elevada em populações de maior risco (Figura 4).[13]

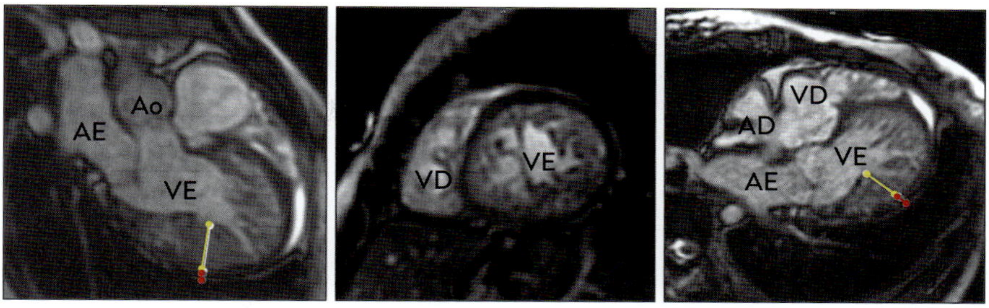

Figura 2 Miocárdio não compactado. Paciente com aumento de trabeculação (relação não compactado/compactado de 5,5) associado a disfunção e dilatação do ventrículo esquerdo.

#AD: átrio direito; AE; átrio esquerdo; VD: ventrículo direito; VE: ventrículo esquerdo.

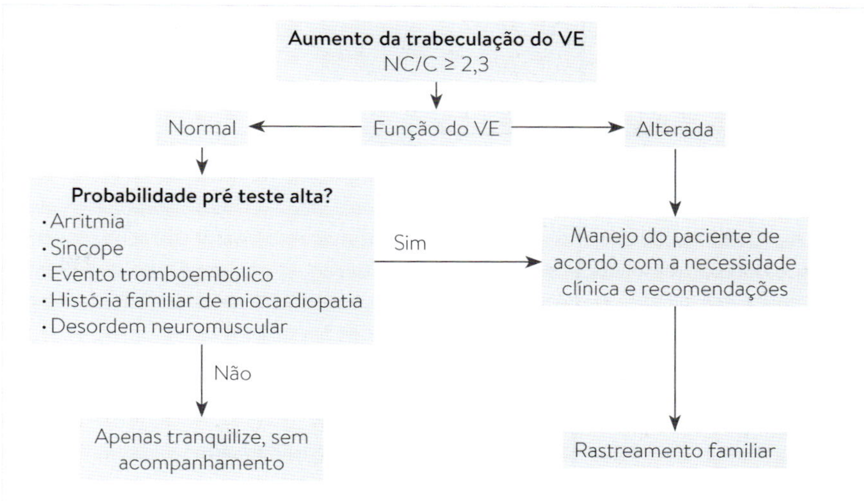

Figura 3 Fluxograma sugerido para o diagnóstico e manejo de pacientes com aumento da trabeculação do ventrículo esquerdo. Adaptada de Zemrak e Petersen (2015).[12]

O RTM ocorre em aproximadamente 40% dos casos de MNC e, quando presente, exibe pouca extensão, acometendo principalmente o mesocárdio.[14] Recente publicação de Andreini et al., em estudo prospectivo em cinco centros europeus com 113 pacientes, mostrou que a presença de RTM tem importante valor na estratificação de risco de eventos cardiovasculares em pacientes com MNC.[15]

Displasia arritmogênica do ventrículo direito

A displasia arritmogênica do ventrículo direito (DAVD) é uma doença hereditária associada à mutação de genes que codificam desmossomos, estruturas importantes na adesão celular. A doença se caracteriza por perda progressiva

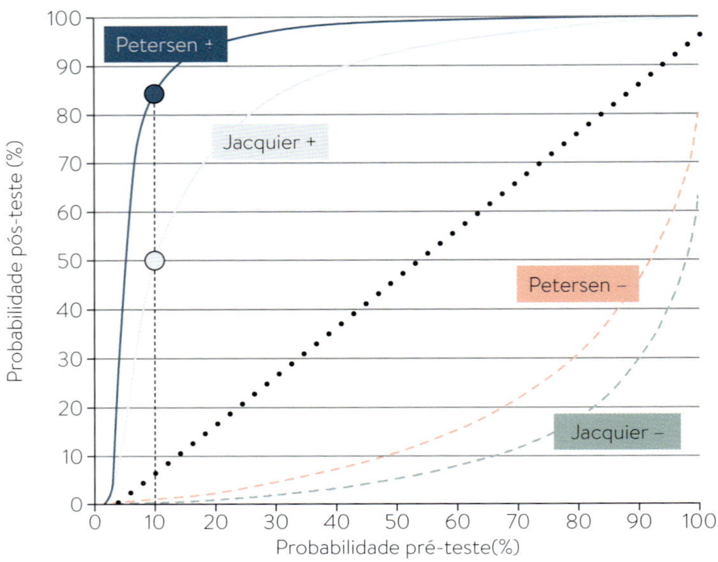

Figura 4 Comparação dos critérios diagnósticos de aumento de trabeculação do ventrículo esquerdo por ressonância magnética cardiovascular. Petersen: 86% de sensibilidade e 99% de especificidade. Jacquier: 94% de sensibilidade e 94% de especificidade. Em situações de baixa probabilidade clínica, os dois métodos não são muito informativos. Em situações de maior probabilidade pré-teste, o critério de Petersen possui maior valor em diagnosticar a doença. Adaptado de Petersen (2013).[12]

de miocárdio ventricular, com substituição por tecido fibrogorduroso. Progride do epicárdio para o endocárdio (levando ao afilamento da parede ventricular e formação de regiões acinéticas/aneurismáticas), predominantemente no VD (na região triangular que tem como os vértices o trato de entrada, saída e o ápex do VD)[16] (Figura 5). O envolvimento do VE pode ocorrer associadamente ou de forma isolada.[17]

Segundo as últimas recomendações (2010 Task Force Criteria [2010-TFC]), o diagnóstico de DAVD deve ser composto pela história familiar, arritmias, eletrocardiograma (ECG), histopatologia e/ou alterações morfofuncionais ventriculares.[18] Para esta última, a acurácia da RMC na DAVD é superior ao ecocardiograma, sobretudo quando as alterações forem mais sutis.[19] Os critérios da RMC para DAVD estão expostos na Tabela 1.

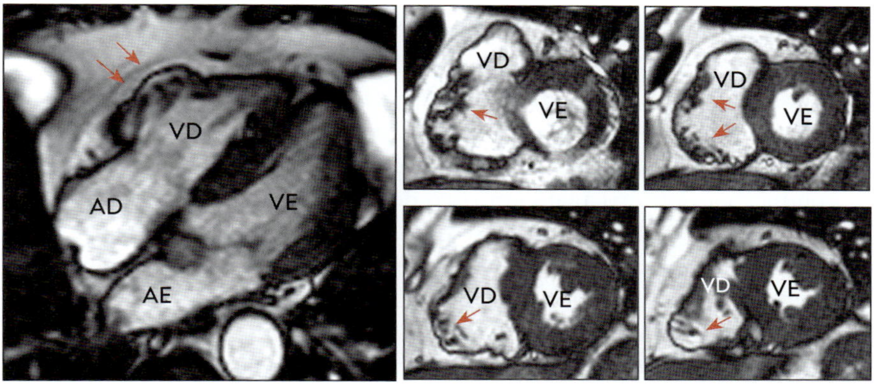

Figura 5 Displasia arritmogênica do ventrículo direito (VD). Paciente do sexo masculino apresenta múltiplas áreas de discinesia (com microaneurismas) na parede livre do VD, dilatação e disfunção do VD (VDFVD 130 mL/m^2 e FEVD 38%).

AD: átrio direito; AE; átrio esquerdo; VE: ventrículo esquerdo.

Tabela 1 Critérios diagnósticos de displasia arritmogênica do ventrículo direito (VD) pela ressonância magnética cardiovascular

Maior	Acinesia/discinesia regional OU dissincronia intraventricular do VD E pelo menos um dos seguintes: · Volume diastólico final do VD indexado ≥ 110 mL/m^2 (homens) ou ≥ 100 mL/m^2 (mulheres) OU · FEVD ≤ 40%
Menor	Acinesia/discinesia regional OU dissincronia intraventricular do VD E pelo menos um dos seguintes: · Volume diastólico final do VD indexado 100-109 mL/m^2 (homens) ou 90-99 mL/m^2 (mulheres) OU · FEVD 40-45%

FEVD: fração de ejeção do ventrículo direito.

Importante ressaltar que o 2010-TFC não contempla as variantes não clássicas da DAVD, que inclui o acometimento predominante ou isolado do VE. Para esses casos, o RTM-RMC e/ou técnicas de aquisição de imagem com saturação de gordura podem ajudar na identificação destas variantes e, sobretudo, diferenciar de outras que têm acometimento semelhante (p. ex., miocardite). O RTM-RMC no VE tipicamente ocorre em regiões subepicardiais e mesocárdio.[20]

Quanto à estratificação de risco, o parâmetro da RMC com maior valor é a gravidade da disfunção ventricular. A quantidade de substituição fibrogordurosa (avaliada qualitativamente e/ou pela quantificação da massa na imagem de RTM-RMC) ainda é considerada como fator menor, pela falta de dados com maior evidência na literatura.[21]

Outras cardiomiopatias primárias genéticas

A síndrome do PRKAG2 e a doença de Danon são duas raras desordens genéticas que envolvem a mutação de genes responsáveis pelo metabolismo cardíaco e levam ao excesso de armazenamento de glicogênio e hipertrofia miocárdica, mimetizando a CMH. Além de causar anormalidades progressivas da condução atrioventricular com risco de bloqueios avançados e pré-excitação ventricular. Não há achados típicos na RMC para essas raras doenças, mas a hipertrofia ventricular geralmente é simétrica, com um padrão de remodelamento concêntrico. Na maioria dos casos, os pacientes apresentam RTM-RMC com acometimento do subendocárdio (não respeitando anatomia coronariana) e frequentemente no septo ventricular.[22,23] O mapeamento T1 (T1 nativo) pode potencialmente ajudar no diagnóstico de estágios precoces, uma vez que o glicogênio diminui os valores de T1 miocárdico pré-contraste[24] (Figura 6).

Adquiridas

Miocardite infecciosa e inflamatória

A miocardite pode resultar de uma infecção (maioria dos casos), doença autoimune ou a combinação de ambos. Ainda hoje, o diagnóstico e o manejo dessa condição é desafiador e recomenda-se que seja baseado em sinais/sintomas (geralmente inespecíficos) e exames complementares não invasivos. A biópsia endomiocárdica deve ser reservada apenas para uma pequena parcela dos pacientes com doença mais grave, ainda assim considerando os benefícios diante de limitações e taxas de complicações associadas.

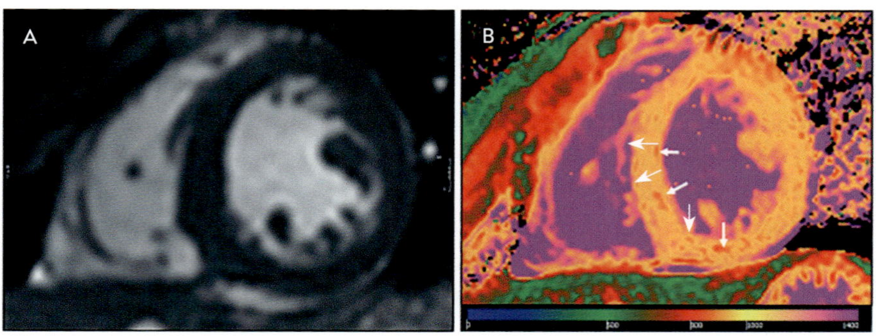

Figura 6 Doença de Danon. Paciente jovem com diagnóstico de doença de Danon, apresentando na cinerressonância (SSFP) discreta hipertrofia ventricular esquerda e função ventricular preservada (A). No mapa T1, apresenta regiões no mesocárdio com T1 nativo < 800 ms (valores de normalidade ~ 990 ms) que podem corresponder a excesso de glicogênio (B).

Entre as modalidades de imagem, a RMC destaca-se não somente pela excelente *performance* no diagnóstico morfofuncional ventricular e do pericárdio, mas pela melhor caracterização tecidual do miocárdico (sobretudo em alterações como edema, hiperemia, extravasamento capilar – processos patológicos do acometimento na fase aguda; além de necrose e subsequente fibrose em casos mais graves) (Figura 7).

Recomenda-se indicar a RMC quando:[25]

- Sinais/sintomas sugestivos de miocardite; e
- Evidência de dano miocárdio recente ou em progressão (disfunção do VE, novas alterações de ECG ou elevação de troponina); e
- Suspeita de etiologia viral/autoimune (história de infecção viral recente, miocardite prévia, ausência ou DAC não obstrutiva, idade < 35 anos).

Quando suspeita, pelo menos dois dos seguintes achados pela RMC (critérios de Lake Louise) são consistentes com processo inflamatório agudo:[25]

1. Hipersinal regional ou global em sequência ponderada em T2 (edema).
2. Relação da intensidade de sinal miocárdico/músculo esquelético ≥ 2 em imagens ponderadas em T1 (realce precoce).
3. Pelo menos uma lesão focal com distribuição não isquêmica (meso ou epicárdica) em imagens de realce tardio (10 a 15 minutos após injeção do contraste).

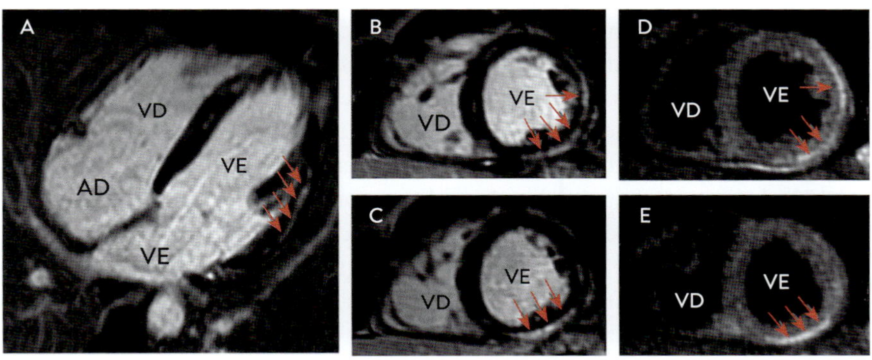

Figura 7 Miocardite aguda. Realce tardio miocárdico multifocal, mesocárdico e subepicárdico nos segmentos basais e mediais – em 4CH (A) e eixo curto (B e C), apresentando hipersinal na sequência poderada em T2 (edema) sugestiva de processo inflamatório agudo (D e E). AD: átrio direito; AE: átrio esquerdo; VD: ventrículo direito; VE: ventrículo esquerdo.

Deve-se considerar repetir o exame 1 a 2 semanas após a primeira RMC quando:[25]

- Nenhum dos critérios diagnósticos estiver presente (Lake Louise) na primeira RMC, mas tendo sido realizada bem no início do quadro clínico e houver evidências clínicas fortes de miocardite; ou
- Apenas um critério esteve presente.

O derrame pericárdico e a disfunção ventricular dão apenas suporte ao diagnóstico de miocardite. Esta última informação, entretanto, é de extrema importância quanto à estratificação de risco. Recente publicação com mais de 600 pacientes com suspeita de miocardite mostrou que casos clínicos com uma RMC "normal" no diagnóstico inicial (fração de ejeção do ventrículo esquerdo [FEVE] ≥ 55%, sem alteração de contratilidade segmentar e ausência de fibrose no RTM), apresentam taxa anual de eventos cardiovasculares adversos, incluindo morte, muito baixa (0,8% e 0,3%, respectivamente). Assim como outras cardiomiopatias, a extensão da fibrose no RTM também se associa com pior prognóstico, mas, de forma interessante, pacientes com fibrose septal e mesocárdica parecem ter pior evolução.[26,27]

Provocada por estresse (Takotsubo)

A cardiomiopatia provocada por estresse (Takotsubo ou síndrome do coração partido) é uma forma transitória de insuficiência cardíaca aguda desencadeada por estresse emocional ou físico. É um importante diagnóstico diferencial de síndrome coronariana aguda (SCA), uma vez que o paciente frequentemente apresenta alterações no ECG sugestivas de SCA, elevação de troponina e disfunção ventricular. É frequente, inclusive, a utilização de métodos diagnósticos (angiografia invasiva ou não invasiva) para a exclusão de doença arterial coronariana obstrutiva nesse contexto clínico.

Muitas vezes, a caracterização tecidual tem um importante papel. Como em padrões de balonamento não típicos (médio ventricular, que pode ocorrer em até 17% dos casos), suspeita de miocardite ou outras causas de infarto miocárdico com coronárias normais (p. ex., espasmo coronariano). Sobretudo nessas situações, a RMC pode ajudar a elucidar o diagnóstico (Figura 8). Baseado em dados de registros de síndrome de Takotsubo na Europa e nos EUA, os critérios diagnósticos pela RMC são os seguintes:[28]

- Disfunção sistólica do VE em distribuição que não respeita território coronariano.

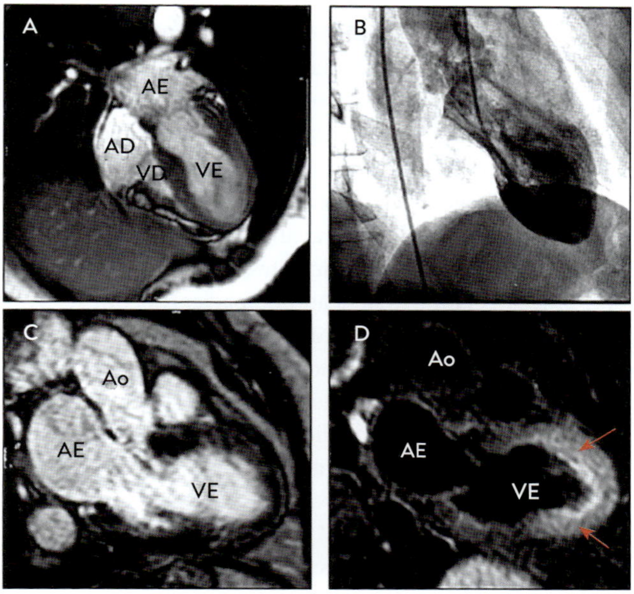

Figura 8 Síndrome de Takotsubo. Balonamento apical do ventrículo esquerdo na cinerressonância (A) e ventriculografia (B). Ausência de realce tardio miocárdico (C) e presença de hipersinal no ápice do ventrículo esquerdo em sequência ponderada em T2 (edema).
AD: átrio direito; AE: átrio esquerdo; VD: ventrículo direito; VE: ventrículo esquerdo.

- Edema miocárdico em regiões com alteração contrátil (preferencialmente utilizando-se a relação da intensidade de sinal miocárdico/musculoesquelético em imagens ponderadas em T2).
- Ausência de áreas de realce tardio utilizando-se técnica semiautomática de limiar (fibrose ≥ média da intensidade de sinal miocárdico + 5 desvios-padrão).
- Presença de realce precoce (mudança absoluta ou relativa da Primeira aparição miocárdica), indicando hiperemia.

A confirmação diagnóstica se dá com a recuperação da contratilidade/função ventricular após 4 semanas.

Mistas

Cardiomiopatia dilatada idiopática

A cardiomiopatia dilatada idiopática é uma causa comum de insuficiência cardíaca e caracteriza-se por remodelamento ventricular adverso (FEVE < 45% e dilatação do VE) na ausência de etiologia identificável.[29] A RMC pode ajudar na exclusão de outras doenças (p. ex., doença isquêmica do coração, hipertrabeculações ou doenças do pericárdio) pela melhor avaliação morfofuncional dos ventrículos e possibilidade de avaliação de perfusão miocárdica. Com relação à estratificação de risco, um número de evidências (incluindo três grandes metanálises) vem apontando que a presença de RTM (Figura 9) está associada de forma independente com eventos cardiovasculares adversos (risco de morte súbita abortada pode chegar a ser 5 vezes maior nos indivíduos com RTM) e possui valor incremental em relação à avaliação clínica e à FEVE.[30-33]

Em estudo recente realizado com pacientes com apenas disfunção ventricular discreta (FEVE > 40%), chama a atenção que pacientes com RTM tiveram altas taxas de morte súbita abortada.[33] Isto é relevante pois esses pacientes não são considerados para prevenção primária de morte súbita e, uma vez que possuem baixo risco competitivo de morte por outras causas (p. ex., insuficiência cardíaca), podem ser considerados para implante de cardioversor desfibrilador implantável (CDI). Entretanto, evidências mais robustas para esse cenário ainda não estão disponíveis.

Cardiomiopatia restritiva (não hipertrofiada e não dilatada)

Sobretudo em países subdesenvolvidos, a cardiomiopatia restritiva compreende importante causa de morbimortalidade. Em cerca de 50% dos casos, a causa é um processo idiopático e, na outra metade, possui distúrbios clínicos identificáveis. Morfofuncionalmente, a função sistólica está preservada, mas o ventrículo apresenta enchimento inadequado com tamanhos reduzidos e paredes rígidas (por vezes, também espessadas) por fibrose, infiltração e/ou depósito miocárdico. Principalmente para este último aspecto, a RMC deve ser considerada na prática clínica pela técnica de RTM.

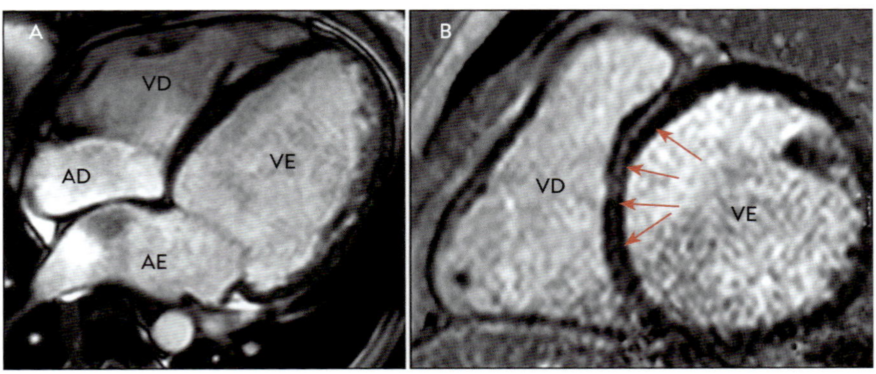

Figura 9 Cardiomiopatia dilatada idiopática. Dilatação das cavidades ventriculares com disfunção importante do ventrículo esquerdo (FEVE 25%) na cinerressonância (A) e presença de realce tardio miocárdico linear, mesocárdico, no septo basal e medial.
AD: átrio direito; AE: átrio esquerdo; VD: ventrículo direito; VE: ventrículo esquerdo.

Além disso, deve-se sempre considerar o diagnóstico diferencial de pericardite constritiva pelas semelhanças morfofuncionais e, principalmente, pela possibilidade de tratamento da constrição com pericardiectomia. Nesse cenário, o papel da RMC é bem definido na avaliação do pericárdio. Algumas causas específicas de cardiomiopatia restritiva serão descritas nos próximos tópicos (amiloidose, sarcoidose, hemocromatose, doença de Anderson-Fabry e endomiocardiofibrose [EMF]).

CARDIOMIOPATIAS SECUNDÁRIAS

Infiltrativas

Amiloidose

A identificação do envolvimento cardíaco na amiloidose guia o tratamento específico desta doença. A RMC permite avaliação desde achados extracardíacos sugestivos (derrame pleural e ascite em pacientes com função ventricular preservada) até morfofuncionais e de caracterização tecidual.

Quanto aos achados morfofuncionais, apesar de a maior parte dos pacientes apresentar hipertrofia ventricular esquerda (HVE) concêntrica (simétrica ou assimétrica), cerca de um terço pode ter remodelamento excêntrico e até 8%, achados normais. Hipertrofias de maior intensidade (~ 17 mm) são observadas mais frequentemente no subtipo ATTR (transtiterrina) quando comparado a AL (cadeias leves). Comprometimento do VD (com espessura da parede na diástole de até 10 mm) e átrios é frequente (Figura 10).[34]

A grande vantagem da RMC é na caracterização tecidual. Apesar de vários tipos de padrões de RTM serem descritos na amiloidose, um padrão subendocárdico global (ou circunferencial) é considerado virtualmente patognomônico da doença (Figura 10).[35] Importante salientar, entretanto, que o RTM-RMC pode ser limitado na amiloidose (pelo envolvimento difuso miocárdico e pela dificuldade de encontrar o ponto de nulidade de sinal do miocárdio, levando a falsos-negativos ou "padrões em espelho"). A técnica de mapeamento T1 (discutida com mais detalhes adiante) pode ajudar no diagnóstico – sobretudo em casos indefinidos somente com a avaliação morfofuncional e RTM – e potencialmente na estratificação de risco destes pacientes.[36-38]

Sarcoidose

Aproximadamente 20 a 30% dos casos de sarcoidose sistêmica cursam com envolvimento cardíaco, com taxas de mortalidade de até 50%. A RMC tem importante papel no diagnóstico do comprometimento cardíaco. Smedema et al., avaliando pacientes com sarcoidose pulmonar (confirmada por histopatologia), demonstraram que todos os pacientes com critérios positivos de JMHW (Japanese Ministry

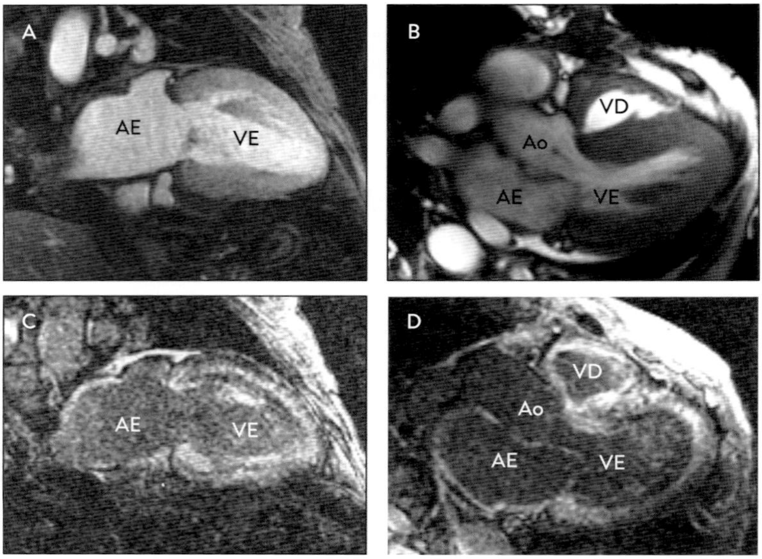

Figura 10 Amiloidose cardíaca. Hipertrofia ventricular concêntrica do ventrículo esquerdo e direito (A e B) associada a presença de realce tardio miocárdico subendocárdico circunferencial global nos ventrículoes e átrio esquerdo (C e D).
AE: átrio esquerdo; VD: ventrículo direito; VE: ventrículo esquerdo.

of Health and Welfare – composto por ECG, ecocardiograma, cintilografia miocárdica com tálio) apresentavam RTM-RMC positiva (multifocal e de padrão não isquêmico, geralmente acometendo os segmentos antero e inferosseptal basais).[39]

Mais importante, um número significativo de pacientes pode apresentar critérios de JMHW negativo e RTM-RMC positivo, em razão da capacidade da RMC em detectar pequenas áreas de fibrose.[38] Os critérios de JMHW também apresentam menor sensibilidade que o RTM-RMC para estratificação de risco cardiovascular.[40,41] Pacientes com fibrose miocárdica por RTM-RMC apresentam maior taxa de morte súbita (38 *versus* 1%, $p < 0{,}001$).[41]

Depósito

Cardiomiopatia siderótica

Seja por aumento da absorção (hemocromatose hereditária) ou em situações de múltiplas transfusões (talassemia maior, anemia falciforme, anemia aplásica, mielodisplasia etc.), o ferro em níveis excessivos se deposita em tecidos, principalmente pele, fígado, pâncreas, tireoide e coração, causando toxidade. A cardiomiopatia pela sobrecarga de ferro (siderótica) é uma das principais causas de morte.

A RMC possibilita a mensuração precisa da quantidade de ferro miocárdico pela técnica do T2* (T2 estrela) (Figura 11). O valor do T2* do miocárdio é expresso em milissegundos (ms) e apresenta forte correlação com a concentração de ferro no miocárdio.[42] Estudo clássico de Kirk et al. mostra que o T2* identifica pacientes de alto risco para insuficiência cardíaca e arritmia ventricular, com poder de discriminação muito superior a outros marcadores (AUC chegando a 0,95 para valores de T2*< 10 ms).[43] Mais importante, o tratamento agressivo com agentes quelantes de ferro, quando principiado nas fases inicial de doença detectado pelo T2*, pode até mesmo reverter a disfunção ventricular e diminuir o risco de eventos cardiovasculares.[43,44]

Doença de Anderson-Fabry

A doença de Anderson-Fabry é uma desordem genética caracterizada por deficiência da enzima alfa-galactosidase e acúmulo inapropriado de glicolípides no citoplasma das células endoteliais, músculo liso, neurônios, células ganglionares e perineurais. No coração, o acúmulo de glicolípides leva a: hipertrofia miocárdica (geralmente simétrica), fibrose intersticial, lesão valvar e distúrbios de condução. Além de importante causa de morbimortalidade entre os pacientes com Anderson-Fabry, o reconhecimento do acometimento miocárdico é importante porque a reposição enzimática leva ao remodelamento reverso, com melhora da hipertrofia ventricular e fração de ejeção.[45-47]

O diagnóstico, entretanto, pode ser um desafio na prática clínica, pois a hipertrofia mimetiza outras cardiomiopatias, como a CMH. Assim, a caracterização tecidual por RMC tem um importante papel. A presença de RTM-RMC é frequente e geralmente apresenta padrão mesocárdico, nos segmentos inferolaterais do VE (Figura 12).[46] Quando disponível, o T1 pré-contraste (mapa T1) é

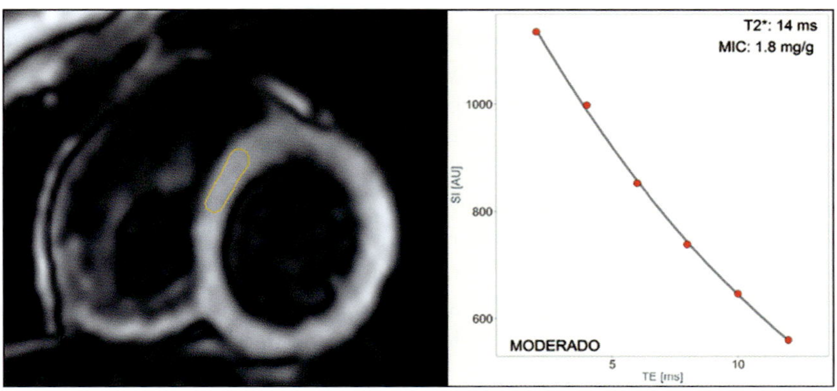

Figura 11 Cardiomiopatia siderótica. Paciente com diagnóstico de hemocromatose e acúmulo de ferro miocárdico moderado avaliado pela sequência de T2 estrela (T2*). T2* miocárdico: 14 ms, concentração miocádica de ferro (MIC): 1,8 mg/g.

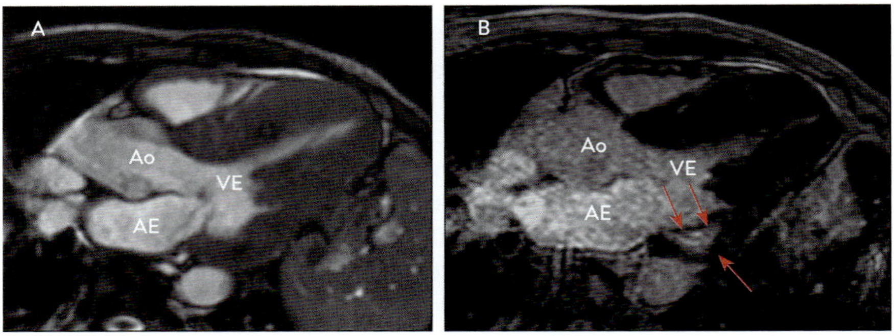

Figura 12 Doença de Anderson-Fabry. Cinerressonância (3CH) demonstrando hipertrofia ventricular importante (A) associada à presença de realce tardio mesocárdico no segmento infero lateral basal (B).
AE: átrio esquerdo; VE: ventrículo esquerdo.

o parâmetro da RMC mais sensível e específico no diagnóstico. O conteúdo do depósito miocárdico na doença de Anderson-Fabry reduz significativamente o T1 miocárdico e, associado aos demais dados da RMC, facilita o diagnóstico.[37]

Outras

Doença de Chagas

Infelizmente, a doença de Chagas ainda é uma das principais causas de insuficiência cardíaca no Brasil e uma das principais indicações de RMC na prática clínica de hospitais terciários. O acometimento do miocárdio é essencialmente por inflamação crônica, sendo postulado o envolvimento de alguns outros mecanismos. Um deles, o distúrbio microcirculatório, levaria à hipoperfusão em regiões desprovidas de circulação colateral, como segmentos inferolateral basal e apical, levando à formação de fibrose e aneurismas.[48]

A presença/extensão da fibrose no RTM-RMC está associada à progressão de disfunção ventricular e aumento do risco de arritmias ventriculares.[49,50] Estudos têm demonstrado taxas de fibrose de até 77% em pacientes com doença de Chagas e revelando como local mais comum segmentos laterais e apical – com formação de aneurismas (aneurisma apical "em dedo de luva"). O padrão mais frequente é o mesocárdico, mas pode ocorrer fibrose com padrão indistinguível do infarto miocárdico (pelo mecanismo microcirculatório já citado), assim como a associação de mais de um padrão (Figura 13).[50] Importante na prática clínica, deve-se ressaltar que até 20% dos pacientes com ecocardiograma "normal" podem apresentar RTM.[49,51]

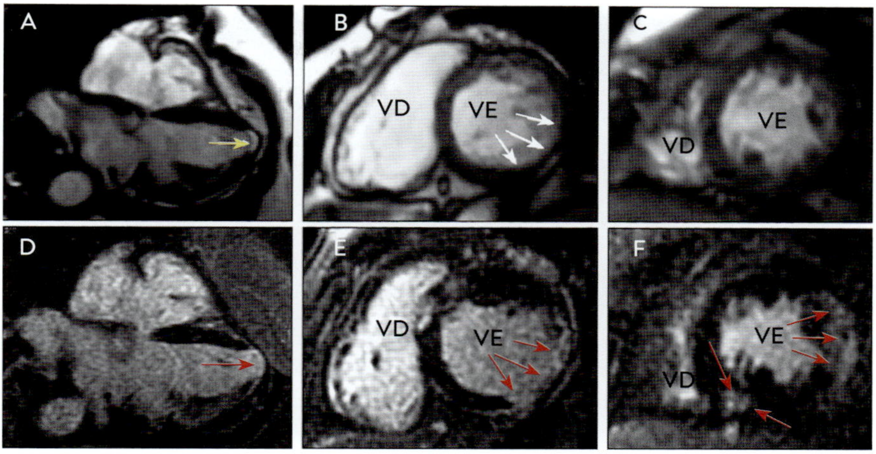

Figura 13 Doença de Chagas. Aneurisma apical e afilamento de parede lateral do ventrículo esquerdo na cinerressonância (A, B e C) associado à presença de realce tardio miocárdico transmural no ápice e parede lateral (segmentos médio e basal) e mesocárdico na junção ventricular inferior (D, E e F).
VD: ventrículo direito; VE: ventrículo esquerdo.

Endomiocardiofibrose

A EMF caracteriza-se pelo depósito de tecido fibrótico na região apical (com obliteração) e/ou via de entrada dos ventrículos, levando à maior rigidez ventricular com comprometimento da diástole, insuficiências valvares e dilatação biatrial. Essas características morfofuncionais podem ser muito semelhantes às de outras cardiomiopatias restritivas, sobretudo a forma apical da CMH, tornando o diagnóstico difícil pelos exames habituais.

Além da avaliação morfofuncional, a RMC demonstra aspectos típicos na EMF. O padrão de RTM-RMC nesta doença é típico e exclusivo, sendo descrito como sinal do "V", por apresentar uma camada linear de fibrose subendocárdica, recoberta por outra de calcificação e/ou trombo[52] (Figura 14).

Cardiotoxicidade à quimioterapia

O diagnóstico de cardiotoxicidade à quimioterapia baseia-se fundamentalmente na FEVE. É tão importante a precisão desta medida nestes pacientes que se recomenda a realização de RMC em situações em que se cogita a mudança do regime de tratamento do câncer, após resultado de disfunção ventricular pelo ecocardiograma.[53] Outro dado relevante é que até 11% dos pacientes com FE 50 a 59% pelo ecocardiograma podem apresentar disfunção ventricular pela RMC no monitoramento de cardiotoxicidade.[54] Recente

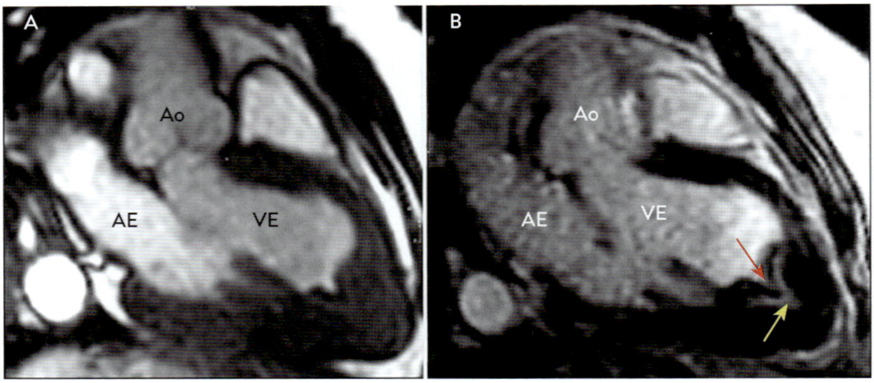

Figura 14 Endomiocardiofibrose. (A) Obliteração do ápice do ventrículo esquerdo em imagem de cinerressonância (3-CH) e (B) sinal do duplo "V", sendo o mais endocardial calcificação (ou trombo) e o segundo "V" fibrose miocárdica.
AE: átrio esquerdo; VE: ventrículo esquerdo.

publicação demonstra ainda alterações precoces após quimioterapia na estrutura e função do VD pela RMC, o que pode suportar ainda mais a RMC no monitoramento de cardiotoxicidade.[55] A RMC tem também a habilidade de avaliar o pericárdio (importante em pacientes com radioterapia) e metástases ou invasões tumorais no coração.

Os dados ainda são limitados em relação ao papel do RTM-RMC no monitoramento da cardiotoxicidade. O RTM-RMC tem incidência muito variável em alguns estudos e, quando presente, tem padrão não isquêmico (subepicardial e mesocárdio).[56,57] Apesar de ainda não haver evidências fortes da relação entre disfunção ventricular por cardiotoxicidade e a presença/extensão de fibrose pelo RTM, este biomarcador é descrito como dano irreversível em diversas cardiomiopatias e está associado ao pior prognóstico.[58] Alterações do T1 miocárdio (mapa T1) no contexto de cardiotoxicidade, por outro lado, vêm sendo associadas com maior morbidade e remodelamento ventricular mais adverso.[59] Uma vez que estas podem representar alterações precoces (e tratáveis), existe um grande entusiasmo com estudos futuros avaliando seu valor no manejo destes pacientes.

PERSPECTIVAS DO USO DA RMC NA INSUFICIÊNCIA CARDÍACA

Mapeamento T1 e *strain*

O mapeamento T1 (ou mapa T1) é uma das novas técnicas de RMC que apresenta grande interesse científico e potencial uso clínico. Trata-se da quantificação dos valores de T1 dos tecidos (normal e patológico), com a possibilidade de cálculo do volume extracelular (VEC) do miocárdio (matriz extracelular) (Figura 15). Passando pela validação patológica,[60] entendimento de mecanismo da doença,[61] valor clínico diagnóstico e prognóstico, um número exponencial de publicações vem utilizando esta técnica em cardiomiopatias não isquêmicas.[62] Um dos maiores interesses clínicos dessa técnica é o reconhecimento do dano miocárdio precoce (antes mesmo da disfunção contrátil ou da presença de RTM) e potencialmente reversível com o tratamento específico da doença.[63,64] Um dos desafios, entretanto, é a variação de técnicas (e aparelhos) de aquisição, resultando em valores de T1 diferentes e maior dificuldade de interpretação clínica. Atualmente, recomenda-se utilizar valores de normalidade locais para fins de comparação, sobretudo do T1 pré e pós-contraste (média ± 2 desvios-padrão).[65]

Outro método promissor é a quantificação da deformação ventricular por *feature-tracking* (FT) em imagens de cinerressonância convencional (p. ex., SSFP), sendo possível obter informações de parâmetros funcionais como *strain* e torção ventricular (Figura 16). Isso vem sendo possível graças ao recente de-

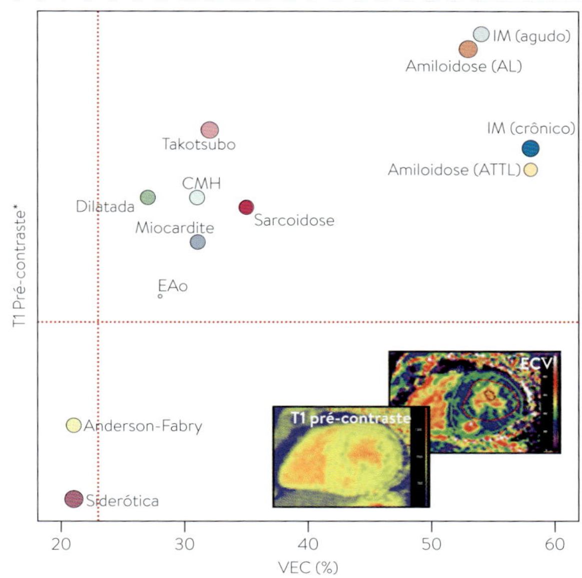

Figura 15 Valores reportados de T1 pré-contraste (T1 nativo) e volume extracelular (VEC) de acordo com o tipo de cardiomiopatia. O tamanho do círculo é proporcional ao coeficiente de variação do T1 nativo (ou desvio-padrão relativo) e representa a dispersão ao redor da média dos valores encontrados (ou homogeneidade da medida em cada entidade). A linha vermelha horizontal representa o ponto médio dos valores de T1 em grupos controles e a linha horizontal representa a média do VEC em indivíduos saudáveis.

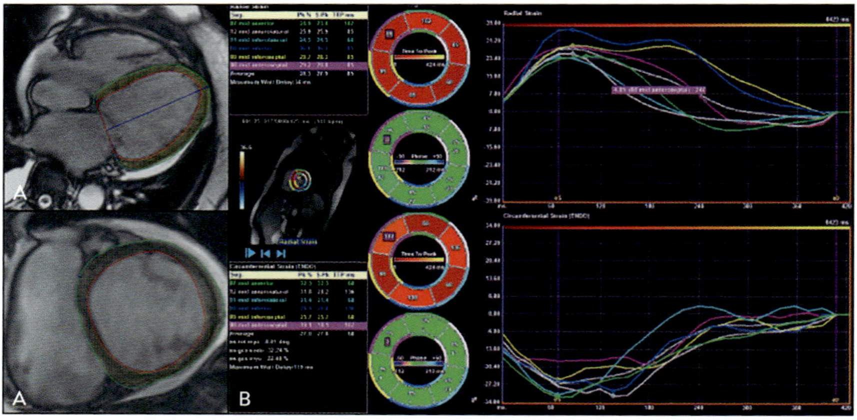

Figura 16 Pós-processamento de imagens de cinerressonância (SSFP) através de *feature-tracking* por dois diferentes *softwares* disponíveis comercialmente, (A) cvi42 (Circle Cardiovascular Imaging, Calgary, Canada) e (B) QStrain RE (Medis Medical Imaging Systems, Leiden, Holanda).

senvolvimento de novos *softwares* de pós-processamento de imagens. Considerado padrão-ouro para estas análises, o *tagging* na RMC necessita de mais tempo de aquisição e, por isso, pode ser substituído no futuro por FT-RMC. Assim como *speckle tracking* do ecocardiograma, o FT-RMC também tem importante papel na detecção subclínica de doença.[66]

AVALIAÇÃO PARA DISPOSITIVOS CARDÍACOS ELETRÔNICOS IMPLANTÁVEIS

Cardioversor desfibrilador implantável

Conforme discutido nos tópicos anteriores, o papel da RMC na prevenção primária de MSC em pacientes com cardiopatia estrutural vem se consolidando nos últimos tempos com um número crescente de estudos – e perspectivas de evidências mais robustas nos próximos anos (Tabela 2).

Ressincronizador cardíaco

Quando indicada terapia de ressincronização cardíaca (TRC), a RMC pré-implante pode ajudar na identificação de pacientes com menor chance de resposta ao tratamento e/ou melhor local para posicionamento do cabo-eletrodo.

Tabela 2 Estudos em andamento que envolvem ressonância magnética cardiovascular (RMC) para estratificação de risco de morte súbita

Estudo	Pacientes e centros	População de estudo	Desenho do estudo	Parâmetros da RMC	Acompanhamento e eventos
HCMR[67]	n = 2.750 44 centros	CMH	Registro prospectivo observacional	Morfofuncional RTM Mapa T1	5 anos - Morte CV - MS abortada - Transplante cardíaco
PROTECT-ICD[68]	n = 1.058 30 centros	Pós-IAM com FE ≤ 40%	ECR para implante de CDI guiado por EEF	Morfofuncional RTM Mapa T1	2 anos - Arritmia ventricular não fatal - MS
CMR GUIDE[69]	n = 949 23 centros	Disfunção do VE discreta--moderada (36-50%)	ECR para implante de CDI guiado por RTM-RMC	Morfofuncional RTM Mapa T1	3 anos - Arritmia ventricular não fatal - MS
PROSe-ICD[70]	n = 1.177 4 centros	Pacientes com cardiomiopatia que se submeterão à troca de gerador	Registro prospectivo observacional	Morfofuncional RTM	5 anos - Choque apropriado

CMH: cardiomiopatia hipertrófica; IAM: infarto agudo do miocárdio; VE: ventrículo esquerdo; CV: cardiovascular; MS: morte súbita; RTM: realce tardio miocárdio; ECR: estudo clínico randomizado; HCMR: *hypertrophic cardiomyopathy registry*; CMR GUIDE: *cardiovascular magnetic resonance guided management of mild-moderate lv systolic dysfunction*; PROSe-ICD: *prospective observational study of the ICD in sudden cardiac death prevention*; PROTECT-ICD: *programmed ventricular stimulation to risk stratify for early cardioverter-de brillator implantation to prevent tachyarrhythmias following acute myocardial infarction.*

Um grande número de estudos observacionais e unicêntricos vêm mostrando que a extensão da fibrose por RTM está associada à menor taxa de resposta clínica à TRC, sobretudo quando a fibrose for transmural nos segmentos posterolaterais (> 50% da área dos segmentos) e/ou significativo no local de implante.[71-73] Mais importante, o implante do eletrodo em áreas de fibrose está associado a prognóstico 5 vezes pior (internação por insuficiência cardíaca congestiva [ICC] e morte súbita).[74] White et al. também reportaram que a quantidade de fibrose total > 15% (em relação à massa total do VE) e > 40% no septo ventricular predizem baixas taxas de resposta clínica.[75]

REFERÊNCIAS BIBLIOGRÁFICAS

1. Gersh BJ, Maron BJ, Bonow RO, Dearani JA, Fifer MA, Link MS, et al. 2011 ACCF/AHA Guideline for the Diagnosis and Treatment of Hypertrophic Cardiomyopathy: Executive Summary: A Report of the American College of Cardiology Foundation/American Heart Association Task Force on Practice Guidelines. Circulation. 2011;124(24):2761-96.
2. Authors/Task Force members, Elliott PM, Anastasakis A, Borger MA, Borggrefe M, Cecchi F, Charron P, et al. 2014 ESC Guidelines on diagnosis and management of hypertrophic cardiomyopathy: the Task Force for the Diagnosis and Management of Hypertrophic Cardiomyopathy of the European Society of Cardiology (ESC). Eur Heart J. 2014;35(39):2733-79.
3. Hindieh W, Weissler-Snir A, Hammer H, Adler A, Rakowski H, Chan RH. Discrepant measurements of maximal left ventricular wall thickness between cardiac magnetic resonance imaging and echocardiography in patients with hypertrophic cardiomyopathy CLINICAL PERSPECTIVE. Circ Cardiovasc Imaging. 2017;10(8):e006309.
4. Rickers C, Wilke NM, Jerosch-Herold M, Casey SA, Panse P, Panse N, et al. Utility of cardiac magnetic resonance imaging in the diagnosis of hypertrophic cardiomyopathy. Circulation. 2005;112(6):855-61.
5. Rowin EJ, Maron BJ, Haas TS, Garberich RF, Wang W, Link MS, Maron MS. Hypertrophic cardiomyopathy with left ventricular apical aneurysm. J Am Coll Cardiol. 2017;69(7):761-73.
6. Chan RH, Maron BJ, Olivotto I, Pencina MJ, Assenza GE, Haas T, et al. Prognostic value of quantitative contrast-enhanced cardiovascular magnetic resonance for the evaluation of sudden death risk in patients with hypertrophic cardiomyopathy. Circulation. 2014;130(6):484-95.
7. Weng Z, Yao J, Chan RH, He J, Yang X, Zhou Y, et al. Prognostic Value of LGE-CMR in HCM. JACC Cardiovasc Imaging. 2016;9(12):1392-402.
8. Maron BJ, Maron MS. LGE means better selection of hcm patients for primary prevention implantable defibrillators. JACC Cardiovasc Imaging. 2016;9(12):1403-6.
9. Kohli SK, Pantazis AA, Shah JS, Adeyemi B, Jackson G, McKenna WJ, et al. Diagnosis of left-ventricular non-compaction in patients with left-ventricular systolic dysfunction: time for a reappraisal of diagnostic criteria? Eur Heart J. 2007;29(1):89-95.
10. Gati S, Chandra N, Bennett RL, Reed M, Kervio G, Panoulas VF, et al. Increased left ventricular trabeculation in highly trained athletes: do we need more stringent criteria for the diagnosis of left ventricular non-compaction in athletes? Heart. 2013;99(6):401-8.
11. Kawel N, Nacif M, Arai AE, Gomes AS, Hundley WG, Johnson WC, et al. Trabeculated (noncompacted) and compact myocardium in adults: The multi-ethnic study of atherosclerosis. Circ Cardiovasc Imaging. 2012;5(3):357-66.
12. Zemrak F, Petersen SE. Spot the difference: LV trabeculation vs. LV noncompaction. Cardiology Today. 2015.
13. Petersen SE. CMR and LV noncompaction: does it matter how we measure trabeculations? JACC Cardiovasc Imaging. 2013;6(9):941-3.
14. Wan J, Zhao S, Cheng H, Lu M, Jiang S, Yin G, et al. Varied distributions of late gadolinium enhancement found among patients meeting cardiovascular magnetic resonance criteria for isolated left ventricular non-compaction. J Cardiovasc Magn Reson. 2013;15(1):20.
15. Andreini D, Pontone G, Bogaert J, Roghi A, Barison A, Schwitter J, et al. Long-Term Prognostic Value of Cardiac Magnetic Resonance in Left Ventricle Noncompaction. J Am Coll Cardiol. 2016;68(20):2166-81.
16. Basso C, Thiene G, Corrado D, Angelini A, Nava A, Valente M. Arrhythmogenic right ventricular cardiomyopathy. Dysplasia, dystrophy, or myocarditis? Circulation. 1996;94(5):983-91.
17. Corrado D, Basso C, Thiene G, McKenna WJ, Davies MJ, Fontaliran F, et al. Spectrum of clinicopathologic manifestations of arrhythmogenic right ventricular cardiomyopathy/dysplasia: a multicenter study. J Am Coll Cardiol. 1997;30(6):1512-20.
18. Marcus FI, McKenna WJ, Sherrill D, Basso C, Bauce B, Bluemke DA, et al. Diagnosis of Arrhythmogenic Right Ventricular Cardiomyopathy/Dysplasia: Proposed Modification of the Task Force Criteria. Circulation. 2010;121(13):1533-41.
19. Borgquist R, Haugaa KH, Gilljam T, Bundgaard H, Hansen J, Eschen O, et al. The diagnostic performance of imaging methods in ARVC using the 2010 Task Force criteria. Eur Heart J Cardiovasc Imaging. 2014;15(11):1219-25.

20. Sen-Chowdhry S, Syrris P, Prasad SK, Hughes SE, Merrifield R, Ward D, et al. Left-dominant arrhythmogenic cardiomyopathy: an under-recognized clinical entity. J Am Coll Cardiol. 2008;52(25):2175-87.
21. Corrado D, Wichter T, Link MS, Hauer RNW, Marchlinski FE, Anastasakis A, et al. Treatment of Arrhythmogenic Right Ventricular Cardiomyopathy/Dysplasia. Circulation. 2015;132(5):441-53.
22. Piotrowska-Kownacka D, Kownacki L, Kuch M, Walczak E, Kosieradzka A, Fidzianska A, et al. Cardiovascular magnetic resonance findings in a case of Danon disease. J Cardiovasc Magn Reson. 2009;11(1):12.
23. Yang K-Q, Lu C-X, Zhang Y, Yang Y-K, Li J-C, Lan T, et al. A novel PRKAG2 mutation in a Chinese family with cardiac hypertrophy and ventricular pre-excitation. Sci Rep. 2017;7(1):2407.
24. Pöyhönen P, Hiippala A, Ollila L, Kaasalainen T, Hänninen H, Heliö T, et al. Cardiovascular magnetic resonance findings in patients with PRKAG2 gene mutations. J Cardiovasc Magn Reson. 2015;17:89.
25. Friedrich MG, Sechtem U, Schulz-Menger J, Holmvang G, Alakija P, Cooper LT, et al. Cardiovascular magnetic resonance in myocarditis: A JACC white paper. J Am Coll Cardiol. 2009;53(17):1475-87.
26. Gräni C, Eichhorn C, Bière L, Murthy VL, Agarwal V, Kaneko K, et al. Prognostic value of cardiac magnetic resonance tissue characterization in risk stratifying patients with suspected myocarditis. J Am Coll Cardiol. 2017;70(16):1964-76.
27. Aquaro GD, Perfetti M, Camastra G, Monti L, Dellegrottaglie S, Moro C, et al. Cardiac MR With Late Gadolinium Enhancement in Acute Myocarditis With Preserved Systolic Function: ITAMY Study. J Am Coll Cardiol. 2017;70(16):1977-87.
28. Eitel I, von Knobelsdorff-Brenkenhoff F, Bernhardt P, Carbone I, Muellerleile K, Aldrovandi A, et al. Clinical Characteristics and Cardiovascular Magnetic Resonance Findings in Stress (Takotsubo) Cardiomyopathy. JAMA. 2011;306(3):277-86.
29. McNally EM, Mestroni L. Dilated Cardiomyopathy. Circ Res. 2017;121(7):731-48.
30. Gulati A, Jabbour A, Ismail TF, Guha K, Khwaja J, Raza S, et al. Association of fibrosis with mortality and sudden cardiac death in patients with nonischemic dilated cardiomyopathy. JAMA. 2013;309(9):896-908.
31. Kuruvilla S, Adenaw N, Katwal AB, Lipinski MJ, Kramer CM, Salerno M. Late gadolinium enhancement on cardiac magnetic resonance predicts adverse cardiovascular outcomes in nonischemic cardiomyopathy: a systematic review and meta-analysis. Circ Cardiovasc Imaging. 2014;7(2):250-8.
32. Disertori M, Rigoni M, Pace N, Casolo G, Masè M, Gonzini L, et al. Myocardial Fibrosis Assessment by LGE Is a Powerful Predictor of Ventricular Tachyarrhythmias in Ischemic and Nonischemic LV Dysfunction: A Meta-Analysis. JACC Cardiovasc Imaging. 2016;9(9):1046-55.
33. Halliday BP, Gulati A, Ali A, Guha K, Newsome S, Arzanauskaite M, et al. Association between midwall late gadolinium enhancement and sudden cardiac death in patients with dilated cardiomyopathy and mild and moderate left ventricular systolic dysfunction clinical perspective. Circulation. 2017;135(22):2106-15.
34. Pozo E, Kanwar A, Deochand R, Castellano JM, Naib T, Pazos-López P, et al. Cardiac magnetic resonance evaluation of left ventricular remodelling distribution in cardiac amyloidosis. Heart. 2014;100(21):1688-95.
35. Syed IS, Glockner JF, Feng D, Araoz PA, Martinez MW, Edwards WD, et al. Role of Cardiac Magnetic Resonance Imaging in the Detection of Cardiac Amyloidosis. JACC Cardiovasc Imaging. 2010;3(2):155-64.
36. Sado DM, Flett AS, Banypersad SM, White SK, Maestrini V, Quarta G, et al. Cardiovascular magnetic resonance measurement of myocardial extracellular volume in health and disease. Heart. 2012;98(19):1436-41.
37. Thompson RB, Chow K, Khan A, Chan A, Shanks M, Paterson I, et al. T1 Mapping With Cardiovascular MRI Is Highly Sensitive for Fabry Disease Independent of Hypertrophy and Sex. Circ Cardiovasc Imaging. 2013;6(5):637-45.
38. Fontana M, Banypersad SM, Treibel TA, Maestrini V, Sado DM, White SK, et al. Native T1 Mapping in Transthyretin Amyloidosis. JACC Cardiovasc Imaging. 2014;7(2):157-65.
39. Smedema J-P, Snoep G, van Kroonenburgh MPG, van Geuns R-J, Dassen WRM, Gorgels APM, et al. Evaluation of the accuracy of gadolinium-enhanced cardiovascular magnetic resonance in the diagnosis of cardiac sarcoidosis. J Am Coll Cardiol. 2005;45(10):1683-90.

40. Greulich S, Deluigi CC, Gloekler S, Wahl A, Zürn C, Kramer U, et al. CMR imaging predicts death and other adverse events in suspected cardiac sarcoidosis. JACC Cardiovasc Imaging. 2013;6(4):501-11.
41. Nadel J, Lancefield T, Voskoboinik A, Taylor AJ. Late gadolinium enhancement identified with cardiac magnetic resonance imaging in sarcoidosis patients is associated with long-term ventricular arrhythmia and sudden cardiac death. Eur Heart J Cardiovasc Imaging. 2015;16(6):634-41.
42. Carpenter J-P, He T, Kirk P, Roughton M, Anderson LJ, de Noronha SV, et al. On T2* magnetic resonance and cardiac iron. Circulation. 2011;123(14):1519-28.
43. Kirk P, Roughton M, Porter JB, Walker JM, Tanner MA, Patel J, et al. Cardiac T2* magnetic resonance for prediction of cardiac complications in Thalassemia Major. Circulation. 2009;120(20):1961-8.
44. Anderson LJ, Westwood MA, Holden S, Davis B, Prescott E, Wonke B, et al. Myocardial iron clearance during reversal of siderotic cardiomyopathy with intravenous desferrioxamine: a prospective study using T2* cardiovascular magnetic resonance. Br J Haematol. 2004;127(3):348-55.
45. Desnick RJ, Brady R, Barranger J, Collins AJ, Germain DP, Goldman M, et al. Fabry disease, an under-recognized multisystemic disorder: expert recommendations for diagnosis, management, and enzyme replacement therapy. Ann Intern Med. 2003;138(4):338-46.
46. Moon JCC, Sachdev B, Elkington AG, McKenna WJ, Mehta A, Pennell DJ, et al. Gadolinium enhanced cardiovascular magnetic resonance in Anderson-Fabry disease: Evidence for a disease specific abnormality of the myocardial interstitium. Eur Heart J. 2003;24(23):2151-5.
47. Motwani M, Banypersad S, Woolfson P, Waldek S. Enzyme replacement therapy improves cardiac features and severity of Fabry disease. Mol Genet Metab. 2012;107(1-2):197-202.
48. Marin-Neto JA, Cunha-Neto E, Maciel BC, Simões M V. Pathogenesis of chronic Chagas heart disease. Circulation. 2007;115(9):1109-23.
49. Rochitte CE, Oliveira PF, Andrade JM, Ianni BM, Parga JR, Ávila LF, et al. Myocardial delayed enhancement by magnetic resonance imaging in patients with Chagas' disease: a marker of disease severity. J Am Coll Cardiol. 2005;46(8):1553-8.
50. Assunção AN, Jerosch-Herold M, Melo RL, Mauricio AV, Rocha L, Torreão JA, et al. Chagas' heart disease: gender differences in myocardial damage assessed by cardiovascular magnetic resonance. J Cardiovasc Magn Reson. 2017;18(1):88.
51. Regueiro A, García-Álvarez A, Sitges M, Ortiz-Pérez JT, De Caralt MT, Pinazo MJ, et al. Myocardial involvement in Chagas disease: insights from cardiac magnetic resonance. Int J Cardiol. 2013;165(1):107-12.
52. Salemi VMC, Rochitte CE, Shiozaki AA, Andrade JM, Parga JR, De Ávila LF, et al. Late gadolinium enhancement magnetic resonance imaging in the diagnosis and prognosis of endomyocardial fibrosis patients. Circ Cardiovasc Imaging. 2011;4(3):304-11.
53. Plana JC, Galderisi M, Barac A, Ewer MS, Ky B, Scherrer-Crosbie M, et al. Expert Consensus for Multimodality Imaging Evaluation of Adult Patients during and after Cancer Therapy: A Report from the American Society of Echocardiography and the European Association of Cardiovascular Imaging. J Am Soc Echocardiogr. 2014;27(9):911-39.
54. Armstrong GT, Plana JC, Zhang N, Srivastava D, Green DM, Ness KK, et al. Screening Adult Survivors of Childhood Cancer for Cardiomyopathy: Comparison of Echocardiography and Cardiac Magnetic Resonance Imaging. J Clin Oncol. 2012;30(23):2876-84.
55. Barthur A, Brezden-Masley C, Connelly KA, Dhir V, Chan KKW, Haq R, et al. Longitudinal assessment of right ventricular structure and function by cardiovascular magnetic resonance in breast cancer patients treated with trastuzumab: a prospective observational study. J Cardiovasc Magn Reson. 2017;19(1):44.
56. Fallah-Rad N, Walker JR, Wassef A, Lytwyn M, Bohonis S, Fang T, et al. The utility of cardiac biomarkers, tissue velocity and strain imaging, and cardiac magnetic resonance imaging in predicting early left ventricular dysfunction in patients with human epidermal growth factor receptor II–positive breast cancer treated with adjuvant trastuzumab therapy. J Am Coll Cardiol. 2011;57(22):2263-70.
57. Lunning MA, Kutty S, Rome ET, Li L, Padiyath A, Loberiza F, et al. Cardiac Magnetic Resonance Imaging for the Assessment of the Myocardium After Doxorubicin-based Chemotherapy. Am J Clin Oncol. 2015;38(4):377-81.
58. Mahrholdt H, Wagner A, Judd RM, Sechtem U, Kim RJ. Delayed enhancement cardiovascular magnetic resonance assessment of non-ischaemic cardiomyopathies. Eur Heart J. 2005;26(15):1461-74.

59. Tham EB, Haykowsky MJ, Chow K, Spavor M, Kaneko S, Khoo NS, et al. Diffuse myocardial fibrosis by T1-mapping in children with subclinical anthracycline cardiotoxicity: relationship to exercise capacity, cumulative dose and remodeling. J Cardiovasc Magn Reson. 2013;15(1):48.
60. Flett AS, Hayward MP, Ashworth MT, Hansen MS, Taylor AM, Elliott PM, et al. Equilibrium contrast cardiovascular magnetic resonance for the measurement of diffuse myocardial fibrosis: preliminary validation in humans. Circulation. 2010;122(2):138-44.
61. Ntusi NAB, Piechnik SK, Francis JM, Ferreira VM, Matthews PM, Robson MD, et al. Diffuse Myocardial Fibrosis and Inflammation in Rheumatoid Arthritis. JACC Cardiovasc Imaging. 2015;8(5):526-36.
62. Puntmann VO, Carr-White G, Jabbour A, Yu C-Y, Gebker R, Kelle S, et al. T1-Mapping and outcome in nonischemic cardiomyopathy. JACC Cardiovasc Imaging. 2016;9(1):40-50.
63. Hur DJ, Dicks DL, Huber S, Mojibian HR, Meadows JL, Seropian SE, et al. Serial native T1 mapping to monitor cardiac response to treatment in light-chain amyloidosis. Circ Cardiovasc Imaging. 2016;9(10):e004770.
64. Hong YJ, Park HS, Park JK, Han K, Park CH, Kim TK, et al. Early detection and serial monitoring of anthracycline-induced cardiotoxicity using T1-mapping cardiac magnetic resonance imaging: an animal study. Sci Rep. 2017;7(1):2663.
65. Messroghli DR, Moon JC, Ferreira VM, Grosse-Wortmann L, He T, Kellman P, et al. Clinical recommendations for cardiovascular magnetic resonance mapping of T1, T2, T2* and extracellular volume: A consensus statement by the Society for Cardiovascular Magnetic Resonance (SCMR) endorsed by the European Association for Cardiovascular Imaging (EACVI). J Cardiovasc Magn Reson. 2017;19(1):75.
66. Bourfiss M, Vigneault DM, Aliyari Ghasebeh M, Murray B, James CA, Tichnell C, et al. Feature tracking CMR reveals abnormal strain in preclinical arrhythmogenic right ventricular dysplasia/cardiomyopathy: a multisoftware feasibility and clinical implementation study. J Cardiovasc Magn Reson. 2017;19(1):66.
67. Kramer CM, Appelbaum E, Desai MY, Desvigne-Nickens P, DiMarco JP, Friedrich MG, et al. Hypertrophic Cardiomyopathy Registry: The rationale and design of an international, observational study of hypertrophic cardiomyopathy. Am Heart J. 2015;170(2):223-30.
68. Zaman S, Taylor AJ, Stiles M, Chow C, Kovoor P. Programmed Ventricular Stimulation to Risk Stratify for Early Cardioverter-Defibrillator Implantation to Prevent Tachyarrhythmias following Acute Myocardial Infarction (PROTECT-ICD): Trial Protocol, Background and Significance. Hear Lung Circ. 2016;25(11):1055-62.
69. Selvanayagam JB, Hartshorne T, Billot L, Grover S, Hillis GS, Jung W, et al. Cardiovascular magnetic resonance-GUIDEd management of mild to moderate left ventricular systolic dysfunction (CMR GUIDE): Study protocol for a randomized controlled trial. Ann Noninvasive Electrocardiol. 2017;22(4):e12420.
70. Cheng A, Dalal D, Butcher B, Norgard S, Zhang Y, Dickfeld T, et al. Prospective observational study of implantable cardioverter-defibrillators in primary prevention of sudden cardiac death: study design and cohort description. J Am Heart Assoc. 2013;2(1):e000083.
71. Bleeker GB, Kaandorp TAM, Lamb HJ, Boersma E, Steendijk P, de Roos A, et al. Effect of posterolateral scar tissue on clinical and echocardiographic improvement after cardiac resynchronization therapy. Circulation. 2006;113(7):969-76.
72. Bilchick KC, Kuruvilla S, Hamirani YS, Ramachandran R, Clarke SA, Parker KM, et al. Impact of Mechanical Activation, Scar, and Electrical Timing on Cardiac Resynchronization Therapy Response and Clinical Outcomes. J Am Coll Cardiol. 2014;63(16):1657-66.
73. Daoulah A, Alsheikh-Ali AA, Al-Faifi SM, Ocheltree SR, Haq E, Asrar FM, et al. Cardiac resynchronization therapy in patients with postero-lateral scar by cardiac magnetic resonance: A systematic review and meta-analysis. J Electrocardiol. 2015;48(5):783-90.
74. Leyva F, Foley PW, Chalil S, Ratib K, Smith RE, Prinzen F, et al. Cardiac resynchronization therapy guided by late gadolinium-enhancement cardiovascular magnetic resonance. J Cardiovasc Magn Reson. 2011;13(1):29.
75. White JA, Yee R, Yuan X, Krahn A, Skanes A, Parker M, et al. Delayed Enhancement Magnetic Resonance Imaging Predicts Response to Cardiac Resynchronization Therapy in Patients With Intraventricular Dyssynchrony. J Am Coll Cardiol. 2006;48(10):1953-60.

7 Valvopatias pela ressonância magnética cardiovascular

Juliana H. S. Matsumoto Bello
Juliana Serafim da Silveira
Carlos Eduardo Rochitte

INTRODUÇÃO

A ressonância magnética cardiovascular (RMC) tornou-se uma modalidade de imagem bastante atrativa para a avaliação das doenças valvares em função da capacidade de visualização da abertura e dos jatos valvares em qualquer plano de aquisição, pela precisão na quantificação dos volumes ventriculares, pela capacidade de quantificar fluxos anterógrados e frações regurgitantes por meio da técnica contraste de fase, além da incomparável capacidade de caracterização tecidual e a pesquisa de fibrose miocárdica relacionada à doença valvar de longa evolução. Embora permaneça como segunda linha após o ecocardiograma na avaliação das valvopatias, a RMC tem sido usada cada vez mais na prática clínica cardiológica, notadamente em pacientes com janela acústica inadequada e em não candidatos ao ecocardiograma transesofágico.[1] Além disso, a RMC atualmente é o exame de escolha na avaliação da valvopatia pulmonar e das câmaras direitas.[2]

PRINCIPAIS TÉCNICAS

As principais técnicas utilizadas na RMC para avaliação das valvopatias são:

- Cinerressonância (técnicas gradiente-eco [GRE] *ousteady state free-precession* [SSFP]): pode ser adquirida em qualquer plano, independentemente de janela acústica, possibilitando a avaliação qualitativa da turbulência do fluxo e da anatomia das valvas, a avaliação dos volumes e funções ventriculares e a avaliação anatômica cardíaca e dos grandes vasos. Realizada no plano valvar durante a sístole (valvas aórtica e pulmonar) ou diástole (valvas mitral e tricúspide) para medida direta da área valvar e orifício regurgitante por planimetria e avaliação da morfologia dos folhetos (espessamentos, calcificações e presença de valva aórtica bicúspide associada ou não à fusão comissural).[3]

- *Flow velocity encoding* (também conhecida como contraste de fase ou mapa de fluxo): técnica utilizada para medir o fluxo sanguíneo possibilitando o cálculo de volume e fração regurgitantes (FR), e gradientes transvalvares pela equação de Bernoulli modificada ($P = 4v^2$).
- Realce tardio miocárdico: realizado após a infusão venosa de contraste paramagnético à base de gadolínio. Constitui um contraste de distribuição extracelular, isto é, não ultrapassa a membrana celular íntegra. No miocárdio normal, a proporção de espaço extracelular é muito pequena. Já no miocárdio remodelado, quanto maior a fibrose, maior a proporção de espaço extracelular. O gadolínio diminui o tempo de recuperação de magnetização longitudinal do hidrogênio (diminui o tempo de recuperação T1), resultando em maior quantidade de sinal nas regiões em que estiver concentrado. Dessa forma, detecta fibrose miocárdica regional, apresentando valor prognóstico nas valvopatias.[4]
- Mapa T1: por aquisições pré e pós-gadolínio é possível construir mapas paramétricos T1 que avaliam a concentração do contraste no miocárdio a partir de alterações nos tempos de relaxamento T1 e com os resultados calcular o volume extracelular miocárdico (ECV). É utilizado para pesquisa de fibrose miocárdica difusa, não identificável no realce tardio.[5,6] A maioria dos estudos realizados com mapa T1 em valvopatias foi focada em portadores de estenose aórtica (EAo) e demonstrou que há aumento do ECV em casos graves de EAo. Atualmente estão sendo realizados estudos avaliando também portadores de regurgitação aórtica, regurgitação mitral e estenose mitral (EMi), visando a correlacionar o valor do ECV na determinação do momento ideal da troca valvar, evitando o estágio de remodelamento miocárdico irreversível.[7]
- Angiorressonância de vasos da base: nos casos em que há necessidade de avaliar dilatações ou estenoses em aorta e artérias pulmonares.

Limitações da RMC na avaliação das valvopatias:

- Portadores de arritmias podem ter a qualidade das imagens prejudicada por dificuldade na sincronização eletrocardiográfica.
- Resolução temporal limitada para avaliação de estruturas pequenas e com grande mobilidade (vegetações).

- Artefatos na avaliação morfológica de valvas muito calcificadas ou próteses valvares com componentes metálicos (a maioria das próteses valvares não é contraindicação ao exame, mas pode causar artefatos que prejudicarão a avaliação direta. Apesar disso, podem ser avaliadas por mapa de fluxo realizado nas proximidades da valva).
- Avaliação de abcessos paravalvares é prejudicada pelos artefatos metálicos das próteses valvares.

REGURGITAÇÕES VALVARES

Regurgitação aórtica

As regurgitações aórticas são decorrentes tanto de doença valvar primária (degeneração valvar ou febre reumática) como também de dilatação da raiz da aorta que culmina com falha de coaptação dos folhetos valvares. A progressão da doença é lenta e cursa com dilatação progressiva e hipertrofia ventricular esquerda.

As decisões terapêuticas são norteadas pelo aumento significativo da aorta ascendente, por sintomas e pela função sistólica e diâmetros cavitários do ventrículo esquerdo (VE).[8,9]

O ecocardiograma é a modalidade de imagem de primeira linha para diagnóstico e seguimento de pacientes com regurgitação aórtica. No entanto, o ecocardiograma se baseia em dados qualitativos e semiquantitativos para graduar a regurgitação. A RMC apresenta a vantagem de permitir quantificação acurada do volume e da FR, e de permitir quantificação seriada dos volumes e função ventriculares.[2] Porém, a RMC ainda é subutilizada clinicamente, sendo comumente reservada para casos nos quais os resultados ecocardiográficos são inconclusivos.[8]

A RMC é capaz de contribuir com informações sobre anatomia, mobilidade, geometria de abertura e coaptação dos folhetos aórticos, e ainda determinar volume e FR valvares, bem como avaliar as dimensões e função ventriculares. Para avaliação morfológica, são adquiridas imagens de cinerressonância em varredura paralelas ao plano de abertura valvar e nos planos perpendiculares, 3 câmaras e via de saída do VE. A morfologia tricúspide ou bicúspide verdadeira ou pela presença de rafes entre as cúspides valvares pode ser facilmente verificada por imagens tipo cine-SSFP ou gradiente-eco paralelas ao plano valvar. As valvas podem apresentar-se espessadas e com mobilidade reduzida determinando jatos regurgitantes mais comumente centrais, ou ainda é possível identificar prolapso de folhetos valvares e consequente jato regurgitante excêntrico. A orientação e a duração dos jatos regurgitantes são mais bem avaliadas por aquisições perpendiculares (aquisições *in-plane*) e paralelas à abertura valvar (aquisições *through-plane*), usando-se a técnica contraste de fase (Figura 1).

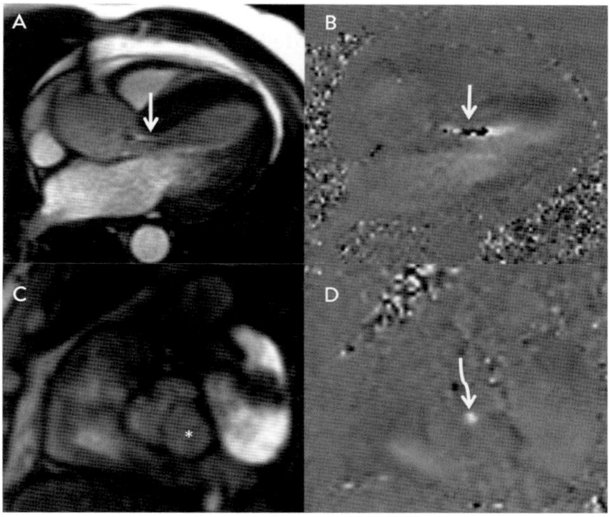

Figura 1 Regurgitação aórtica moderada em paciente de 61 anos, apresentando dilatação do seio de Valsalva ao ecocardiograma. Imagens tipo cine (A), contraste de fase no plano 3 câmaras (B) e perpendiculares à abertura valvar (C e D) demonstrando o jato regurgitante aórtico (setas retas em A e B). Em C, observam-se a valva aórtica tricúspide com dilatação predominante do seio não coronariano (asterisco) e o orifício regurgitante (seta curva em D). A fração regurgitante aferida foi de 33% e o diâmetro máximo do seio de Valsalva foi de 47 mm. Em (A) observar ainda hipertrofia do ventrículo esquerdo.

A quantificação da FR é realizada mais comumente de duas formas:

- A primeira utiliza os volumes anterógrados e retrógrados valvares (fluxo aórtico retrógrado/fluxo aórtico anterógrado) medidos pela aquisição paralela à abertura valvar pela técnica de contraste de fase.
- A segunda utiliza os volumes de ejeção ventriculares ([volume de ejeção do VE - volume de ejeção do ventrículo direito {VD}]/volume de ejeção do VE), desde que não haja regurgitação concomitante nas outras valvas cardíacas.

Os métodos quantitativos comparados entre si permitem validação interna da medida da FR.[2] Estudos demonstraram diferentes *cut-offs* de FR para discriminação da gravidade da regurgitação aórtica. De acordo com Gelfand et al., valores de FR < 15% indicam regurgitação leve, entre 16 e 25% regurgitação moderada, 26 a 48% regurgitação moderada-importante e > 48% regurgitação importante.[10] De acordo com Myerson et al., frações regurgitantes > 33% predizem o desenvolvimento de sintomas e a necessidade de troca valvar futura.[11]

Adicionalmente medidas acuradas por angiorressonância dos diâmetros aórticos ao nível do ânulo-aórtico, seio de Valsalva, junção sinotubular e aorta ascendente podem ser realizadas para identificação de regurgitações por alargamento do anel valvar e indicação de reparo cirúrgico da aorta ascendente.[8]

Regurgitação mitral

A regurgitação mitral pode estar mais comumente relacionada a uma doença degenerativa valvar primária (prolapso valvar) ou ser resultante de fechamento valvar inadequado secundário à dilatação do VE e consequente *tethering* dos folhetos (regurgitação funcional ou secundária).

O ecocardiograma transtorácico e/ou transesofágico com reconstruções tridimensionais é a ferramenta clínica mais utilizada para avaliação da valva mitral regurgitante. Os parâmetros de imagem avaliados para indicação de tratamento incluem a função e as dimensões ventriculares, o volume atrial esquerdo e a pressão sistólica da artéria pulmonar (PSAP). Adicionalmente, a anatomia valvar e os parâmetros clínicos como a presença de fibrilação atrial e, sobretudo, a presença de sintomas, também são importantes.[8]

As principais vantagens da RMC na avaliação da regurgitação mitral são a quantificação da regurgitação valvar e dos volumes e função ventriculares, além de avaliação da morfologia valvar.[2] Na presença de regurgitação mitral secundária à cardiomiopatia dilatada isquêmica, o método permite ainda, em um só exame, obter importantes detalhes sobre contratilidade regional e viabilidade miocárdicas. Além disso, a RMC deve ser considerada em casos em que o ecocardiograma proveja imagens de baixa qualidade ou quando o caráter invasivo do ecotransesofágico deseje ser evitado.[12]

A FR mitral pode ser quantificada de diversas formas:

- Usando-se os volumes ejetados de ambos os ventrículos pela análise da função biventricular pelo método de Simpson, há: ([volume de ejeção do VE - volume de ejeção do VD]/volume de ejeção do VE).
- Utilizando medidas de fluxo, há: ([volume de ejeção do VE - fluxo anterógrado na aorta ascendente]/volume de ejeção do VE).
- Ainda utilizando medidas de fluxo: ([fluxo anterógrado mitral - fluxo anterógrado tricúspide]/fluxo anterógrado mitral).[12]

A visualização do jato regurgitante pode ser obtida pela aquisição paralela à abertura valvar na face atrial da valva ou pelos eixos longos usando a técnica de contraste de fase. A avaliação morfológica da valva mitral é realizada por cortes contíguos oblíquos no plano 3 câmaras (eixo longo paraesternal) com a técnica de cinerressonância, varrendo todos os segmentos dos folhetos valvares, da comissura anterolateral à comissura posteromedial.

A medida do orifício regurgitante pode ser realizada por planimetria direta a partir de cortes finos depositados na ponta dos folhetos durante a sístole (Figura 2). Segundo Buchner et al., áreas regurgitantes superiores a 0,4 cm^2 sugerem regurgitação mitral grau III ou maior, com sensibilidade e especificidade superior a 94%.[13] As frações regurgitantes que classificam o grau de regurgitação são semelhantes aos dos valores utilizados para regurgitação aórtica,[10] embora os volumes regurgitantes utilizados pelo ecocardiograma continuem a ser utilizados por alguns autores.[14]

Dados da literatura sugerem correlação modesta da gradação de gravidade da regurgitação mitral entre a RMC e o ecocardiograma, com a RMC determinando doença menos grave em relação ao eco.[10,14] De acordo com Uretsky et al., o grau de regurgitação pela RMC apresentou forte correlação com o remodelamento ventricular pós-cirúrgico, enquanto fraca correlação foi encontrada para o ecocardiograma.[14]

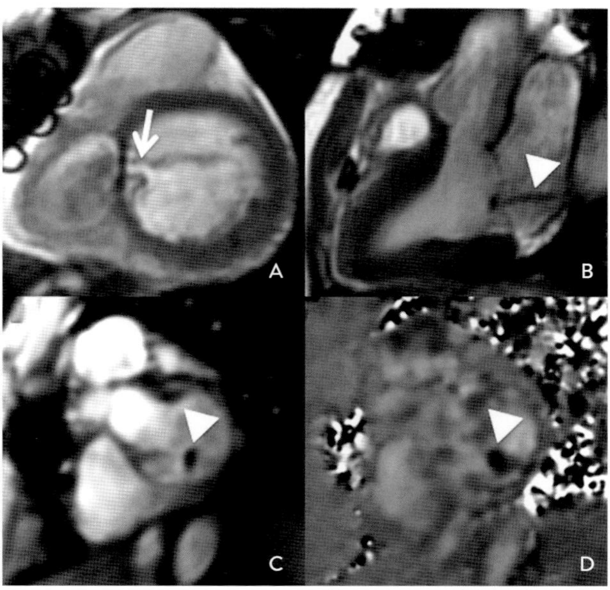

Figura 2 Paciente de 34 anos, sexo feminino, com história de comunicação intraventricular (CIV) corrigida, apresentando *cleft* mitral e regurgitação mitral moderada/importante, com volume regurgitante de 34 mL e fração regurgitante de 36%. Área do orifício anatômico de regurgitação de 0,3 cm^2; (A) cine-RM em eixo curto no plano valvar demonstrando o *cleft* mitral (seta); e (B) cine-RM 3 câmaras evidencia jato regurgitante mitral (cabeça de seta), e mapa de fluxo com imagens tipo magnitude (C) e mapa velocimétrico (D) no eixo curto valvar evidenciam o jato regurgitante (cabeças de seta).

Regurgitação tricúspide

A regurgitação significativa da valva tricúspide é na maioria secundária à falência e ao aumento das dimensões cavitárias do VD. Embora mais rara, alterações secundárias da valva podem também ocorrer por endocardite em usuários de drogas endovenosas. Adicionalmente, alterações primárias da valva são resultantes de alterações congênitas como a anomalia de Ebstein, defeitos do canal atrioventricular ou a transposição corrigida dos grandes vasos.

A indicação de intervenção da valva tricúspide leva em consideração não somente a necessidade de intervenção em câmaras esquerdas como também sintomas e gravidade da regurgitação, em conjunto com o declínio na função do VD.[8,9] Embora medidas tridimensionais do VD pelo ecocardiograma possam ser consideradas semelhantes à da RMC em centros experientes, a RMC é o padrão-ouro para avaliação ventricular direita.[8,9]

A avaliação da regurgitação tricúspide pela RMC é bastante similar à da regurgitação mitral. São realizadas imagens de cinerressonância no eixo curto ventricular ao longo da valva para localização e planimetria do orifício regurgitante,[15] e cines no plano axial ou em 4 câmaras varredura para localização do jato regurgitante e posterior exploração com a técnica de contraste de fase. A análise qualitativa do jato de regurgitação tricúspide é mais bem realizada por aquisições com a técnica de contraste de fase ao longo do trajeto do jato regurgitante. A presença de jatos com base larga (*vena contracta* > 7 mm), estão associados à regurgitação tricúspide importante.[2]

Adicionalmente, as imagens de cinerressonância são utilizadas para a quantificação dos volumes ventriculares, e de forma semelhante à regurgitação mitral, os volumes ejetados biventriculares gerados pelo método de Simpson e o volume anterógrado gerado pela análise de fluxo na artéria pulmonar podem ser combinados para quantificação da FR tricúspide, devendo-se ter especial atenção ao processamento das imagens e à disposição dos contornos biventriculares.[2]

Regurgitação pulmonar

A regurgitação pulmonar leve pode estar presente sem grandes repercussões clínicas na população em geral, e não exige avaliação extensiva. A regurgitação pulmonar significativa pode ser resultante de dilatação do anel valvar secundária à hipertensão pulmonar, ou mais comumente em adultos jovens em pós-operatório tardio de correção de cardiopatias congênitas, por exemplo, após correção cirúrgica de tetralogia de Fallot ou após valvoplastia percutânea por balão na estenose pulmonar (EP).

As indicações de avaliação de regurgitação pulmonar por RMC são na quase totalidade após reparo cirúrgico de tetralogia de Fallot, em que a avaliação do VD também encontra melhor avaliação pelo método, que é o padrão-ouro para quantificação da função e volumes ventriculares direitos. Embora a regurgitação pulmonar seja comum e bem tolerada por longos períodos após a correção cirúrgica, há invariável progressão para disfunção do VD, com aumento da incidência de arritmias e risco de morte súbita.[16] Em razão da necessidade de exames seriados para acompanhamento desses pacientes, da ausência de radiação ionizante, caráter não invasivo e da acurácia para quantificação de fluxo, função e dimensões ventriculares, a RMC tornou-se o método de escolha para o acompanhamento.[17]

As imagens de cinerressonância oferecem avaliação morfológica da valva e da via de saída do VD, porém os finos folhetos pulmonares e os jatos regurgitantes com menos turbulência (sob pressões pulmonares menores) são mais difíceis de serem visualizados com esta técnica de imagem.

A quantificação da FR pulmonar é realizada pela aquisição tipo contraste de fase transversal ao tronco pulmonar, entre o plano valvar e a bifurcação (FR = volume retrógrado/volume anterógrado). Na ausência de *shunts* residuais ou regurgitação importante das demais valvas cardíacas, o cálculo da FR por meio dos volumes ejetados ventriculares ([volume de ejeção do VD - volume de ejeção do VE]/volume de ejeção do VD) deve gerar valores semelhantes ao encontrado pela análise do fluxo no tronco arterial pulmonar (Figura 3). Frações regurgitantes acima de 35% são compatíveis com regurgitação pulmonar livre, ou seja, quando da ausência de função valvar efetiva. A FR deve ser considerada grave quando exceder 50%, o que ocorre em casos nos quais o VD ou os ramos pulmonares estão aumentados e complacentes, ou quando há aumento da resistência vascular pulmonar.[18]

O valor de volume diastólico final, a partir do qual a troca valvar deve ser recomendada, tem sido objeto de grande debate na literatura. Dados mais conservadores sugerem que volumes < 150 mL/m^2 como limite abaixo do qual o tamanho do VD retorna para os limites do normal após a troca valvar pulmonar.[17]

ESTENOSES VALVARES

Estenose aórtica

As principais causas de EAo atualmente são: EAo degenerativa, doença valvar reumática, valva aórtica bicúspide, doenças da aorta ascendente e endocardite infecciosa. Com o envelhecimento populacional a prevalência de EAo degenerativa vem aumentando, principalmente em países desenvolvidos.

O manejo desses pacientes depende, além da avaliação clínica determinando a presença ou não de sintomas, da precisa quantificação do grau de estenose valvar.[8,9]

Apesar de o ecocardiograma ser o exame de primeira linha na avaliação da EAo, a RMC atualmente vem emergindo como uma importante ferramenta não invasiva.

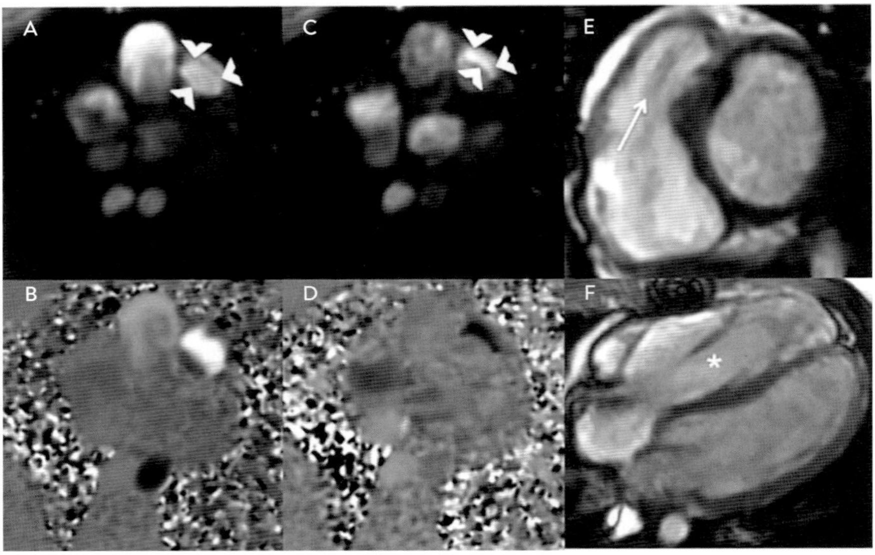

Figura 3 Regurgitação pulmonar importante em jovem de 13 anos em pós-operatório tardio de correção de dupla via de saída do ventrículo direito (VD) com estenose pulmonar. Imagens tipo contraste de fase demonstram a abertura sistólica da valva pulmonar (A e B) e a falha de coaptação diastólica valvar (C e D). Destaca-se ainda o jato regurgitante na via de saída do VD nas imagens tipo cine no eixo curto (seta), bem como o aumento das dimensões do VD (asterisco) e retificação do septo interventricular no plano 4 câmaras (F). A fração regurgitante foi estimada em 44%, e o volume diastólico final indexado do VD foi estimado em 132 mL/m^2.

Por meio do mapa de fluxo são adquiridas as medidas de velocidade, os gradientes pressóricos transvalvares (utilizando a equação de Bernoulli modificada) e área valvar estimada pela equação de continuidade modificada.

A velocidade pico é subestimada na RMC nos métodos tradicionalmente utilizados para a medida, porém novas técnicas capazes de quantificar velocidade do jato de forma multidirecional vêm sendo desenvolvidas e otimizam os resultados das medidas de velocidade pela RMC.[19] Medidas de gradientes valvares médios > 40 mmHg são consideradas como EAo importante e entre 25 e 40 mmHg, como grau moderado de estenose.[20]

A equação de continuidade por si só está propensa a erros (mesmo quando utilizada no ecocardiograma) e geralmente superestima a EAo. A medida direta da área do orifício valvar realizada na RMC por planimetria é mais precisa, e é medida por imagens em cinerressonância adquiridas com cortes finos no plano valvar (Figura 4). Outra vantagem da RMC é a diferenciação da estenose valvar aórtica das estenoses subvalvar ou supravalvar pela cinerressonância.[2]

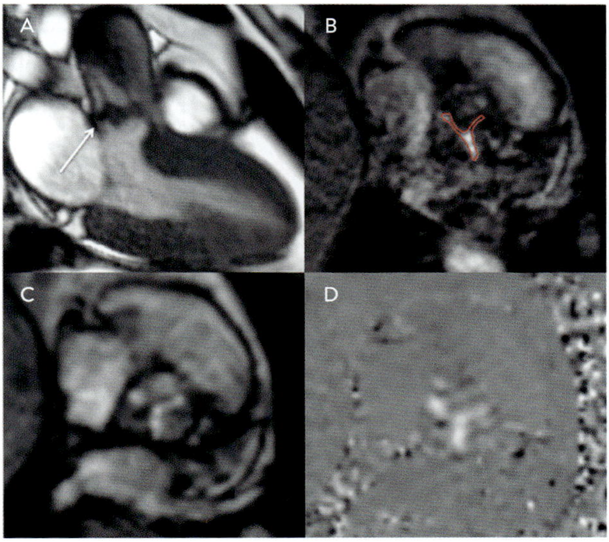

Figura 4 Estenose aórtica importante em paciente de 74 anos; (A) cine no plano 3 câmaras demonstra a valva aórtica espessada e com mobilidade reduzida durante a sístole (seta), e ainda o jato estenótico na raiz da aorta; (B) cine gradiente-eco demonstrando a planimetria da abertura valvar; (C e D) imagens tipo contraste de fase, em que se identifica a morfologia valvar tricúspide. A velocidade máxima aferida no plano valvar foi de 4,36 m/s e o gradiente máximo de 76 mmHg pela equação de Bernoulli.

Medidas de áreas valvares < 1 cm^2 (ou < 0,6 cm^2/m^2) são consideradas EAo importante e entre 1 e 1,5 cm^2 são consideradas grau moderado de estenose.[20]

Adicionalmente, pela RMC é possível avaliar as consequências hemodinâmicas da EAo causando alteração da ultraestrutura dos filamentos miocárdicos com consequente remodelamento miocárdico que pode ser percebido pelo grau de hipertrofia ventricular, disfunção ventricular, fibrose miocárdica e dilatação de câmaras cardíacas. Outras consequências hemodinâmicas podem ser notadas também na alteração da anatomia da aorta, podendo apresentar dilatação pós-estenótica.[21]

A pesquisa de fibrose miocárdica pela técnica de realce tardio apresenta correlação com maior mortalidade e menor recuperação da função sistólica do VE após a troca valvar. O padrão da fibrose frequentemente encontrado é multifocal com grande variação na localização no VE.[22] No entanto, a fibrose miocárdica associada às valvopatias aórticas podem ocorrer de forma difusa, intersticial e não de forma regional. Dessa forma, nem sempre geram alterações macroscópicas que seriam prontamente detectadas pelo método do realce tardio. Nesse contexto, o mapa T1 e a quantificação do ECV seriam métodos promissores na detecção da fibrose miocárdica intersticial em pacientes portadores de valvopatia aórtica.[23,24]

A angiorressonância da aorta torácica também pode ser realizada para avaliar diâmetros e a anatomia principalmente nos casos de valvas aórticas bicúspides, pois são frequentemente associadas à dilatação da aorta ascendente.[9]

Estenose mitral

A principal causa de EMi atualmente é a sequela de doença cardíaca reumática. Dentre outras possíveis causas, destacam-se as congênitas, as doenças infiltrativas (mucopolissacaridoses), endocardite infecciosa, lúpus eritematoso sistêmico, artrite reumatoide e estados serotoninérgicos (síndrome carcinoide).

O manejo clínico desses pacientes depende da presença ou não de sintomas, do acurado diagnóstico etiológico e do estágio em que o processo de estenose se encontra, levando em conta a anatomia da valva e as consequências hemodinâmicas da estenose, principalmente no átrio esquerdo (AE) e na circulação pulmonar.[9]

A avaliação de primeira linha atualmente é realizada por ecocardiograma, principalmente o transesofágico, com boa visualização dos folhetos valvares.[2] A RMC também possibilita boa avaliação cardíaca e valvar nestes casos, principalmente quando há limitações ao ecocardiograma ou não seja adequado um exame invasivo.

Pela RMC pode-se avaliar o volume atrial esquerdo e descartar a presença de trombo intracavitário, nos casos em programação de ablação, podem ser avaliadas as veias pulmonares pela angiorressonância.

A morfologia valvar e subvalvar pode ser vista por imagens em cinerressonância (Figura 5). Quando realizadas no plano valvar possibilitam determinar, dentre outros aspectos, espessamento e fusão comissural e a área valvar por planimetria. Medidas de área valvar < 2 cm^2 são consideradas EMi. Valores < 1 cm^2 de área valvar são considerados EMi grave.[20]

É possível ainda realizar a avaliação do fluxo e velocidade diastólicos e o cálculo do gradiente transvalvar utilizando o mapa de fluxo prescrito no plano valvar, porém, estas medidas podem ser prejudicadas pela presença frequente de fibrilação atrial nos portadores de EMi.[2]

Estenose tricúspide

A estenose tricúspide (ET) não é uma doença muito frequente. A principal causa é a doença reumática, sendo na maioria dos casos acompanhada por insuficiência tricúspide em graus variados, e frequentemente associada à valvopatia mitral.[9]

A RMC tem papel importante na avaliação da valva tricúspide pela excelente resolução espacial, possibilitando a análise anatômica e funcional da valva tricúspide, do ânulo e das câmaras cardíacas direitas.

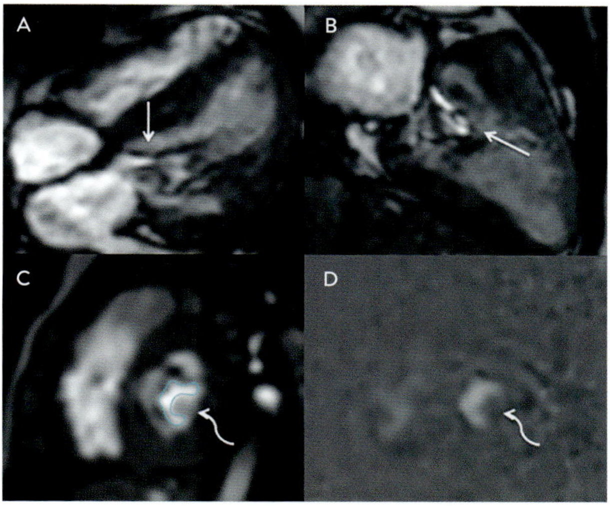

Figura 5 Estenose mitral moderada em criança de 6 anos portadora de síndrome de Down, após correção de defeito parcial do septo atrioventricular e plastia mitral; (A e B) imagens tipo cine nos planos 4 câmaras e 2 câmaras demonstrando jatos de aceleração de fluxo no interior da cavidade ventricular esquerda (setas retas); (C e D) imagens tipo contraste de fase no plano valvar demonstram abertura valvar reduzida (setas curvas), com a área máxima de abertura de 1,4 cm^2.

As repercussões hemodinâmicas da ET, a dilatação atrial direita e a dilatação da veia cava inferior podem ser muito bem avaliadas pela RMC. A medida da área valvar pela planimetria é o parâmetro quantitativo mais significativo.[2] Apesar de não haver um sistema bem estabelecido para gradação da gravidade da ET, geralmente, valores de área valvar menores que 1 cm^2 e gradiente pressórico médio maior que 5 mmHg são considerados como ET importante.[20]

Estenose pulmonar

A maioria dos casos de EP é de etiologia congênita. EP pode ser de causa valvar, subvalvar ou supravalvar.

A RMC atualmente é o exame de escolha na avaliação de doenças da valva pulmonar e na avaliação do VD e da via de saída.[2]

Pela RMC é possível analisar a morfologia valvar e a planimetria, possibilita a avaliação quantitativa da estenose de maneira similar à que é realizada na valva aórtica por planimetria valvar e medidas de fluxo e velocidade. Apesar de não haver consenso bem estabelecido a respeito da gradação da EP, alguns estudos sugerem que valores de gradiente pico de 20 a 50 mmHg correspondam à EP discreta, 50 a 75 mmHg seriam EP moderada e > 75 mmHg corresponderiam a EP importante.[20]

Outro importante papel da RMC nesses casos consiste na investigação das consequências hemodinâmicas da EP, avaliando o grau de hipertrofia ventricular direita e dilatação das câmaras cardíacas, além de alterações das artérias pulmonares, como dilatações, estenoses e o trajeto.

REFERÊNCIAS BIBLIOGRÁFICAS

1. American College of Cardiology Foundation Task Force on Expert Consensus Documents, Hundley WG, Bluemke DA, Finn JP, Flamm SD, Fogel MA, Friedrich MG, et al. ACCF/ACR/AHA/NASCI/SCMR 2010 expert consensus document on cardiovascular magnetic resonance: a report of the American College of Cardiology Foundation Task Force on Expert Consensus Documents. J Am Coll Cardiol. 2010;55(23):2614-62.
2. Myerson SG. Heart valve disease: investigation by cardiovascular magnetic resonance. J Cardiovasc Magn Reson. 2012;14:7.
3. Dimitriou P, Kahari A, Emilsson K, Thunberg P. Cardiovascular magnetic resonance imaging and transthoracic echocardiography in the assessment of stenotic aortic valve area: a comparative study. Acta radiologica. 2012;53(9):995-1003.
4. Bax JJ, Delgado V. Advanced imaging in valvular heart disease. Nature Rev Cardiol. 2017;14(4):209-23.
5. Messroghli DR, Radjenovic A, Kozerke S, Higgins DM, Sivananthan MU, Ridgway JP. Modified Look-Locker inversion recovery (MOLLI) for high-resolution T1 mapping of the heart. Magnetic resonance in medicine. 2004;52(1):141-6.
6. Kellman P, Wilson JR, Xue H, Ugander M, Arai AE. Extracellular volume fraction mapping in the myocardium, part 1: evaluation of an automated method. J Cardiovasc Magn Reson. 2012;14:63.
7. Schelbert EB, Messroghli DR. State of the art: clinical applications of cardiac T1 mapping. Radiology. 2016;278(3):658-76.
8. Baumgartner H, Falk V, Bax JJ, De Bonis M, Hamm C, Holm PJ, et al. 2017 ESC/EACTS Guidelines for the management of valvular heart disease. Euro Heart J. 2017;38(36):2739-91.
9. Nishimura RA, Otto CM, Bonow RO, Carabello BA, Erwin JP, 3rd, Guyton RA, et al. 2014 AHA/ACC Guideline for the Management of Patients With Valvular Heart Disease: a report of the American College of Cardiology/American Heart Association Task Force on Practice Guidelines. Circulation. 2014;129(23):e521-643.
10. Gelfand EV, Hughes S, Hauser TH, Yeon SB, Goepfert L, Kissinger KV, et al. Severity of mitral and aortic regurgitation as assessed by cardiovascular magnetic resonance: optimizing correlation with Doppler echocardiography. J Cardiovasc Magn Reson. 2006;8(3):503-7.
11. Myerson SG, d'Arcy J, Mohiaddin R, Greenwood JP, Karamitsos TD, Francis JM, et al. Aortic regurgitation quantification using cardiovascular magnetic resonance: association with clinical outcome. Circulation. 2012;126(12):1452-60.
12. Chan KM, Wage R, Symmonds K, Rahman-Haley S, Mohiaddin RH, Firmin DN, et al. Towards comprehensive assessment of mitral regurgitation using cardiovascular magnetic resonance. J Cardiovasc Magn Reson. 2008;10:61.
13. Buchner S, Debl K, Poschenrieder F, Feuerbach S, Riegger GA, Luchner A, et al. Cardiovascular magnetic resonance for direct assessment of anatomic regurgitant orifice in mitral regurgitation. Circ Cardiovasc Imaging. 2008;1(2):148-55.
14. Uretsky S, Gillam L, Lang R, Chaudhry FA, Argulian E, Supariwala A, et al. Discordance between echocardiography and MRI in the assessment of mitral regurgitation severity: a prospective multicenter trial. J Am Coll Cardiol. 2015;65(11):1078-88.

15. Medvedofsky D, Leon Jimenez J, Addetia K, Singh A, Lang RM, Mor-Avi V, et al. Multi-parametric quantification of tricuspid regurgitation using cardiovascular magnetic resonance: A comparison to echocardiography. Euro J Radiol. 2017;86:213-20.
16. Gatzoulis MA, Balaji S, Webber SA, Siu SC, Hokanson JS, Poile C, et al. Risk factors for arrhythmia and sudden cardiac death late after repair of tetralogy of Fallot: a multicentre study. Lancet. 2000;356(9234):975-81.
17. Geva T. Repaired tetralogy of Fallot: the roles of cardiovascular magnetic resonance in evaluating pathophysiology and for pulmonary valve replacement decision support. J Cardiovasc Magn Reson. 2011;13:9.
18. Manning WJ, Pennell DJ, Manning WJ. Cardiovascular magnetic resonance. 2nd ed. Philadelphia, PA: Saunders/Elsevier; 2010.
19. da Silveira JS, Smyke M, Rich AV, Liu Y, Jin N, Scandling D, et al. Quantification of aortic stenosis diagnostic parameters: comparison of fast 3 direction and 1 direction phase contrast CMR and transthoracic echocardiography. J Cardiovasc Magn Reson. 2017;19(1):35.
20. Koskenvuo JW, Jarvinen V, Parkka JP, Kiviniemi TO, Hartiala JJ. Cardiac magnetic resonance imaging in valvular heart disease. Clin Physiol Funct Imaging. 2009;29(4):229-40.
21. Debl K, Djavidani B, Buchner S, Lipke C, Nitz W, Feuerbach S, et al. Delayed hyperenhancement in magnetic resonance imaging of left ventricular hypertrophy caused by aortic stenosis and hypertrophic cardiomyopathy: visualisation of focal fibrosis. Heart. 2006;92(10):1447-51.
22. Azevedo CF, Nigri M, Higuchi ML, Pomerantzeff PM, Spina GS, Sampaio RO, et al. Prognostic significance of myocardial fibrosis quantification by histopathology and magnetic resonance imaging in patients with severe aortic valve disease. J Am Coll Cardiol. 2010;56(4):278-87.
23. Bull S, White SK, Piechnik SK, Flett AS, Ferreira VM, Loudon M, et al. Human non-contrast T1 values and correlation with histology in diffuse fibrosis. Heart. 2013;99(13):932-7.
24. Neubauer S, Bull S. Myocardial fibrosis in aortic stenosis. JACC Cardiovascular imaging. 2017;10(11):1334-6.

8 Doenças pericárdicas e massas cardíacas

Walther Ishikawa
Antonio Fernando L. Paiva

DOENÇAS DO PERICÁRDIO

A avaliação por imagem das doenças do pericárdio é ampla, inclui a radiografia simples, ecocardiografia (EC), tomografia computadorizada (TC) e ressonância magnética (RM). A radiografia tem um papel bastante limitado, permitindo avaliar somente derrames de grande volume, com aumento da silhueta cardíaca ou calcificações (cerca de 25% das pericardites constritivas). Porém, tem papel relevante na avaliação concomitante das demais estruturas torácicas, como sinais de congestão pulmonar, massas pulmonares, tuberculose etc.

As outras três modalidades de imagem tiveram um impressionante desenvolvimento tecnológico nas últimas décadas, permitindo adquirir informações que eram inimagináveis há pouco tempo. É importante uma visão crítica das possibilidades e limitações de cada método, para o uso integrado e inteligente dessas ferramentas. São métodos complementares, e a escolha do método dependerá do contexto clínico e das condições do paciente.

O EC é considerado o método de primeira linha para avaliação pericárdica, simples e rápido, disponível e seguro, permitindo uma avaliação bastante pormenorizada das alterações pericárdicas. Avalia de forma adequada disfunções diastólicas, permitindo a diferenciação de doenças restritivas e constritivas. Muitas novas ferramentas estão disponíveis em aparelhos modernos (como imagens de deformação e tridimensionais), tornando o estudo cada vez mais preciso. Porém, é um método dependente de janelas acústicas, não raro com avaliações incompletas dos achados.

O papel da TC na avaliação pericárdica é limitado. É uma ferramenta indicada primariamente para estudo das artérias coronárias, mas, em casos selecionados, permite extrair algumas informações relevantes sobre pericardiopatias. O exame pode demonstrar espessamento e realce pós-contraste dos folhetos, como na pericardite (Figura 1). Massas podem ser identificadas. Derrame pericárdico pode ser detectado e quantificado, e a atenuação pode sugerir um caráter espesso/hiperproteico ou hemorrágico (Figura 2). Dentre todas as aplicações, destaca-se a superioridade da TC na detecção e na quantificação de calcificações pericárdicas, um achado frequente em pericardite constritiva (Figura 3). Nessa condição, a TC também demonstra eventuais consequências nas dimensões cavitárias, e, em casos selecionados, a TC pode ser adquirida com sincronização eletrocardiográfica retrospectiva, permitindo extrair informações sobre função contrátil ventricular (à custa de uma dose mais elevada de radiação).

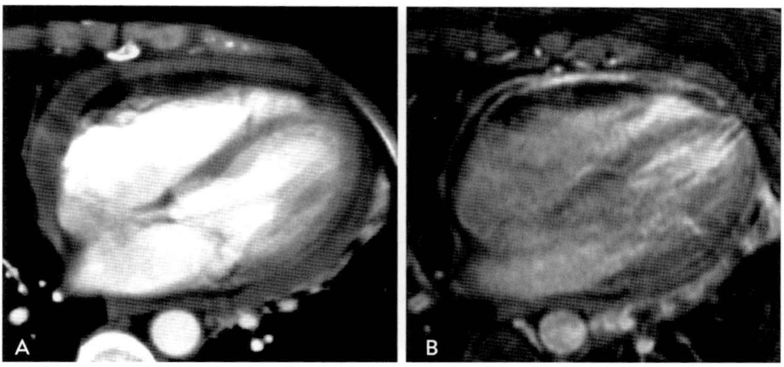

Figura 1 Dois exames do mesmo paciente com pericardite aguda, tomografia computadorizada em (A) e ressonância magnética em (B). Há espessamento e realce do pericárdio, além de derrame pericárdico laminar.

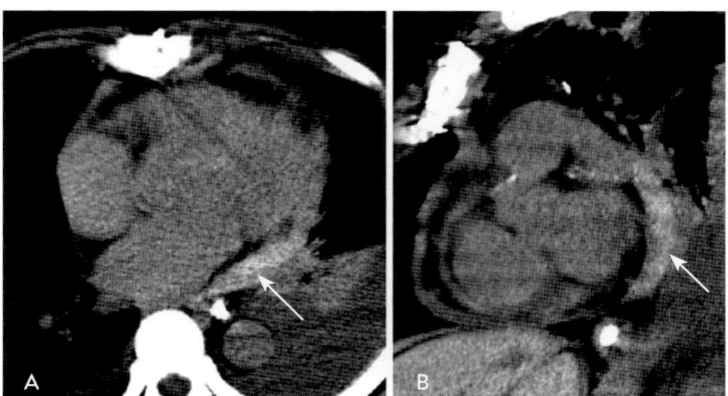

Figura 2 Tomografia computadorizada sem contraste, pequeno hemopericárdio após cirurgia de revascularização miocárdica. Imagem axial em (A) e reconstrução no plano eixo-curto em (B). Note o aspecto hiperatenuante do derrame, indicado com setas.

A RM é bem indicada para avaliação de alterações anatômicas do pericárdio, especialmente quando a investigação pelo eco for inconclusiva. O grande campo de visão da RM permite melhor perspectiva da extensão da doença pericárdica, para definir a relação com as estruturas anatômicas vizinhas. A caracterização tecidual superior dá melhor desempenho na avaliação de condições inflamatórias e tumores (Figura 4). A riqueza de informações funcionais oferece uma avaliação integral das consequências das doenças pericárdicas nos volumes cavitários, fluxo, função sistólica e diastólica.

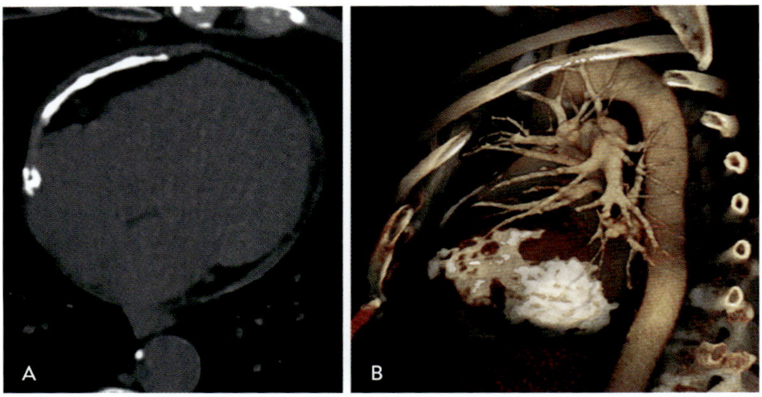

Figura 3 Tomografia computadorizada, dois pacientes com pericardite crônica e extensas calcificações pericárdicas. Em (A), imagem axial sem contraste mostrando também o espessamento difuso dos folhetos pericárdicos. A distribuição das calcificações é mais bem demonstrada na reconstrução tridimensional, em (B).

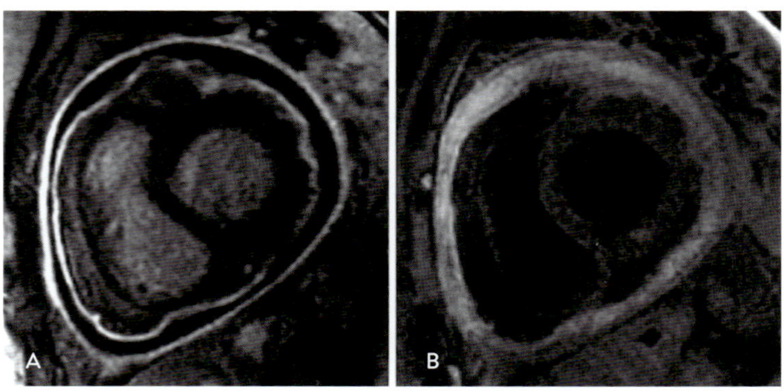

Figura 4 Ressonância magnética de paciente com pericardite subaguda. Em (A), sequência de realce tardio pós-contraste demonstrando espessamento e realce de ambos os folhetos pericárdicos, além de pequeno derrame. Em (B), sequência "sangue escuro" ponderada em T2 demonstrando espessamento e edema pericárdico difuso, além de derrame.

MÉTODOS DIAGNÓSTICOS NÃO INVASIVOS EM CENÁRIOS CLÍNICOS ESPECÍFICOS

Pericardite

A pericardite aguda pode se manifestar com quadros clínicos variados, desde pacientes assintomáticos até franco tamponamento cardíaco, o que define a estratégia diagnóstica. Nos casos mais graves, a avaliação por imagem é feita essencialmente com eco, que alia velocidade à precisão, e a possibilidade de realização do exame à beira do leito. Nos demais, é necessária a distinção entre casos simples e complicados (recorrência, refratária a tratamento clínico) e derrames volumosos. Porém, mesmo nesses casos, o eco permanece como ferramenta de primeira linha, e geralmente é a única modalidade de imagem necessária. A RM pode adicionar valor quando há suspeita de extensão do processo inflamatório para o músculo cardíaco, caracterizando miopericardite (Figura 5).

Em casos subagudos e crônicos, a TC e/ou RM podem trazer informações valiosas em pacientes com derrames loculados ou complexos, ou de difícil localização (Figura 6). Quando há suspeita de neoplasia associada, esses estudos podem avaliar de forma mais adequada extensões diretas das massas, nódulos pericárdicos ou lesões associadas relevantes.

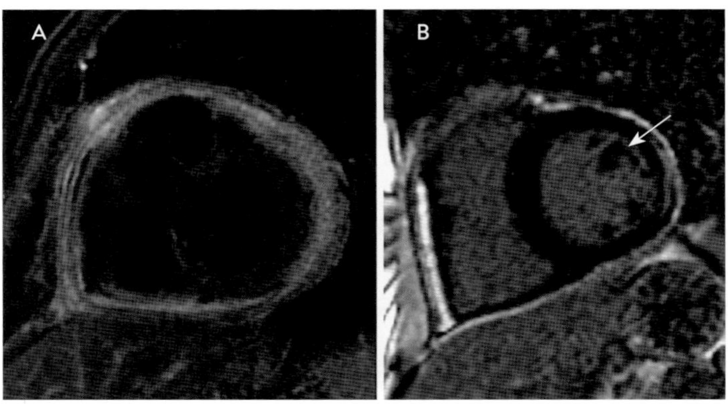

Figura 5 Ressonância magnética de paciente com pericardite aguda. Em (A), sequência "sangue escuro" ponderada em T2 demonstrando espessamento e edema pericárdico difuso, derrame laminar, e extensão do edema para gordura paracardíaca. Em (B), exame de controle após uma semana, sequência de realce tardio pós-contraste demonstrando redução dos sinais inflamatórios, mas com detecção de realce tardio miocárdico na parede lateral (seta), caracterizando miopericardite.

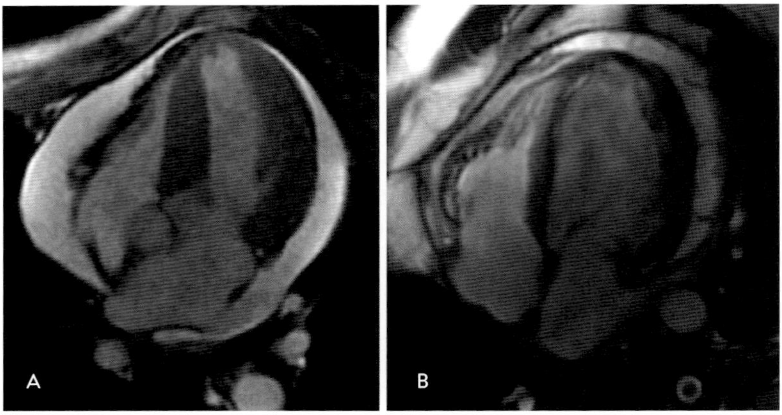

Figura 6 Ressonância magnética, dois pacientes com derrame pericárdico. Em (A), derrame pericárdico moderado em um paciente com uremia, note o aspecto livre do derrame. Em (B), derrame pericárdico moderado em um paciente com pericardite infecciosa bacteriana, o derrame tem aspecto espesso, multisseptado e loculado.

Constrição

Novamente, o exame de primeira linha é o eco, sendo a TC e a RM reservadas para casos em que haja dúvida diagnóstica. Imagens cinéticas da RM demonstram os mesmos achados do eco, como a movimentação anômala do septo interventricular para a esquerda no início da diástole, exacerbada na inspiração (ressalto septal, *septal bounce*, por interdependência ventricular), aspecto alongado e estreito do ventrículo direito, função sistólica normal e dilatação do átrio direito e das veias cavas. Tanto a TC quanto a RM são superiores ao eco na detecção do espessamento dos folhetos pericárdicos, e a RM pode identificar áreas de aderência. A TC é o melhor estudo para a avaliação de calcificações, mas é bastante limitado na avaliação funcional. A RM pode auxiliar também na diferenciação das cardiomiopatias restritivas.

MASSAS CARDÍACAS – TUMORES, CISTOS E TROMBOS

O eco transtorácico é a técnica mais utilizada na avaliação inicial de massas cardíacas. No entanto, na maioria das vezes, esse método fornece informações incompletas para diagnóstico das massas e relações com o pericárdio e as estruturas adjacentes ao coração. A RM já se consolidou como o principal método de imagem para avaliação das massas cardíacas, uma vez que fornece, num único estudo, informações relacionadas à localização, relação com estruturas vizinhas, composição e vascularização tecidual, além da função cardíaca, em amplo campo de visão, utilizando aquisições multiplanares, independentemente de janelas acústicas. As diversas técnicas de aquisição de imagens, com diferentes sequências de pulso, fornecem informações relevantes quanto aos componentes histológicos (Tabela 1) e vascularização das massas que, em conjunto com os dados clínicos, podem auxiliar na distinção entre massas neoplásicas benignas e malignas, massas não neoplásicas (trombos e cistos) ou estruturas outras que, pela localização, apresentam comportamento "maligno" com invasão e compressão de estruturas vasculares. As massas cardíacas frequentemente apresentam composição tecidual e localização anatômica características, dados muito úteis na determinação do diagnóstico e passíveis de serem avaliados pela RM (Figura 7).

Tabela 1 Intensidade de sinal e características das composições teciduais nas diferentes sequências da ressonância magnética

Tecido	T1	T2	Pós-contraste
Líquido	baixo	alto	ausente
Mixoide	baixo	alto	escasso
Colágeno	baixo	baixo/alto	escasso
Adiposo	alto	alto	ausente
Necrótico	baixo	alto	ausente
Fibroso	baixo	baixo	escasso
Cálcico	baixo	baixo	ausente
Vascularizado	baixo	alto	marcado

Adaptado de Lombardi, M.[6]

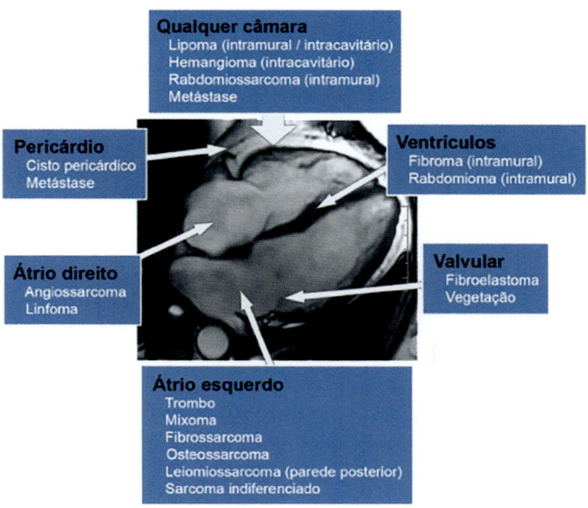

Figura 7 Localizações mais comuns dos tumores cardíacos (adaptada de Motwani et al.[7]).

As massas cardíacas podem ser classificadas em não neoplásicas, tumores primários (com origem do tecido cardíaco) e tumores secundários (metástases de tumores de outros tecidos). Entre as massas não neoplásicas, os trombos intracavitários são os mais comuns. A aparência do trombo, nas imagens de RM, depende da idade do trombo e das sequências de pulso utilizadas. Outras massas cardíacas não tumorais que podem ser caracterizadas pela RM são: vegetações valvares, abscessos perivalvares, cistos pericárdicos, hipertrofia lipomatosa do septo interatrial, calcificações valvares e estruturas anatômicas diversas que podem mimetizar lesões (proeminência de *crista terminalis*, banda moderadora, dentre outras).

A incidência de massas cardíacas neoplásicas é muito baixa, com estimativa de 0,002 a 0,3% em autópsias, sendo que os tumores metastáticos são cerca de 40 vezes mais frequentes do que os tumores primários. As metástases cardíacas podem ser resultado de invasão direta (carcinomas broncogênicos e linfoma), disseminação hematogênica (neoplasias pulmonares e de mama, melanomas, linfomas e leucemia), linfática (via mais comum dos linfomas e mais raro nos carcinomas) ou por contiguidade com estruturas vasculares venosas (carcinomas hepatocelulares, renais, endometriais e tireoidianos).

Os tumores primários cardíacos são muito raros (0,0017 a 0,28%), sendo, na maioria, benignos. Mais da metade dos tumores benignos é de mixomas (mais comum em adultos), sendo os outros lipomas, fibroelastomas papilíferos e rabdomiomas (estes predominantes em crianças). Outros tumores cardíacos primários são os fibromas, o paraganglioma intrapericárdico, hemangiomas e teratomas.

Dos tumores malignos primários cardíacos, o angiossarcoma é o tipo histológico mais comum em adultos, enquanto o rabdomiossarcoma é o mais frequente na infância. Outras neoplasias malignas primárias do coração são outros tipos de sarcoma, linfoma primário cardíaco e mesotelioma pericárdico. Para a diferenciação entre tumor maligno e benigno, pesquisam-se indefinição das margens da lesão, infiltração do miocárdio e do pericárdio, invasão vascular, linfonodomegalias mediastinais e derrame pleural, dentre outros sinais de comportamento maligno (Tabela 2).

Tabela 2 Características de comportamento maligno nos tumores cardíacos

Características do Tumor	Características Teciduais
Tamanho maior que 5 cm	Tecido heterogêneo nas sequências ponderadas em T1 e T2 (hemorragia/necrose)
Contornos irregulares	Derrame pericárdico denso / hemorrágico
Invasão dos planos adjacentes	Realce pós-contraste
Localização em câmaras direitas	Sinal alto em T1 e baixo sinal em T2 sugere metástase de melanoma

(continua)

Tabela 2 Características de comportamento maligno nos tumores cardíacos *(continuação)*

Características do Tumor	Características Teciduais
Envolvimento pericárdico ou pleural – derrames e implantes nodulares	
Lesões múltiplas	

Adaptado de Motwani, M et al.[7]

Mais importante ainda que auxiliar na caracterização do tipo histológico, a RM é útil na delimitação das bordas tumorais e da relação com as estruturas vizinhas, tendo grande utilidade na determinação e no planejamento da possível abordagem cirúrgica. Todas essas características a tornam o método de escolha para a avaliação de massas cardíacas.

MASSAS NÃO NEOPLÁSICAS (TROMBOS, CISTOS E OUTROS PSEUDOTUMORES)

Trombo

É uma das causas mais comuns de massa cardíaca, sendo tipicamente encontrado no átrio esquerdo de pacientes com fibrilação atrial e insuficiência valvar mitral, além dos casos de pacientes com ventrículo esquerdo disfuncionante, como nas sequelas isquêmicas ou doença de Chagas.

Como previamente salientado, as características do trombo à RM dependem da idade e relação com a degradação da hemoglobina. Nos casos mais agudos, em que o trombo se encontra com grande quantidade de oxi-hemoglobina, tendem a aparecer com sinal aumentado nas sequências ponderadas em T1 e T2; nos casos subagudos, há hipersinal em T1 e hipossinal em T2 (em razão de efeitos paramagnéticos da meta-hemoglobina); e nos casos crônicos, o trombo se torna pobre em água e os restos celulares são substituídos por tecido fibroso, levando assim, ao baixo sinal em T1 e T2.

O agente de contraste paramagnético tem função importante no auxílio da diferenciação entre trombo e tumor. A imagem de perfusão de primeira passagem permite a clara diferenciação do trombo em relação ao miocárdio adjacente, uma vez que o trombo é uma estrutura avascular e que classicamente não possui absorção pelo meio de contraste (Figura 8).

Cisto pericárdico

Na maioria dos casos são encontrados de forma incidental, podendo ter origem congênita ou adquirida. São massas de contornos bem delimitados e conteúdo líquido, geralmente situadas junto à borda cardíaca direita.

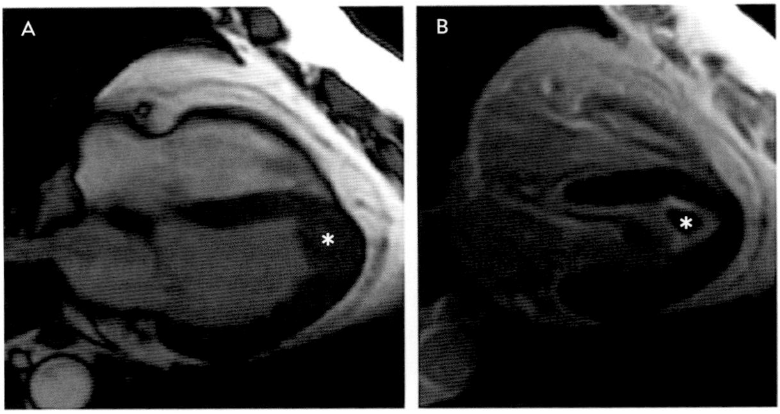

Figura 8 Ressonância cardíaca: trombo apical ventricular esquerdo (asterisco) com isossinal em relação ao miocárdio na Cine-SSFP (A). Após a injeção de contraste, há ausência de captação central e presença de realce periférico (B), normalmente observado em trombos crônicos.

A maioria dos pacientes é assintomática, porém, sintomas decorrentes da compressão de estruturas adjacentes podem estar presentes.

Os cistos têm a aparência bem demarcada e homogênea, com intensidade de sinal baixa ou isointensa em imagens ponderadas em T1 e intensidade de sinal muito alta em imagens ponderadas em T2 (Figura 9). Não existe a absorção do agente de contraste paramagnético nas imagens de realce tardio.

Hipertrofia lipomatosa do septo interatrial

É um processo não neoplásico de hiperplasia de células adiposas localizadas no septo interatrial, que pode ser confundida com um tumor (Figura 10).

Mais comum em pacientes com idade avançada e obesos, não sendo necessário tratamento específico.

Calcificação caseosa da valva mitral

A calcificação caseosa da valva mitral é uma variante rara de calcificação anular mitral que ocorre em até 1% dos casos e tipicamente envolve o anel mitral posterior no sulco atrioventricular. A avaliação histológica revela uma massa necrótica contendo uma mistura de ácidos graxos, colesterol e infiltrado inflamatório crônico cercado por um envelope de fibrocalcificação. As características incomuns po-

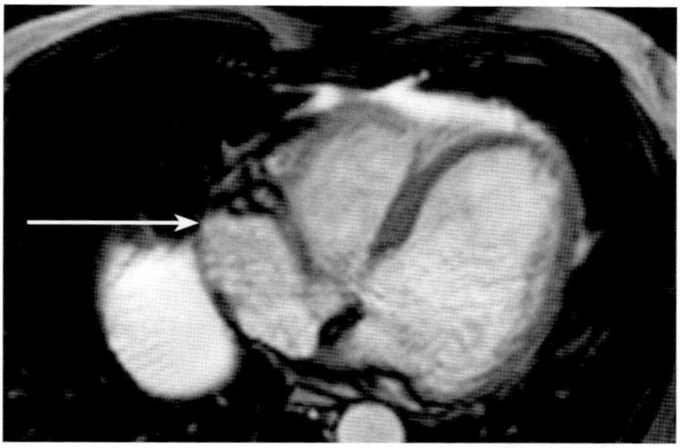

Figura 9 Ressonância cardíaca: sequência ponderada em T2 mostrando imagem nodular de contornos bem definidos na região paracardíaca à direita, com alto sinal homogêneo, compatível com Cisto Pericárdico (seta).

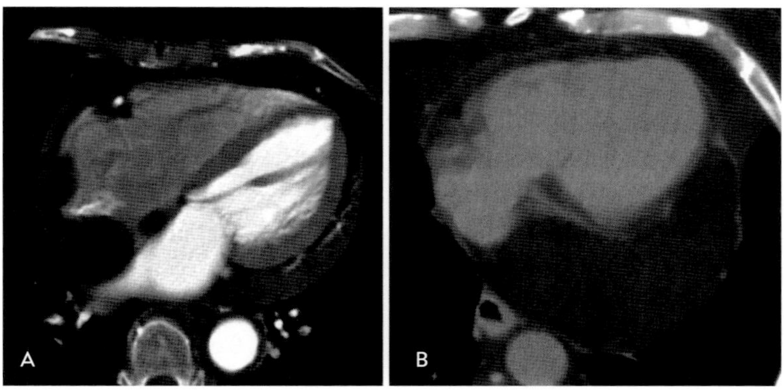

Figura 10 Tomografia computadorizada, dois exemplos de lesões de natureza adiposa, Lipomatose de Septo Interatrial em (A), e Lipoma pericárdico em (B). Hipoatenuação característica de tecido gorduroso.

dem levar ao diagnóstico errado como tumor cardíaco, trombo ou abscesso e, portanto, a RM pode ser muito útil para a devida caracterização tecidual. Durante a fase inicial, a massa possui hipersinal tanto na imagem ponderada em T1 como em T2, em razão do alto teor líquido e necrótico. As regiões associadas de calcificação dentro e ao redor da massa aparecem hipointensas, mas são mais bem caracterizadas pela TC. As imagens pós-contraste de realce tardio geralmente mostram realce periférico decorrente de tecido fibrótico e centro necrótico avascular (Figura 11).

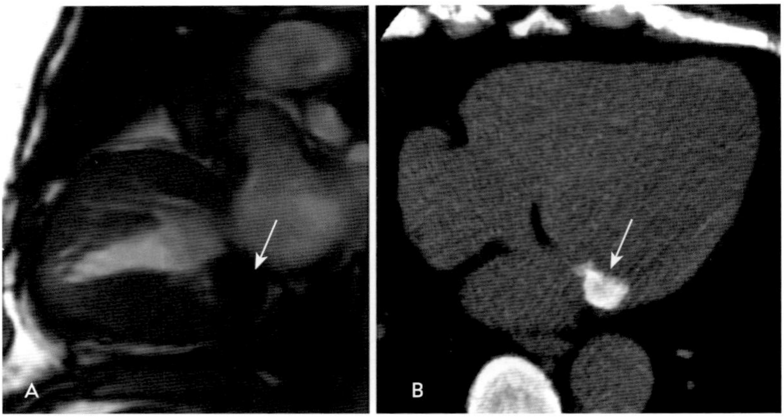

Figura 11 Dois pacientes com Calcificação Caseosa da Valva Mitral. Ressonância magnética em (A) e Tomografia computadorizada sem contraste em (B).

TUMORES CARDÍACOS PRIMÁRIOS

Mixoma

É o tumor cardíaco benigno mais comum (cerca de 50%) e ocorre geralmente entre a 4ª e a 7ª décadas de vida, com maior predileção para o sexo feminino. Algumas formas podem ser familiares, com herança autossômica dominante e fenótipo variável, como no complexo de Carney.

São tipicamente massas solitárias, variando entre 1 a 15 cm, normalmente localizadas no septo interatrial perto da *fossa ovalis*. Cerca de 75% ocorrem no átrio esquerdo, 20% no átrio direito e os demais 5% podem acometer qualquer uma das cavidades ventriculares.

Os mixomas podem conter áreas císticas, necróticas, fibrose, hemorragia e calcificação, o que leva à aparência tipicamente heterogênea. A localização intracavitária prediz a formação de trombos, normalmente vistos na superfície.

Nas imagens por RM, o mixoma geralmente se mostra uma massa iso ou hipointensa nas imagens ponderadas em T1 e com maior intensidade de sinal nas imagens ponderadas em T2, pelo alto teor de água extracelular. As imagens de *cine imaging* são úteis para a avaliação desses tumores por geralmente serem móveis, podendo levar ao prolapso valvar e à obstrução. As imagens de perfusão e realce tardio seguem as características heterogêneas do tumor (Figura 12).

De forma geral, o tratamento dos mixomas é a ressecção em bloco do tumor. Pelo risco de recidiva, alguns grupos sugerem seguimento por imagem semestral ou anual após a ressecção.

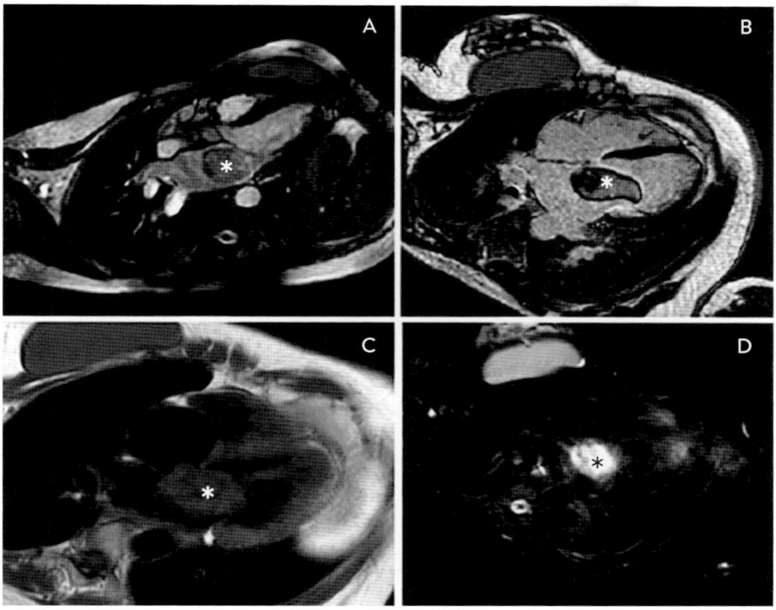

Figura 12 Ressonância cardíaca: Imagem nodular centrada no átrio esquerdo (asteriscos), em íntimo contato com o septo interatrial, com proeminência através da valva mitral. A: Sequência de Cine-SSFP com hipossinal. B: Avaliação de realce tardio após a injeção de gadolínio com presença de realce heterogêneo. C: Sequência ponderada em Double T2 com isossinal em relação ao miocárdio. D: Sequência ponderada em Triple T2 com marcado hipersinal. Os achados são típicos de Mixoma Atrial.

Fibroelastoma papilar

Representam cerca de 75% de todas as neoplasias valvares e 10% dos tumores cardíacos primários. São normalmente pequenos, com crescimento lento, sendo habitualmente assintomáticos e descobertos de forma incidental.

Na evolução, podem ocorrer embolizações periféricas do tumor, sendo considerado um fator determinante para a ressecção cirúrgica, além de quando se tornam sintomáticos ou maiores que 1 cm.

As características típicas de imagem pela RM são de massa valvar homogênea, pequena e altamente móvel (geralmente anexada ao lado de um pequeno pedículo); com intensidade de sinal baixa e fluxo turbulento circundante em imagens de "cine" (Figura 13). Os principais diferenciais incluem vegetações e trombo, muitas vezes de distinção difícil em razão das pequenas dimensões. Trombos maiores são facilmente discriminados com caracterização de tecido

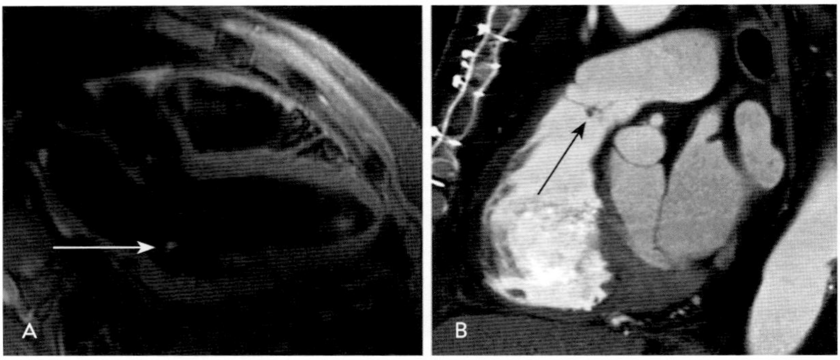

Figura 13 Dois casos de Fibroelastomas Papilíferos. Em (A), uma ressonância cardíaca com sequência "sangue escuro" ponderada em T2 com discreta imagem nodular regular e com discreto hipersinal na região subvalvar do folheto mitral posterior (seta). Em (B), uma tomografia computadorizada demonstrando pequeno nódulo relacionado à face inferior de cúspide valvar pulmonar.

a partir do uso do contraste como descrito anteriormente. As vegetações geralmente estão presentes no contexto clínico de suspeita de endocardite infectada e causam destruição de folhetos valvulares, enquanto os fibroelastomas raramente estão associados a um impacto funcional na válvula.

Lipoma

São alguns dos tumores benignos mais comuns e respondem por cerca de 10% dos tumores primários cardíacos, podendo ser descobertos em qualquer faixa etária. São bem definidos e homogêneos, com morfologia capsulada e contendo células adiposas tumorais.

A maioria surge na superfície pericárdica e pode se estender para o espaço pericárdico. A ocorrência na região subendocárdica é possível, mas é incomum, sendo geralmente menores.

Embora geralmente assintomáticos e encontrados de forma incidental, caso haja obstrução sintomática, a ressecção cirúrgica deve ser considerada.

A intensidade de sinal elevada e homogênea (em relação ao miocárdio) nas imagens ponderadas em T1, ainda mais quando aplicados pré-pulsos adicionais para saturação de gordura, é uma clássica característica desses tumores (Figura 14).

Uma pista útil é a intensidade de sinal semelhante ao da gordura da parede torácica nas imagens ponderadas em T1 e T2. Os lipomas são muito pouco vascularizados e não apresentam impregnação visível pelo agente de contraste paramagnético.

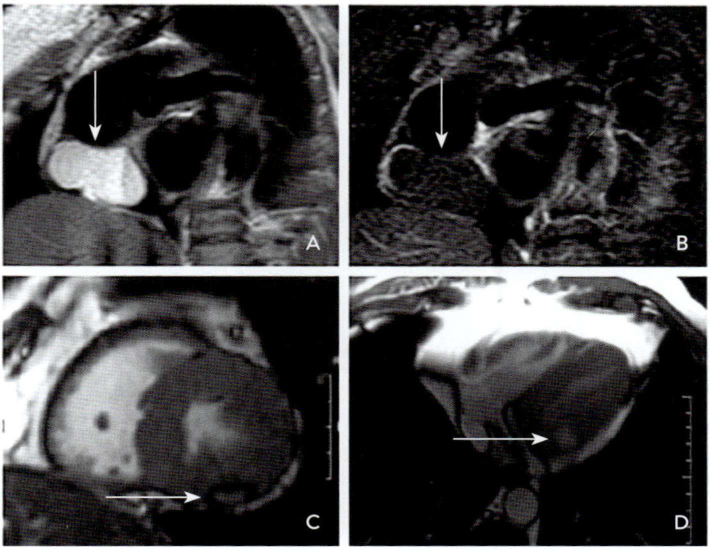

Figura 14 Ressonância cardíaca: Pacientes com diagnóstico de lipoma (setas). Hipersinal característico na sequência T1 (A) e hipossinal na sequência T2 com saturação de gordura (B). Hipersinal homogêneo em sequências de Cine-SSFP (C e D).

Hemangioma

Os hemangiomas cardíacos são tumores vasculares, geralmente solitários e encontrados em um dos ventrículos.

Histologicamente, podem ser classificados em capilares, cavernosos ou arteriovenosos. Embora possuam clássica essência vascular, não é incomum a presença de componentes fibrosos, adiposos ou calcificações, levando a uma aparência heterogênea nos exames de imagem.

Na RM, os hemangiomas são iso ou hipointensos nas imagens ponderadas em T1 e com hipersinal nas imagens ponderadas em T2. Durante e após a administração do agente de contraste, classicamente são hiperintensos, podendo ou não haver homogeneidade (Figura 15).

Fibroma

Considerado o segundo tumor congênito mais comum, tipicamente presente na vida pediátrica ou adulta jovem. Geralmente são tumores solitários (ao contrário dos rabdomiomas) e localizados na região septal interventricular. Aqueles tumores associados a síndromes de polipose (por exemplo, polipose adenomatosa familiar ou síndrome de Gardner) são mais comuns nos átrios.

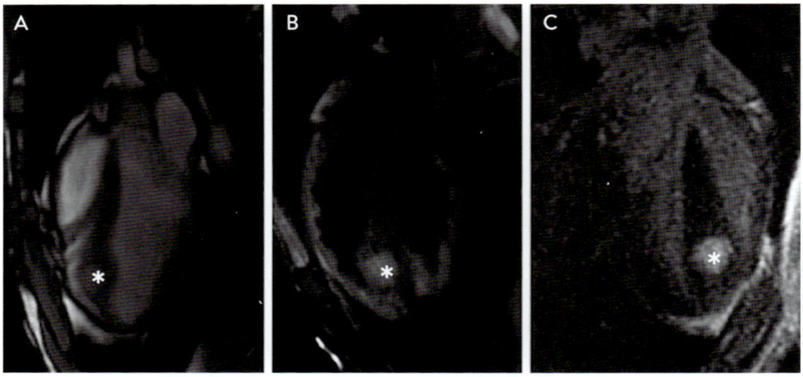

Figura 15 Ressonância cardíaca: Imagem nodular na região apical do septo interventricular (hemangioma - asteriscos). A: hipersinal na sequência de Cine-SSFP e hipersinal homogêneo nas sequências Double T2 (B) e realce intenso e prolongado após a injeção de gadolínio (C).

São usualmente massas solitárias compostas por fibroblastos tumorais, sem componentes císticos, necróticos ou hemorrágicos, mas que podem apresentar calcificação central, o que pode ajudar a diferenciá-los dos rabdomiomas.

Nas imagens por RM, as lesões são isointensas em relação ao miocárdio nas imagens ponderadas em T1 e tipicamente hipointensas nas imagens ponderadas em T2. São geralmente homogêneos, exceto nos casos com calcificação central, geralmente sem evidenciar contrastação nas imagens de perfusão, mas com marcado hipersinal homogêneo após 7 a 10 minutos decorrentes da difusão pelo abundante espaço intersticial (Figura 16).

Na maior parte dos casos a ressecção cirúrgica está indicada, entretanto, alguns autores questionam a necessidade de intervenção em pacientes assintomáticos.

Rabdomioma

São os tumores cardíacos primários mais comuns em lactentes e crianças. Tipicamente surgem no primeiro ano de vida no miocárdio ventricular. Mais de 50% estão associados à esclerose tuberosa e em 90% dos casos são múltiplos, ao contrário dos fibromas.

Variam de tumores milimétricos a com alguns centímetros, podendo causar obstrução, embora geralmente regridam antes dos 4 anos de idade.

No exame por RM, são isointensos ao miocárdio normal nas imagens ponderadas em T1 e hiperintensos nas imagens ponderadas em T2. Geralmente não possuem contrastação significativa após a infusão do agente de contraste paramagnético, em alguns casos sendo hipointenso ao miocárdio (Figura 17).

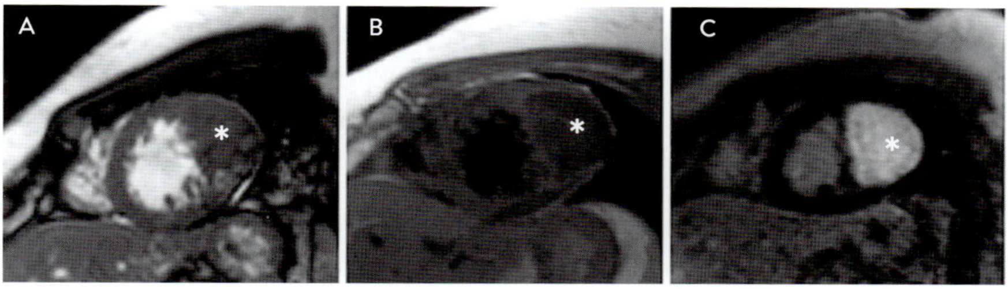

Figura 16 Ressonância cardíaca: Imagem nodular aderida a parede lateral do ventrículo esquerdo (asteriscos) com isossinal na sequência Cine-SSFP (A), iso/hipossinal na sequência Double T2 (B) e realce tardio homogêneo após a infusão do gadolínio (C), compatível com fibroma.

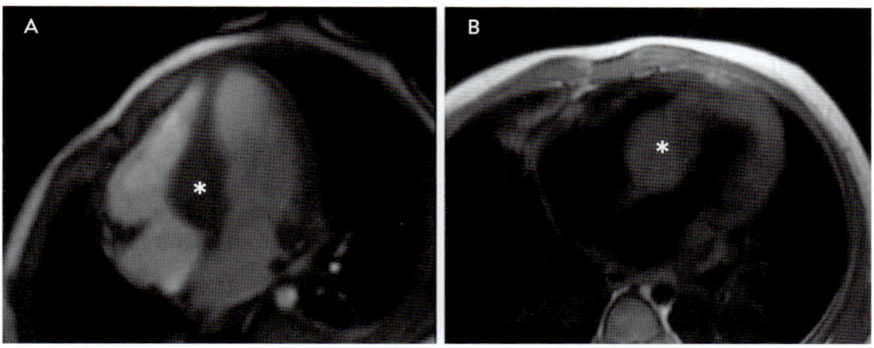

Figura 17 Ressonância cardíaca: Lesão de aspecto nodular no septo interventricular da região basal (asteriscos), com isossinal nas sequências de Cine-SSFP (A) e Double T2 (B). A biópsia da lesão confirmou o diagnóstico de rabdomioma.

TUMORES CARDÍACOS MALIGNOS

Os tumores primários cardíacos malignos são raros, constituindo cerca de 10% de todos os tumores cardíacos. Destes, 95% são sarcomas e o restante são linfomas ou mesoteliomas pericárdicos.

Angiossarcoma

O angiossarcoma é a neoplasia cardíaca primária maligna mais comum na idade adulta, representando cerca de 40% de todos os casos. Geralmente levam à insuficiência cardíaca direita, derrames pericárdicos e metástases, com baixa perspectiva terapêutica e prognóstica.

Histologicamente, são compostos por células anaplásicas com rápida proliferação e infiltração, alinhadas com vasos sanguíneos em espaços irregulares preenchidos por sangue. Macroscopicamente, podem ser focais com típica massa bem definida no átrio direito, ou difusas, com massa mais extensa e infiltrativa, normalmente com pior evolução.

As características nas imagens de RM são de massa heterogênea, com ou sem envolvimento pericárdico (caracterizado por espessamento, derrame, implantes nodulares ou perda dos planos de clivagem), com padrões de sinal heterogêneos em T1 e T2 refletindo o tecido tumoral e as áreas de necrose e hemorragia. A utilização do agente de contraste paramagnético reflete a natureza heterogênea, com evidências de vascularização na perfusão de primeira passagem e realce tardio heterogêneo determinado pelas áreas de fibrose e necrose (Figura 18).

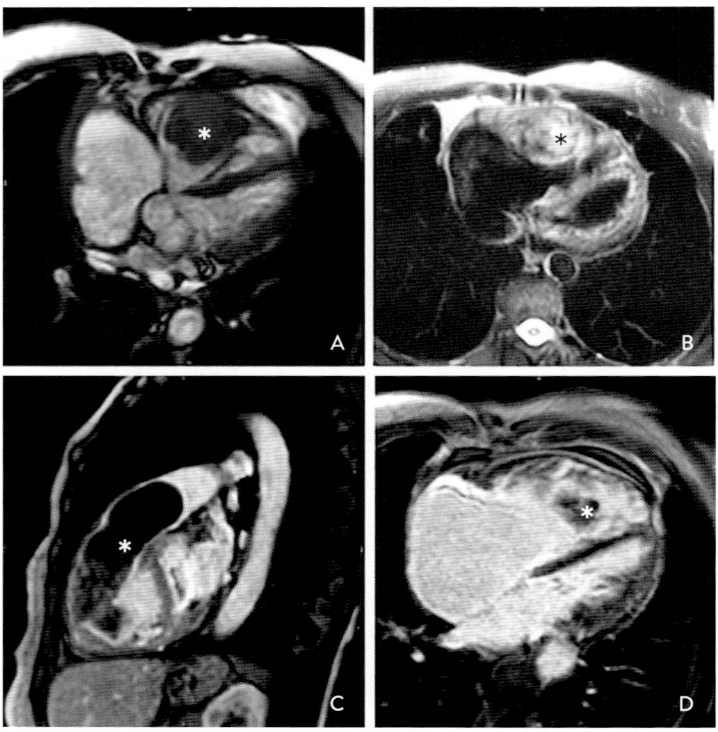

Figura 18 Ressonância cardíaca: Lesão nodular de aspecto infiltrativo na cavidade ventricular direita (asteriscos), com sinais de invasão do tronco pulmonar. Apresenta isossinal discretamente heterogêneo nas sequências Cine-SSFP (A) e Double T2 (B), e sinal intenso e heterogêneo nas sequências pós-contraste gadolínio (C e D). Os achados são sugestivos de malignidade (biópsia confirmou o diagnóstico de angiosarcoma).

SARCOMAS INDIFERENCIADOS

O sarcoma cardíaco sem padrão histológico específico é classificado como indiferenciado. É um tumor com predomínio na população adulta, representando cerca de um terço dos sarcomas cardíacos e, portanto, o segundo tumor cardíaco primário maligno em índices de prevalência.

Podem aparecer como massas focais ou infiltrativas, com necrose e hemorragia, semelhantes aos angiossarcomas. A similaridade histológica também determina as mesmas características de imagem descritas no angiossarcoma, porém, são mais encontrados no átrio esquerdo (81%).

Rabdomiossarcoma

É o tumor primário cardíaco maligno mais comum na infância, com dois tipos histológicos distintos: embrionário, que ocorre em crianças e adultos, e pleomórfico, menos frequente e com ocorrência na fase adulta. Não apresentam nítida prevalência por alguma câmara cardíaca, entretanto, são mais comuns nas valvas cardíacas em relação aos demais sarcomas.

A apresentação à RM é normalmente isointensa em relação ao miocárdio nas imagens ponderadas em T1 e hiperintensa nas imagens ponderadas em T2, com contrastação geralmente homogênea após a utilização do meio de contraste.

Osteossarcoma

Representam cerca de 10% dos sarcomas cardíacos primários, sendo considerados raros. Ao contrário da apresentação cardíaca metastática, o tumor primário geralmente ocorre no átrio esquerdo.

Muitos deles apresentam componentes densos de calcificação, mais bem observados por estudos de TC, levando muitas vezes a diagnósticos errôneos de mixoma pela localização no átrio esquerdo. A localização longe da *fossa ovalis*, base ampla e comportamento invasivo podem elevar a suspeita para osteossarcoma.

A aparência na RM apresenta descrição literária abrangente tendo em vista a natureza incomum, sendo encontrados relatos de aspecto heterogêneo com hipointensidade de sinal nas imagens ponderadas em T1 e com hiperintensidade em T2, acompanhando aspecto heterogêneo também após a infusão do meio de contraste.

Leiomiossarcoma

O leiomiossarcoma é um tumor maligno decorrente do músculo liso e constitui apenas 1% de todos os tumores cardíacos primários. Tem predileção para o átrio esquerdo e a manifestação mais comum é a dispneia por insuficiência cardíaca decorrente da obstrução valvar mitral. Podem ser múltiplos em 30% dos casos. As descrições de imagem de RM são pouco frequentes, mas parece ser iso ou hipointenso em relação ao miocárdio nas imagens ponderadas em T1, hiperintensos nas imagens ponderadas em T2 e com acentuada heterogeneidade após a infusão do contraste de gadolínio paramagnético.

Linfoma cardíaco primário

Os linfomas cardíacos primários são extremamente raros, tipicamente do tipo de células B não Hodgkin e restritos ao coração ou ao pericárdio. Geralmente ocorrem em pacientes imunocomprometidos, mas não estão confinados apenas a esse grupo. A apresentação clínica decorre do rápido desenvolvimento de insuficiência cardíaca, sintomas obstrutivos ou arritmia. O tratamento é por quimioterápicos, com baixa perspectiva prognóstica. Geralmente envolvem o lado direito do coração, em particular o átrio direito, com envolvimento frequente de mais de uma câmara e invasão do pericárdio.

Histologicamente, consistem em nódulos firmes de tecido homogêneo, normalmente sem áreas de hemorragia ou necrose. Na imagem por RM, são isointensos nas ponderadas em T1 e com hiperintensidade heterogênea nas imagens ponderadas em T2. Associa-se, ainda, evolução heterogênea da impregnação pelo meio de contraste paramagnético, podendo ser encontradas áreas hipointensas centrais.

Mesotelioma pericárdico

O mesotelioma pericárdico é proveniente de células mesoteliais apenas relacionadas ao pericárdio, e não à pleura. Não foi identificada relação causal definida com a exposição ao amianto, possivelmente pela relativa raridade da lesão. O tumor geralmente é formado por múltiplas massas coalescentes que envolvem o espaço pericárdico, com subsequente obliteração deste espaço. No entanto, a invasão franca do epicárdio adjacente é rara. Existem poucas descrições da aparência da imagem na RM, mas parece ser homogeneamente isointensa nas imagens ponderadas em T1, heterogêneo nas imagens ponderadas em T2 (em razão das áreas de necrose) e com marcada impregnação pelo meio de contraste gadolínio paramagnético.

METÁSTASES

As metástases cardíacas são 20 a 40 vezes mais frequentes do que as neoplasias cardíacas primárias. Em estudos de autópsia, pacientes com neoplasias malignas conhecidas terão comprometimento metastático cardíaco em 10 a 12% dos casos.

A disseminação metastática para o coração pode ocorrer por invasão direta (pulmão, mama, esôfago), hematogênica (melanoma, linfoma, leucemia), venosa (carcinoma de células renais, hepatoma) ou por via linfática.

A sintomatologia é determinada pelos sítios de envolvimento, sendo o mais comum o pericárdico. Por esta razão, o derrame pericárdico é a consequência mais frequente, podendo ser um exsudato (hemorrágico ou serossanguinolento) ou transudato. No derrame pericárdico exsudativo, há alta intensidade de sinal nas imagens ponderadas em T1, enquanto no transudativo, há baixa intensidade de sinal nas imagens ponderadas em T1 e alta intensidade de sinal nas ponderadas em T2.

Embora as metástases cardíacas não tenham aparências específicas, geralmente apresentam baixa intensidade de sinal nas imagens ponderadas em T1 e alta intensidade em T2, com exceção das metástases do melanoma, que podem se mostrar com alto sinal nas imagens ponderadas em T1 pela quantidade de pigmento de melanina que afeta diretamente a intensidade do sinal. A absorção do meio de contraste paramagnético geralmente é heterogênea (Figura 19).

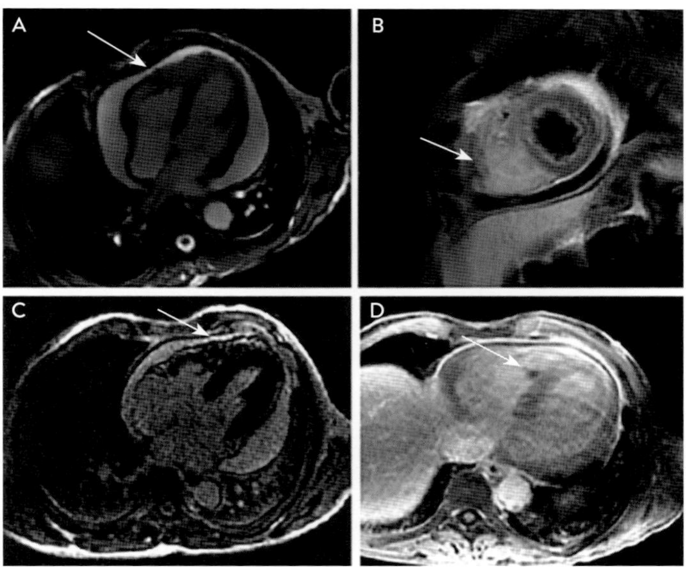

Figura 19 Ressonância cardíaca: Paciente com diagnóstico de CEC de base de língua, com imagem duvidosa observada no ventrículo direito pelo ecocardiograma. (A) Lesão infiltrativa na região apical do ventrículo direito, com isossinal na sequência Cine-SSFP. (B) Hipersinal na sequência Double T2. (C) Realce difuso e heterogêneo pós-contraste gadolínio. (D) T2 pós-contraste com imagem com hipossinal na região apical, compatível com trombo. Associa-se acentuado derrame pericárdico com espessamento difuso dos seus folhetos.

REFERÊNCIAS BIBLIOGRÁFICAS

1. Adler Y, Charron P, Imazio M, Badano L, Barón-Esquivias G, Bogaert J, et al.; ESC Scientific Document Group. 2015 ESC Guidelines for the diagnosis and management of pericardial diseases: The Task Force for the Diagnosis and Management of Pericardial Diseases of the European Society of Cardiology (ESC) Endorsed by: The European Association for Cardio-Thoracic Surgery (EACTS). Eur Heart J. 20157;36(42):2921-64.
2. Braggion-Santos MF, Koenigkam-Santos M, Teixeira SR, Volpe GJ, Trad HS, Schmidt A. Avaliação por ressonância magnética de massas cardíacas. Arq Bras Cardiol. 2013;101(3):263-72.
3. Buckley O, Madan R, Kwong R, Rybicki FJ, Hunsaker A. Review of cardiac masses, part 1: imaging strategies and technical considerations. AJR Am J Roentgenol. 2011;197(5):W837-41.
4. Cosyns B, Plein S, Nihoyanopoulos P, Smiseth O, Achenbach S, Andrade MJ, et al.; European Association of Cardiovascular Imaging (EACVI); European Society of Cardiology Working Group (ESC WG) on Myocardial and Pericardial diseases. European Association of Cardiovascular Imaging (EACVI) position paper: Multimodality imaging in pericardial disease. Eur Heart J Cardiovasc Imaging. 2015;16(1):12-31.
5. Lam KY, Dickens P, Chan AC. Tumors of the heart: a 20-year experience with a review of 12.485 consecutive autopsies [in German]. Arch Pathol Lab Med. 1993;117(10):1027-1031.
6. Lombardi M. MRI for the diagnosis of cardiac tumors. E-Journal Cardiology Practice. 2006;4(17). Disponível em: https://www.escardio.org/Journals/E-Journal-of-Cardiology-Practice/Volume-4/vol4n17-Title-MRI-for-the-diagnosis-of-cardiac-tumors.
7. Motwani M, Kidambi A, Herzog BA, Uddin A, Greenwood JP, Plein S. MR imaging of cardiac tumors and masses: a review of methods and clinical applications. Radiology. 2013;268(1):26-43.
8. O'Donnell DH, Abbara S, Chaithiraphan V, Yared K, Killeen RP, Cury RC, Dodd JD. Cardiac tumors: optimal cardiac mr sequences and spectrum of imaging appearances. AJR Am J Roentgenol. 2009;193(2):377-87.
9. Roberts WC. Primary and secondary neoplasms of the heart. Am J Cardiol. 1997;80(5):671-82.
10. Sara L, Szarf G, Tachibana A, Shiozaki AA, Villa AV, de Oliveira AC, et al.; Sociedade Brasileira de Cardiologia; Colégio Brasileiro de Radiologia. II Diretriz de Ressonância Magnética e Tomografia Computadorizada Cardiovascular da Sociedade Brasileira de Cardiologia e do Colégio Brasileiro de Radiologia. Arq Bras Cardiol. 2014;103 (6 Suppl 3):1-86.
11. Sparrow PJ, Kurian JB, Jones TR, Sivananthan MU. MR imaging of cardiac tumors. Radiographics. 2005;25(5):1255-76.

9

Espectroscopia nuclear magnética e imagem do sódio

Juliana Serafim da Silveira
Carlos Eduardo Rochitte
Roberto Kalil Filho

INTRODUÇÃO

O coração é um órgão que apresenta alto consumo energético. As fontes de energia mais comumente utilizadas para geração de energia são ácidos graxos de cadeia longa, carboidratos e, em menor escala, lactato e cetonas. A oxidação dos ácidos graxos de cadeia longa é responsável por cerca de 70% da energia utilizada por um coração adulto normal, enquanto os carboidratos representam a maior parte da fonte energética restante. Diversas doenças cardíacas estão associadas à alteração do metabolismo energético do órgão. Por exemplo, na doença isquêmica, o aporte de nutrientes ao músculo cardíaco encontra-se reduzido, levando à depleção dos níveis de fosfatos de alta energia e acúmulo de lactato, com consequente alteração contrátil e morte miocitária. As cardiomiopatias não isquêmicas estão associadas à migração do consumo de ácidos graxos para consumo aumentado de carboidratos/glicose. Uma vez que a quebra de glicose apresenta maior eficiência quando comparada com a oxidação de ácidos graxos, o músculo doente aumenta a utilização de glicose em situações de alta demanda de energia. Obesidade, diabete e até mesmo o envelhecimento estão associados a alterações metabólicas do músculo cardíaco. Portanto, o desenvolvimento de ferramentas não invasivas de análise do metabolismo energético cardíaco *in vivo* apresenta grande interesse científico.[1]

A espectroscopia por ressonância magnética cardíaca (ERMC) é uma técnica não invasiva que utiliza o sinal de diferentes núcleos atômicos, presentes no organismo humano, para determinar a concentração de metabólitos envolvidos em reações energéticas fundamentais. A quantificação absoluta ou relativa desses diferentes metabólitos permite a obtenção de informações relevantes sobre o metabolismo miocárdico de forma inteiramente não invasiva, sem a utilização de radiação ionizante, meios de contraste ou traçadores radioativos.

A ERMC não deve ser considerada uma técnica diagnóstica de imagem propriamente dita. Na verdade, os sinais de radiofrequência emitidos pelo organismo não são convertidos em imagens, e sim em uma curva espectral com picos que representam os diferentes metabólitos de interesse. Os núcleos utilizados para o estudo espectroscópico são o hidrogênio^{1} (H^{1}), carbono^{13} (C^{13}) sódio^{23} (Na^{23}) e o fósforo^{31} (P^{31}). Apesar da maior abundância do próton de hidrogênio no organismo humano, o núcleo de maior interesse nos estudos espectroscópicos é o P^{31}, uma vez que detecta diretamente os fosfatos de alta energia, com picos de trifosfato de adenosina (ATP) e fosfocreatina (PCr) dominando as curvas espectrais. Os núcleos H^{1} detectam metabólitos derivados do metabolismo lipídico e de carboidratos, determinando os níveis de lipídios, lactato, carnitina, mioglobina e creatinina. Em contrapartida, o estudo do Na^{23} é utilizado para medir as variações de sódio intra e extracelular no miocárdio isquêmico, em que a perda de fonte energética perturba o processo ativo e dependente de energia que normalmente mantém o sódio intracelular em baixa e o extracelular em alta concentração.

Mais recentemente, as técnicas de hiperpolarização nuclear do C^{13} foram capazes de aumentar o sinal de espectroscopia em cerca de 5 ordens de magnitude, compreendendo grande promessa para o desenvolvimento da ERMC. De forma semelhante ao núcleo H^{1}, a espectroscopia do C^{13} detecta metabólitos derivados do metabolismo lipídico e de carboidratos.

Apesar do alto potencial de aplicabilidade clínica, a ERMC padece de desafios técnicos para a implementação na prática clínica diária, tendo o uso ainda restrito a situações clínicas específicas e a projetos de pesquisa. Porém, com o avanço nas técnicas de aquisição de dados como *compressed sensing* e com o advento dos equipamentos de alto campo magnético ($\geq$ 3 Tesla), a espectroscopia promete fornecer importantes informações diagnósticas, prognósticas e monitoração de resposta terapêutica a uma variedade de doenças cardíacas.[1-3]

ASPECTOS TÉCNICOS

A aquisição de dados espectroscópicos em geral é realizada com o paciente deitado em posição supina com o coração no centro do aparelho de ressonância. Antenas de radiofrequência são colocadas entre o paciente e a mesa do aparelho, bem próximas ao coração, para captar os sinais oriundos do músculo cardíaco.[4] O exame é sincronizado com o eletrocardiograma e com os movimentos respiratórios do paciente.

Para aquisição de uma curva espectral de qualidade, técnicas para melhora da homogeneidade do campo magnético são também executadas. A espectroscopia requer um campo magnético muito mais homogêneo quando comparado às técnicas usuais de ressonância magnética. Para isso, técnicas de homogeneização do campo, chamadas *shimming*, são utilizadas antes do estudo espectroscópico e bandas de saturação são colocadas nos músculos da caixa torácica e no fígado para reduzir a contaminação da curva espectral a partir do sinal oriundo dessas estruturas.[1,2]

Em seguida à localização do coração, são depositados volumes de interesse no músculo cardíaco na forma de voxels quadrangulares, que são em geral dispostos sobre a parede anterior do ventrículo esquerdo (VE) ou sobre o septo interventricular.[2] A aquisição pode ser realizada por meio de várias técnicas, como em um único voxel tridimensional pela técnica ISIS (*image-selected in-vivo spectroscopy*) ou por estudo multivoxel 1D, 2D ou 3D com a técnica CSI (*chemical-shift imaging*), que permite a separação de espectros de diferentes segmentos do miocárdio na mesma aquisição (Figura 1).[5]

Para a aquisição dos dados, pulsos de radiofrequência são emitidos pelo aparelho, levando à excitação dos *spins*. Quando os pulsos de excitação cessam,

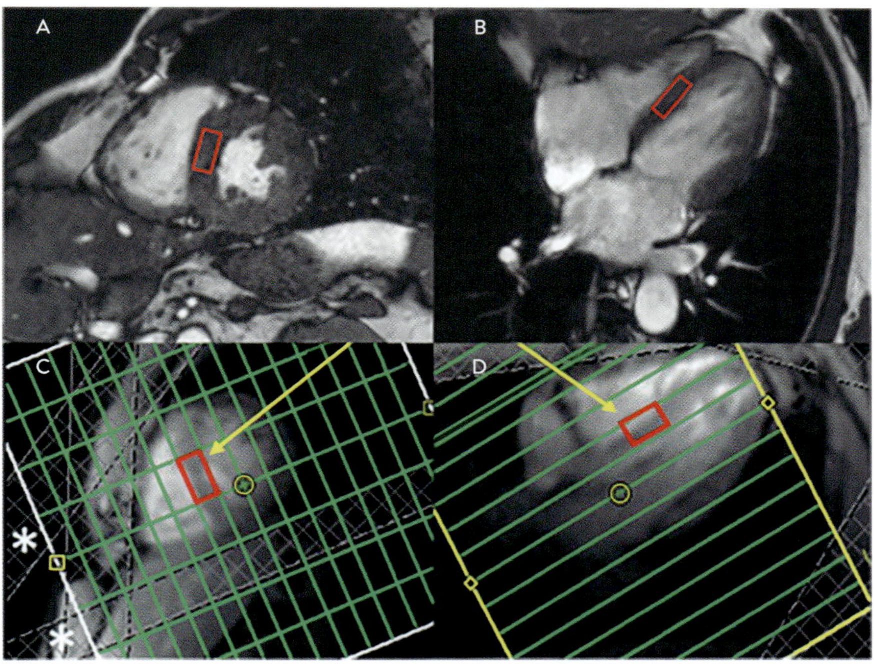

Figura 1 Espectroscopia univoxel (A e B) ou multivoxel (C e D) do septo interventricular. A área de interesse é representada por voxel quadrangular (em vermelho) depositado no septo interventricular. Notar as bandas de saturação (asteriscos) sobre a parede torácica e o fígado em C e D.

os *spins* retornam ao estado original, emitindo um sinal que é convertido na curva espectral. Esse processo é repetido inúmeras vezes, para permitir a construção de uma curva espectral com qualidade adequada. A aquisição dos dados apresenta tempo bastante variável e dependente de diversos detalhes técnicos, com tempo médio entre 8 e 25 minutos para humanos.[2]

A maioria dos estudos espectroscópicos *in vivo* é realizada em aparelhos com campos magnéticos de 1,5 e 3 Tesla, embora resultados promissores já tenham sido publicados em campos magnéticos mais altos de até 7 Tesla em humanos e 11,5 Tesla em animais.[6,7] A utilização de campos magnéticos mais altos apresenta vantagens e desvantagens, tendo dentre os pontos positivos o aumento do sinal (relação sinal/ruído) oriundo dos *spins* e melhor separação dos picos espectrais, e dentre os pontos negativos o aumento da inomogeneidade de campo, maiores interferência e degradação da qualidade da curva pelo eletrocardiograma, aumento do tempo de relaxamento T1 dos *spins* e aumento da absorção térmica pelo organismo gerada por pulsos de radiofrequência mais potentes.[1]

As técnicas usuais de espectroscopia por ressonância magnética utilizam o próton de hidrogênio H^1 abundante em moléculas de água (H_2O) e gordura (CH_2 e CH_3) como fonte de sinal. No entanto, os estudos espectroscópicos de núcleos de C^{13}, Na^{23} e P^{31} são mais atrativos, uma vez que podem oferecer informações mais aprofundadas sobre diferentes substratos envolvidos no metabolismo energético. No entanto, esses núcleos apresentam sensibilidade magnética inferior ao do próton de hidrogênio em função de estarem presentes no organismo humano em concentrações muito inferiores em ordens de magnitude em relação ao H^1 (Tabela 1).[8]

Tabela 1 Núcleos atômicos mais frequentemente estudados por espectroscopia por RM

Núcleo	Abundância natural	Sensibilidade relativa
^1H	99,98%	100%
^{13}C	1,1%	1,6%
^{23}Na	100%	9,3%
^{31}P	100%	6,6%

A sensibilidade relativa do fósforo, por exemplo, é 15 vezes mais baixa em relação ao do próton de hidrogênio. Isso torna o estudo espectroscópico dos demais núcleos desafiador. Adicionalmente, a realização de espectroscopia utilizando C^{13} e P^{31} requer ainda antenas especiais sensíveis à captação dos sinais provenientes destes núcleos, enquanto a espectroscopia do núcleo H^1 utiliza os mesmos componentes fornecidos rotineiramente para os demais exames de ressonância magnética. A hiperpolarização do C^{13} representa uma técnica de aparecimento relativamente recente que traz importante melhora do sinal espectral, sendo uma grande promessa na otimização da espectroscopia em humanos. A técnica de polarização nuclear dinâmica é realizada por congelamento de eléctron-radicais e uma substância contendo C^{13}, que em seguida é bombardeada com frequências de ressonância próximas das dos eléctron-radicais, gerando hiperpolarização do substrato. Em seguida esse substrato solúvel pode ser injetado no organismo vivo, e sua atividade pode ser mapeada pelo acompanhamento da quebra enzimática do substrato hiperpolarizado. As técnicas de hiperpolarização já foram executadas em espécimes teciduais miocárdicos e *in vivo* em modelos animais, sendo recentemente realizadas com sucesso em humanos em um modelo de câncer de próstata, e novos estudos em humanos encontram-se em andamento.[9,10]

As curvas espectrais são representações gráficas de amplitude *versus* frequência, em que se identificam picos de diferentes metabólitos que ressonam a diferentes frequências. O eixo Y representa a concentração do metabólito indicada pela altura do pico e área sobre a curva, enquanto a frequência de ressonância é indicada no eixo X e traduzida em partes por milhão (ppm). Normalmente, a quantificação dos metabólitos é realizada de forma relativa, sendo um dos metabólitos estudados escolhido como pico de referência. As concentrações dos demais metabólitos adquiridos no espectro são então representadas como razões destes metabólitos em relação ao pico de referência (usualmente a creatina).

Dentre as vantagens da quantificação relativa estão a maior rapidez na aquisição e o fato de ser menos sujeita a erros.[1] A quantificação absoluta pode ser realizada, por exemplo, por espectroscopia do P^{31}, ao utilizar a calibração do sinal do P^{31} pelo sinal do H^1 dentro do voxel excitado. A quantificação absoluta dos metabólitos tem a vantagem de não sofrer interferência das flutuações na concentração do metabólito utilizado como pico de referência, como na quantificação relativa. Na curva usual do H^1 são visíveis picos da água, compostos de trimetilamônio (TMA), creatina (CR) e triglicerídeos cardíacos (TG) (Figura 2), enquanto na curva do P^{31}, seis picos são usualmente discerníveis, incluindo 2,3 difosfoglicerato (2,3 DPG), fosfodiéster (DPG), fosfocreatina (PCr) e três picos de ATP (alfa, beta e gama) (Figura 3).[1]

APLICABILIDADE CLÍNICA

Doença isquêmica

Na isquemia miocárdica, a dinâmica de quebra dos fosfatos de alta energia tem o potencial de prover informações em tempo real sobre a progressão da

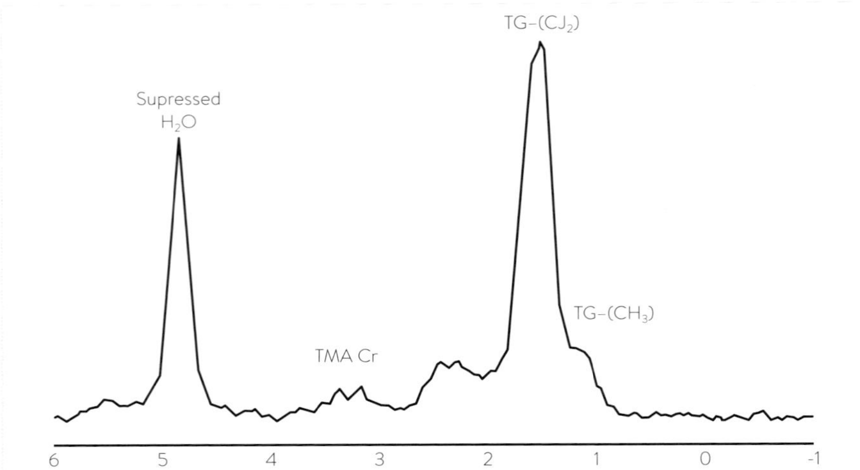

Figura 2 Exemplo de curva espectral do núcleo H[1], em que estão visíveis os picos de água (H_2O), compostos de trimetilamônio (TMA), creatina (CR) e triglicerídeos cardíacos (TG).[1]

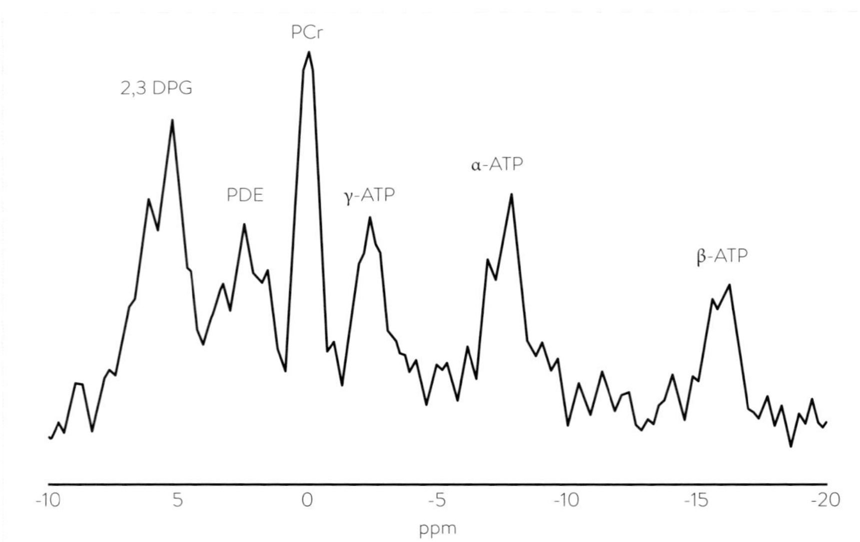

Figura 3 Na curva espectral do núcleo P[31], os seis picos usualmente discerníveis, a saber: 2,3 difosfoglicerato (2,3 DPG), fosfodiéster (DPG), fosfocreatina (PCr) e três picos de ATP (alfa, beta e gama).[1]

isquemia, reperfusão e necrose miocárdicas por meio do estudo da ERMC. No entanto, melhoras na resolução temporal do método ainda são necessárias para demonstrar as alterações metabólicas em tempo real.[8] Logo após o início da isquemia, os níveis de PCr reduzem precocemente e os níveis de ATP permanecem estacionados ou reduzem levemente. Com a progressão da isquemia, os níveis de PCr continuam a se depletar, e os níveis de ATP apresentam decréscimo mais significativo.[5] Na reperfusão, com o aporte de oxigênio reestabelecido, tanto os níveis de PCr quanto de ATP são recompostos. Caso ocorra morte miocitária e formação de fibrose, PCr e ATP sofrerão redução.[5]

Weiss et al. demonstraram queda seguida de recuperação na razão PCr/ATP com exercícios de contração da mão em uma coorte de pacientes com obstrução ≥ 70% da artéria descendente anterior. Após serem submetidos à revascularização, as razões PCr/ATP permaneceram constantes nesses pacientes durante o mesmo exercício.[11]

No miocárdio hibernante, Kalil Filho et. al. revelaram razões de PCr/ATP semelhantes entre os períodos com disfunção e recuperação contrátil da parede anterior, 4 e 39 dias após infarto com reperfusão bem-sucedida da artéria descendente anterior.[12] Esses achados foram posteriormente confirmados por Beer et al., que adicionalmente demonstraram depleção completa dos níveis de PCr em segmentos fibróticos não viáveis.[13]

Uma vez que existe redução de ambos PCr e ATP em estados de morte miocitária e fibrose, a quantificação absoluta dos metabólitos pela espectroscopia do P^{31} mais bem indicaria o *status* tecidual do miocárdio em detrimento da quantificação relativa. De fato, Yabe et al. avaliaram a concentração absoluta de ATP por espectroscopia de P^{31} em pacientes com defeitos miocárdios fixos e reversíveis na cintilografia com tálio, e demonstraram que os níveis absolutos de ATP estão significativamente reduzidos em pacientes com defeitos fixos e encontra-se normal em pacientes com defeitos reversíveis.[14] Estudos com o próton H^1 também foram bem-sucedidos em demonstrar viabilidade miocárdica, tendo sido observada importante redução das concentrações de creatina nas áreas de miocárdio não viável em comparação com áreas remotas de miocárdio viável em humanos.[15]

Estudos com Na^{23} realizados para pesquisa de viabilidade miocárdica indicaram também elevação da intensidade de sinal do Na^{23} nas áreas de miocárdio não viável, tanto na fase aguda quanto na fase crônica do infarto.[16] De forma contrária aos demais núcleos estudados, o Na^{23} foi capaz de gerar imagens de baixa resolução em que se identifica áreas de alto sinal tanto em tecido miocárdico com necrose aguda quanto na fibrose crônica.[16,17]

Doença não isquêmica

Cardiomiopatia dilatada

Estudos com P^{31} relataram redução dos níveis de PCr/ATP em coortes de cardiomiopatia dilatada, e melhor predição de mortalidade deste parâmetro em relação à classe funcional e à fração de ejeção.[18] No entanto, um estudo de quantificação absoluta de PCr e ATP em pacientes com cardiomiopatia dilatada demonstrou queda mais proeminente de cerca de 51% para o PCr contra queda de 31% para o ATP, resultando em queda menos expressiva de somente 25% da razão PCr/ATP. Esse achado sugere potencial subestimação do desarranjo metabólico pela quantificação relativa, tornando a quantificação absoluta mais interessante e potencialmente mais sensível.[19]

Cardiomiopatia hipertrófica

Na cardiomiopatia hipertrófica (CMH), estudos espectroscópico com P^{31} evidenciaram redução da razão PCr/ATP em portadores da doença em relação a controles.[20] O decréscimo da razão PCr/ATP foi associado à extensão da hipertrofia e a presença de disfunção diastólica, tanto em pacientes sintomáticos quanto em jovens assintomáticos, indicando desbalanço energético precoce na evolução da doença.[21] Adicionalmente, pacientes com doença genética familiar apresentaram redução mais acentuada da razão PCr/ATP em relação a portadores de doença não familiar.[22] Um estudo mais recente demonstrou piora do déficit energético em portadores de CMH durante estresse com exercícios de membros inferiores em relação a controles. Além disso, o mesmo estudo demonstrou correlação entre índices de função diastólica e PCr/ATP, tanto no repouso como no estresse, sugerindo que o desbalanço energético representa um papel importante para a disfunção diastólica na CMH.[23] Ademais, a administração de perexilina, um modulador metabólico, gerou melhora da relação PCr/ATP em pacientes com CMH sintomática.[24]

Valvopatias

Estudos demonstraram redução na razão PCr/ATP em pacientes com doença valvar aórtica e mitral importantes, em que a resposta compensatória comum é a hipertrofia ventricular esquerda secundária à sobrecarga hemodinâmica.[25-27] Conway et al. detectaram redução da razão PCr/ATP em pacientes com valvopatia aórtica e insuficiência cardíaca e enquanto aqueles em estágios clínicos assintomáticos apresentaram razão preservada.[25] Ainda no mesmo contexto, resultados semelhantes foram apresentados por Neubauer et al., que demonstraram redução da razão PCr/ATP somente em pacientes com valvopatia aórtica e classificação funcional III ou IV da NYHA, sendo a redução mais importante para casos de estenose aórtica comparativamente a casos de regurgitação aórtica com o mesmo grau de insuficiência cardíaca.[27] A ERMC também foi utilizada para monitoramento do metabolismo energético após troca valvar aórtica, sendo identificada recuperação da razão PCr/ATP associada à regressão da hipertrofia ventricular 40 semanas após a troca valvar.[28]

Doença de Chagas

Na cardiopatia chagásica, a espectroscopia com P^{31} foi realizada em 28 pacientes em repouso e durante exercício com contração da mão e demonstrou redução na razão PCr/ATP em portadores da doença em repouso em comparação ao grupo-controle. Quando os pacientes foram analisados em subgrupos, redução na razão PCr/ATP em repouso foi mais significativa no subgrupo com disfunção ventricular esquerda. Além disso, houve declínio adicional da razão PCr/ATP durante o exercício isométrico, enquanto o grupo-controle permaneceu com valores estáveis da razão dos metabólitos. A redução adicional da razão PCr/ATP durante o esforço em todos os subgrupos pode ser explicada por isquemia miocárdica relacionada à alteração da microcirculação, uma vez que todos apresentaram testes de isquemia negativos anteriormente ao estudo espectroscópico. Isso torna a ERMC um método potencialmente sensível e de grande utilidade no acompanhamento do tratamento clínico.[29]

Insuficiência cardíaca com fração de ejeção normal

Reduções na razão PCr/ATP também foram demonstradas em 37 pacientes com insuficiência cardíaca com fração de ejeção normal em relação ao grupo-controle (1,57 ± 0,52 *versus* 2,14 ± 0,63). Esses dados sugerem redução das reservas energéticas nesta entidade clínica, que pode estar relacionada ao retardo do relaxamento ativo miocárdico resultando em disfunção diastólica.[30]

Transplante cardíaco

A espectroscopia com P^{31} foi realizada com o intuito de investigar de forma não invasiva a rejeição ao enxerto, e possivelmente reduzir a necessidade de biópsias endomiocárdicas de repetição. Embora tenha-se demonstrado redução significativa da razão PCr/ATP em pacientes com rejeição ao enxerto, não houve correlação entre a redução da razão metabólica e a gravidade histológica da rejeição, tornando a utilidade do método duvidosa neste contexto.[31]

Alterações do metabolismo

Em diabete e obesidade, a resistência insulínica altera a utilização de glicose como fonte energética pelo miocárdio, com aumento do consumo de ácidos graxos que circulam em altas concentrações no plasma. Adicionalmente, o acúmulo de lipídios no miocárdio culmina com esteatose e lipotoxicidade miocárdica.[1,4] Estudos espectroscópicos com P^{31} revelaram redução da razão PCr/ATP em diabéticos com fração de ejeção preservada. A queda da razão PCr/ATP apresentou relação inversa com os níveis de ácidos graxos no plasma e com índices de função diastólica.[4,32] A pesquisa de esteatose cardíaca por ERMC com o próton H^1 revelou também níveis de triglicerídeos cardíacos aumentados em pacientes com intolerância à glicose e em diabéticos tipo 2 quando comparados a indivíduos normoglicêmicos, mesmo antes do desenvolvimento de disfunção sistólica ventricular.[33]

PERSPECTIVAS FUTURAS

ERMC representa importante ferramenta não invasiva para a investigação *in vivo* das alterações bioquímicas subjacentes à grande variedade de estados patológicos que afetam o coração. A detecção precoce de alterações metabólicas permitiria a instituição de tratamentos direcionados e potencial reversão dos efeitos metabólicos deletérios, antes mesmo que parâmetros funcionais classicamente monitorados na prática clínica se tornassem alterados. Para tanto, avanços metodológicos são ainda necessários para que a ERMC se torne útil na prática clínica cardiológica diária. Dentre eles, a redução do tempo de exame e o aumento da relação sinal-ruído dos prótons estudados para formação da curva espectral estão entre os mais importantes.

O desenvolvimento de novas sequências de pulso e antenas de alta performance, a implementação de novas técnicas de aceleração de aquisição das imagens como *compressed sensing*, a utilização de aparelhos de alto campo magnético e ainda a hiperpolarização nuclear podem representar uma resposta aos anseios por maior rapidez e precisão do método. Com isso, a ERMC se tornará ferramenta clínica fundamental para estratificação de doenças cardíacas e na monitoração e individualização da terapêutica cardiológica.

REFERÊNCIAS BIBLIOGRÁFICAS

1. van Ewijk PA, Schrauwen-Hinderling VB, Bekkers SC, Glatz JF, Wildberger JE, Kooi ME. MRS: a noninvasive window into cardiac metabolism. NMR Biomed. 2015;28(7):747-66.
2. Holloway CJ, Suttie J, Dass S, Neubauer S. Clinical cardiac magnetic resonance spectroscopy. Prog Cardiovasc Dis. 2011;54(3):320-7.
3. Maguire ML, Geethanath S, Lygate CA, Kodibagkar VD, Schneider JE. Compressed sensing to accelerate magnetic resonance spectroscopic imaging: evaluation and application to 23Na-imaging of mouse hearts. J Cardiovasc Magn Reson. 2015;17:45.
4. Hudsmith LE, Neubauer S. Magnetic resonance spectroscopy in myocardial disease. JACC Cardiovasc Imaging. 2009;2(1):87-96.
5. Abdurrachim D, Prompers JJ. Evaluation of cardiac energetics by non-invasive (31)P magnetic resonance spectroscopy. Biochim Biophys Acta. 2018;1864(5 Pt B):1939-48.
6. Rodgers CT, Clarke WT, Snyder C, Vaughan JT, Neubauer S, Robson MD. Human cardiac 31P magnetic resonance spectroscopy at 7 Tesla. Magn Reson Med. 2014;72(2):304-15.
7. Schneider JE, Cassidy PJ, Lygate C, Tyler DJ, Wiesmann F, Grieve SM, et al. Fast, high-resolution in vivo cine magnetic resonance imaging in normal and failing mouse hearts on a vertical 11.7 T system. J Magn Reson Imaging. 2003;18(6):691-701.

8. Manning WJ, Pennel DJ. Cardiovascular Magnetic Resonance. In: Elsevior S, editor. 2nd ed. Philadelphia 2010. p. 556-68.
9. Zaccagna F, Grist JT, Deen SS, Woitek R, Lechermann LM, McLean MA, et al. Hyperpolarized carbon-13 magnetic resonance spectroscopic imaging: a clinical tool for studying tumour metabolism. British J Radiol. 2018;91(1085):20170688.
10. Miller JJ, Lau AZ, Nielsen PM, McMullen-Klein G, Lewis AJ, Jespersen NR, et al. Hyperpolarized [1,4-(13)C2]fumarate enables magnetic resonance-based imaging of myocardial necrosis. JACC Cardiovasc Imaging. 2018;11(11):1594-606.
11. Weiss RG, Bottomley PA, Hardy CJ, Gerstenblith G. Regional myocardial metabolism of high-energy phosphates during isometric exercise in patients with coronary artery disease. N Engl J Med. 1990;323(23):1593-600.
12. Kalil-Filho R, de Albuquerque CP, Weiss RG, Mocelim A, Bellotti G, Cerri G, et al. Normal high energy phosphate ratios in "stunned" human myocardium. J Am Coll Cardiol. 1997;30(5):1228-32.
13. Beer M, Sandstede J, Landschutz W, Viehrig M, Harre K, Horn M, et al. Altered energy metabolism after myocardial infarction assessed by 31P-MR-spectroscopy in humans. Eur Radiol. 2000;10(8):1323-8.
14. Yabe T, Mitsunami K, Inubushi T, Kinoshita M. Quantitative measurements of cardiac phosphorus metabolites in coronary artery disease by 31P magnetic resonance spectroscopy. Circulation. 1995;92(1):15-23.
15. Bottomley PA, Weiss RG. Non-invasive magnetic-resonance detection of creatine depletion in non-viable infarcted myocardium. Lancet. 1998;351(9104):714-8.
16. Sandstede JJ, Hillenbrand H, Beer M, Pabst T, Butter F, Machann W, et al. Time course of 23Na signal intensity after myocardial infarction in humans. Magn Reson Med. 2004;52(3):545-51.
17. Ouwerkerk R, Bottomley PA, Solaiyappan M, Spooner AE, Tomaselli GF, Wu KC, et al. Tissue sodium concentration in myocardial infarction in humans: a quantitative 23Na MR imaging study. Radiology. 2008;248(1):88-96.
18. Neubauer S, Horn M, Cramer M, Harre K, Newell JB, Peters W, et al. Myocardial phosphocreatine-to-ATP ratio is a predictor of mortality in patients with dilated cardiomyopathy. Circulation. 1997;96(7):2190-6.
19. Beer M, Seyfarth T, Sandstede J, Landschutz W, Lipke C, Kostler H, et al. Absolute concentrations of high-energy phosphate metabolites in normal, hypertrophied, and failing human myocardium measured noninvasively with (31)P-SLOOP magnetic resonance spectroscopy. J Am Coll Cardiol. 2002;40(7):1267-74.
20. Shivu GN, Abozguia K, Phan TT, Ahmed I, Henning A, Frenneaux M. (31)P magnetic resonance spectroscopy to measure in vivo cardiac energetics in normal myocardium and hypertrophic cardiomyopathy: Experiences at 3T. Eur J Radiol. 2010;73(2):255-9.
21. Jung WI, Sieverding L, Breuer J, Hoess T, Widmaier S, Schmidt O, et al. 31P NMR spectroscopy detects metabolic abnormalities in asymptomatic patients with hypertrophic cardiomyopathy. Circulation. 1998;97(25):2536-42.
22. Jung WI, Hoess T, Bunse M, Widmaier S, Sieverding L, Breuer J, et al. Differences in cardiac energetics between patients with familial and nonfamilial hypertrophic cardiomyopathy. Circulation. 2000;101(12):E121.
23. Dass S, Cochlin LE, Suttie JJ, Holloway CJ, Rider OJ, Carden L, et al. Exacerbation of cardiac energetic impairment during exercise in hypertrophic cardiomyopathy: a potential mechanism for diastolic dysfunction. Eur Heart J. 2015;36(24):1547-54.
24. Abozguia K, Elliott P, McKenna W, Phan TT, Nallur-Shivu G, Ahmed I, et al. Metabolic modulator perhexiline corrects energy deficiency and improves exercise capacity in symptomatic hypertrophic cardiomyopathy. Circulation. 2010;122(16):1562-9.
25. Conway MA, Allis J, Ouwerkerk R, Niioka T, Rajagopalan B, Radda GK. Detection of low phosphocreatine to ATP ratio in failing hypertrophied human myocardium by 31P magnetic resonance spectroscopy. Lancet. 1991;338(8773):973-6.

26. Conway MA, Bottomley PA, Ouwerkerk R, Radda GK, Rajagopalan B. Mitral regurgitation: impaired systolic function, eccentric hypertrophy, and increased severity are linked to lower phosphocreatine/ATP ratios in humans. Circulation. 1998;97(17):1716-23.
27. Neubauer S, Horn M, Pabst T, Harre K, Stromer H, Bertsch G, et al. Cardiac high-energy phosphate metabolism in patients with aortic valve disease assessed by 31P-magnetic resonance spectroscopy. J Investig Med. 1997;45(8):453-62.
28. Beyerbacht HP, Lamb HJ, van Der Laarse A, Vliegen HW, Leujes F, Hazekamp MG, et al. Aortic valve replacement in patients with aortic valve stenosis improves myocardial metabolism and diastolic function. Radiology. 2001;219(3):637-43.
29. Betim Paes Leme AM, Salemi VM, Weiss RG, Parga JR, Ianni BM, Mady C, et al. Exercise-induced decrease in myocardial high-energy phosphate metabolites in patients with Chagas heart disease. J Card Fail. 2013;19(7):454-60.
30. Phan TT, Abozguia K, Nallur Shivu G, Mahadevan G, Ahmed I, Williams L, et al. Heart failure with preserved ejection fraction is characterized by dynamic impairment of active relaxation and contraction of the left ventricle on exercise and associated with myocardial energy deficiency. J Am Coll Cardiol. 2009;54(5):402-9.
31. Bottomley PA, Weiss RG, Hardy CJ, Baumgartner WA. Myocardial high-energy phosphate metabolism and allograft rejection in patients with heart transplants. Radiology. 1991;181(1):67-75.
32. Scheuermann-Freestone M, Madsen PL, Manners D, Blamire AM, Buckingham RE, Styles P, et al. Abnormal cardiac and skeletal muscle energy metabolism in patients with type 2 diabetes. Circulation. 2003;107(24):3040-6.
33. McGavock JM, Lingvay I, Zib I, Tillery T, Salas N, Unger R, et al. Cardiac steatosis in diabetes mellitus: a 1H-magnetic resonance spectroscopy study. Circulation. 2007;116(10):1170-5.

10 Tabelas de aplicações clínicas em ressonância magnética do coração

Adriano Camargo de Castro Carneiro
Carlos Eduardo Rochitte

INTRODUÇÃO

Neste capítulo, serão resumidas, de forma prática, as principais indicações para a ressonância magnética do coração (RMC), conforme os principais consensos brasileiros e internacionais (Tabelas 1 a 13).[1-5]

Tabela 1 Indicações na avaliação da cardiopatia isquêmica – RMC sem estresse farmacológico

Avaliação da função ventricular global e segmentar (esquerda e direita), volumes ventriculares e massa miocárdica na cardiopatia isquêmica	Classe I
Detecção e quantificação do infarto do miocárdio no quadro agudo ou crônico	Classe I
Avaliação de viabilidade miocárdica após infarto do miocárdio agudo ou crônico	Classe I

Tabela 2 Indicações na avaliação da cardiopatia isquêmica – RMC sob estresse farmacológico

Em pacientes sintomáticos com probabilidade pré-teste intermediária de DAC estável, RMC sob estresse, ecocardiografia sob estresse, SPECT ou PET são recomendados	Classe I
Em pacientes com suspeita de DAC estável e probabilidade pré-teste de 15-65% com FEVE ≥ 50%, exame de imagem sob estresse é preferido como opção inicial se disponibilidade e experiência local estiverem presentes	Classe I
Exame de imagem sob estresse é recomendado como opção inicial para diagnóstico de DAC estável na probabilidade pré-teste de 66-85% ou FEVE < 50% em pacientes sem angina típica	Classe I

(continua)

Tabela 2 Indicações na avaliação da cardiopatia isquêmica – RMC sob estresse farmacológico *(continuação)*

Exame de imagem sob estresse é recomendado para pacientes com anormalidades ao ECG de repouso, o que pode prejudicar a interpretação acurada das alterações do ECG durante o estresse	Classe I
Exame de imagem sob estresse é recomendado para estratificação de risco de pacientes com teste ergométrico inconclusivo	Classe I
Quando história clínica sugerir isquemia miocárdica, um teste ergométrico é recomendado, e se positivo ou duvidoso, um exame de imagem sob estresse (ecocardiografia sob estresse, RMC sob estresse ou SPECT) é recomendado	Classe I
Em adultos assintomáticos com diabete ou forte história familiar de DAC, ou quando avaliação de risco prévia sugere alto risco de DAC, como escore de cálcio ≥ 400, exame de imagem sob estresse (SPECT, ecocardiografia sob estresse ou RMC sob estresse) pode ser considerado para melhor estratificação do risco cardiovascular	Classe IIb
Para pacientes com DAC estável após mudança significativa nos sintomas, estratificação de risco usando teste ergométrico (excluindo aqueles incapazes de se exercitar ou com ECG não interpretável) ou preferencialmente um exame de imagem sob estresse se disponibilidade e experiência local estiverem presentes é recomendado	Classe I
Para pacientes com DAC estável conhecida e piora dos sintomas, exame de imagem sob estresse é recomendado para estratificação de risco se o local e a extensão da isquemia forem influenciar a decisão clínica	Classe I
Teste ergométrico ou exame de imagem sob estresse é recomendado na presença de sintomas novos ou recorrentes, uma vez que instabilidade tenha sido descartada	Classe I
Reavaliação prognóstica com exame de imagem sob estresse pode ser considerada em pacientes assintomáticos após a expiração do período do qual o exame prévio for considerado válido	Classe IIb
Exame de imagem sob estresse é recomendado antes de cirurgia não cardíaca de alto risco em pacientes com mais de dois fatores de risco e baixa capacidade funcional (< 4 MET)	Classe I
Exame de imagem sob estresse pode ser recomendado antes de cirurgia não cardíaca de risco intermediário ou alto em pacientes com um ou dois fatores de risco e baixa capacidade funcional (< 4 MET)	Classe IIb
Para pacientes sem recorrência de dor torácica, com ECG e troponina normais, mas com suspeita de SCA, um teste não invasivo sob estresse (de preferência de imagem) para induzir isquemia é recomendado antes de decidir sobre estratificação invasiva	Classe I
Exame de imagem sob estresse deve ser considerado para avaliar isquemia em estenoses intermediárias pela cinecoronariografia	Classe IIa
Para alcançar benefício prognóstico pela revascularização de pacientes com DAC, isquemia deve ser documentada por um exame de imagem não invasivo	Classe I

(continua)

Tabela 2 Indicações na avaliação da cardiopatia isquêmica – RMC sob estresse farmacológico *(continuação)*

Para pacientes assintomáticos, exame de estresse de rotina pode ser considerado após > 2 anos da angioplastia ou > 5 anos da cirurgia de revascularização miocárdica	Classe IIa
Exame de imagem sob estresse após 6 meses de revascularização pode ser considerado para detectar pacientes com reestenose após angioplastia ou com oclusão de enxerto, independentemente dos sintomas	Classe IIb
Para pacientes sintomáticos após revascularização, exame de imagem sob estresse (ecocardiografia sob estresse, RMC sob estresse ou SPECT) é indicado em vez de teste ergométrico	Classe I
Para pacientes sintomáticos com revascularização prévia (angioplastia ou cirurgia), um exame de imagem sob estresse deve ser considerado	Classe IIa

Tabela 3 Indicações na avaliação da cardiopatia isquêmica – angiorressonância das artérias coronárias

Avaliação de pacientes com suspeita de anomalias das artérias coronárias	Classe I
Avaliação de estenose aterosclerótica das artérias coronárias	Classe IIb
Avaliação da patência de enxerto cirúrgicos	Classe IIb

Tabela 4 Indicações na avaliação da insuficiência cardíaca

Avaliação da cardiopatia dilatada – diagnóstico diferencial com etiologia isquêmica	Classe I
RMC é recomendada para avaliar a morfologia e função cardíaca, medir a FEVE e caracterizar o miocárdico, especialmente em pacientes em que a ecocardiografia apresenta imagens inadequadas ou tem achados inconclusivos ou incompletos	Classe I
RMC sob estresse deve ser considerada em pacientes com suspeita de cardiomiopatia isquêmica com indicação de revascularização para determinar se há isquemia miocárdica e miocárdio hibernante	Classe IIa

Tabela 5 Indicações na avaliação das arritmias ventriculares

Método de imagem sob estresse farmacológico é recomendado para avaliar isquemia silenciosa de pacientes com arritmias ventriculares com probabilidade intermediária de DAC e incapazes de realizar teste ergométrico limitado por sintoma	Classe I
RMC deve ser considerada em pacientes com arritmias ventriculares quando a ecocardiografia não apresenta avaliação apropriada da função biventricular e/ou das anormalidades estruturais	Classe IIa

Tabela 6 Indicações na avaliação da miocardite

Diagnóstico de miocardite aguda ou crônica	Classe I
Reavaliação/acompanhamento 4 a 8 semanas após a miocardite aguda	Classe IIa
RMC é recomendada para a confirmação de envolvimento miocárdico na miopericardite	Classe I
Demonstração de infiltrado inflamatório persistente no miocárdio por imuno-histologia e/ou avaliação de fibrose miocárdica pela RMC após a miocardite aguda pode ser considerada como um indicador adicional de risco aumentado de morte súbita cardíaca	Classe IIb

Tabela 7 Indicações na avaliação da cardiomiopatia hipertrófica

Avaliação diagnóstica	Classe I
Avaliação prognóstica	Classe IIa
Diagnóstico diferencial de coração de atleta	Classe IIa
É recomendado que RMC na suspeita de cardiomiopatia hipertrófica seja realizada e interpretada por equipes experientes em imagem cardíaca e avaliação de cardiomiopatias	Classe I
RMC com realce tardio é recomendada para pacientes com suspeita de cardiomiopatia hipertrófica com janela inadequada pela ecocardiografia para confirmação diagnóstica	Classe I
RMC com realce tardio deve ser considerada para pacientes com diagnóstico de cardiomiopatia hipertrófica para avaliação da anatomia, função ventricular e presença e extensão de fibrose miocárdica	Classe IIa
RMC com realce tardio deve ser considerada para pacientes com suspeita de hipertrofia ou aneurisma apical	Classe IIa
RMC com realce tardio pode ser considerada antes de alcoolização septal ou miectomia para avaliar a extensão e a distribuição da hipertrofia e da fibrose miocárdica	Classe IIb
RMC com realce tardio pode ser considerada a cada 5 anos para pacientes clinicamente estáveis, ou a cada 2-3 anos para pacientes com doença progressiva	Classe IIb

Tabela 8 Indicações na avaliação das outras cardiomiopatias não isquêmicas

Para prevenção de morte súbita cardíaca de atletas, após identificação de anormalidades ao ECG sugestivas de doença cardíaca estrutural, ecocardiografia ou RMC é recomendada	Classe I
Suspeita de cardiomiopatia/displasia arritmogênica do ventrículo direito	Classe I
RMC com realce tardio deve ser considerada para pacientes com suspeita de amiloidose cardíaca	Classe IIa
Suspeita de cardiomiopatia restritiva/infiltrativa	Classe IIa

(continua)

Tabela 8 Indicações na avaliação das outras cardiomiopatias não isquêmicas (*continuação*)

Suspeita de cardiomiopatia não compactada	Classe I
Suspeita de cardiomiopatia periparto	Classe IIa
Avaliação de pacientes com distrofinopatias	Classe IIa
Avaliação de pacientes com cardiomiopatia chagásica	Classe IIa
Suspeita de cardiomiopatia de estresse (Takotsubo)	Classe I
Suspeita de sarcoidose cardíaca	Classe IIa
Realização de RMC até 2 semanas após o início dos sintomas deve ser considerada para aumentar a acurácia diagnóstica do exame para identificar a etiologia de infarto do miocárdio sem obstrução das artérias coronárias (MINOCA)	Apropriado
Suspeita de rejeição aguda do enxerto de pacientes com transplante cardíaco	Classe IIb

Tabela 9 Indicações na avaliação das doenças valvares

Avaliação da anatomia e da função ventricular	Classe I
Quantificação da regurgitação valvar	Classe IIa
Quantificação e planimetria da estenose aórtica	Classe IIa
Quantificação e planimetria da estenose mitral	Classe IIb
Avaliação prognóstica das valvopatias	Classe IIb

Tabela 10 Indicações na avaliação das doenças do pericárdio

RMC é um exame adicional no diagnóstico de pericardite	Classe I
RMC deve ser considerada em casos suspeitos de derrame pericárdico loculado, espessamento e massas do pericárdio, e para pacientes com anormalidades torácicas	Classe IIa
RMC está indicada como exame de imagem adicional para avaliar espessamento pericárdico e gravidade e extensão do envolvimento pericárdico para o diagnóstico de pericardite constritiva	Classe I
Avaliação de tamponamento pericárdico	Classe IIa
Tratamento anti-inflamatório empírico pode ser considerado em casos de diagnóstico recente ou leve de pericardite constritiva associado à evidência de inflamação pericárdica (por exemplo, realce pericárdico à RMC)	Classe IIb

Tabela 11 Indicações na avaliação das massas cardíacas

Detecção e diagnóstico diferencial de trombos ventriculares	Classe I
Detecção de trombos atriais e em apêndice atrial	Classe IIb
Detecção e caracterização de tumores cardíacos e pericárdicos	Classe I

Tabela 12 Indicações na avaliação das cardiopatias congênitas

Avaliação inicial e seguimento de cardiopatia congênita no adulto	Classe I
Anomalias de situs e síndromes heterotáxicas	Classe I
Anomalias do retorno venoso sistêmico e pulmonar	Classe I
Avaliação de defeitos do septo interatrial	Classe IIb
Avaliação de defeitos do septo interventricular	Classe IIa
Avaliação da massa, volumes e função ventricular	Classe I
Anomalia de Ebstein	Classe IIb
Estenose subvalvar das valvas semilunares	Classe IIb
Estenose valvar das valvas semilunares	Classe IIa
Estenose supravalvar das valvas semilunares	Classe IIa
Insuficiência das valvas semilunares	Classe IIa
Anomalias do arco aórtico	Classe I
Coarctação da aorta	Classe I
Interrupção do arco aórtico	Classe I
Anel vascular	Classe I
Janela aortopulmonar	Classe I
Persistência do canal arterial isolado	Classe IIb
Estenose das artérias pulmonares centrais e periféricas	Classe I
Tetralogia de Fallot	Classe I
Avaliação pós-operatória da tetralogia de Fallot	Classe I
Atresia pulmonar com ou sem comunicação interventricular	Classe I
Dupla via de saída do ventrículo direito	Classe I
Transposição corrigida das grandes artérias	Classe I
Transposição das grandes artérias	Classe I
Avaliação pós-operatória da transposição das grandes artérias (cirurgia de Jatene ou correção atrial)	Classe I
Tronco arterial comum	Classe I
Síndrome da hipoplasia do ventrículo esquerdo	Classe I
Coração univentricular	Classe I
Avaliação pós-operatória de cirurgia de Fontan	Classe I

Tabela 13 Indicações na avaliação de doenças vasculares

Aneurisma da aorta	Classe I
Dissecção crônica da aorta	Classe I
Hematoma intramural aórtico	Classe I
Úlceras aórticas	Classe I
Planejamento de abordagem cirúrgica da aorta	Classe I
Planejamento de endopróteses aórtica	Classe I

(continua)

Tabela 13 Indicações na avaliação de doenças vasculares *(continuação)*

Anatomia da artéria pulmonar	Classe I
Avaliação das veias pulmonares	Classe I
Avaliação de estenose das artérias carótidas extracranianas	Classe I
Avaliação de estenose das artérias renais	Classe I
Avaliação de estenose das artérias dos membros inferiores	Classe I
Arterites de grandes e médios vasos	Classe I
Dissecção aguda da aorta	Classe IIa
Ruptura de aorta	Classe IIa
Avaliação pós-operatória de endopróteses aórtica	Classe IIa
Avaliação de *stents* nas artérias carótidas extracranianas	Classe IIa
Avaliação das artérias mesentéricas e do tronco celíaco	Classe IIa
Avaliação da composição de placas de ateroma nas artérias carótidas	Classe IIb
Embolia pulmonar	Classe IIb

REFERÊNCIAS BIBLIOGRÁFICAS

1. American College of Cardiology Foundation Task Force on Expert Consensus Documents, Hundley WG, Bluemke DA, Finn JP, Flamm SD, Fogel MA, Friedrich MG, et al. ACCF/ACR/AHA/NASCI/SCMR 2010 expert consensus document on cardiovascular magnetic resonance: a report of the American College of Cardiology Foundation Task Force on Expert Consensus Documents. J Am Coll Cardiol. 2010;55(23):2614-62.
2. Brenkenhoff FK, Menger JS. Role of cardiovascular magnetic resonance in the guidelines of the european society of cardiology. J Cardiovasc Magn Reson. 2016;18:6.
3. Grupo de Estudo em Ressonância e Tomografia Cardiovascular (GERT) do Departamento de Cardiologia Clínica da Sociedade Brasileira de Cardiologia, Rochitte CE, Pinto IM, Fernandes JL, Filho CF, Jatene A, Carvalho AC, et al. Diretrizes SBC - Ressonância e Tomografia Cardiovascular. Arq Bras Cardiol. 2006;87(3):e60-100.
4. Hendel RC, Patel MR, Kramer CM, Poon M, Hendel RC, Carr JC, et al.; American College of Cardiology Foundation Quality Strategic Directions Committee Appropriateness Criteria Working Group; American College of Radiology; Society of Cardiovascular Computed Tomography; Society for Cardiovascular Magnetic Resonance; American Society of Nuclear Cardiology; North American Society for Cardiac Imaging; Society for Cardiovascular Angiography and Interventions; Society of Interventional Radiology. ACCF/ACR/SCCT/SCMR/ASNC/NASCI/SCAI/SIR 2006 Appropriateness Criteria for Cardiac Computed Tomography and Cardiac Magnetic Resonance Imaging. J Am Coll Cardiol. 2006;48(7):1475-97.
5. Sara L, Szarf G, Tachibana A, Shiozaki AA, Villa AV, Oliveira A, et al.; Sociedade Brasileira de Cardiologia; Colégio Brasileiro de Radiologia. II Diretriz de Ressonância Magnética e Tomografia Computadorizada Cardiovascular da Sociedade Brasileira de Cardiologia e do Colégio Brasileiro de Radiologia. Arq Bras Cardiol. 2014;103(6):1-86.

Seção III

Tomografia computadorizada do coração

11 Princípios físicos e segurança da tomografia computadorizada do coração

Raphael Scoppetta
Marcelo Souto Nacif

INTRODUÇÃO

Os grandes avanços tecnológicos dos *hardwares* e *softwares* que atualmente estão disponíveis nos aparelhos de tomografia computadorizada (TC) possibilitaram a completa avaliação da anatomia coronariana, caracterização de placas e da parede das coronárias, quantificação de carga aterosclerótica e cada vez mais com dados de prognóstico e reestratificação de risco cardiovascular mais robustos.[1,2]

A inovação técnica constante tem alcançado padrões de excelência com imagens apresentando maior capacidade de caracterização das placas e das reduções luminais das artérias coronárias, além do uso de baixa dose de radiação, volume de contraste iodado reduzidos e um curto tempo de apneia.[1,2]

Além da possibilidade de avaliação das coronárias, a TC cardíaca também está ganhando espaço, não somente na avaliação das válvulas cardíacas,[3] perfusão miocárdica sob estresse farmacológico,[4] caracterização tecidual,[5-7] avaliação de anomalias congênitas[8] e correlação com outros importantes métodos, como a cintilografia.[9-11]

A fim de garantir maior qualidade e segurança, faz-se necessário conhecer todas as etapas do exame, desde a chegada à saída do paciente do setor de imagem.[2]

Há uma crescente preocupação e discussão sobre eventuais efeitos adversos relacionados com a exposição à radiação ionizante. Assim, além de assegurar a boa qualidade das imagens, é preciso também assegurar a menor exposição do paciente à radiação.[2]

O objetivo deste capítulo é discutir os princípios físicos básicos e a segurança do exame de tomografia do coração. Também serão discutidos os principais aspectos relacionados ao meio de contraste iodado não iônico, como as contraindicações e eventuais reações alérgicas.

PRINCÍPIOS FÍSICOS

Técnica

O aparelho de TC está disponível desde os anos 1970 e baseia-se nos mesmos princípios físicos que a radiologia convencional. O aparelho consiste de uma ampola (fonte de raio X), que promove calor (99%) e raios X (1%) que atingirão os detectores, responsáveis pela transformação da radiação X em sinal elétrico, que por sua vez é convertido em imagem digital[2] (Figura 1).

Na TC, a medida da densidade é a Unidade Hounsfield (UH), que é proporcional ao grau de atenuação dos feixes de raios X. Tecidos mais densos absorvem mais radiação que tecidos menos densos, com variações na escala de cinza. O valor de referência é a água, cuja densidade atribuída foi o valor zero (Tabela 1).

Embora sejam milhares os tons de cinza, em geral, o olho humano consegue detectar apenas cerca de 20 a 30 tons diferentes. Assim, a fim de melhorar a avaliação de um estudo de TC, deve-se sempre ajustar a janela (contraste e brilho) das imagens de acordo com a densidade do tecido que se deseja avaliar.

O pixel é o menor ponto formador da imagem e corresponde à média de absorção de raios X neste local e expressa em UH. Os pixels estão distribuídos em linhas e colunas, formando a matriz. Quanto maior o número de pixels em uma matriz, maior será a resolução espacial, que é definida pela capacidade de distinguir duas estruturas adjacentes. A largura e a altura do pixel são iguais à largura e altura de um voxel. O voxel, por sua vez, tem uma terceira dimensão em relação ao pixel, que representa a profundidade (Figura 2).

Figura 1 Esquema do princípio físico da tomografia computadorizada.

Tabela 1 Valores de referência de alguns tecidos em Unidades Hounsfield

Tecido	Densidade (UH)
Osso	+1.000
Sangue	+40 a 60
Músculo	+30 a 40
Água	0
Gordura	-30 a -80
Ar	< -200

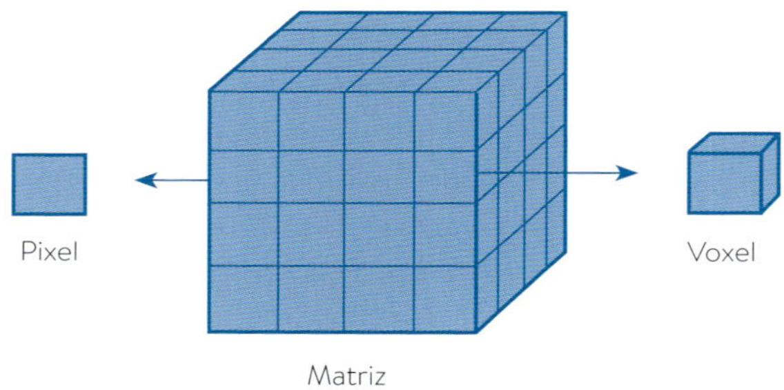

Figura 2 Modelo para representação do pixel, voxel e matriz.

Entre as possibilidades do pós-processamento, pode-se alterar o filtro e o FOV (do inglês *field of view* – campo de visão), que representa o tamanho máximo que um objeto pode ocupar dentro de uma matriz. Lembrar que o FOV relaciona-se com as dimensões de cada pixel, e estes têm influência direta na resolução espacial. Em exames de TC do coração, é muito comum fazer uma reconstrução com FOV aberto (*full field of view*), ampliando o campo de visão e, consequentemente, aumentando a probabilidade de detectar eventuais lesões extracardíacas (em especial, nódulos pulmonares). A análise das estruturas extracardíacas (como pulmão, mediastino e parede torácica) deve fazer parte da rotina de avaliação de um estudo de TC cardíaca (Figura 3).

REALIDADE BRASILEIRA

O Instituto do Coração do Hospital das Clínicas da Faculdade de Medicina da Universidade de São Paulo (InCor-HCFMUSP) conta com tomógrafo de 320 colunas de detectores. O aumento do número de detectores possibilitou o aumento da área de cobertura por rotação (existe área de cobertura de até 16 cm), o

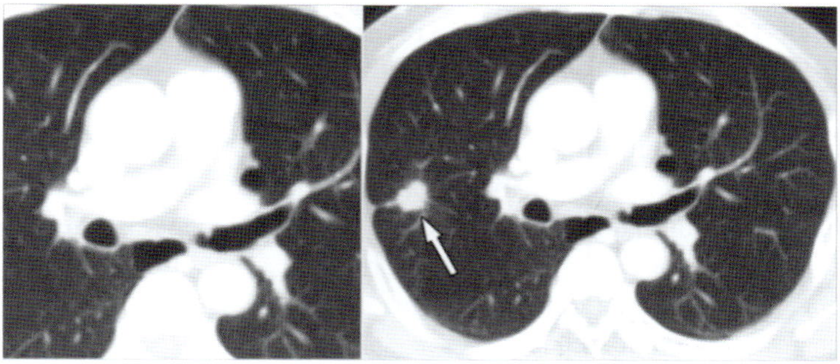

Figura 3 A reconstrução com FOV aberto (imagem da direita) permitiu a detecção de nódulo pulmonar espiculado à direita (apontado pela seta), suspeito para lesão expansiva primária.[12]

que possibilita a aquisição de todo coração em um único batimento, em uma única rotação do *gantry*, reduzindo não somente a dose de radiação como também o tempo de exame/apneia e os artefatos relacionados à movimentação cardíaca.

SEGURANÇA DO EXAME

Controle da frequência cardíaca

O controle rígido da frequência cardíaca (FC) é uma das etapas mais importantes do exame. De uma forma geral, deverá receber medicações todo paciente que chegar ao setor com FC acima do valor considerado ideal para o tomógrafo disponível. Sendo assim, a chegada do paciente no setor de imagem com FC controlada acresce rapidez, segurança e qualidade ao atendimento. O valor da FC considerada ideal geralmente está entre 50 e 65 bpm. Vale ressaltar que todas as drogas utilizadas no estudo são bastante seguras quando administradas na ausência de contraindicações.

Sugere-se que pacientes do pronto atendimento e/ou internados com FC elevada sejam betabloqueados (recomendável por via oral – salvo contraindicações) antes da chegada ao setor de imagem. Por isso é muito importante o contato do médico solicitante com o médico especialista em angiotomografia de coronárias para discussão do caso e orientação para a prescrição das drogas usuais de preparo (como o betabloqueador). Esse paciente é preferencialmente acompanhado por um médico com recursos para atendimento de eventuais intercorrências graves.

- Betabloqueadores[13,14] (por via oral e/ou endovenosa): é a principal classe de droga para o controle da FC; a via oral é mais efetiva, sendo realizada a cerca de 1 hora antes da realização do exame; a via endovenosa é realizada com o paciente já em sala, alguns minutos antes da aquisição das imagens; entre as principais contraindicações à droga estão pacientes com asma grave e/ou doença pulmonar obstrutiva grave, insuficiência cardíaca congestiva (ICC) descompensada, hipotensão arterial (pressão arterial sistólica < 100 mmHg) e bloqueio atrioventricular avançado. A dose de até 100 mg de metoprolol VO pode ser realizada a cerca de 1 hora antes da realização do exame. É necessário anotar a FC e a pressão arterial (PA) a cada 30 minutos após a medicação (Tabela 2).

Tabela 2 Exemplo de modelo de padronização de conduta para controle de frequência cardíaca (FC)

Betabloqueio	
FC < 55 bpm	Realizar o exame
FC entre 55-60 bpm	1 ampola metoprolol EV na mesa de exame*
FC > 60 bpm	Metoprolol VO antes da entrada em sala
Betabloqueio	
FC< 55 bpm	Realizar o exame
FC entre 55-60 bpm	Metoprolol EV na mesa de exame*, se necessário
FC entre 60-70 bpm	Metoprolol EV na mesa de exame* e/ou 50-100 mg de metoprolol VO fora da sala
FC > 70 bpm	50-100 mg metoprolol fora da sala de exame
Hidratação	
Sempre em caso de PA < 100 x 70 mmHg	
Checar contraindicação	
Vasodilatador	
Contraindicação	PA < 90 x 60 mmHg

* Doses adicionais a cada 3 minutos. Realizar até 3 doses (15 mg).

- Bloqueadores dos canais de cálcio (como o diltizen[15]): drogas alternativas aos betabloqueadores para redução da FC, podendo ser utilizada em casos de pacientes com doença pulmonar obstrutiva crônica, sendo também o medicamento de escolha para tentativa de controle de FC de pacientes com fibrilação atrial. A dose de 30 mg de diltiazem VO pode ser feita até 1 hora antes da realização do exame ou IV 0,25 a 0,6 mg/kg de diltiazem no momento do exame.
- Ivabradina:[13,14] a ivabradina é um puro agente redutor da FC, agindo pela inibição seletiva e específica da corrente marca-passo I_f que controla a despolarização diastólica espontânea no nódulo sinusal e regula a FC. Os efei-

tos cardíacos são específicos do nódulo sinusal sem efeito nos tempos de condução intra-atrial, átrio ou intraventricular, nem sobre a contratilidade miocárdica ou sobre a repolarização ventricular. A dose de 7,5 ou 15 mg VO pode ser realizada cerca de 1 hora antes da realização do exame.

- Dinitrato de isossorbida:[2] medicamento administrado via sublingual de forma rotineira alguns minutos antes da injeção do contraste venoso. O medicamento é um vasodilatador de ação direta sobre a musculatura vascular lisa, com objetivo de facilitar a visualização da luz da coronariana. Algumas das principais contraindicações são pacientes com estenose aórtica grave e em uso de drogas para disfunção erétil (como o citrato de sildenafila e a tadalafila). Entre as reações adversas mais comuns, destacam-se dor de cabeça e hipotensão.
- Hidratação: a maioria dos pacientes se beneficia de 500 mL de soro fisiológico a 0,9% logo após a realização do exame, mas o SF pode ser necessário até para garantir o melhor controle da FC. Checar sempre as contraindicações.

RADIAÇÃO

Introdução

Os tubos de raios X presentes nos tomógrafos são fontes de radiação ionizante. A dose de radiação é um tema de bastante destaque na literatura atual por existir crescente preocupação sobre eventuais efeitos indesejados. Embora muito difícil a real determinação da magnitude de acréscimo de probabilidade de desfecho negativo associado à radiação, o risco não pode ser negligenciado. Dessa forma, é necessário assegurar aos pacientes a menor exposição necessária para a realização de um exame diagnóstico.[2]

A quantidade de radiação está diretamente relacionada ao tipo de protocolo, cabendo ao médico especialista em imagem cardiovascular adequar o exame à questão clínica proposta. Segundo o princípio de ALARA (*as low as reaonably achievable*), a radiação deve ser reduzida à mínima dose possível, tendo em vista os custos sobre a qualidade diagnóstica do exame.[2]

Recomendações atuais apontam que estudos com doses inferiores ou iguais 3 mSv (*sub-milisievert*) conferem risco muito baixo de efeitos deletérios.[16,17] E hoje é possível a realização de estudos de angiotomografia computadorizada com doses inferiores a 1 mSv.[18,19]

Por fim, vale ressaltar que o estudo por angiotomografia de coronárias gera a menor dose de radiação em relação à cintilografia miocárdica, exame habitualmente solicitado em consultas ambulatoriais de rotina por cardiologistas.

Ferramentas para redução da dose de radiação

Medidas simples como a delimitação adequada da área de aquisição das imagens, controle eficiente da FC, redução da voltagem do tubo, utilização de modulação de dose e aquisição prospectiva podem ser bastante úteis para a redução da dose de radiação.[2,7,20]

Os aparelhos de TC atuais, a partir de algoritmos iterativos recentemente introduzidos por diversos fabricantes, conseguem reduzir ainda mais significativamente a dose de radiação efetiva, sem redução da acurácia diagnóstica do método.[2,7,20]

CONTRASTE VENOSO

Acesso, tipo de contraste e volume

O acesso venoso periférico deve ser calibroso pela necessidade de alto fluxo de injeção de contraste (5 mL/segundo) para maior opacificação da luz coronariana. O contraste será administrado por via endovenosa, seguido pela infusão rápida de solução salina, em sistema de dupla via.

Recomenda-se a utilização de meio de contraste iodado não iônico com alta concentração de iodo (≥ 350 mg/mL), o que garante a maior opacificação intraluminal.

O volume de contraste utilizado será algo entre 50 e 100 mL, dependendo basicamente do índice de massa corpórea (IMC) do paciente, indicação clínica do exame e das características do tomógrafo disponível no serviço, seguido por 40 a 50 mL de solução salina. Aparelhos de TC de última geração necessitam menor volume de contraste em relação aos tomógrafos mais antigos. No InCor-HCFMUSP, como protocolo-padrão, utiliza-se 75 mL de contraste em estudos de angiotomografia coronariana por TC (ATCC) de rotina. Estudos de angiotomografia de pacientes revascularizados habitualmente utilizam maior volume de contraste pela maior área de cobertura a ser estudada.

Reações adversas ao contraste

- Extravasamento de contraste: é definido pela administração inadvertida de contraste em tecido adjacente à via vascular pretendida. O meio de contraste iodado extravasado será tóxico para os tecidos circunjacentes, desencadeando uma reação inflamatória local que pode atingir pico em 24 a 48 horas.[21] A maioria dos extravasamentos envolve volumes pequenos, é limitada à pele e ao subcutâneo, e geralmente evolui sem grandes complicações e/ou sequelas. É mais frequente em pacientes com dificuldade de comunicação (como pode ocorrer com idosos, crianças e pacientes inconscientes e/ou com rebaixamento do nível de consciência), em pacientes bastante debilitados e em acessos venosos de mão, punho, pé e tornozelo. Bastante raras, as lesões graves são geralmente mais frequentes em casos de maior volume extravasado (> 50 a 100 mL) e em casos de circulação alterada no membro acometido (como por aterosclerose ou trombose venosa).[21]

- Reações podem ser classificadas quanto ao grau de gravidade (leve, moderada ou grave) e/ou quanto à etiologia (anafilactoides ou não anafilactoides).
  - As reações não anafilactoides têm relação com a dose de contraste administrada e a concentração de iodo presente na solução. São alguns exemplos a nefropatia induzida por contraste (que será discutida em seguida), sintomas vasovagais, arritmias e o edema pulmonar cardiogênico e não cardiogênico.[2]
  - As reações anafilactoides são assim denominadas porque, embora tenham apresentação clínica idêntica às reações anafiláticas, não foi identificada uma resposta antígeno-anticorpo específica. Também é importante lembrar que não é necessária a sensibilização prévia, não tem relação com o volume injetado e/ou concentração de iodo. São mais frequentes em pacientes asmáticos, alérgicos e/ou com antecedente de reação adversa ao contraste em estudo. As reações idiossincráticas agudas ocorrem imediatamente e/ou após alguns minutos da injeção do meio de contraste intravenoso. A maioria dos eventos adversos é leve e não requer tratamento. As reações idiossincráticas tardias ocorrem após 60 minutos até 1 semana da administração do contraste, com incidência incerta, geralmente leves e autolimitadas.[22]
  - Sugere-se a leitura do manual do American College of Radiology (ACR) v10.3 para maior embasamento no tratamento das eventuais reações.
- Nefropatia induzida por contraste (NIC): é bastante discutida e controverso o tema da lesão renal aguda pós-contraste. No momento presente, o ACR reconhece que a entidade NIC é real, embora rara. Entre os fatores de risco associados à NIC, lembrar da idade avançada, diabete, insuficiência cardíaca e doença renal crônica.[23] Vale destacar que muitas vezes, o diagnóstico de NIC se confunde com o de insuficiência renal aguda coincidente ao uso de contraste; enquanto NIC pressupõe causalidade, a insuficiência renal aguda pode ser decorrente de NIC ou concomitante ao uso de contraste e não determinada pelo uso. Atualmente, preconiza-se que o contraste iodado teria potencial de agravar o dano renal em pacientes com insuficiência renal aguda e em pacientes com doença renal crônica avançada (estágios IV e V).[24]

- Metformina: não está relacionada a risco maior de NIC.[25] Pacientes com insuficiência renal aguda e/ou com doença renal crônica avançada podem ser mais suscetíveis ao desenvolvimento de acidose láctica e, por isso, recomenda-se a suspensão da droga antes do exame ou no momento do procedimento por 48 horas.
- Dessensibilização: a finalidade da pré-medicação em pacientes de maior risco é tentar tornar as reações alérgicas menos intensas. Assim, pacientes com maior predisposição podem se beneficiar da realização de um protocolo de dessensibilização, com a utilização de corticoides e anti-histamínicos. A duração mínima necessária da pré-medicação para maior eficácia é desconhecida. Vale ressaltar que a dessensibilização não impede todas as reações, inclusive persistindo dúvidas em relação à eficácia em reações moderadas e/ou graves, para pacientes de alto risco e na redução de mortes relacionadas à reação.[2,25] Por isso, recomenda-se sempre considerar a discussão do caso com o médico solicitante, a fim de conhecer os riscos e benefícios do contraste para o paciente. A Tabela 3 apresenta o modelo de protocolo de dessensibilização utilizado no InCor-HCFMUSP.

Tabela 3 Modelo do protocolo de dessensibilização utilizado no InCor-HCFMUSP

Protocolo de dessensibilização	
Prednisona 20 mg	4 comprimidos Tomar 2 comprimidos 12 horas antes de exame e 2 comprimidos 2 horas antes do exame
Hidroxizina 10 mg	2 comprimidos Tomar 1 comprimido 12 horas antes do exame e 1 comprimido 2 horas antes do exame
Ranitidina 150 mg	2 comprimidos Tomar 1 comprimido 12 horas antes do exame e 1 comprimido 2 horas antes do exame

Algumas outras considerações em relação ao contraste:

- Doença renal: sugere-se a avaliação da função renal de pacientes com idade superior a 60 anos, antecedente de doença renal, rim único, diabete, hipertensão, cirurgia renal prévia e/ou transplante renal.[26]
- Asma: pode determinar maior risco de broncoespasmo e reação alérgica ao contraste.[25] Os pacientes asmáticos podem ser de maior risco para reações moderadas e/ou graves.[27] Não é recomendada a dessensibilização de rotina para todos os indivíduos asmáticos. Esses pacientes devem ser avaliados individualmente e a utilização de contraste deve ser ponderada com base na indicação clínica do estudo, antecedentes pessoais e demais comorbidades.

- Pacientes com antecedente alérgico importante e/ou reação adversa podem ser considerados de maior risco para eventos adversos.[21]
- Betabloqueadores: alguns trabalhos sugerem que a droga possa reduzir o limiar para reações alérgicas, aumentar a gravidade das reações e reduzir a eficácia da epinefrina.[28] Não é aconselhável restringir o contraste utilizando apenas como base o uso de betabloqueadores, assim como não é recomendada a descontinuidade antes de exames contrastados.[25]
- Hipertireoidismo: pacientes com antecedente de hipertireoidismo podem desenvolver tireotoxicose após exposição ao meio de contraste iodado, porém esta complicação é rara.[29]

CONSIDERAÇÕES FINAIS

No Brasil, os aparelhos com 64 detectores ou mais são os equipamentos liberados para avaliação das artérias coronárias. A TC é o único método na cardiologia capaz de realmente definir se o paciente possui doença arterial coronariana atingindo todo o espectro da doença, isto é, mesmo nos assintomáticos ou com doença subclínica. Dessa forma, a cardiologia moderna pode ter na angiotomografia de coronária um aliado de altas qualidade e segurança, e que de uma forma amigável pode auxiliar na adesão do paciente ao tratamento.

REFERÊNCIAS BIBLIOGRÁFICAS

1. Nacif MS, Rochitte CE. Cardiovascular computed tomography and magnetic resonance: history and growing impact in Brazil and in the world. Arq Bras Cardiol. 2014;103(5):362-7.
2. Sara L, Szarf G, Tachibana A, Shiozaki AA, Villa AV, de Oliveira AC, et al.; Sociedade Brasileira de Cardiologia Colegio Brasileiro de Reumatologia. II Guidelines on Cardiovascular Magnetic Resonance and Computed Tomography of the Brazilian Society of Cardiology and the Brazilian College of Radiology. Arq Bras Cardiol. 2014;103(6 Suppl 3):1-86.
3. Assuncao FB, de Oliveira DC, Dos Santos AA, Nacif MS. Caseous calcification of the mitral annulus: computed tomography features. Radiol Bras. 2016;49(4):273-4.
4. Ker WDS, Neves DG, Damas A, Mesquita CT, Nacif MS. Myocardial bridge and angiotomography of the coronary arteries: perfusion under pharmacological stress. Arq Bras Cardiol. 2017;108(6):572-5.
5. Assuncao FB, de Oliveira DC, Souza VF, Nacif MS. Cardiac magnetic resonance imaging and computed tomography in ischemic cardiomyopathy: an update. Radiol Bras. 2016;49(1):26-34.
6. Nacif MS, Kawel N, Lee JJ, Chen X, Yao J, Zavodni A, et al. Interstitial myocardial fibrosis assessed as extracellular volume fraction with low-radiation-dose cardiac CT. Radiology. 2012;264(3):876-83.
7. Nacif MS, Liu Y, Yao J, Liu S, Sibley CT, Summers RM, Bluemke DA. 3D left ventricular extracellular volume fraction by low-radiation dose cardiac CT: assessment of interstitial myocardial fibrosis. J Cardiovasc Comput Tomogr. 2013;7(1):51-7.
8. Nacif MS, Luz JH, Moreira DM, Rochitte CE, Oliveira Junior AC. Anomalous origin of Coronary Artery (ALCAPA) in 64-channel TC scanner. Arq Bras Cardiol. 2010;94(6):143-6.
9. Azevedo JC, Ferreira Junior de S, Vieira FC, Prezotti LS, Simoes LS, Nacif MS, et al. Correlation between myocardial scintigraphy and CT angiography in the evaluation of coronary disease. Arq Bras Cardiol. 2013;100(3):238-45.

10. Nacif MS, Barranhas AD. Stratification of cardiovascular risk by cardiac computerized tomography: shall we keep on ignoring? Arq Bras Cardiol. 2013;100(5):483.
11. Siqueira FP, Mesquita CT, Santos AA, Nacif MS. Relationship between calcium score and myocardial scintigraphy in the diagnosis of coronary disease. Arq Bras Cardiol. 2016;107(4):365-74.
12. Kim TJ, Han DH, Jin KN, Won Lee K. Lung cancer detected at cardiac CT: prevalence, clinicoradiologic features, and importance of full-field-of-view images. Radiology. 2010;255(2):369-76.
13. Celik O, Atasoy MM, Erturk M, Yalcin AA, Aksu HU, et al. Single dose ivabradine versus intravenous metoprolol for heart rate reduction before coronary computed tomography angiography (CCTA) in patients receiving long-term calcium channel-blocker therapy. Acta Radiol. 2014;55(6):676-81.
14. Pichler P, Pichler-Cetin E, Vertesich M, Mendel H, Sochor H, Dock W, Syeda B. Ivabradine versus metoprolol for heart rate reduction before coronary computed tomography angiography. Am J Cardiol. 2012;109(2):169-73.
15. Rochitte CE, Azevedo GS, Shiozaki AA, Azevedo CF, Kalil Filho R. Diltiazem as an alternative to beta-blocker in coronary artery computed tomography angiography. Arq Bras Cardiol. 2012;99(2):706-13.
16. DePuey EG. Patient-centered imaging: more relevant (and perhaps more elusive) than ever. J Nucl Cardiol. 2014;21(3):661-5.
17. Einstein AJ, Berman DS, Min JK, Hendel RC, Gerber TC, Carr JJ, et al. Patient-centered imaging: shared decision making for cardiac imaging procedures with exposure to ionizing radiation. J Am Coll Cardiol. 2014;63(15):1480-9.
18. Gordic S, Desbiolles L, Sedlmair M, Manka R, Plass A, Schmidt B, et al. Optimizing radiation dose by using advanced modelled iterative reconstruction in high-pitch coronary CT angiography. Eur Radiol. 2016;26(2):459-68.
19. Park CH, Lee J, Oh C, Han KH, Kim TH. The feasibility of sub-millisievert coronary CT angiography with low tube voltage, prospective ECG gating, and a knowledge-based iterative model reconstruction algorithm. Int J Cardiovasc Imaging. 2015;31(Suppl 2):197-203.
20. Trattner S, Pearson GDN, Chin C, Cody DD, Gupta R, Hess CP, et al. Standardization and optimization of CT protocols to achieve low dose. J Am Coll Radiol. 2014;11(3):271-8.
21. Beckett KR, Moriarity AK, Langer JM. Safe use of contrast media: what the radiologist needs to know. Radiographics. 2015;35(6):1738-50.
22. Matthews EP. Adverse effects of iodine-derived intravenous radiopaque contrast media. Radiol Technol. 2015;86(6):623-38.
23. Rao QA, Newhouse JH. Risk of nephropathy after intravenous administration of contrast material: a critical literature analysis. Radiology. 2006;239(2):392-7.
24. Scharnweber T, Alhilali L, Fakhran S. Contrast-induced acute kidney injury: pathophysiology, manifestations, prevention, and management. Magn Reson Imaging Clin N Am. 2017;25(4):743-53.
25. Ellis JH, Cohan RH, Davenport MS, McDonald RJ, et al. ACR Manual on Contrast Media – Version 10.3 2018. Disponível em: https://www.acr.org/Clinical-Resources/Contrast-Manual.
26. Tippins RB, Torres WE, Baumgartner BR, Baumgarten DA. Are screening serum creatinine levels necessary prior to outpatient CT examinations? Radiology. 2000;216(2):481-4.
27. Lang DM, Alpern MB, Visintainer PF, Smith ST. Increased risk for anaphylactoid reaction from contrast media in patients on beta-adrenergic blockers or with asthma. Ann Intern Med. 1991;115(4):270-6.
28. Lang DM, Alpern MB, Visintainer PF, Smith ST. Elevated risk of anaphylactoid reaction from radiographic contrast media is associated with both beta-blocker exposure and cardiovascular disorders. Arch Intern Med. 1993;153(17):2033-40.
29. van der Molen AJ, Thomsen HS, Morcos SK; Contrast Media Safety Committee ESoUR. Effect of iodinated contrast media on thyroid function in adults. Eur Radiol. 2004;14(5):902-7.

12 A tomografia computadorizada do coração e seus componentes

Raphael Scoppetta
Cesar Higa Nomura

INTRODUÇÃO

A imagem cardíaca é certamente uma das subespecialidades em radiologia e diagnóstico por imagem que mais se beneficiaram dos avanços tecnológicos oferecidos pelos tomógrafos de última geração.

O exame de tomografia computadorizada do coração (TCC) permite a quantificação da calcificação coronariana pelo escore de cálcio (EC) e a avaliação de forma não invasiva das artérias coronárias (angio-TC). Essas duas técnicas fornecem informações distintas e são realizadas em momentos diferentes durante a aquisição das imagens.

O objetivo deste capítulo é introduzir o método de TCC e destacar as principais aplicações na prática médica atual.

Técnica

A obtenção de imagens de qualidade diagnósticas do coração e das artérias coronárias é possível somente pela sincronização da aquisição das imagens com o eletrocardiograma (ECG), imprescindível por minimizar o surgimento de artefatos de movimentação cardíaca, que deterioram as imagens, podendo hiperestimar os valores do EC e limitar a avaliação das estenoses coronarianas.

Em aparelhos de 64 fileiras de detectores, o ritmo cardíaco regular é ainda mais imprescindível, uma vez que os dados serão obtidos por diversos batimentos cardíacos e depois combinados em um único volume. Por sua vez, aparelhos de última geração ainda são pouco encontrados no território nacional, apenas disponíveis em alguns grandes centros diagnósticos, permitindo a aquisição de imagens de forma mais rápida, durante apenas um ou dois batimentos cardíacos.

Destacam-se o aumento progressivo da velocidade de rotação do tubo de raios X e da área de cobertura anatômica por rotação como fatores determinantes para a maior qualidade do exame, com redução dos tempos de aquisição das imagens e apneia, assim como da dose de radiação e do volume de contraste infundido.

A dose de radiação é um tema de bastante destaque na literatura atual. Aparelhos de tomografia computadorizada atuais, a partir de algoritmos iterativos recentemente introduzidos por diversos fabricantes, conseguem reduzir significativamente a dose de radiação efetiva, sem redução da acurácia diagnóstica do método.

A realização do EC é recomendada em tomógrafos a partir de 16 fileiras de detectores; enquanto o estudo de angiotomografia das coronárias (ATCC) é obrigatória a realização em tomógrafos com 64 ou mais fileiras de detectores.

ANATOMIA ARTERIAL CORONARIANA

A valva aórtica anatomicamente normal possui três cúspides (coronariana esquerda, coronariana direita e não coronariana), e três comissuras, que ligam as margens das cúspides à parede da aorta, com a formação dos seios de Valsalva. Os óstios da artéria coronária direita (ACD) e do tronco coronariano esquerdo (TCE) originam-se habitualmente dos seios de Valsalva de igual denominação, cabendo ao seio de Valsalva posterior a designação de não coronariano (Figura 1).

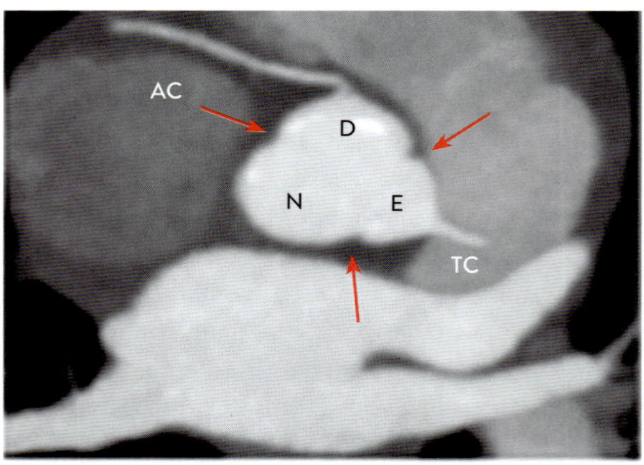

Figura 1 Notar na imagem os três seios de Valsalva. O seio coronariano 1 em que se origina o tronco coronariano esquerdo (TCE); e o seio não coronariano (N). As setas vermelhas apontam as comissuras.

O TCE após se originar do seio coronariano esquerdo, habitualmente bifurca-se em artéria descendente anterior (ADA) e artéria circunflexa (ACx) (Figura 2).

A variação anatômica coronariana mais comum é a trifurcação do TCE, presente em um pouco mais de um terço da população, na qual um ramo intermédio (também chamada artéria diagonalis) origina-se entre as ADA e ACx (Figura 3).

A ADA tem trajeto no sulco interventricular anterior, em direção ao apex, sendo responsável pela irrigação das paredes septal e anterior do ventrículo esquerdo (VE). Apresenta ramos septais (mais facilmente identificados na angiografia coronariana invasiva) que irrigam o septo interventricular anterior, e ramos diagonais, que irrigam a parede anterolateral do VE. Pode ser dividida em terços proximal, médio e distal. Os ramos diagonais também podem ser utilizados para dividir a ADA em segmentos (Figura 4).

A ACx tem trajeto no sulco atrioventricular esquerdo e originaram os que irrigam a parede lateral do VE, chamados ramos marginais (Figura 5).

A ACD após origem no seio coronariano direito assume trajeto no sulco atrioventricular direito, podendo ser dividida em terços proximal, médio e distal. Dá origem aos ramos marginais direitos (MgD), que suprem a parede do ventrículo direito (Figura 6).

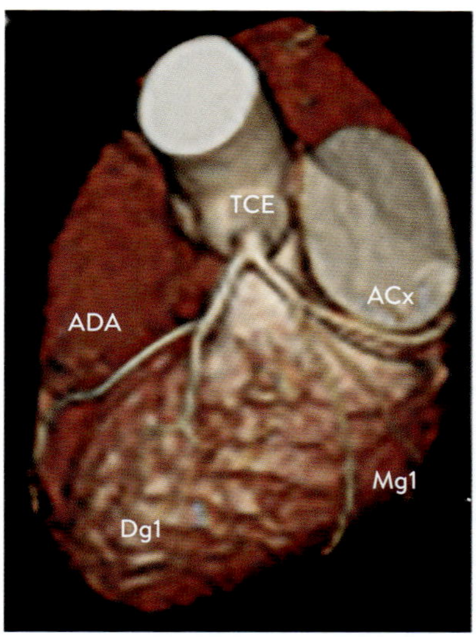

Figura 2 Reconstrução 3D: bifurcação do TCE em artéria descendente anterior (ADA) e artéria circunflexa (ACx). Notar a origem do primeiro ramo diagonal (Dg1) da ADA, com trajeto na parede anterior do ventrículo esquerdo; e o primeiro ramo marginal (Mg1) da ACx com trajeto na parede lateral do ventrículo esquerdo.

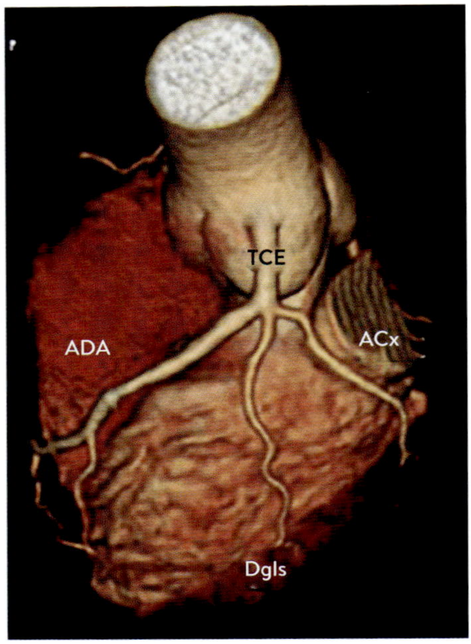

Figura 3 Reconstrução 3D: trifurcação do tronco coronariano esquerdo (TCE) em artéria descendente anterior, artéria diagonalis (Dgls) e artéria circunflexa.

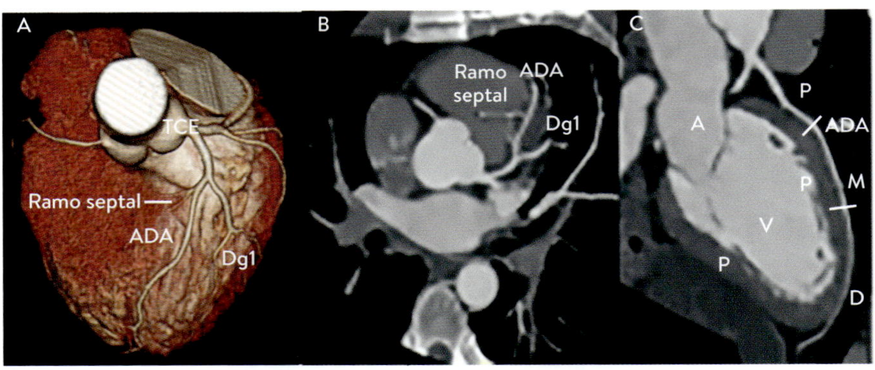

Figura 4 (A + B) Reformatação 3D e MIP da artéria descendente anterior (ADA): notar a origem do ramo septal, que caminha para a direção do septo interventricular (trajeto medial), e do ramo diagonal, que caminha para a parede anterior do ventrículo esquerdo (trajeto lateral); (C): reformatação curva da ADA: a artéria irriga a parede anterior do ventrículo esquerdo, circundando seu ápice. Notar a divisão em terços proximal (P), médio (M) e distal (D).

AE: átrio esquerdo; VE: ventrículo esquerdo; PI: parede inferior do VE; PA: parede anterior do VE.

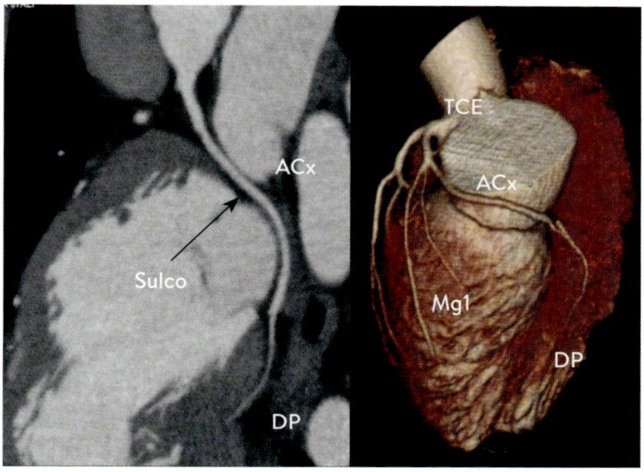

Figura 5 Reconstrução curva e 3D da artéria circunflexa: a artéria tem trajeto no sulco entre o átrio e o ventrículo esquerdo, de que se originam os ramos marginais. Notar que esse é um exemplo de circulação coronariana com dominância esquerda, com a artéria descendente posterior (DP) originando-se da artéria circunflexa.

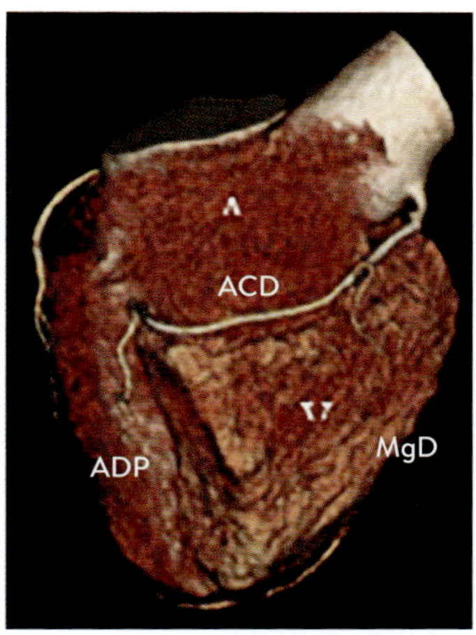

Figura 6 Reconstrução 3D da artéria coronária direita: notar trajeto entre o sulco, o átrio e o ventrículo direito (VD), originando ramos marginais direitos para a parede do VD.

Em cerca de metade da população, o primeiro ramo da ACD é o do cone, que irriga a via de saída do ventrículo direito (VD). O segundo ramo, mais comumente, é o ramo do nó sinoatrial, que irriga o nó sinoatrial e o átrio direito (AD). Esse ramo, em um pouco mais de um terço da população, pode também se originar da artéria coronária esquerda e, na minoria, de ambas as coronárias ou diretamente dos seios coronarianos. Também pode-se observar uma quantidade variável de ramos marginais para a parede livre do VD. Todos esses pequenos ramos não possuem valor terapêutico significativo na doença coronariana aterosclerótica (Figura 7).

Outro aspecto anatômico que merece ser destacado é em relação à dominância coronariana (comumente o primeiro dado fornecido em relatórios de angio-TC de coronárias). Na maioria dos indivíduos (em cerca de 80%), a dominância é direita, com uma ACD que se estende além do *crux cordis* e origina a artéria descendente posterior (ADP).

A dominância ainda pode ser esquerda, quando a ADP se origina da ACx ou balanceada quando a ADP se origina da ACD e a artéria ventricular posterior (AVP) se origina da ACx e caminha paralela à ADP, contribuindo na irrigação da parede inferior do VE (Figuras 8 e 9).

PREPARO DO PACIENTE

A qualidade do exame de ATCC será provavelmente superior em pacientes que apresentam ritmos cardíacos regulares e frequências cardíacas (Fc) não elevadas, sendo muitas vezes necessária a utilização de drogas para atingir a Fc ideal. Sempre lembrar que o controle rígido da Fc é uma das etapas mais importantes do exame, com protocolos que variam de acordo com os serviços. De

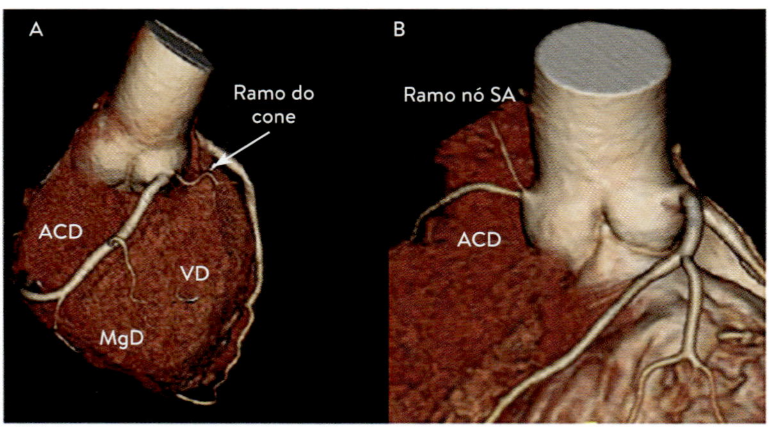

Figura 7 (A) Reconstrução 3D do ramo do cone origina-se diretamente do seio coronariano direito (variação anatômica) e caminha em direção à via de saída do ventrículo direito. O ramo do cone é mais comumente o primeiro ramo da artéria coronária direita; (B) reconstrução 3D do ramo do nó sinoatrial também originando-se diretamente do seio coronariano direito (variação anatômica). O ramo do nó sinoatrial é mais comumente o segundo ramo da artéria coronária direita.

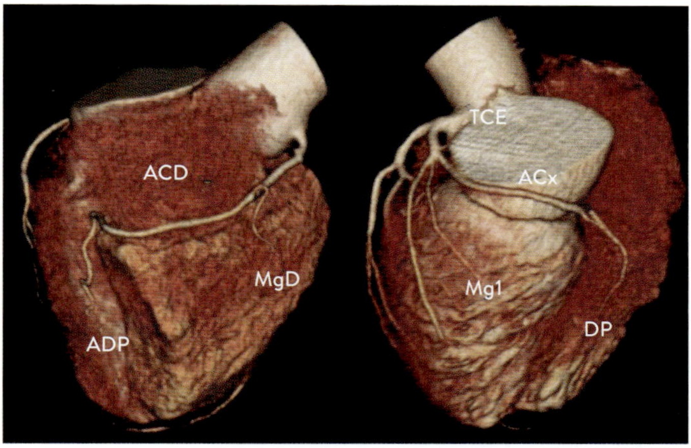

Figura 8 Reconstruções 3D das dominâncias direita; (A) artéria descendente posterior originando-se da artéria coronária direita e esquerda (B) artéria descendente posterior originando-se da artéria circunflexa.

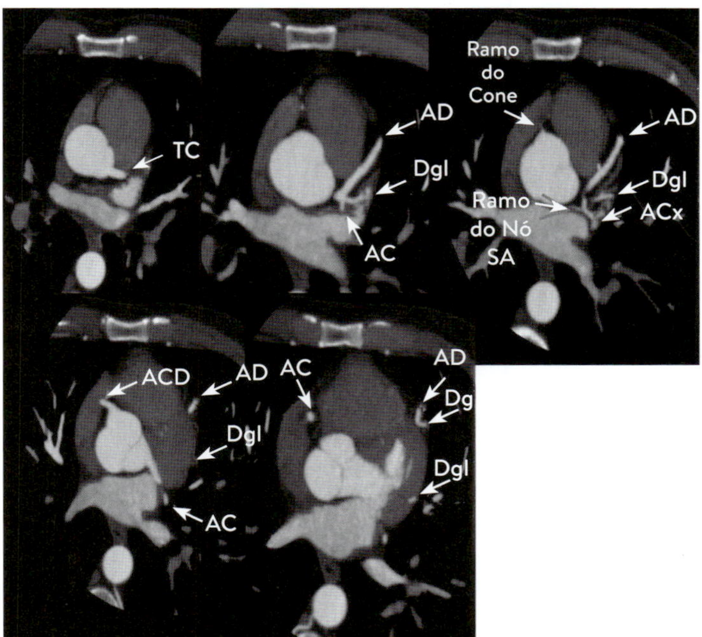

Figura 9A Imagens axiais sequenciais de angiotomografia de coronárias demonstrando as artérias coronárias e ramos.

TCE: tronco coronariano esquerdo; ADA: artéria descendente anterior; Dg1: ramo primeiro diagonal. Dgls: diagonalis; ACx: artéria circunflexa; Mg1: ramo primeiro marginal; ACD: artéria coronária direita; MgD: ramo marginal direito; ADP: artéria descendente posterior; AVP: artéria ventricular posterior.

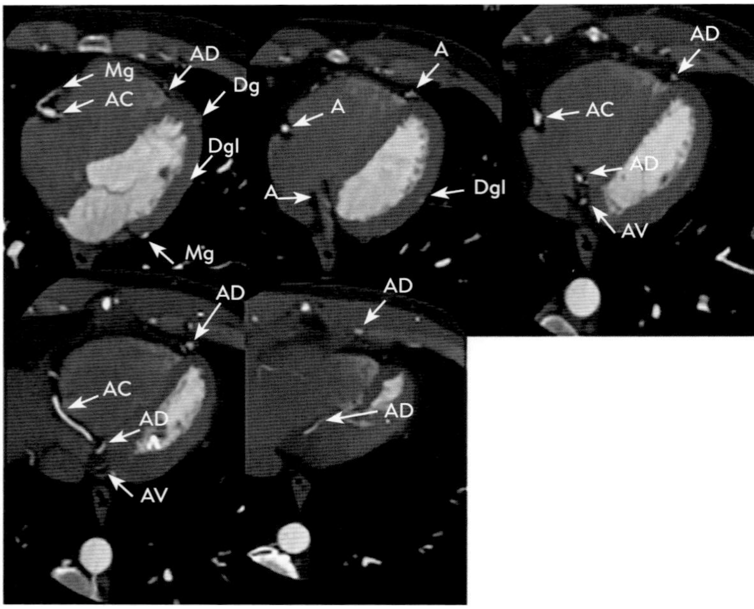

Figura 9B Imagens axiais sequenciais de angiotomografia de coronárias demonstrando as artérias coronárias e ramos.

TCE: tronco coronariano esquerdo; ADA: artéria descendente anterior; Dg1: ramo primeiro diagonal. Dgls: d iagonalis; ACx: artéria circunflexa; Mg1: ramo primeiro marginal; ACD: artéria coronária direita; MgD: ramo marginal direito; ADP: artéria descendente posterior; AVP: artéria ventricular posterior.

uma forma geral, deverá receber medicações todo paciente que chegar ao setor com Fc acima do valor considerado ideal para o tomógrafo disponível. A seguir, algumas particularidades das principais drogas utilizadas para o manejo da Fc.

- Betabloqueadores (via oral e/ou endovenosa): é a principal classe de droga para o controle da Fc; a via oral é mais efetiva para a redução, sendo realizada cerca de 1 hora antes da realização do exame; a via endovenosa é realizada com o paciente já em sala, minutos antes da aquisição das imagens; entre as principais contraindicações estão pacientes com asma grave e/ou doença pulmonar obstrutiva grave, insuficiência cardíaca congestiva (ICC) descompensada, hipotensão arterial (pressão arterial sistólica < 100 mmHg) e bloqueio atrioventricular avançado.
- Bloqueadores dos canais de cálcio (como o diltiazen): drogas alternativas aos betabloqueadores para redução da Fc, podendo ser utilizada em casos de pacientes com doença pulmonar obstrutiva, sendo também o medicamento de escolha para tentativa de controle de Fc em pacientes com fibrilação atrial.

O acesso venoso periférico deve ser calibroso para um alto fluxo de injeção de contraste venoso (5 mL/segundo), a fim de garantir boa opacificação da luz coronariana. O meio de contraste venoso deverá ser injetado por sistema de dupla via, seguido por solução salina em bolo.

O dinitrato de isossorbida sublingual deve ser administrado de forma rotineira, alguns minutos antes da injeção do contraste venoso. O medicamento é um vasodilatador de ação direta sobre a musculatura vascular lisa, com objetivo de facilitar a visualização da luz da coronária. Algumas das principais contraindicações que se deve estar atento são pacientes com estenose aórtica grave (lembrar do protocolo específico para implante transcateter de prótese valvar aórtica) e em uso de drogas para disfunção erétil (como o citrato de sildenafila e a tadalafila). Entre as reações adversas mais comuns, destacam-se dor de cabeça e hipotensão.

Vale ressaltar que as drogas utilizadas no estudo são bastante seguras quando administradas na ausência de contraindicações.

Por fim, deve-se sempre orientar o paciente sobre a importância de uma boa apneia, em que a caixa torácica e o abdome devem estar totalmente imóveis, sendo praticados exercícios respiratórios antes da aquisição das imagens. Durante os exercícios de apneia, sempre avaliar eventuais alterações no ECG, sendo comum a ocorrência de eventuais extrassístoles, que poderão ser danosas para a qualidade do estudo. O tempo da apneia será variado, sendo dependente do protocolo que será utilizado e do aparelho de tomografia disponível no serviço.

ESCORE DE CÁLCIO

A predição do risco cardiovascular é importante para definir prognóstico, traçar metas de tratamento e motivar os pacientes na mudança do estilo de vida, e uma das ferramentas mais utilizadas para a estratificação é o escore de risco de Framingham. Muitos indivíduos desenvolvem doença arterial coronariana (DAC) e não apresentam nenhum fator de risco tradicional, limitando a eficácia das ferramentas tradicionais neste processo de estratificação. Sabe-se também que mais da metade dos casos de infartos agudos do miocárdio e morte súbita cardíaca ocorrem em indivíduos previamente assintomáticos. É nesse contexto que se destaca a importância da detecção da aterosclerose subclínica, possível pela TC, EC e ATCC.

O EC é um marcador da presença e extensão da DAC. Já foi demonstrado seu importante valor prognóstico, fornecendo informações independentes e aditivas aos fatores de risco tradicionais de Framingham, de forma complementar na estratificação do risco individual. Vale destacar que alguns trabalhos demonstraram que o EC foi superior ao escore de Framingham na predição de eventos.

Para o estudo do EC, fase inicial do exame, não é necessário a injeção de contraste venoso. A calcificação coronariana marcada nas imagens pela técnica é a que possuir imagens de pelo menos 3 pixels contíguos com coeficiente de atenuação superior a 130 unidades Hounsfield. O valor absoluto do EC coronariano será a somatória de todos os escores obtidos em todas as artérias coronárias, em todos os cortes tomográficos (escore de Agatston).

O EC também poderá ser calculado por métodos que determinem volume e/ou massa de cálcio. Como os grandes trabalhos que descreveram a presença e a extensão da calcificação coronariana são baseados no escore de Agatston, este será o mais utilizado na prática clínica.

Estudos demonstraram que quanto maior a quantidade de cálcio, maior a chance de estenoses significativas. Por sua vez, a ausência de calcificação coronariana se associa à baixa probabilidade de lesão significativa, em especial em pacientes assintomáticos, e a presença não indica necessariamente estenose luminal (Tabela 1).

Tabela 1 Relação entre o valor absoluto do escore de cálcio (EC) e o grau de calcificação das coronárias

Valor absoluto do EC	Grau de calcificação
0	Ausente
1-100	Discreto
101-400	Moderado
401-1.000	Alto
> 1.000	Muito alto

A utilização do EC não é recomendada para indivíduos sintomáticos, uma vez que não identifica lesões vulneráveis e/ou exclui a presença de obstrução luminal. Sempre lembrar: lesões obstrutivas podem ocorrer sem calcificação!

A principal utilização é na estratificação do risco cardiovascular por meio da detecção de aterosclerose subclínica, sendo uma das principais ferramentas atuais para esta detecção. O maior impacto é na população de risco intermediário, em que há os maiores índices de reclassificação de risco, com modificação das metas de prevenção primária. Como demonstrado pelo estudo MESA (*The Multi-Ethnic Study of Atherosclerosis*), o risco de morte ou infarto agudo miocárdico cresce com a elevação do EC, aumentando em quase 8 vezes o risco para pacientes com EC entre 101 e 300, e em quase 10 vezes quando EC superior a 300. Em subestudo recentemente publicado, o EC melhorou sensivelmente a estratificação do risco em indivíduos assintomáticos de risco intermediário quando utilizados os valores de EC menores que 100 para reclassificação para baixo risco, e EC superior a 400 para reclassificação para alto risco.

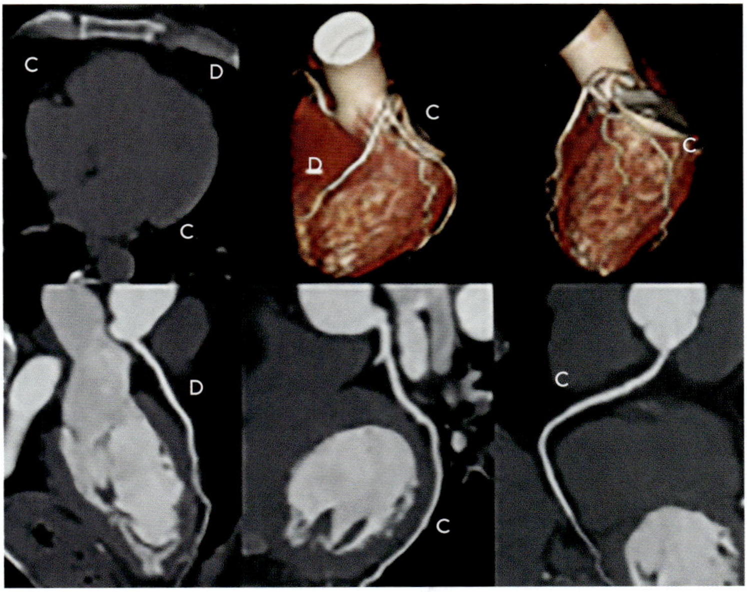

Figura 10 Caso 1: paciente de baixo risco com escore de cálcio (EC) zero e Angiotomografia de coronárias (ATCC) sem redução luminal. Paciente do sexo masculino, 45 anos, com dor torácica atípica. Antecedente pessoal: ex-tabagista. Antecedente familiar negativo. Foi solicitada ATCC em consulta ambulatorial de rotina. Escore de cálcio zero. ATCC sem redução luminal.

Outro ponto interessante e que merece ser discutido é a relação do EC com estudos de cintilografia de perfusão miocárdica, habitualmente solicitados em consultas ambulatoriais de rotina por cardiologistas. A investigação de isquemia miocárdica em pacientes com EC inferior a 100 pode não ser a conduta mais apropriada pela baixíssima prevalência de estudos positivos nesta população. Pacientes com EC superior a 400 mereceriam investigação de isquemia silenciosa pela maior prevalência de DAC obstrutiva (Tabela 2).

Tabela 2 Forma de interpretação clínica do escore de cálcio

Escore de cálcio	Interpretação clínica
Zero	Baixa probabilidade de DAC Risco muito baixo
< 100 e percentil < 75	Risco baixo
> 100	Fator agravante para doença arterial coronariana (DAC). Risco alto. Considerar reclassificação do paciente para alto risco
> 400	Maior probabilidade de isquemia miocárdica

Vale ressaltar que a técnica também não é recomendada para monitoramento de resposta terapêutica (seguimento de DAC por EC).

A seguir, algumas informações sobre o EC que merecem ser destacadas e compreendidas.

- EC negativo indica baixa probabilidade de DAC.
- EC positivo confirma a presença de DAC.
- Valores elevados do escore sugerem a presença de ao menos uma lesão coronariana significativa.
- EC elevado é preditivo de alto risco cardiovascular.
- EC baixo é preditivo de baixo risco cardiovascular.
- EC tem potencial de alterar a conduta clínica, principalmente para pacientes de risco intermediário.

ANGIOTOMOGRAFIA DE CORONÁRIAS

O método de ATCC é um meio diagnóstico não invasivo cada vez mais utilizado para a avaliação da DAC. É um método que permite não somente avaliar o grau da redução luminal e o número de segmentos coronarianos acometidos como também os componentes formadores da placa aterosclerótica e o remodelamento positivo eventualmente associado à lesão.

Assim como na técnica de EC, as imagens da ATCC também são adquiridas de forma sincronizada ao ECG. O protocolo de aquisição poderá ser prospectivo, em que as imagens são adquiridas apenas dentro de um intervalo predefinido do ciclo cardíaco, com menor quantidade de radiação; ou retrospectivo, em que as imagens são adquiridas durante todo o ciclo cardíaco, com maior dose de radiação. Hoje, em tomógrafo de última geração, é possível realizar o estudo tomográfico com dose efetiva inferior a 1 mSv, sem perda de qualidade de imagem.

Aspectos que devem ser avaliados nas placas ateroscleróticas

- Grau de redução luminal:
  - < 25%: irregularidade parietal; 25 a 49%: redução luminal discreta; 50 a 69%: redução luminal moderada; > 70%: redução luminal importante.
  - Classifica-se como redução luminal significativa a estenose superior a 50%.
  - É importante destacar a extensão da DAC no final do relatório, podendo os pacientes ser classificados em uniarterial (um território coronariano com redução luminal significativa), biarterial (dois dos territórios

coronarianos com redução luminal significativa) ou triarterial (os três territórios coronarianos com redução luminal significativa).

- O acréscimo de informação de um estudo funcional poderá ser útil à avaliação anatômica pela tomografia para a tomada de decisão terapêutica, em especial nas lesões moderadas.
- Deve-se lembrar que placas ateromatosas associadas a reduções luminais discretas são muito mais frequentes e comumente associadas ao desencadeamento de síndrome coronariana aguda (SCA). Logo, deve-se valorizar não somente o grau de redução luminal determinado pela placa, como também eventuais achados associados a placas instáveis/vulneráveis, como o remodelamento positivo, *spotty calcification*, placa de baixa atenuação e o *napkin-ring sign* (discutidos a seguir).

▪ Achados morfológicos da placa aterosclerótica:
  - Segundo a Society of Cardiovascular Computed Tomography (SCCT), as placas ateroscleróticas podem ser subdivididas em calcificadas, parcialmente calcificadas e não calcificadas (conforme Figura 11), com excelente concordância inter e intraobservador.
  - Remodelamento positivo: definido como aumento do diâmetro do vaso no local da placa aterosclerótica em relação ao diâmetro de referência do vaso; sugere-se, como teoria, que o fenômeno aconteça como tentativa de manter a luz do vaso na vigência do crescimento volumétrico da luz placa (Figura 12).
  - Spotty calcification e placas de baixa atenuação: são outros achados que habitualmente são correlacionados com lesão instável. Quanto maior o componente de baixa atenuação (< 30 UH, conforme proposto por Mo-

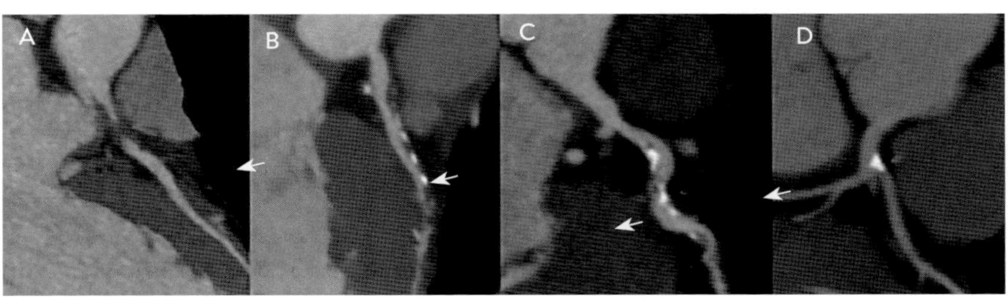

Figura 11 Reconstruções curvas de artérias coronárias demonstrando os tipos morfológicos das placas ateromatosas; (A) placa não calcificada; (B e C) placas parcialmente calcificadas (predominantemente não calcificadas e predominantemente calcificadas); (D) placa calcificada.

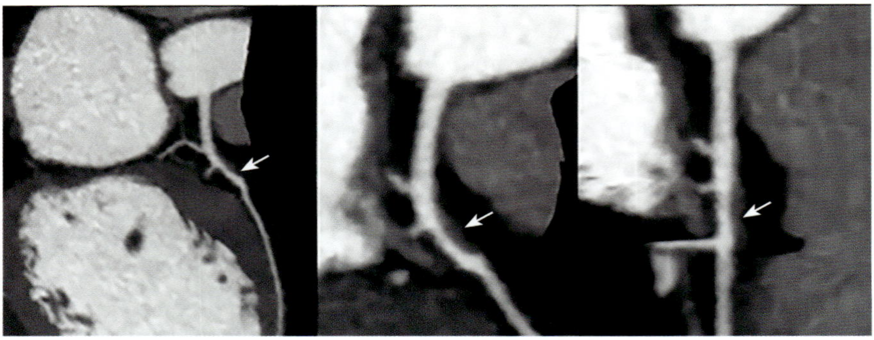

Figura 12 Reconstruções curvas e reta da artéria descendente anterior, demonstrando placa ateromatosa não calcificada segmentar em terço proximal, associada ao remodelamento positivo, com redução luminal discreta/moderada (próximo de 50%).

toyama para detecção de núcleos lipídicos), maior será a instabilidade da lesão. Outro achado que denota instabilidade é o chamado spotty calcification, que são calcificações puntiformes em distribuição localizada e pontual na placa aterosclerótica (Figura 13).

- *Napkin-ring sign*: achado que denota instabilidade; é o núcleo necrótico rico em lípides (componente de menor atenuação central em corte axial na ATCC) circundado por tecido fibrótico (componente de maior atenuação periférico na ATCC) (Figura 14).

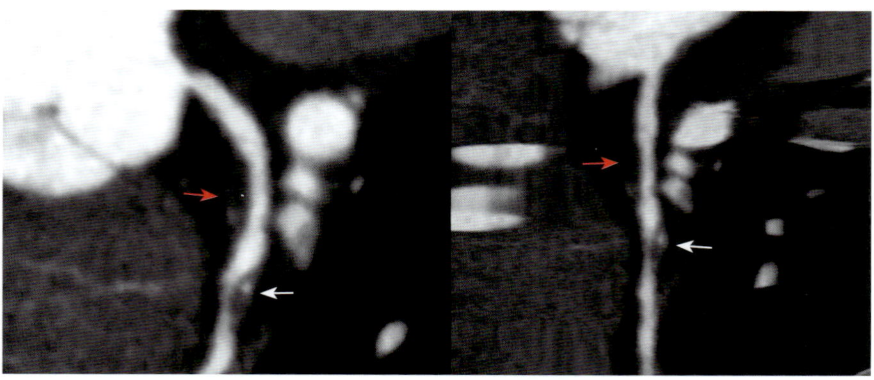

Figura 13 Reconstrução curva e reta da artéria descendente anterior. Setas vermelhas: placa hipoatenuante associada ao remodelamento positivo no terço proximal da artéria ascendente anterior (ADA), com redução luminal moderada (ao redor de 50%). Em seguida, notar outra placa segmentar com diminuta calcificação puntiforme de permeio (*spotty calcification* – seta branca) associada ao remodelamento positivo, com redução luminal importante.

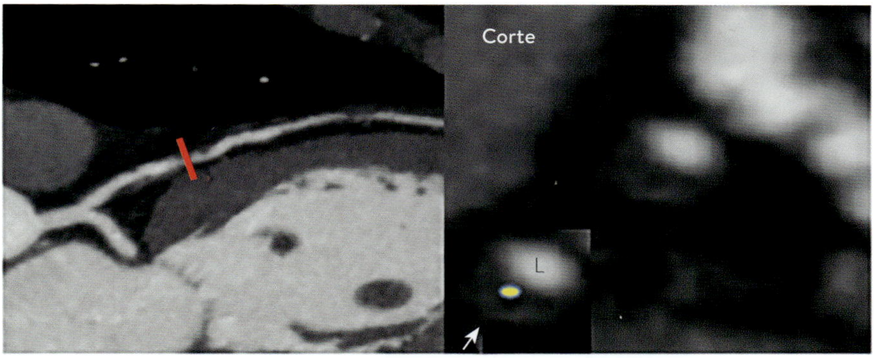

Figura 14 Reconstrução curva e corte axial verdadeiro no plano da placa ateromatosa não calcificada (conforme indicado pela barra vermelha na primeira imagem) associada ao remodelamento positivo, com redução luminal moderada. Notar no corte axial a hiperatenuação periférica (seta branca) e o componente hipoatenuante central (círculo amarelo), achados compatíveis com *napkin ring sign*.
L: luz da coronária.

AVALIAÇÃO DE DOR TORÁCICA AGUDA

A ATCC tem excelente acurácia para excluir lesão coronariana obstrutiva significativa de pacientes com suspeita de SCA de baixo ou intermediário risco, com destaque para o alto valor preditivo negativo, cujos valores se aproximam de 100%. De uma forma geral, o método reduz o tempo de exclusão de DAC e também o tempo de permanência do paciente no hospital, podendo evitar admissões desnecessárias e custosas, e liberações inadvertidas de pacientes de baixo e intermediário riscos com lesões coronarianas significativas. Sabe-se que muitos pacientes liberados da emergência apresentam eventos cardíacos, e fazem parte do grupo que se beneficiaria de uma ferramenta para estratificação adicional com alto valor preditivo negativo (capaz de excluir DAC). Outro dado importante é o fato de a maioria dos pacientes submetidos ao cateterismo não apresentar lesões obstrutivas significativas, sendo expostos a um risco desnecessário deste procedimento invasivo e não isento de complicações. Vale ressaltar que, por sua vez, os pacientes de alto risco beneficiam-se de uma estratégia invasiva, com angiografia coronariana invasiva e revascularização.

Na Figura 16, segue proposta para o modelo de algoritmo do uso da ATCC na emergência.

Uma das principais características do método que o distingue da angiografia coronariana invasiva, é sua capacidade de visualizar não apenas a luz do vaso, mas também as paredes arteriais. Estudos apontam maior risco relativo

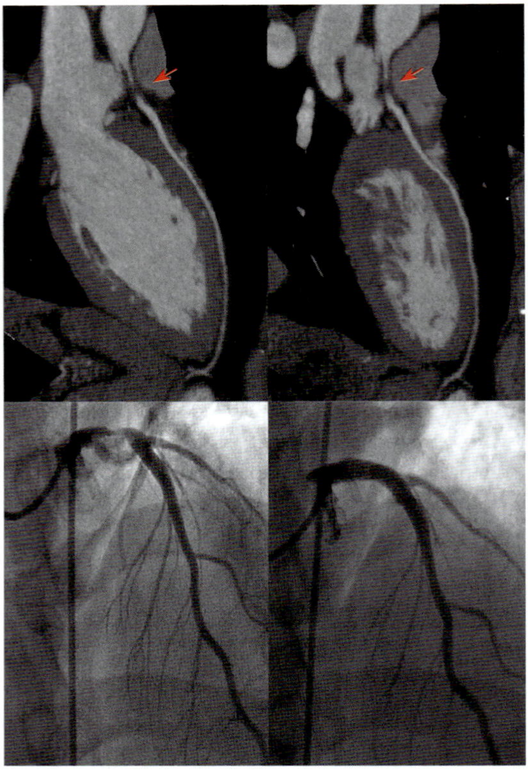

Figura 15 Caso 2: paciente do sexo masculino, 45 anos e de baixo risco para doença arterial coronariana (DAC), com dor torácica aguda no pronto-socorro. Antecedentes pessoal e familiar negativos. Apresentou ECG normal e marcadores de necrose miocárdica negativos. Foi solicitada angiotomografia de coronárias. Escore de cálcio: zero. Angiotomografia computadorizada das coronárias: placa não calcificada no terço proximal da artéria descendente anterior determinando redução luminal importante. Foi realizada angioplastia da lesão com sucesso.

de SCA em pacientes com placas ateroscleróticas descritas como de risco, sendo inclusive um risco maior do que em relação ao grau de redução luminal promovida pela placa. Alguns trabalhos sugerem que estas lesões poderiam ser caracterizadas na ATCC como placas com componente de baixo coeficiente de atenuação (achado que sugere conteúdo lipídico) e/ou lesões associadas ao remodelamento positivo do vaso. É importante saber que quanto maior o volume da placa, maior será o remodelamento positivo associado e, consequentemente, maior será a vulnerabilidade da lesão.

Apesar de o grande avanço tecnológico observado nos tomógrafos de última geração, alguns fatores podem limitar a análise das imagens e reduzir a acu-

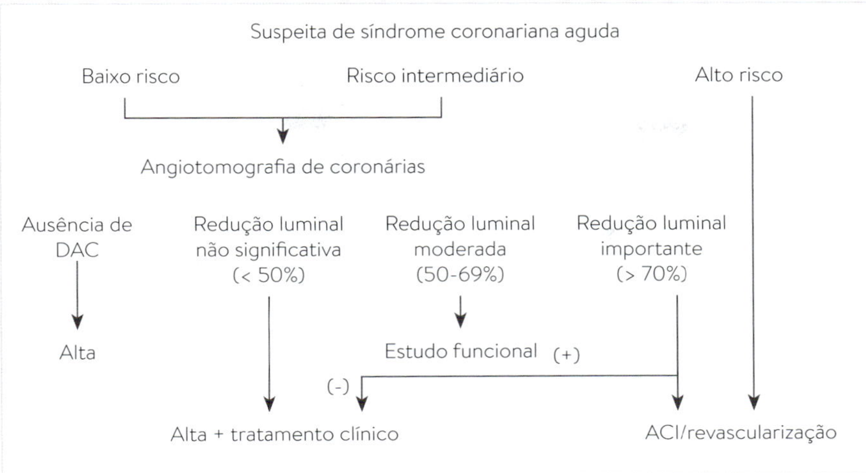

Figura 16 Algoritmo: modelo de aplicação da angiotomografia de coronárias na emergência.

rácia do método, com casos falsos-positivos. Os principais fatores que podem limitar a avaliação são: arritmias durante a aquisição das imagens, artefatos causados pela movimentação respiratória (por apneia inadequada) e cardíaca (como pode acontecer em casos de pacientes com Fc elevada), e os artefatos gerados pela malha do *stent* (principalmente *stents* com malhas densas e de menor calibre) e/ou grande quantidade de placas ateromatosas densamente calcificadas, que limitam a análise da luz coronariana.

Por fim, destacar que o método também poderá revelar diversas causas de dor torácica não cardíaca, como fraturas de arcos costais, hérnias gástricas, doenças da aorta, pneumonias, pneumotórax, entre outras.

STENTS

Em condições ideais, a ATCC é uma ferramenta útil e de boa acurácia na avaliação de reestenose intra-*stent*. O fator preponderante é o calibre do *stent*, sendo os maiores de 3 mm e/ou localizados no TCE mais bem avaliados.

Embora a trombose intra-*stent* aguda tipicamente determine sintomas clínicos importantes, a reestenose intra-*stent* geralmente é assintomática e muitas vezes não suspeitada, um achado relevante e que poderá ser fornecido pela ATCC.

É preciso ter conhecimento que a avaliação do *stent* poderá ser limitada principalmente em dispositivos de menor calibre (< 3 mm) e de estrutura mais

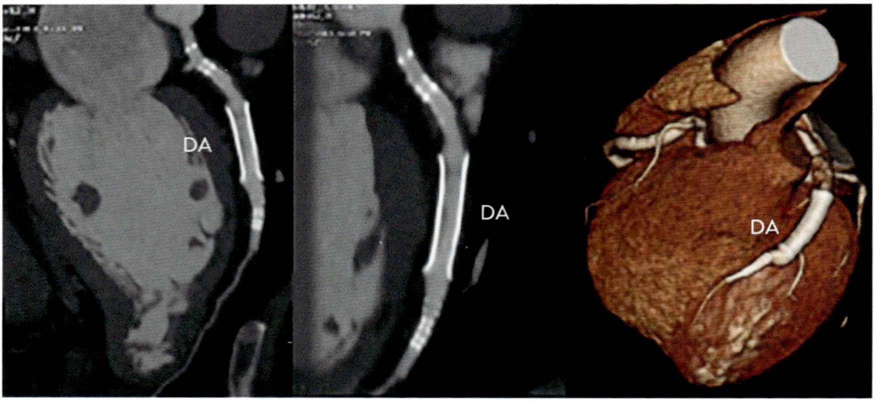

Figura 17 (reconstrução curva e 3D): *stents* pérvios e sem redução luminal significativa na artéria descendente anterior (ADA). No dispositivo localizado no terço médio da ADA, notar a presença de hipoatenuação intra-*stent*, compatível com neoproliferação intimal e redução luminal discreta.

densa/metálica, aspectos que podem causar prejuízo na avaliação da luz coronariana. Alguns algoritmos especiais de reconstrução poderão ser utilizados a fim de minimizar o artefato determinado pela malha do *stent*, embora algumas vezes de forma limitada.

A avaliação de reestenose intra-*stent* em pacientes sintomáticos com probabilidade pré-teste intermediária tem classe de recomendação IIb, nível de evidência B na última Diretriz de Ressonância Magnética e Tomografia Computadorizada Cardiovascular da Sociedade Brasileira de Cardiologia e do Colégio Brasileiro de Radiologia.

O aperfeiçoamento da resolução temporal e especial dos estudos de ATCC, a combinação da imagem anatômica com o estudo perfusional com estresse por tomografia e/ou o implemento de *stents* com malhas menos densas (como os *stents* biodegradáveis) são aspectos que determinarão o aumento significativo da acurácia do método na avaliação da luz do *stent*.

A ATCC é também o principal método para avaliação de fraturas de *stents*, fator de risco para reestenose e trombose aguda intra-*stent*. Logo, deve-se sempre procurar ativamente por eventuais descontinuidades e/ou deformidades dos contornos da malha do dispositivo.

Por fim, vale lembrar que muitas vezes pode-se acrescentar informações clinicamente significativas não necessariamente relacionadas ao *stent*, como a caracterização de uma outra placa ateromatosa com características instáveis, como demonstrado no caso descrito na Figura 18.

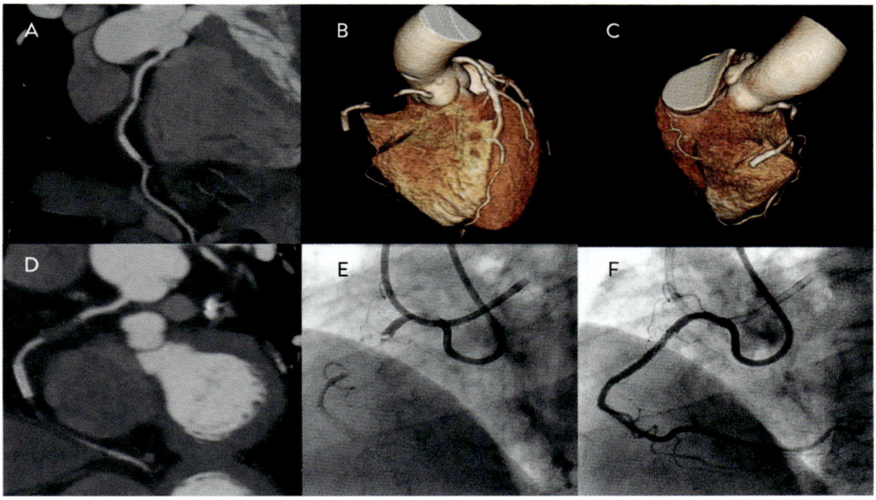

Figura 18 Reconstrução curva e 3D: (A) *stent* pérvio e sem redução luminal no terço médio da artéria coronária direita (ACD). Destacam-se a presença de placa não calcificada associada ao discreto remodelamento positivo no terço proximal da ACD, com redução luminal discreta (ao redor de 40%). O paciente é do sexo masculino, de 65 anos, com antecedentes de diabete e dislipidemia, assintomático neste momento; (B, C e D) após 2 anos, paciente começou a apresentar dispneia, sendo solicitado um novo estudo de ATCC, em que foi observada oclusão do terço proximal da ACD, com reenchimento distal por prováveis colaterais; (E e F) o achado de oclusão da ACD foi confirmado por cateterismo, sendo o paciente submetido à angioplastia com sucesso primário.

AVALIAÇÃO DE ENXERTOS VASCULARES DE REVASCULARIZAÇÃO MIOCÁRDICA

Em geral, os estudos por ATCC de pacientes submetidos à revascularização miocárdica cirúrgica serão os de maior complexidade para análise. No exame, serão avaliados o leito coronariano nativo e os enxertos vasculares.

A avaliação dos enxertos vasculares venosos tende a ser mais fácil, por apresentarem geralmente maior calibre, menor mobilidade (logo, menos artefatos) e menos calcificações (frequentemente ausentes). Por sua vez, a avaliação dos enxertos vasculares arteriais tende a ser um pouco mais difícil, pelo menor calibre, maior mobilidade e maior número de calcificações parietais associadas. No caso dos enxertos de artérias mamárias, os clipes metálicos utilizados na cirurgia e dispostos adjacentes ao vaso geram artefatos regionais que podem limitar parcialmente a análise de algum segmento luminal. Outro aspecto que merece destaque pela maior dificuldade é a avaliação da anastomose distal do enxerto, local da maior mobilidade cardíaca e frequentemente com algum clipe produtor de artefato no local.

Entretanto, embora não sejam raras as dificuldades referidas, a acurácia do método para a avaliação de lesões nos enxertos é ótima, com acréscimo de informações úteis ao médico solicitante.

Em indivíduos com lesões multiarteriais maiores que 50%, o uso de três a quatro enxertos geralmente é requerido e, habitualmente, serão utilizados tanto enxerto arterial quanto venoso. Os dois enxertos vasculares mais utilizados serão o enxerto de veia safena e o enxerto de artéria mamária interna esquerda (AMIE). O enxerto venoso de veia safena em geral será utilizado no tratamento de lesões em território de ACD. Por sua vez, no geral, o enxerto de AMIE será utilizado para o tratamento de lesão em território de ADA. Vale ressaltar a maior taxa de perviedade dos enxertos vasculares arteriais, especialmente em longo prazo, em relação aos enxertos venosos, com maiores taxas de eventos cardiovasculares em territórios miocárdicos protegidos por estes últimos. Destaca-se a grande durabilidade do enxerto de AMIE, com perviedade superior a 90% após 10 anos da cirurgia de revascularização miocárdica. Ao longo dos anos, nota-se maior durabilidade dos enxertos, especialmente pelo aperfeiçoamento da técnica cirúrgica e a associação com uma terapia medicamentosa antitrombótica cada vez mais eficiente.

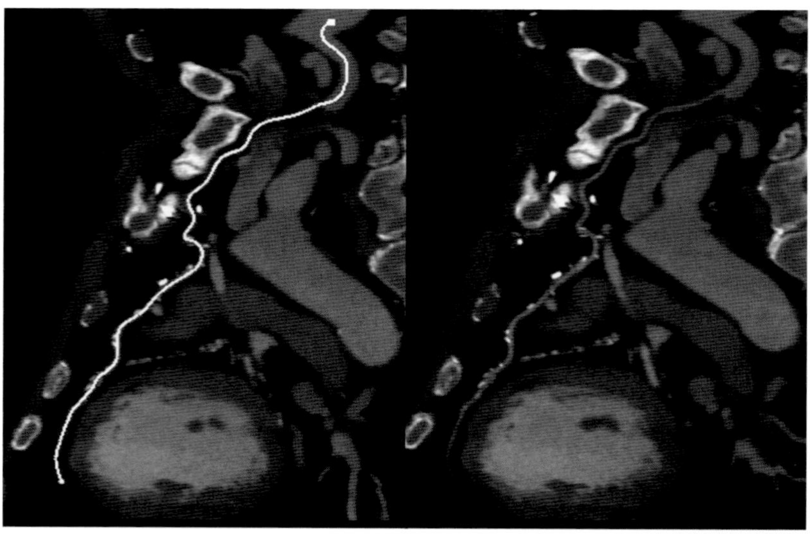

Figura 19 Reconstruções curvas do enxerto de artéria mamária interna esquerda (demarcado pela linha branca na imagem da esquerda) para o terço distal da artéria descendente anterior, pérvio, sem redução luminal.

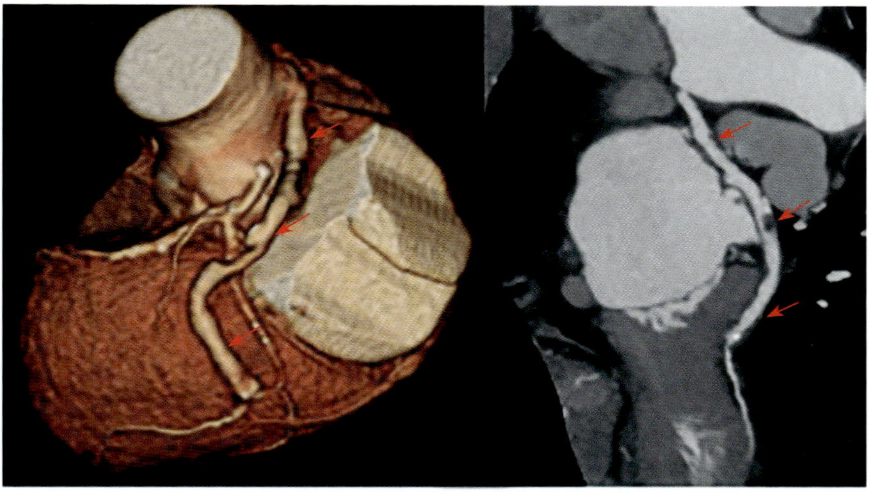

Figura 20 Reconstrução curva e 3D: enxerto venoso para o segundo ramo marginal apresentando irregularidades parietais difusas e imagens hipoatenuante compatível com trombo em terço médio determinando redução luminal importante.

Por fim, lembrar do possível uso do enxerto de AMIE associado a segmentos arteriais e/ou venosos, conhecidos como enxertos em "Y" ou "T", para vascularização de mais de um território vascular.

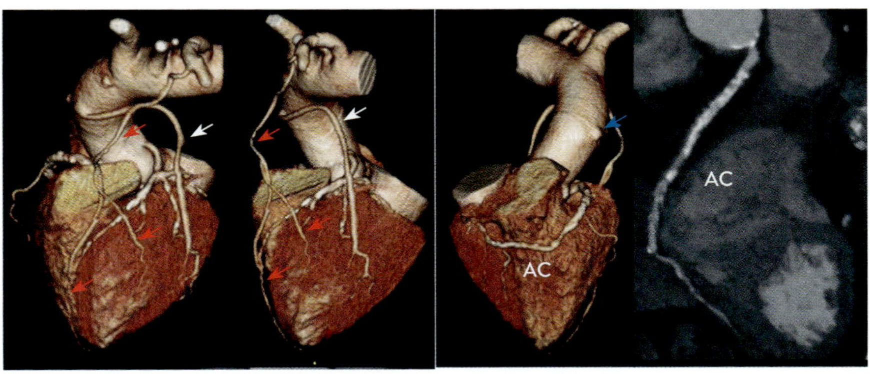

Figura 21 Reconstruções 3D-enxerto em "Y" da artéria mamária interna esquerda para revascularização miocárdica da artéria descendente anterior e primeiro ramo diagonal (seta vermelha). Enxerto vascular também para o primeiro ramo marginal (seta branca). Notar enxerto vascular ocluído para o território da artéria coronária direita (seta azul), território desprotegido, com extensa ateromatose e reduções luminais importantes.

Deve-se sempre avaliar nos enxertos vasculares: oclusão/perviedade, estenoses, lesões parietais, acotovelamentos e angulações do trajeto, aneurismas e pseudoaneurismas.

A avaliação pela angiotomografia será mais limitada na avaliação do leito coronariano nativo em razão das extensas placas ateromatosas, com acentuadas calcificações parietais que podem limitar a avaliação da luz de algum segmento coronariano.

AVALIAÇÃO DE PACIENTES ASSINTOMÁTICOS

A fim de reduzir o número de eventos cardiovasculares futuros, é importante tentar identificar, entre os indivíduos assintomáticos, aqueles de maior risco. É nesse contexto, que o EC (como já discutido) e a ATCC podem desempenhar papéis importantes como ferramentas complementares aos escores clínicos, que são muitas vezes limitados no poder de estratificação do risco. A gravidade da DAC demonstrada pela angiotomografia é um fator preditor importante de mortalidade, com valor prognóstico incremental não apenas aos fatores de risco tradicionais, como também à avaliação pelo EC e pela cintilografia miocárdica.

A utilização do método deve sempre ser ponderada em relação à radiação *versus* benefício. Nesse ponto, vale ressaltar que o estudo por ATCC gera menor dose de radiação em relação à cintilografia miocárdica, exame habitualmente solicitado em consultas ambulatoriais de rotina por cardiologistas. Assim, com a redução significativa e gradativa da dose de radiação empregada pelo estudo de ATCC, é esperado aumento significativo da utilização na avaliação de DAC em indivíduos assintomáticos.

AVALIAÇÃO DE DOR TORÁCICA AGUDA PELA TÉCNICA DE TRIPLE *RULE-OUT*

O protocolo de aquisição específico chamado descarte triplo (*triple rule out*) permite avaliar em um único exame as artérias coronárias (avaliar eventual lesão coronariana significativa como causa da dor torácica), tromboembolismo pulmonar (TEP) e as síndromes aórticas agudas (úlcera penetrante, hematoma intramural, dissecção, aneurisma e pseudoaneurisma). Também será possível a avaliação de outras causas de dor torácica, como pneumonias, pneumotórax, fraturas de arcos costais, entre outros.

Merece ser destacado que embora eficiente, o protocolo de aquisição para triplo descarte é menos eficiente do que os protocolos específicos para avaliação individual das artérias coronárias, aorta ou artérias pulmonares. No estudo de *triple rule out,* é maior a chance de algum segmento coronariano ter avaliação limitada. A grande dificuldade do exame é buscar por uma boa opacificação em leitos vasculares distintos, de diferentes tempos de contrastação (no geral, as artérias pulmonares apresentam pico de contrastação cerca de 10 segundos antes da aorta). Outros aspectos importantes e que merecem ser mencionados é que o protocolo geralmente exige maior dose de radiação, maior volume de contraste e maior apneia.

Portanto, orienta-se a utilização apenas em situações clínicas específicas, de maior dificuldade no direcionamento para um diagnóstico específico. No geral, pacientes com dor torácica aguda de baixa ou intermediária probabilidade para DAC, com sinais clínicos ou antecedentes pessoais confusionais para TEP ou doenças da aorta.

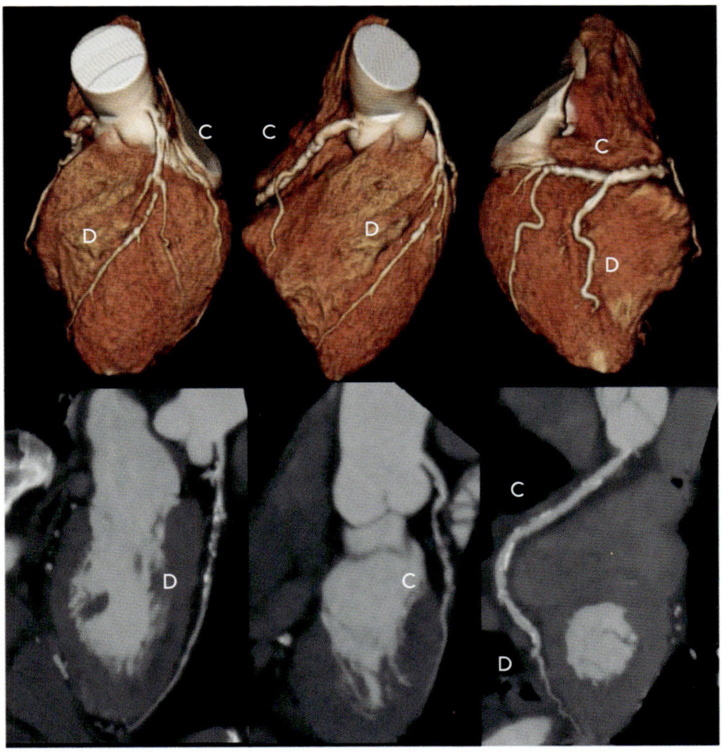

Figura 22 Reconstruções curvas e 3D: caso de um paciente assintomático, 67 anos, sexo masculino. Antecedente pessoal: ex-tabagista. Solicitado ATCC em consulta ambulatorial de rotina. Notar extensas placas ateromatosas predominantemente não calcificadas, principalmente evidentes em território de ADA proximal e média, com redução luminal triarterial significativa. Paciente também realizou cintilografia miocárdica com isquemia estresse induzida em paredes anterior, lateral e septal médio-apical do ventrículo esquerdo. Foi realizada revascularização miocárdica.

REFERÊNCIAS BILIOGRÁFICAS

1. Agatston AS, Janowitz WR, Hildner FJ, Zusmer NR, Viamonte M Jr, Detrano R. Quantification of coronary artery calcium using ultrafast computed tomography. J Am Coll Cardiol. 1990;15(4):827-32.
2. Andreini D, Pontone G, Bartorelli AL, Trabattoni D, Mushtaq S, Bertella E, et al. Comparison of feasibility and diagnostic accuracy of 64-slice multidetector computed tomographic coronary angiography versus invasive coronary angiography versus intravascular ultrasound for evaluation of in-stent restenosis. Am J Cardiol. 2009;103(10):1349-58.
3. Bamberg F, Sommer WH, Hoffmann V, Achenbach S, Nikolaou K, Conen D, et al. Meta-analysis and systematic review of the long-term predictive value of assessment of coronary atherosclerosis by contrast-enhanced coronary computed tomography angiography. J Am Coll Cardiol. 2011;57(24):2426-36.
4. Becker CR, Kleffel T, Crispin A, Knez A, Young J, Schoepf UJ, et al. Coronary artery calcium measurement: agreement of multirow detector and electron beam CT. AJR Am J Roentgenol. 2001;176(5):1295-8.
5. Budoff MJ, Achenbach S, Blumenthal RS, Carr JJ, Goldin JG, Greenland P, et al. Assessment of coronary artery disease by cardiac computed tomography: a scientific statement from the American Heart Association Committee on Cardiovascular Imaging and Intervention, Council on Cardiovascular Radiology and Intervention, and Committee on Cardiac Imaging, Council on Clinical Cardiology. Circulation. 2006;114(16):1761-91.
6. Budoff MJ, Dowe D, Jollis JG, Gitter M, Sutherland J, Halamert E, et al. Diagnostic performance of 64-multidetector row coronary computed tomographic angiography for evaluation of coronary artery stenosis in individuals without known coronary artery disease: results from the prospective multicenter ACCURACY (Assessment by Coronary Computed Tomographic Angiography of Individuals Undergoing Invasive Coronary Angiography) trial. J Am Coll Cardiol. 2008;52(21):1724-32.
7. Cury RC, Abbara S, Achenbach S, Agatston A, Berman DS, Budoff MJ, et al. CAD-RADS Coronary Artery Disease – Reporting and Data System. An expert consensus document of the Society of Cardiovascular Computed Tomography (SCCT), the American College of Radiology (ACR) and the North American Society for Cardiovascular Imaging (NASCI). Endorsed by the American College of Cardiology. Journal of Cardiovascular Computed Tomography.2016;10(4):269-81.
8. Dewey M, Vavere AL, Arbab-Zadeh A, Miller JM, Sara L, Cox C, et al. Patient characteristics as predictors of image quality and diagnostic accuracy of MDCT compared with conventional coronary angiography for detecting coronary artery stenoses: CORE-64 Multicenter International Trial. AJR Am J Roentgenol.2010;194(1):93-102.
9. Dewey M, Zimmermann E, Deissenrieder F, Laule M, Dubel HP, Schlattmann P, et al. Non invasive coronary angiography by 320-row computed tomography with lower radiation exposure and maintained diagnostic accuracy: comparison of results with cardiac catheterization in a head-to-head pilot investigation. Circulation. 2009;120(10):867-75.
10. Goldstein JA, Abbas A. Anatomic-pathophysiologic approach to hemodynamics: complementary roles of noninvasive and invasive diagnostic modalities. Cardiol Clin. 2011;29(2):173-90.
11. Greenland P, Alpert JS, Beller GA, Benjamin EJ, Budoff MJ, Fayad ZA, et al. 2010 ACCF/AHA Guideline for Assessment of Cardiovascular Risk in Asymptomatic Adults: A Report of the American College of Cardiology Foundation/American Heart Association Task Force on Practice Guidelines. Circulation. 2010;122(25):e584-636.
12. Greenland P, Bonow RO, Brundage BH, Budoff MJ, Eisenberg MJ, Grundy SM, et al; American College of Cardiology Foundation Clinical Expert Consensus Task Force (ACCF/AHA Writing Committee to Update the 2000 Expert Consensus Document on Electron Beam Computed Tomography); Society of Atherosclerosis Imaging and Prevention; Society of Cardiovascular Computed Tomography.ACCF/AHA 2007 clinical expert consensus document on coronary artery calcium scoring by computed tomography in global cardiovascular risk assessment and in evaluation of patients with chest pain: a report of the American College of Cardiology Foundation Clinical Expert

Consensus Task Force (ACCF/ AHA Writing Committee to Update the 2000 Expert Consensus Document on Electron Beam Computed Tomography) developed in collaboration with the Society of Atherosclerosis Imaging and Prevention and the Society of Cardiovascular Computed Tomography. J Am Coll Cardiol. 2007;49(3):378-402.

13. Greenland P, LaBree L, Azen SP, Doherty TM, Detrano RC. Coronary artery calcium score combined with Framingham score for risk prediction in asymptomatic individuals. JAMA. 2004;291(2):210-5.
14. Hamon M, Morello R, Riddell JW. Coronary arteries: diagnostic performance of 16- versus 64-section spiral CT compared with invasive coronary angiography--meta-analysis. Radiology. 2007;245(3):720-31.
15. Hoffmann U, Truong QA, Schoenfeld DA, Chou ET, Woodard PK, Nagurney JT, et al; ROMICAT-II Investigators.Coronary CT angiography versus standard evaluation in acute chest pain. N Engl J Med. 2012;367(4):299-308.
16. Litt HI, Gatsonis C, Snyder B, Singh H, Miller CD, Entrikin DW, et al. CT angiography for safe discharge of patients with possible acute coronary syndromes. N Engl J Med. 2012;366(15):1393-403.
17. Mahabadi AA, Achenbach S, Burgstahler C, Dill T, Fischbach R, Knez A, et al; Working group "Cardiac CT" of the German Cardiac Society.Safety, efficacy, and indications of beta-adrenergic receptor blockade to reduce heart rate prior to coronary CT angiography. Radiology. 2010;257(3):614-23.
18. Mark DB, Berman DS, Budoff MJ, Carr JJ, Gerber TC, Hecht HS, et al; American College of Cardiology Foundation Task Force on Expert Consensus Documents. ACCF/ACR/AHA/NASCI/SAIP/ SCAI/ SCCT 2010 Expert Consensus Document on Coronary Computed Tomographic Angiography: a Report of the American College of Cardiology Foundation Task Force on Expert Consensus Documents. Circulation. 2010;121(22):2509-43.
19. Min JK, Dunning A, Lin FY, Achenbach S, Al-Mallah M, Budoff MJ, et al. Age- and sex-related differences in all-cause mortality risk based on coronary computed tomography angiography findings results from the International Multicenter CONFIRM (Coronary CT Angiography Evaluation for Clinical Outcomes: An International Multicenter Registry) of 23,854 patients without known coronary artery disease. J Am Coll Cardiol. 2011;58(8):849-60.
20. Raff GL. Radiation dose from coronary CT angiography: five years of progress. J Cardiovasc Comput Tomogr. 2010;4(6):365-74.
21. Romagnoli A, Patrei A, Mancini A, Arganini C, Vanni S, Sperandio M, et al. Diagnostic accuracy of 64-slice CT in evaluating coronary artery bypass grafts and of the native coronary arteries. Radiol Med. 2010;115(8):1167-78
22. Sara L, Szarf G, Tachibana A, Shiozaki AA, Villa AV, de Oliveira AC, et al; II Diretriz de Ressonância Magnética e Tomografia Computadorizada Cardiovascular da Sociedade Brasileira de Cardiologia e do Colégio Brasileiro de Radiologia. Arq Bras Cardiol. 2014;103(6 Suppl 3):1-86.
23. Schmermund A, Mohlenkamp S, Berenbein S, Pump H, Moebus S, Roggenbuck U, et al. Population-based assessment of subclinical coronary atherosclerosis using electron-beam computed tomography. Atherosclerosis. 2006;185(1):177-82.
24. Stein PD, Yaekoub AY, Matta F, Sostman HD. 64-slice CT for diagnosis of coronary artery disease: a systematic review. Am J Med. 2008;121(8):715-25.

13 Escore de cálcio e a estratificação de risco na doença arterial coronariana

Marcelo Souto Nacif
José R. Parga

INTRODUÇÃO

As doenças cardiovasculares (DCV) permanecem como a principal causa de mortalidade no Brasil e no mundo, sendo responsáveis por mais de 30% do total de mortes, e a doença arterial coronariana (DAC) está relacionada com aproximadamente um terço do total desses casos.[1]

Dados da Organização Mundial da Saúde (OMS) demonstram que as DCV são responsáveis por aproximadamente 17,3 milhões de mortes por ano, sendo 7,3 milhões secundárias à DAC.[2]

Segundo estatísticas da American Heart Association (AHA), a cada 40 segundos, uma pessoa nos Estados Unidos (EUA) sofre um infarto agudo do miocárdio (IAM), totalizando cerca de 790 mil casos ao ano. Somente neste país é estimado que aproximadamente 15 milhões de pessoas sofram com algum tipo de distúrbio coronariano, e dados de 2013 apontam que as internações e procedimentos direta ou indiretamente relacionados à DCV resultaram em gastos superiores a 98 bilhões de dólares.[3]

Nas últimas décadas, foi observado que, nos países em desenvolvimento, a mortalidade por DCV foi proporcionalmente maior em comparação aos países desenvolvidos.[1] O envelhecimento da população e o aumento na prevalência dos fatores de risco cardiovasculares, como a hipertensão arterial sistêmica (HAS), o diabete melito (DM), a dislipidemia (DLP) e a história familiar de DAC (HFAM), foram alguns dos principais responsáveis pelo impacto crescente das DCV nas últimas décadas nessas regiões.[2]

No Brasil, as estatísticas apontam o mesmo sentido. As DCV continuam sendo a principal causa de mortalidade, representando cerca de 31,2% de todas as mortes no país e aproximadamente um terço destas foi secundária a distúrbios relacionados à aterosclerose coronariana.[4] Apenas em 2011, mais de 380 mil mortes foram causadas por DCV e aproximadamente 120 mil por DAC, representando a maior parcela das mortes causadas por distúrbios cardiovasculares.[5]

Deve-se ressaltar que os atuais métodos de avaliação cardiológica, como eletrocardiograma (ECG), teste de esteira (TE), ecocardiograma, cintilografia e ressonância magnética, detectam isquemia miocárdica e quando negativos não excluem a DAC. O escore de cálcio coronariano (ECC) é uma técnica simples, fácil, com baixa dose de radiação, sem contraste endovenoso e capaz de detectar cálcio nas artérias coronárias, auxiliando o cardiologista clínico na melhor estratificação do risco cardiovascular, mais bem otimizando o tratamento e evitando eventos futuros. É uma técnica amplamente discutida na literatura, com mais de 28 anos de dados seguros sobre a capacidade de quantificação de cálcio, sendo um marcador direto da carga aterosclerótica e da seleção dos pacientes com maior risco cardiovascular.[6,7]

O ECC era inicialmente realizado por aparelhos de tomografia de emissão de elétrons (EBT) e atualmente é realizado com aparelhos de tomografia computadorizada multidetectores (TCMD). No Brasil, os aparelhos de TCMD estão amplamente disponíveis e o ECC pode ser utilizado não somente nos grandes centros, mas também no interior.[8]

Quando o objetivo é realizar uma estratificação de risco cardiovascular, é sabido que os escores de risco clínico, amplamente utilizados, como o Framingham, são falhos na correta classificação dos pacientes e o ECC tem papel fundamental na reclassificação.[9]

Um consenso publicado pelo American College of Cardiology Foundation/American Heart Association combinou dados de seis grandes estudos, que incluíram 27.622 pacientes assintomáticos e calculou o risco relativo de eventos cardiovasculares maiores em pacientes com ECC positivo comparado aos pacientes que apresentavam ECC igual a zero.[10] Ficou evidente e notório que o ECC apresenta associação significativa com a ocorrência de eventos cardiovasculares maiores (morte por todas as causas, morte cardíaca e IAM não fatal) no acompanhamento de médio e longo prazos.

Neste capítulo, serão abordados os dados mais modernos sobre a técnica, ressaltando o papel na estratificação de risco e mostrando a possibilidade de usar as mesmas informações por meio da tomografia computadorizada do tórax não sincronizada ao eletrocardiograma (ECG).

INTERPRETAÇÃO, MÉTODOS, TÉCNICAS E ESCORES

Existem diversos tipos de aparelhos multidetectores e isto deve ser levado em consideração pelos que realizam o método. Com o desenvolvimento da TC, fileiras de detectores foram acrescentadas aos aparelhos, originando os equipamentos com 4, 8, 16, 32, 64, 126, 252 e os atuais 320 canais ou mais. Os aparelhos podem ser classificados em três grupos em função do desenvolvimento tecnológico: *low-range*, *mid-range* e *high-range*. *Low-range* são os tomógrafos de 4 cortes ou menos; *mid-range*, os tomógrafos de 16 cortes; e os *high-range*, os tomógrafos de 64 cortes ou mais, além dos aparelhos espectrais e com dupla energia.[11]

O ECC geralmente é classificado e interpretado de duas formas: utilizando-se pontos de corte fixos ou pontos de corte ajustados para a idade, o sexo e, mais recentemente, a etnia do paciente. Os valores limites mais aceitos nos dois tipos de classificação estão descritos na Tabela 1.

Tabela 1 Classificação dos valores de escore de cálcio de acordo com o grau de acometimento aterosclertótico. Modificado de Azevedo CF, et al.[12] e de II Diretriz Brasileira de Ressonância e Tomografia Cardiovascular[11]

Valores	Classificação	Percentil para gênero, faixa etária e etnia	Interpretação clínica
Zero	Ausência de calcificação	n/a	Risco de eventos coronarianos futuros muito baixo
0-10	Mínimo	< 75%	Risco de eventos coronarianos futuros baixo
11-100	Leve	< 75%	Risco de eventos coronarianos futuros baixo
101-400	Moderado	> 75%	Maior risco de eventos coronarianos futuros (fator agravante). Considerar reclassificação de risco cardiovascular para indivíduo de alto risco
401-1.000	Grave	> 75%	Alto risco. Maior probabilidade de isquemia miocárdica
> 1.000	Muito grave	> 75%	Alto risco. Maior probabilidade de isquemia miocárdica

No entanto, sabemos que é possível quantificar o ECC por uma TC de tórax simples, utilizada para investigação de qualquer doença pulmonar, por exemplo. Isto pode ser utilizado para estimar o risco de eventos cardiovasculares no futuro e auxiliar na detecção de doença arterial coronariana. Esse fato mostra-se deveras importante principalmente nos serviços públicos brasileiros, nos quais a quantidade de exames de TC de tórax é muito maior do que os de coração, seja por limitações técnicas ou tecnológicas. Tal fato poderá levar informações sobre o diagnóstico de DAC e do risco cardiovascular para quem não tem acesso aos exames específicos de coração. Desta forma, medidas preventivas para redução do risco de eventos cardiovasculares e tratamento de DAC poderão ser objetivamente empregadas.[13,14]

Técnica sincronizada ao eletrocardiograma

A determinação do ECC baseia-se na aquisição não contrastada de uma série de cortes axiais com 3 mm de espessura cobrindo toda a extensão do coração e envolvendo a aorta, os óstios coronarianos até o fim do coração, ao passar pelo diafragma. Então é uma aquisição sempre realizada no sentido craniocaudal.[9,15]

As imagens são adquiridas de forma sincronizada ao sinal do ECG e, apesar de poder ser realizado tanto pela técnica retrospectiva quanto pela prospectiva, esta última é a amplamente realizada pela redução da dose de radiação. Na prática, a sincronização é realizada em um momento predeterminado do intervalo R-R, geralmente no meio/fim da diástole e a dose efetiva de radiação é muito baixa, tipicamente de 0,9 a 1,1 mSv.[8,9,15] Dessa forma, a Society of Cardiovascular Computed Tomography (SCCT) recomenda que a maior dose de radiação efetiva seja sempre inferior a 1,5 mSv.[9] Com isso, a dose de radiação não tem sido um problema clinicamente importante na utilização do ECC.

Técnica não sincronizada ao eletrocardiograma

Por outro lado, com os avanços dos aparelhos de TCMD, ficou simples realizar estudos com cortes mais finos e em alguns casos sem a sincronizar com o ECG. Esses dados são importantes, pois diversos pacientes realizam TC de tórax para estudo de doença no parênquima pulmonar e podem ter uma avaliação direta da presença de cálcio nas coronárias, com alta reprodutibilidade quando comparada à técnica acoplada ao ECG.[16] Por isso acredita-se que essas informações não possam ser negligenciadas em estudos do tórax.

A SCCT em 2016 publicou um guia direcionando o uso desta técnica e demonstrando a equivalência na estratificação de risco cardiovascular.[16] Eles reforçam que a estratificação de risco classicamente, para assintomáticos, foca no estudo de pacientes com risco intermediário ou indivíduos com diabete. Já os pacientes com risco muito baixo ou os que possuem risco muito alto nunca são candidatos para a realização de ECC.

O importante é que neste grupo o ECC modifica e reclassifica o risco destes indivíduos em 12 a 16% dos casos quando previamente classificados como baixo risco, em 56% quando previamente classificados como intermediário e em 34% quando clinicamente alto risco cardiovascular. Por isso tornou-se importante a realização dessas descrições mesmo quando o paciente faz uma TC de tórax por outra indicação clínica (Figura 1).[16]

A detecção do cálcio

Mesmo tendo diversas formas de se buscar a detecção do cálcio pela TCMD, o método mais aceito e amplamente realizado é o proposto por Agatston.[7,9,15,16]

A calcificação é definida como uma lesão hiperatenuante com densidade acima de 130 Unidades de Hounsfield (UH) e área ≥ 3 pixels adjacentes (pelo menos 1 mm^2). Pode ser calculada a partir da soma ponderada das densidades acima de 130 UH (escore de Agatston) ou por métodos que determinem o volume ou a massa do cálcio.[8] Ainda que esses escores apresentem melhor reprodutibilidade, os grandes bancos de dados populacionais que descrevem a distribuição da calcificação coronariana de acordo com a faixa etária, etnia e gênero são baseados no escore de Agatston e, portanto, este é o mais utilizado na prática clínica.[8,15]

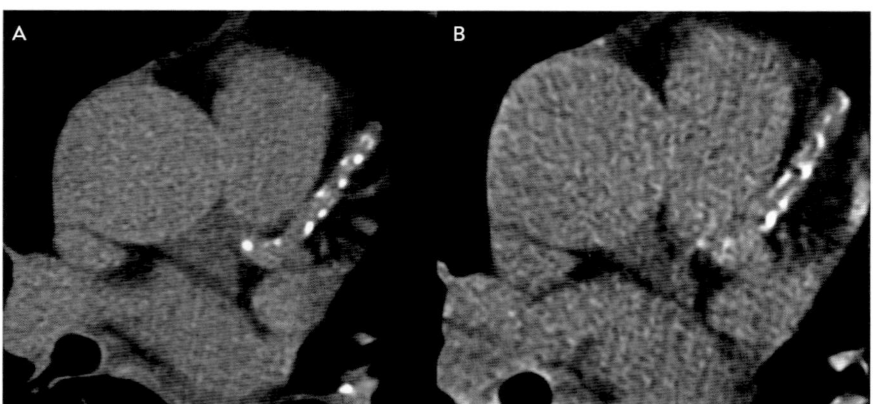

Figura 1 Escore de cálcio coronariano, mesmo paciente. (A) técnica sincronizada, prospectiva, ao eletrocardiograma (ECG); (B) técnica não sincronizada ao ECG.

Método de Agatston

Utiliza a soma ponderada das lesões com densidade acima de 130 UH, multiplicando a área do cálcio por um fator relacionado à atenuação máxima da placa: fator 1 – se atenuação máxima < 200 UH; fator 2 – se atenuação máxima entre 200 e 300 UH; fator 3 – se atenuação máxima entre 300 e 400 UH; fator 4 – se atenuação máxima ≥ 400 UH. Dessa forma, a espessura de corte e o intervalo devem seguir os protocolos originais para reduzir a variação do ruído e, consequentemente, da atenuação máxima das placas, permitindo reproduzir os escores originais já publicados.[15]

Escore de volume

Tem se mostrado um método mais robusto e reprodutível. É calculado multiplicando-se o número de voxels com calcificação pelo volume de cada voxel, incluindo todos os voxels com atenuação > 130 UH. Entretanto, esse método é particularmente sensível ao volume parcial (principalmente em placas com alta atenuação) e sujeito à variabilidade entre diferentes exames, dependendo da posição da placa no corte axial adquirido.[15]

Escore de massa relativo

É calculado multiplicando-se a atenuação média da placa calcificada pelo volume da placa em cada imagem, reduzindo a variação causada pelo volume parcial. O escore de massa absoluto utiliza um fator de correção baseado na atenuação da água.[15]

VALOR PROGNÓSTICO

Além de ter a capacidade de diagnosticar DAC, o papel mais importante do ECC é o valor prognóstico, isto é, qual o risco de este paciente apresentar um evento cardiovascular nos próximos 5, 10 ou 20 anos ou mesmo até o fim da vida.

O valor prognóstico foi bem validado em inúmeros estudos, tais como Dallas Heart,[17] Rotterdam,[18] St Francis,[19] Multi-Ethnic Study of Atherosclerose (MESA)[13] e o Heinz-Nixford Recall,[20] que também reforçam o valor prognóstico para morte, infarto miocárdico não fatal e revascularizações futuras.[19,21-25]

Nos pacientes assintomáticos, os escores de risco cardiovascular definem os que devem receber estatinas ou ácido acetilsalicílico (AAS) na prevenção primária de eventos cardiovasculares. Já na última atualização da Diretriz Brasileira de Dislipidemias e Prevenção da Aterosclerose em 2017,[26] a detecção de placas ateroscleróticas pela TCMD é uma importante ferramenta para reclassificação do paciente com associação de medicamentos ou elevação da dose de estatina.

O estudo multiétnico de aterosclerose (MESA) merece destaque entre os estudos de coorte realizados com o ECC. Em uma publicação inicial, demonstrou que a qualquer calcificação coronariana está associada ao pior prognóstico para eventos coronarianos e eventos cardiovasculares, mesmo após extenso ajuste para fatores de risco cardiovasculares.[27]

Além disso, maiores valores de escore de cálcio estiveram associados a pior prognóstico (Figura 2). Após ajuste para fatores de risco, um escore de cálcio entre 1 e 100 esteve associado ao aumento de aproximadamente quatro vezes no risco de eventos coronarianos e cardiovasculares, enquanto com escores de cálcio acima de 100 o risco foi aproximadamente sete vezes maior que o de pacientes com ECC zero. Este estudo também demonstrou que o valor prognóstico do ECC persiste robusto em todos os quatro grupos étnicos avaliados: negros, caucasianos, hispânicos e orientais.[27]

Quando comparado com outros marcadores de aterosclerose subclínica e de risco cardiovascular no estudo MESA, o ECC foi o exame com a maior ca-

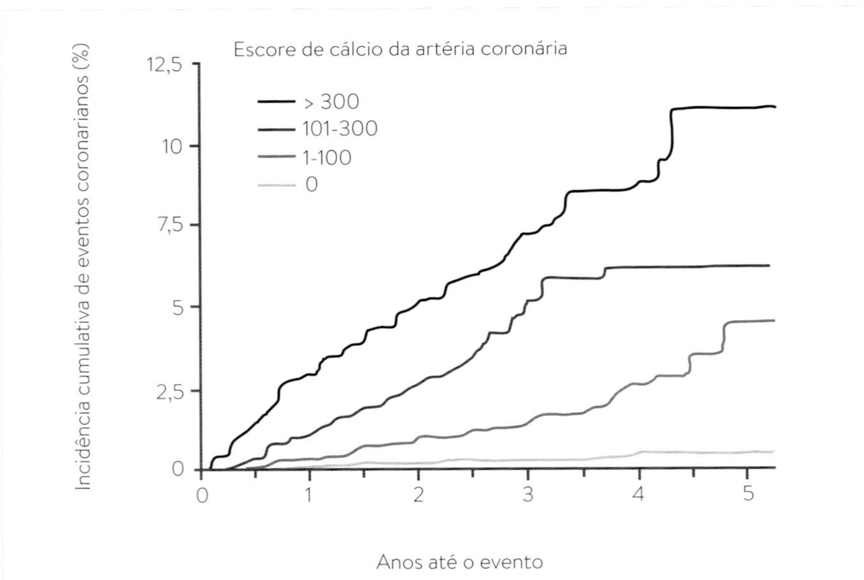

Figura 2 Risco de eventos cardiovasculares de acordo com o escore de cálcio no estudo MESA. Adaptado de Detrano et al.[28]

pacidade de distinguir entre indivíduos que apresentaram e não apresentaram eventos durante o seguimento clínico. Quando analisados somente os indivíduos de risco intermediário, em que o ECC tem maior probabilidade de resultar em mudança terapêutica clinicamente importante para os pacientes, foi superior a espessura íntima média de carótidas, a proteína C reativa, ao índice tornozelo-braquial e até mesmo a HFAM.[27]

Em análises posteriores, o importante valor prognóstico do ECC também foi demonstrado em subgrupos de interesse particular, como em mulheres de baixo risco cardiovascular e em indivíduos com nenhum ou poucos fatores de risco. Mesmo em indivíduos com DM, que habitualmente são considerados de alto risco cardiovascular, a ausência de calcificações coronarianas está associada ao excelente prognóstico.[27]

Uma das grandes dúvidas no uso rotineiro do ECC para avaliação de risco é o prazo para repetição dos exames. Enquanto para pacientes com ECC positivo, em que doses altas de estatina estão recomendadas, não há necessidade de repetição rotineira do exame, a dúvida sobre a validade do bom prognóstico associado à ausência de calcificações ainda não é clara. O principal motivo é que a maior parte dos estudos com ECC ainda tem menos de 15 anos de duração. No entanto, estudos utilizando mortalidade geral como desfecho sugerem que em indivíduos com ECC zero a incidência de eventos cardiovasculares permanece baixa por ao menos 5 anos. No entanto, para indivíduos de médio e baixo riscos cardiovasculares, que são a população em que o ECC é utilizado habitualmente, o bom prognóstico associado ao escore zero parece ter validade por até 15 anos.[27,29]

Finalmente, existe também dúvidas sobre o uso do ECC para populações jovens, já que a prevalência de cálcio nesses indivíduos é baixa, e o risco cardiovascular em geral também não é alto. Apesar de a indicação de realização de ECC nessa população não ser clara, um estudo recente demonstrou que para pacientes jovens qualquer calcificação coronariana, mesmo com valores baixos de ECC, está associada ao aumento de risco cardiovascular.[30]

ESCORE DE CÁLCIO AUXILIANDO MUDANÇAS TERAPÊUTICAS E MANEJO DE MEDICAMENTOS NA PREVENÇÃO PRIMÁRIA

Apesar do avanço significativo da terapia preventiva com hipolipemiantes e antiagregantes plaquetários na prevenção primária, duas principais limitações são apontadas como entraves para a forma de aplicação com que ela é feita hoje. A primeira relaciona-se ao custo dos medicamentos, já que, mesmo com a redução significativa do valor de tratamento das estatinas, o impacto ainda é bastante relevante para o sistema de saúde público ou privado.[31] Isso implica necessidade de melhor racionalização, focando gastos e recursos para quem realmente mais se beneficia com contrapartida deliberação destes valores em pacientes cujo benefício será muito limitado, como pacientes de risco cardiovascular muito baixo. A segunda limitação refere-se ao fato de que, apesar de os estudos considerarem que a não utilidade desses medicamentos é próxima de zero, estudos dirigidos demonstram que o impacto do uso diário de medicamentos para o paciente é extremamente relevante, não apenas no quesito financeiro, mas também na qualidade de vida e na decisão de seguir ou não o regime prescrito. Fontana et al. demonstraram que os pacientes acreditam que é necessário aumento de ao menos 6 meses de vida com qualidade para justificar o uso diário de medicamentos na condição em que estão assintomáticos.[27,32]

Entretanto, utilizando apenas as diretrizes clínicas da AHA/ACC, observa-se que o aumento de expectativa de vida é demonstrado em menos de 50% dos pacientes e que apenas um terço aceitaria tomar o medicamento mesmo que o benefício fosse muito curto, como menos 1 mês de sobrevida adicional. Dessa forma, ter de maneira mais precisa qual o real benefício das intervenções de prevenção primária para poder demonstrar ao paciente numa discussão com decisão compartilhada certamente aumentará o risco-benefício da terapia preventiva.[27]

As duas limitações principais expostas estão fundamentalmente baseadas nas barreiras impostas pelas diretrizes clínicas atuais que, mesmo nas atualizações mais recentes, superestimam o risco de pacientes assintomáticos em comparação com registros reais distintos.[33] Deve-se lembrar que o ECC mostrou ser o único entre seis diferentes marcadores adicionais aos escores clínicos a reclassificar de forma significativa o risco real desses pacientes (Figura 3), permitindo, portanto, uma melhor escolha terapêutica para essa população.[27,34]

Entretanto, estudos prospectivos e randomizados que testaram esta hipótese para o ECC como balizador de mudança terapêutica com desfechos em eventos ainda não foram concluídos, sobretudo por envolver grande número de pacientes e elevado custo para demonstrar benefícios nessa população, relativamente saudável.[35] Embora também não se encontre um estudo com este desenho que tenha pesquisado se o ECC teria algum impacto em desfechos *versus* tratamentos baseados em estratificações diversas, assume-se que seja a forma mais tradicional para seguimento desses doentes com base em estudos clínicos com foco na terapia de estatinas, sendo o grau dessa recomendação classificada como B e, em alguns casos, C pela última diretriz da United States Preventive Services Task Force.[36] Os três estudos com ECC que randomizaram pacientes para triagem de risco terapêutico com o método *versus* a seleção apenas baseada nas diretrizes clínicas estão resumidos na Tabela 2.

Tabela 2 Estudos randomizados com escore de cálcio *versus* seguimento tradicional (adaptado de Rozanski et al.[37])

Estudo, ano de publicação	Randomização	Número total de pacientes	Intervenção	Duração (anos)	Desfecho primário	Resultados	Limitação principal
St Francis, 2005[38]	Estatina *vs.* Tratamento usual para pacientes > percentil 80 ECC	1.005	Atorvastatina 20 mg *vs.* placebo	4,3	Morte, IAM, AVC, cirurgia revascularização periférica e cardíaca	33% redução de desfechos, p = 0,08	(1) randomização baseada em percentil, risco absoluto baixo inicial; (2) subestudo com ECC > 400 pouco poder baixo para desfechos
PACC Trial, 2003[39]	ECC *vs.* não ECC com acompanhamento intensivo vs. convencional	450	Acompanhamento intensivo *vs.* convencional de pacientes com ou sem conhecimento do ECC	1	Mudança no escore de Framingham de 10 anos	-0,06 vs. +0.74 (p = 0,003) no grupo com acompanhamento intensivo, não influenciado pelo conhecimento do ECC	(1) baixa idade dos participantes com 42 anos; (2) 85% com ECC zero
Eisner,2011[40]	ECC *vs.* não ECC	2.137	Aconselhamento mais intenso após a randomização (uma única vez)	4	Mudanças em fatores de risco e escore de Framingham de 10 anos	Fatores de risco e escore de Framingham mais baixos com ECC (p = 0,003)	(1) apenas uma intervenção no início; (2) ECC não disponível para médico do paciente

IAM: infarto agudo do miocárdio; AVC: acidente vascular cerebral.

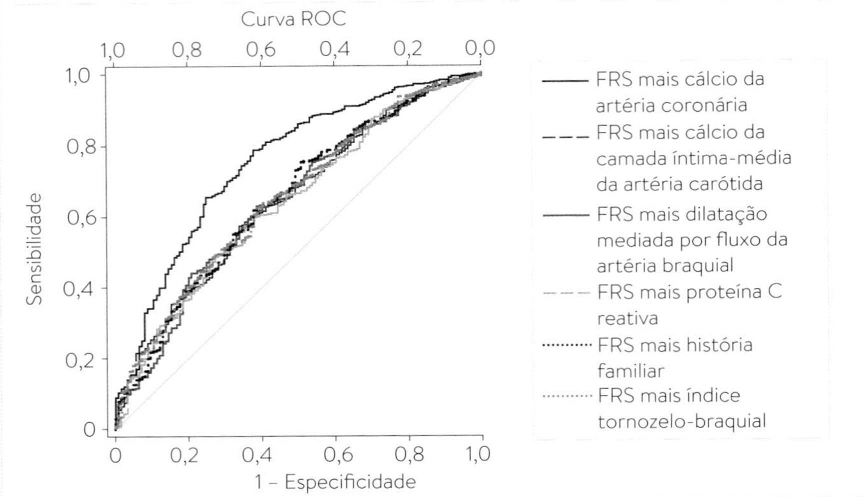

Figura 3 Curva ROC (*receiver operating characteristic*) demonstrando as áreas sob a curva para incidência de desfechos cardiovasculares de diversos modelos preditores para pacientes com risco intermediário do estudo MESA. Em azul claro, a linha do escore de Framingham isolado (FRS), sendo a linha preta superior a do FRS com a adição do escore de cálcio, demonstrando o incremento de valor prognóstico em comparação não somente ao FRS isolado, mas também aos demais métodos complementares. Adaptado de Yeboah et al.[34]

A partir do resultado dos estudos anteriores e do grande número de trabalhos observacionais que demonstraram a capacidade do escore de cálcio em reestratificar indivíduos assintomáticos acima dos escores clínicos, já existem recomendações atuais que orientam o uso do método para guiar a terapêutica preventiva. Essas recomendações estão baseadas em consensos de especialistas e não em trabalhos randomizados controlados, mas tentam sugerir a utilização clínica com maior evidência disponível até o momento. Uma dessas propostas de aplicação clínica do ECC foi elaborada pela SCCT recentemente.[9]

Ela está sumarizada na Figura 4 e está predominantemente indicada para indivíduos que iniciarão o uso de estatinas e serão guiadas pelo ECC inicial após o cálculo do risco clínico. Recentemente vem se discutindo a possibilidade de se realizar um estudo multicêntrico no país para se testar de forma controlada um protocolo de intervenção utilizando o ECC como balizador de decisão.

Nesse caso, o algoritmo proposto seria um pouco distinto do sugerido pelo SCCT e também buscaria fornecer elementos que permitissem ao paciente já em uso de terapia preventiva, mas que tem muito baixo risco (< 7,5% em 10 anos) com ECC zero, interromper esta terapia. O protocolo proposto a ser testado está demonstrado na Figura 5.

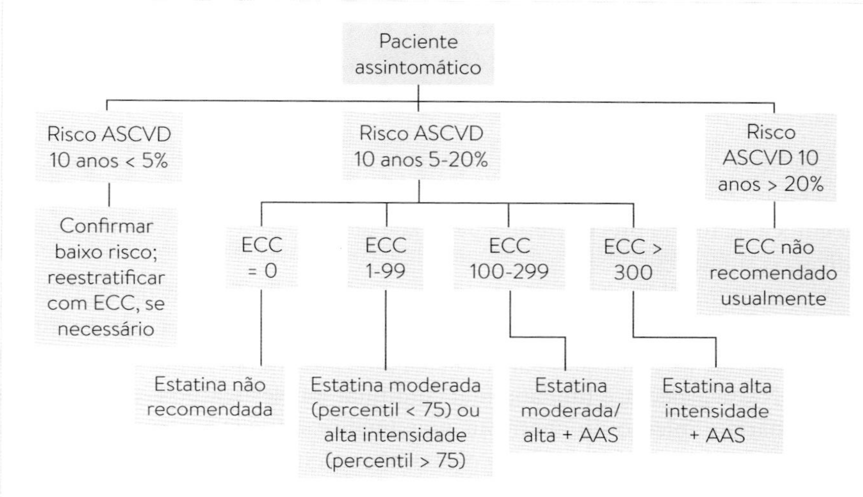

Figura 4 Fluxograma de tratamento preventivo para pacientes assintomáticos recomendado pela SCCT.[9]

AAS: ácido acetilsalicílico; ASCVD: doença aterosclerótica cardiovascular; ECC: escore de cálcio coronariano; SCCT: Society of Cardiovascular Computed Tomography.

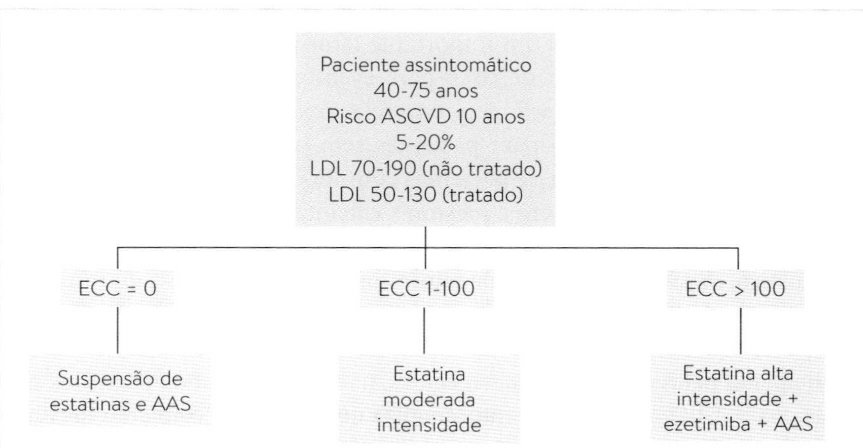

Figura 5 Protocolo de tratamento a ser testado em estudo multicêntrico controlado com guia terapêutico pelo resultado do ECC *versus* estratificação de risco tradicional.[27]

AAS: ácido acetilsalicílico; ASCVD: doença aterosclerótica cardiovascular; ECC: escore de cálcio coronariano; LDL: lipoproteína de baixa densidade.

ESCORE DE CÁLCIO AUXILIANDO TESTES FUNCIONAIS E INTERPRETAÇÃO (RESSONÂNCIA MAGNÉTICA, CINTILOGRAFIA E TESTE DE ESTEIRA)

O grande desafio dos testes funcionais é reduzir o número de falsos-negativos e falsos-positivos. Como o ECC é capaz de identificar o paciente com DAC subclínica de forma precisa, tem capacidade de auxiliar os métodos funcionais e diversas situações.

No entanto, alguns cenários se sobressaem, como no caso do ECC zero. A ausência de cálcio nas artérias coronárias não significa necessariamente a inexistência de aterosclerose coronariana, pois podem haver placas não calcificadas. Nesse aspecto, é fundamental continuar a investigação com angio-TC de coronária e injeção do contraste, pois melhor estudar a parede do vaso e possíveis alterações relacionadas a placas não calcificadas. Porém, o ECC zero se correlaciona com, no mínimo, baixa carga aterosclerótica.[41] A ausência de calcificação coronariana reflete pequena probabilidade de DAC obstrutiva em pacientes com risco baixo a intermediário, mesmo na presença de sintomas e indica bom prognóstico.[42] A ausência de cálcio nas coronárias determina risco anual de eventos muito reduzido, demonstrando o poder prognóstico.[41] Em razão dessas características, o ECC zero em pacientes assintomáticos com risco baixo a intermediário é capaz de reclassificá-los a um patamar de risco menor.[43]

Por outro lado, a calcificação extensa com ECC maior que 400 ou percentil acima de 75% se mostrou um importante fator preditor de risco.[44] O ECC grave é um indicador maior de risco para eventos cardiovasculares como o IAM e a morte súbita cardíaca, pois está relacionado à maior frequência de lesões significativas, mesmo para pacientes sem outros indicativos de DAC obstrutiva.[45] O risco relativo de pacientes com ECC elevado é muito superior aos de pacientes com ECC zero e mesmo a calcificação mínima (entre 0 e 10) já confere um risco maior. A presença de um ECC aumentado confere pior prognóstico, mesmo na presença de fatores protetores, como estudo funcional normal (Figuras 6 e 7).[46,47]

Apesar de a utilização do ECC nos pacientes assintomáticos ser considerada adequada pelas diretrizes mais recentes, não ocorre para os pacientes sintomáticos.[49] A literatura, no entanto, sinaliza que pacientes com sintomas não agudos, o ECC zero indica baixa probabilidade de alterações perfusionais em exames funcionais, tornando possível a utilização do ECC para pacientes sintomáticos selecionados.[50]

A realização do ECC precocemente na estratégia de investigação da DAC demonstra vantagens, podendo reduzir a probabilidade de DAC obstrutiva

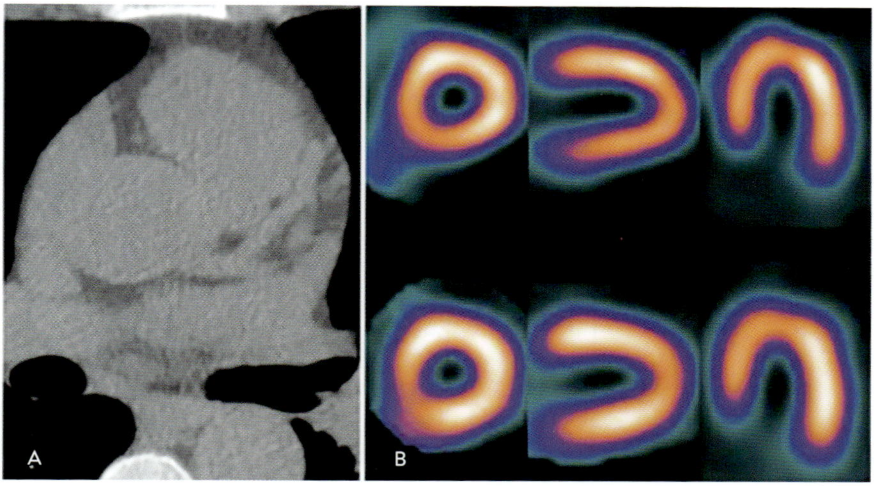

Figura 6 Caso ilustrativo 1: paciente com ECC zero e CPM normal. Modificado de Siqueira et al.[48]

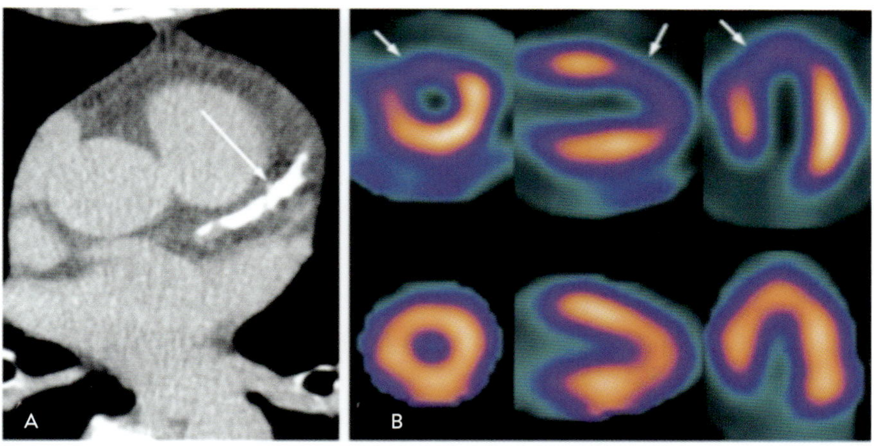

Figura 7 Caso ilustrativo 2: paciente com ECC de 761,8 no território da ADA (ECC total 1.929) e CPM com defeito perfusional no território da ADA. Modificado de Siqueira et al.[48]

quando zero, assim como aumentar a probabilidade de DAC obstrutiva quando a calcificação coronariana for grave, aumentando a possibilidade de doença isquêmica (Figura 8). Assim, mesmo quando for necessário prosseguir com a investigação, o ECC ainda demonstra a capacidade de fornecer dados diagnósticos e prognósticos para os pacientes avaliados.[48]

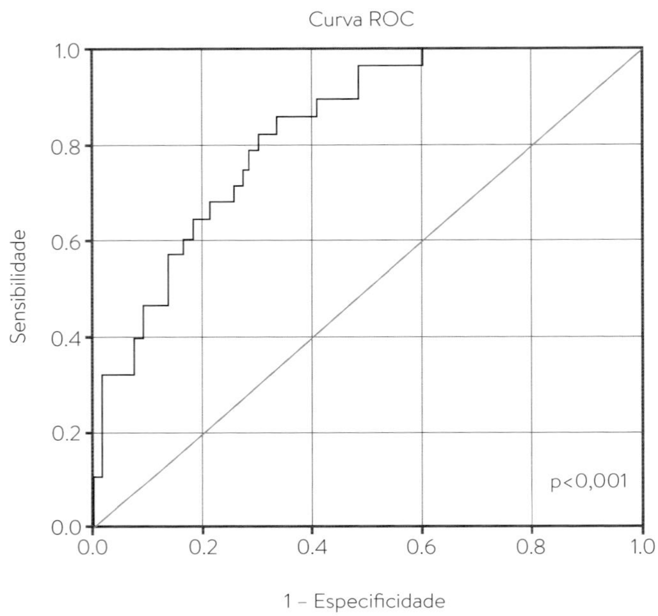

Figura 8 Curva ROC do desempenho diagnóstico do ECC na detecção de isquemia miocárdica. Análise por paciente (n = 94). (AUC, 0,83; IC 95%, 0,74-0,91; $p < 0,001$). Modificado de Siqueira.[49]

ESCORE DE CÁLCIO AUXILIANDO A ADESÃO DE PACIENTES AO TRATAMENTO MEDICAMENTOSO

O ECC pode ser utilizado pelo cardiologista clínico como estímulo para o aumento da adesão à terapia preventiva. Estudos sugerem que a utilização do ECC resulta em maior adesão terapêutica pela demonstração visual da doença para o paciente.[27]

O tratamento da DAC subclínica traz sempre o desafio do convencimento da existência de doença assintomática e da adesão ao tratamento no longo prazo. A consequência do uso de medicamentos que possam trazer algum efeito colateral cujos benefícios se refletirão de maneira indireta e tão somente no longo prazo muitas vezes faz do tratamento clínico a grande dificuldade na aplicabilidade.[27]

Recentemente, uma metanálise identificou que em 90% dos estudos de adesão com ECC (3 estudos randomizados e 12 observacionais), o método melhorou a adesão ao uso de estatinas e AAS em comparação com o seguimento tradicional.[50]

Considerando que menos de um terço dos pacientes consegue atingir as metas preconizadas para níveis de colesterol mesmo em estudos controlados de longo prazo,[51] o ECC com a finalidade de aumento de adesão pode ser recomendado em situações específicas.

CONCLUSÕES

O ECC, além da capacidade diagnóstica de DAC com placas de ateroma calcificadas, tem importante papel prognóstico, com excelente capacidade de reclassificação do paciente, auxiliando a identificação dos mais graves e com risco de isquemia miocárdica clinicamente significativa. Por ser um método de baixa dose de radiação, acredita-se que o paciente assintomáticos e a comparação evolutiva dos resultados poderão auxiliar no convencimento para adesão ao tratamento no longo prazo. Por outro lado, um ECC negativo pode contribuir com redução da necessidade de terapia primária e menor probabilidade de lesão isquêmica em testes funcionais. Já existem dados suficientes que dão suporte científico para utilização do método no dia a dia.

AGRADECIMENTOS

Aos amigos e Drs. Juliano de Lara Fernandes e Marcio Sommer Bittencourt que auxiliaram de forma ímpar na realização deste texto após a publicação do artigo na revista da SOCESP.[27]

Aos alunos de pós-graduação Drs. Vitor Frauches Souza (UFF), Fábio Paiva Rossini de Siqueira (UFF) e Gustavo Lemos Pelandré (UFRJ), que estão estudando as diversas formas de utilização do ECC.

REFERÊNCIAS BIBLIOGRÁFICAS

1. Butler D. UN targets top killers. Nature. 2011;477(7364):260-1.
2. Finegold JA, Asaria P, Francis DP. Mortality from ischaemic heart disease by country, region, and age: statistics from World Health Organisation and United Nations. Int J Cardiol. 2013;168(2):934-45.
3. Benjamin EJ, Blaha MJ, Chiuve SE, Cushman M, Das SR, Deo R, et al.; American Heart Association Statistics C and Stroke Statistics S. Heart Disease and Stroke Statistics-2017 Update: A Report From the American Heart Association. Circulation. 2017;135(10):e146-e603.
4. Brant LCC, Nascimento BR, Passos VMA, Duncan BB, Bensenor IJM, Malta DC, et al. Variations and particularities in cardiovascular disease mortality in Brazil and Brazilian states in 1990 and 2015: estimates from the Global Burden of Disease. Rev Bras Epidemiol. 2017;20(Suppl 01):116-28.

5. Ribeiro AL, Duncan BB, Brant LC, Lotufo PA, Mill JG, Barreto SM. Cardiovascular Health in Brazil: Trends and Perspectives. Circulation. 2016;133(4):422-33.
6. Schmermund A, Baumgart D, Gorge G, Seibel R, Gronemeyer D, Erbel R. Non-invasive visualization of coronary arteries with and without calcification by electron beam computed tomography. Herz. 1996;21(2):118-26.
7. Agatston AS, Janowitz WR, Hildner FJ, Zusmer NR, Viamonte M, Jr., Detrano R. Quantification of coronary artery calcium using ultrafast computed tomography. J Am Coll Cardiol. 1990;15(4):827-32.
8. Miname MH, Santos RD, Gottlieb I. Uso do escore de cálcio coronariano na avaliação do risco de doença arterial coronariana. In: Fernandes JL, Rochitte CE, Nomura CH, Azevedo Filho CF, Pinto IMF, Nacif MS, et al., editors. Ressonância e Tomografia Cardiovascular. Barueri: Manole; 2013.
9. Hecht H, Blaha MJ, Berman DS, Nasir K, Budoff M, Leipsic J, et al. Clinical indications for coronary artery calcium scoring in asymptomatic patients: Expert consensus statement from the Society of Cardiovascular Computed Tomography. J Cardiovasc Comput Tomogr. 2017;11(2):157-68.
10. Greenland P, Bonow RO, Brundage BH, Budoff MJ, Eisenberg MJ, Grundy SM, et al., American College of Cardiology Foundation Clinical Expert Consensus Task F, Society of Atherosclerosis I, Prevention and Society of Cardiovascular Computed T. ACCF/AHA 2007 clinical expert consensus document on coronary artery calcium scoring by computed tomography in global cardiovascular risk assessment and in evaluation of patients with chest pain: a report of the American College of Cardiology Foundation Clinical Expert Consensus Task Force (ACCF/AHA Writing Committee to Update the 2000 Expert Consensus Document on Electron Beam Computed Tomography). Circulation. 2007;115(3):402-26.
11. Sara L, Szarf G, Tachibana A, Shiozaki AA, Villa AV, de Oliveira AC, et al.; Sociedade Brasileira de C and Colegio Brasileiro de R. II Guidelines on Cardiovascular Magnetic Resonance and Computed Tomography of the Brazilian Society of Cardiology and the Brazilian College of Radiology. Arq Bras Cardiol. 2014;103(6 Suppl 3):1-86.
12. Azevedo CF, Rochitte CE, Lima JA. Coronary artery calcium score and coronary computed tomographic angiography for cardiovascular risk stratification. Arq Bras Cardiol. 2012;98(6):559-68.
13. Detrano R, Guerci AD, Carr JJ, Bild DE, Burke G, Folsom AR, et al. Coronary calcium as a predictor of coronary events in four racial or ethnic groups. N Engl J Med. 2008;358(13):1336-45.
14. Bellasi A, Lacey C, Taylor AJ, Raggi P, Wilson PWF, Budoff MJ, et al. Comparison of prognostic usefulness of coronary artery calcium in men versus women (results from a meta-and pooled analysis estimating all-cause mortality and coronary heart disease death or myocardial infarction). Am J Cardiol. 2007;100(3):409-14.
15. Neves PO, Andrade J, Moncao H. Coronary artery calcium score: current status. Radiol Bras. 2017;50(3):182-9.
16. Hecht HS, Cronin P, Blaha MJ, Budoff MJ, Kazerooni EA, Narula J, et al. 2016 SCCT/STR guidelines for coronary artery calcium scoring of noncontrast noncardiac chest CT scans: A report of the Society of Cardiovascular Computed Tomography and Society of Thoracic Radiology. J Cardiovasc Comput Tomogr. 2017;11(1):74-84.
17. Paixao AR, Berry JD, Neeland IJ, Ayers CR, Rohatgi A, de Lemos JA, Khera A. Coronary artery calcification and family history of myocardial infarction in the Dallas heart study. JACC Cardiovasc Imaging. 2014;7(7):679-86.
18. Elias-Smale SE, Wieberdink RG, Odink AE, Hofman A, Hunink MG, Koudstaal PJ, et al. Burden of atherosclerosis improves the prediction of coronary heart disease but not cerebrovascular events: the Rotterdam Study. Eur Heart J. 2011;32(16):2050-8.
19. Arad Y, Goodman KJ, Roth M, Newstein D, Guerci AD. Coronary calcification, coronary disease risk factors, C-reactive protein, and atherosclerotic cardiovascular disease events: the St. Francis Heart Study. J Am Coll Cardiol. 2005;46(1):158-65.
20. Erbel R, Möhlenkamp S, Moebus S, Schmermund A, Lehmann N, Stang A, et al.; Group HNRSI. Coronary risk stratification, discrimination, and reclassification improvement based on quantifi-

cation of subclinical coronary atherosclerosis: the Heinz Nixdorf Recall study. J Am Coll Cardiol. 2010;56(17):1397-406.

21. Pletcher MJ, Tice JA, Pignone M, Browner WS. Using the coronary artery calcium score to predict coronary heart disease events: a systematic review and meta-analysis. Arch Intern Med. 2004;164(12):1285-92.
22. Kondos GT. Electron-beam tomography coronary artery calcium and cardiac events: a 37-month follow-up of 5635 initially asymptomatic low- to intermediate-risk adults. Circulation. 2003;107(20):2571-6.
23. Raggi P, Shaw LJ, Berman DS, Callister TQ. Prognostic value of coronary artery calcium screening in subjects with and without diabetes. J Am Coll Cardiol. 2004;43(9):1663-9.
24. Shaw LJ, Raggi P, Schisterman E, Berman DS, Callister TQ. Prognostic value of cardiac risk factors and coronary artery calcium screening for all-cause mortality. Radiology. 2003;228(3):826-33.
25. Watts JR, Sonavane SK, Snell-Bergeon J, Nath H. Visual scoring of coronary artery calcification in lung cancer screening computed tomography: association with all-cause and cardiovascular mortality risk. Coron Artery Dis. 2015;26(2):157-62.
26. Faludi AA, Izar MCO, Saraiva JFK, Chacra APM, Bianco HT, Afiune AN, et al. Atualização da Diretriz Brasileira de Dislipidemias e Prevenção da Aterosclerose – 2017. Arq Bras Cardiol. 2017;109(2 Suppl 1):1-76.
27. Fernandes JL, Bittencourt MS. Escore de cálcio coronariano: onde e quando faz a diferença na prática clínica. Rev Soc Cardiol Estado de São Paulo. 2017;27:88-95.
28. Detrano R, Guerci AD, Carr JJ, Bild DE, Burke G, Folsom AR, et al. Coronary calcium as a predictor of coronary events in four racial or ethnic groups. N Engl J Med. 2008;358(13):1336-45.
29. Valenti V, B OH, Heo R, Cho I, Schulman-Marcus J, Gransar H, et al. A 15-Year Warranty Period for Asymptomatic Individuals Without Coronary Artery Calcium: A Prospective Follow-Up of 9,715 Individuals. JACC Cardiovasc Imaging. 2015;8(8):900-9.
30. Carr JJ, Jacobs DR, Jr., Terry JG, Shay CM, Sidney S, Liu K, et al. Association of coronary artery calcium in adults aged 32 to 46 years with incident coronary heart disease and death. JAMA Cardiol. 2017;2(4):391-399.
31. Araujo DV, Ribeiro de Souza CP, Bahia LR, Rey HC, Dos Santos Junior B, Tura BR, et al. Analysis of cost-effectiveness of simvastatin versus atorvastatin in the secondary prevention of cardiovascular events within the Brazilian public healthcare system. Value Health. 2011;14(5 Suppl 1):S29-32.
32. Fontana M, Asaria P, Moraldo M, Finegold J, Hassanally K, Manisty CH, Francis DP. Patient-accessible tool for shared decision making in cardiovascular primary prevention: balancing longevity benefits against medication disutility. Circulation. 2014;129(24):2539-46.
33. Ridker PM, Cook NR. Statins: new American guidelines for prevention of cardiovascular disease. Lancet. 2013;382(9907):1762-5.
34. Yeboah J, McClelland RL, Polonsky TS, Burke GL, Sibley CT, O'Leary D, et al. Comparison of novel risk markers for improvement in cardiovascular risk assessment in intermediate-risk individuals. JAMA. 2012;308(8):788-95.
35. Leong DP, Joseph PG, Yusuf S. Imaging asymptomatic individuals for coronary disease. JACC Cardiovasc Imaging. 2017;10(3):318-20.
36. Force USPST, Bibbins-Domingo K, Grossman DC, Curry SJ, Davidson KW, Epling JW, Jr., et al. Statin use for the primary prevention of cardiovascular disease in adults: US Preventive Services Task Force Recommendation Statement. JAMA. 2016;316(19):1997-2007.
37. Rozanski A, Muhlestein JB, Berman DS. Primary Prevention of CVD: The Role of Imaging Trials. JACC Cardiovasc Imaging. 2017;10(3):304-317.
38. Arad Y, Spadaro LA, Roth M, Newstein D, Guerci AD. Treatment of asymptomatic adults with elevated coronary calcium scores with atorvastatin, vitamin C, and vitamin E: the St. Francis Heart Study randomized clinical trial. J Am Coll Cardiol. 2005;46(1):166-72.

39. O'Malley PG, Feuerstein IM, Taylor AJ. Impact of electron beam tomography, with or without case management, on motivation, behavioral change, and cardiovascular risk profile: a randomized controlled trial. JAMA. 2003;289(17):2215-23.
40. Rozanski A, Gransar H, Shaw LJ, Kim J, Miranda-Peats L, Wong ND, et al. Impact of coronary artery calcium scanning on coronary risk factors and downstream testing the EISNER (Early Identification of Subclinical Atherosclerosis by Noninvasive Imaging Research) prospective randomized trial. J Am Coll Cardiol. 2011;57(15):1622-32.
41. Budoff MJ, McClelland RL, Nasir K, Greenland P, Kronmal RA, Kondos GT, et al. Cardiovascular events with absent or minimal coronary calcification: the Multi-Ethnic Study of Atherosclerosis (MESA). Am Heart J. 2009;158(4):554-61.
42. Budoff MJ, Shaw LJ, Liu ST, Weinstein SR, Mosler TP, Tseng PH, et al. Long-term prognosis associated with coronary calcification: observations from a registry of 25,253 patients. J Am Coll Cardiol. 2007;49(18):1860-70.
43. Blaha M, Budoff MJ, Shaw LJ, Khosa F, Rumberger JA, Berman D, et al. Absence of coronary artery calcification and all-cause mortality. JACC Cardiovasc Imaging. 2009;2(6):692-700.
44. Budoff MJ, Nasir K, McClelland RL, Detrano R, Wong N, Blumenthal RS, et al. Coronary calcium predicts events better with absolute calcium scores than age-sex-race/ethnicity percentiles: MESA (Multi-Ethnic Study of Atherosclerosis). J Am Coll Cardiol. 2009;53(4):345-52.
45. Jang JJ, Krishnaswami A, Hung YY. Predictive values of Framingham risk and coronary artery calcium scores in the detection of obstructive CAD in patients with normal SPECT. Angiology. 2012;63(4):275-81.
46. Sarwar A, Shaw LJ, Shapiro MD, Blankstein R, Hoffmann U, Cury RC, et al. Diagnostic and prognostic value of absence of coronary artery calcification. JACC Cardiovasc Imaging. 2009;2(6):675-88.
47. Rijlaarsdam-Hermsen D, Kuijpers D, van Dijkman PR. Diagnostic and prognostic value of absence of coronary artery calcification in patients with stable chest symptoms. Neth Heart J. 2011;19(5):223-8.
48. Siqueira FP, Mesquita CT, Santos AA, Nacif MS. Relationship between calcium score and myocardial scintigraphy in the diagnosis of coronary disease. Arq Bras Cardiol. 2016;107(4):365-374.
49. Siqueira FPR. [Tese] Ciências Cardiovasculares da Universidade Federal Fluminense; 2017.
50. Nasir K, Clouse M. Role of nonenhanced multidetector CT coronary artery calcium testing in asymptomatic and symptomatic individuals. Radiology. 2012;264(3):637-49.
51. Mamudu HM, Paul TK, Veeranki SP, Budoff M. The effects of coronary artery calcium screening on behavioral modification, risk perception, and medication adherence among asymptomatic adults: a systematic review. Atherosclerosis. 2014;236(2):338-50.
52. Mitchell S, Roso S, Samuel M, Pladevall-Vila M. Unmet need in the hyperlipidaemia population with high risk of cardiovascular disease: a targeted literature review of observational studies. BMC Cardiovasc Disord. 2016;16:74.
53. Goff DC, Jr., Lloyd-Jones DM, Bennett G, Coady S, D'Agostino RB, Gibbons R, et al.; American College of Cardiology/American Heart Association Task Force on Practice G. 2013 ACC/AHA guideline on the assessment of cardiovascular risk: a report of the American College of Cardiology/American Heart Association Task Force on Practice Guidelines. Circulation. 2014;129(25 Suppl 2):S49-73.

14 Diagnóstico da doença arterial coronariana obstrutiva

Gabriela Liberato
Thaís Pinheiro Lima
Carlos Eduardo Rochitte

INTRODUÇÃO

A doença arterial coronariana (DAC) é uma das principais causas de morte e incapacidade nos países desenvolvidos. Embora as taxas de mortalidade em todo o mundo tenham diminuído ao longo das últimas décadas, a doença coronariana corresponde a aproximadamente um terço de todas as mortes com indivíduos com mais de 35 anos.[1,2]

A despeito de todo o avanço tecnológico, o diagnóstico de DAC no paciente assintomático ainda é desafiador, pois precisam ser consideradas medidas preventivas apropriadas para prevenção dos fatores de risco, bem como a relação custo-efetividade ao se indicar cada método diagnóstico. O principal objetivo do *screening* (rastreio) é identificar pacientes cujo prognóstico possa ser melhorado com uma intervenção.

O conceito de *screening* para DAC deve ser muito bem distinguido do conceito de escores de risco de DAC. O *screening* identifica a doença preexistente, enquanto os escores estimam o risco, ou seja, trabalham com a probabilidade de evento futuro relacionado à doença cardiovascular ou à DAC. O conhecimento da probabilidade pré-teste de DAC associado à sensibilidade e à especificidade dos testes são necessários para determinar o valor preditivo de cada um. Sabe-se que os escores clínicos podem superestimar a probabilidade de DAC, também demonstrado em estudos anteriores utilizando angiotomografia das artérias coronárias (TCCor).[3,4] Uma das principais controvérsias em prevenção primária é se deve-se tratar todos os pacientes, tratar apenas aqueles com fatores de risco ou tratar somente os que possuem doença estabelecida.

A prevenção de eventos cardiovasculares parece ser a única estratégia efetiva para reduzir o ônus da doença cardiovascular e melhorar as taxas de morbimortalidade. A identificação de pacientes com alto risco de desenvolver eventos coronarianos agudos continua a ser um grande desafio na imagem cardiovascular.

ANGIOTOMOGRAFIA DE CORONÁRIAS

O exame

A TCCor é um método não invasivo, rápido (duração de poucos segundos) e seguro que permite a avaliação da origem e do trajeto das artérias coronárias, da luz e da parede arterial, assim como a constituição da placa aterosclerótica.

Atualmente observa-se expressiva redução da dose de radiação em consequência da melhora da tecnologia dos tomógrafos para reduzir o tempo de exame, melhor resolução temporal e técnicas de pós-processamento. Ao se comparar os métodos não invasivos que utilizam radiação ionizante, pode-se perceber como a TCCor trabalha com menor exposição à radiação quando usados os tomógrafos de última geração (256-320 detectores).[5]

O protocolo atual para a realização da TCCor em muitos serviços contempla a aquisição do escore de cálcio coronariano (tomografia de tórax sem contraste) associado à angiografia das coronárias (imagem do tórax após injeção de contraste iodado).

Para realização do exame é necessário jejum, e indicado um bom controle da frequência cardíaca no intuito de minimizar os artefatos de movimentos que reduzem a qualidade da imagem. Idealmente a frequência cardíaca deve estar < 65 batimentos por minuto (bpm) e muitas vezes é obtida por meio de medicamentos cronotrópicos negativos de curta duração (por exemplo, betabloqueadores via oral ou endovenoso). A utilização de nitrato sublingual é recomendada, pois atua como vasodilatador coronariano, melhorando a avaliação da luz do vaso.

As limitações para uma boa qualidade das imagens e acurácia são: grande quantidade de calcificação coronariana (EC > 400), frequência cardíaca elevada e/ou presença de arritmias, apneia inadequada durante o exame, obesidade acentuada e artérias de fino calibre. Os dois últimos itens se devem ao fato de que, apesar de a tomografia ser o método não invasivo disponível com melhor resolução espacial, esta ainda é bem próxima – mesmo que inferior – à do cateterismo: cineangiocoronariografia (CATE) ~ 0,2 mm; TCCor ~ 0,3 a 0,5 mm; ressonância magnética (RM) ~ 1 mm; tomografia computadorizada por emissão de fóton único (SPECT) ~ 10 mm.

Para a interpretação do exame referente à DAC, levam-se em consideração: a localização da lesão (a árvore coronariana é segmentada seguindo as recomendações da diretrizes da American Heart Association [AHA]), a característica da placa aterosclerótica e o grau de estenose.[6]

- Característica da placa: as placas são classificadas em: calcificadas, não calcificadas, mistas predominantemente não calcificadas e mistas predominantemente calcificadas (detalhes da composição da placa para predizer placa com potencial de vulnerabilidade, serão discutidos em capítulo próprio).
- Grau de estenose:
  - Normal: ausência de placa e sem redução luminal.
  - Redução luminal mínima: placas com < 25% de estenose.
  - Redução luminal discreta: 25 a 40% de estenose.
  - Redução luminal moderada: 50 a 69% de estenose.
  - Redução luminal importante: 70 a 99% de estenose.
  - Ocluído: 100% de estenose.
- Uma placa para ser considerada obstrutiva, precisa apresentar 50% ou mais de redução luminal do vaso (Figura 1). De forma adicional, trajetos intramiocárdicos das artérias coronárias podem ser facilmente visualizados pela TCCor (Figura 2).

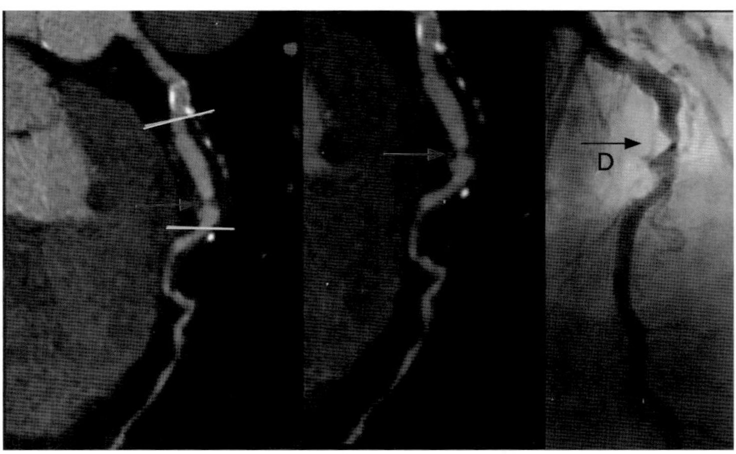

Figura 1 Placa não calcificada na porção distal do segmento aneurismático da DA determinando redução luminal importante. À esquerda imagens de TCCor mostrando porção aneurismática (amarelo) e estenose (seta vermelha), e à direita imagem da cineangiocoronariografia (CATE).

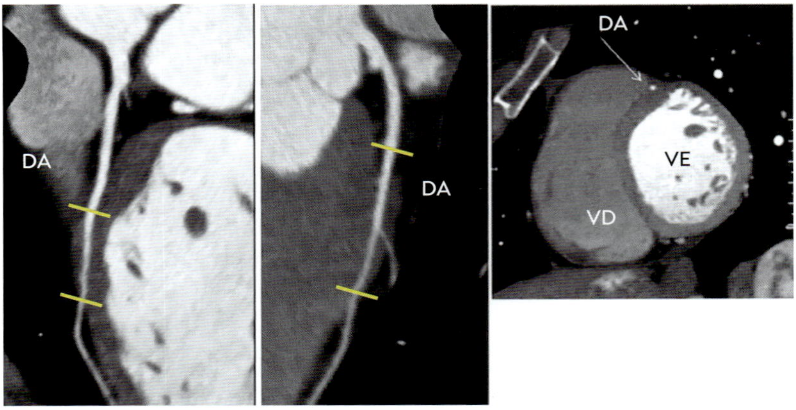

Figura 2 Ponte miocárdica. Trajeto intramiocárdico do segmento médio da artéria descendente anterior (em amarelo), incluindo a origem do ramo diagonal.

Quando é avaliada a acurácia da TCCor em comparação aos métodos funcionais, observa-se maior sensibilidade e maior valor preditivo negativo (VPN) da TCCor. Vale ressaltar que se está comparando um método anatômico, cuja função é identificar DAC ainda nos estágios iniciais, em relação a um método funcional que identificaria a doença aterosclerótica mais adiante, com repercussão miocárdica (isquemia). Essa característica faz com que a TCCor seja excelente ferramenta diagnóstica, superior a métodos funcionais, quando o foco for excluir DAC, dependendo da população estudada, pois a TCCor identifica a placa aterosclerótica nos estágios mais precoces, ajuda a reestratificar este paciente e pode guiar o tratamento clínico, como na prescrição de estatinas.

Pela alta acurácia e alto VPN, a TCCor destaca-se na exclusão de DAC. Os estudos CORE 64[7] e ACCURACY[8] foram os primeiros grandes estudos multicêntricos a demonstrar os altos VPN da angiotomografia de coronárias. No CORE 64, os pacientes que tinham indicação clínica de realizar cineangiocoronariografia por suspeita de DAC foram também indicados para realizar angiotomografia de coronárias. Nesse estudo, em que o objetivo primário foi demonstrar a acurácia da TCCor na avaliação da DAC obstrutiva, a sensibilidade foi de 85%, especificidade de 90%, valor preditivo positivo (VPP) de 91% e VPN de 83%. No estudo ACCURACY, os autores selecionaram pacientes com dor torácica anginosa e os submeteram à angiotomografia de coronárias e à cineangiocoronariografia. Ao determinar a acurácia para identificar lesões obstrutivas (estenoses acima de 50%) a sensibilidade foi de 93%, especificidade de 82% e VPN de 97%. A diferença dos valores preditivos nos dois estudos se devem às diferenças nas prevalências de DAC obstrutiva nas populações, sendo mais alta no estudo CORE 64, justificando assim o VPP mais alto e o VPN mais baixo.

RECOMENDAÇÕES PARA REALIZAÇÃO DE ANGIOTOMOGRAFIA DE CORONÁRIAS PARA O DIAGNÓSTICO DE DAC OBSTRUTIVA

No paciente assintomático

A angiotomografia de coronárias não é recomendada para avaliação de risco cardiovascular de pacientes assintomáticos. Por outro lado, escore de cálcio coronariano (EC) é utilizado para estratificação de risco cardiovascular por meio da detecção de aterosclerose subclínica, especialmente de pacientes assintomáticos de risco intermediário. Segundo as diretrizes de dislipidemias da Sociedade Brasileira de Cardiologia, o EC é considerado um fator agravante que, quando presente, reclassifica o indivíduo para um risco cardiovascular mais alto.[9]

No paciente sintomático – DAC estável e dor torácica aguda

As principais indicações para utilização da angiotomografia de coronárias estão na avaliação da dor torácica, seja na investigação de angina estável ou na suspeita de síndrome coronariana aguda.

Diretrizes internacionais de DAC estável contemplam o uso da TCCor na investigação da DAC obstrutiva como alternativa aos exames funcionais para pacientes com probabilidade pré-teste baixa a intermediária de doença coronariana estável e também naqueles com exames inconclusivos ou que apresentam contraindicação aos testes funcionais.

A ampliação do TCCor já pode ser vista na atualização das diretrizes britânicas NICE. Esse protocolo, que desde 2010 já inclui a TCCor na avaliação da dor torácica, foi atualizado em 2016 e agora considera a TCCor como primeira linha para estratificação de risco e amplia a indicação para dor torácica típica ou atípica, assim como nos casos em que a dor torácica seja não anginosa, mas o eletrocardiograma (ECG) de repouso indique alterações no segmento ST sugestivas de insuficiência coronariana ou presença de onda Q.[10,11]

O manejo da dor torácica aguda na sala de emergência ainda é desafiador e ineficiente. Dados mostram que, nos melhores serviços, uma porcentagem alta de pacientes com síndrome coronariana aguda sem supradesnivelamento é liberada inadequadamente. Por outro lado, há o gasto excessivo em internações para avaliação adicional da dor torácica aguda com pacientes com baixo e intermediário riscos cardiovasculares.

Diversos estudos de dor torácica aguda fornecem evidências suficientes para a utilização da angiotomografia de coronárias para excluir síndrome coronariana aguda (ao excluir a DAC), e os pacientes com angiotomografia normal liberados do setor de emergência que tiveram excelente prognóstico. A diretriz da sociedade europeia de cardiologia sugeriu o uso da TCCor como apropriado para excluir estenose coronariana.[12]

Atualmente, a cobertura obrigatória para a realização da TCCor precisa preencher alguns critérios de acordo com a Agência Nacional de Saúde Suplementar (ANS), que são eles:

- Avaliação inicial de pacientes sintomáticos com probabilidade pré-teste de 10 a 70% calculada segundo os critérios de Diamond Forrester, como uma opção aos outros métodos diagnósticos de DAC.
- Dor torácica aguda, de pacientes com TIMI RISK 1 e 2, com sintomas compatíveis com síndrome coronariana aguda ou equivalente anginoso e sem alterações isquêmicas ao ECG e marcadores de necrose miocárdica.
- Para descartar doença coronariana isquêmica, em pacientes com diagnóstico estabelecido de insuficiência cardíaca (IC) recente, em que permaneça dúvida sobre a etiologia da IC, mesmo após a realização de outros exames complementares.
- Em pacientes com quadro clínico e exames complementares conflitantes, quando permanece dúvida diagnóstica, mesmo após a realização de exames funcionais para avaliação de isquemia.
- Pacientes com suspeita de coronárias anômalas.

TCCor em situações específicas

Avaliação de *stents*

Na diretriz americana, o uso da TCCor nos pacientes com dor torácica e história de revascularização miocárdica percutânea com *stents* de 3 mm ou maior foi considerada como incerta. Entretanto, é apropriada para pacientes assintomáticos. Um adendo dessa diretriz considera pacientes que sabidamente possuem *stents* maiores que 3 mm de diâmetro e cuja apresentação clínica sugere probabilidade baixa à intermediária de reestenose, a TCCor pode ser uma boa alternativa à coronariografia invasiva.[13]

Fatores que potencialmente limitam a avaliação do *stent* e pode reduzir a acurácia do método são: *stent* com diâmetro < 3 mm, tipo de material utilizado na malha do *stent*, posicionamento dois ou mais *stents* em sobreposição (*overlapping*), pacientes muito obesos.

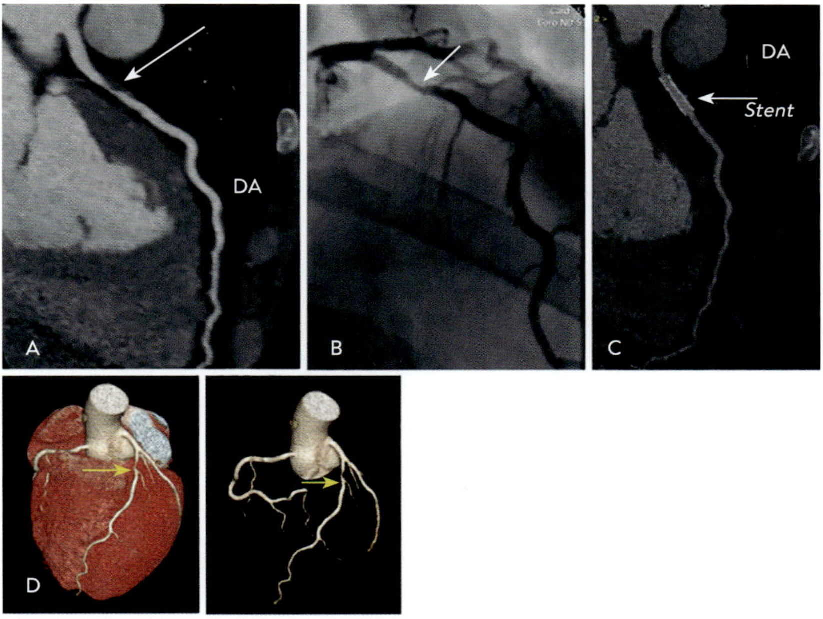

Figura 3 Paciente de 46 anos, apresenta placa única, não calcificada segmentar no terço proximal da artéria Descendente Anterior, com redução luminal importante identificada pela TCCor (A e D). Na sequência foi submetido a cineangiocoronariografia (CATE) e angioplastia (B). A imagem à direita mostra a reavaliação do *stent* pela TCCor.

A: TCCor: MPR curvo mostrando DA estendida; B: CATE: imagem da DA evidenciando obstrução importante; C: TCCor: MPR curvo com filtro apropriado para *stent*; D: TCCor: reconstrução em 3D (*volume rendering*).

Avaliação de enxertos cirúrgicos

A avaliação da patência dos enxertos coronarianos pela TCCor nos pacientes com dor torácica é considerada apropriada. Será inapropriada se o paciente for assintomático com menos de 5 anos de cirurgia.[2] A acurácia diagnóstica da TCCor em detectar lesões nos enxertos é próxima a 100%, no entanto, a anastomose distal é menor pela dificuldade secundária à presença de clipes metálicos. Considerar que o leito nativo proximal ao enxerto possa evoluir com acentuada calcificação, e que se for necessária avaliação desse segmento no futuro, a acentuada calcificação reduz a acurácia da TCCor.

PROGNÓSTICO DA TCCOR

Além do acurado valor diagnóstico na DAC obstrutiva e na dor torácica aguda, dados recentes mostram que a carga de placa aterosclerótica não obstrutiva com número de segmentos coronarianos acometidos maior que

4 estão relacionados com eventos adversos e pior prognóstico.[14,15] O grau de obstrução coronariana sem dúvida se correlaciona com eventos e prognóstico. No entanto, pacientes com doença multiarterial não obstrutiva extensa detectada pela TCCor podem apresentar taxa de eventos similar ou até piores dos que os pacientes com doença obstrutiva.

Após a documentação de DAC obstrutiva pela TCCor, os pacientes deverão ser tratados e conduzidos de acordo com as diretrizes de doença coronariana estável. A realização de cinecoronariografia em todos os pacientes para confirmação diagnóstica não é recomendada. A estratificação invasiva deve ser realizada somente nos casos em que os pacientes mantenham sintomas, apesar da otimização terapêutica, ou naqueles casos em que exames funcionais indiquem doença extensa e considera-se revascularização miocárdica percutânea ou cirúrgica.[16]

A atualização de algumas das diretrizes consagradas, como a britânica NICE, para a inclusão da TCCor como primeira linha na investigação, ou *upgrade* do nível de evidência, deve-se essencialmente à publicação dos dois grandes estudos randomizados: PROMISE[17] e SCOT-HEART.[5] Com o tratamento habitual, a TCCor para avaliação de pacientes com sintomas sugestivos de DAC resultou na redução significativa da incidência de infarto do miocárdio, sem diferença na taxa de mortalidade por todas as causas, na mediana de 2 anos de seguimento. Por outro lado, o uso da TCCor resultou no aumento significativo de revascularizações coronarianas por identificar mais a doença. Esses estudos, além de evidenciar o aumento no início do tratamento clínico para DAC quando utilizada a TCCor, mostraram que uma estratégia para investigação da DAC baseada no método anatômico (TCCor) pode ser usada no lugar do método funcional.

Bittencourt et al.[18] publicaram uma metanálise com mais de 14 mil pacientes (incluídos em 4 estudos clínicos randomizados) comparando o uso de TCCor com o manejo clínico de rotina na avaliação de pacientes com dor torácica estável. Os pacientes foram divididos em 2 grupos: 7.403 foram submetidos à TCCor e 7.414 seguiram o fluxo clínico habitual com testes funcionais. O grupo que utilizou a TCCor apresentou redução significativa na taxa anual de infarto do miocárdio. Se essa redução de infarto se deve à revascularização ou a maior adesão e/ou início do tratamento clínico, é incerto, e deve-se seguir à procura de respostas. Estudos adicionais devem investigar melhor o mecanismo subjacente à possível redução de infarto e se a taxa mais baixa de infarto agudo do miocárdio após TCCor é observada em populações de baixo risco. Enquanto isso, já se sabe que a estratégia diagnóstica usando a angiotomografia de coronárias está associada à redução de eventos duros.

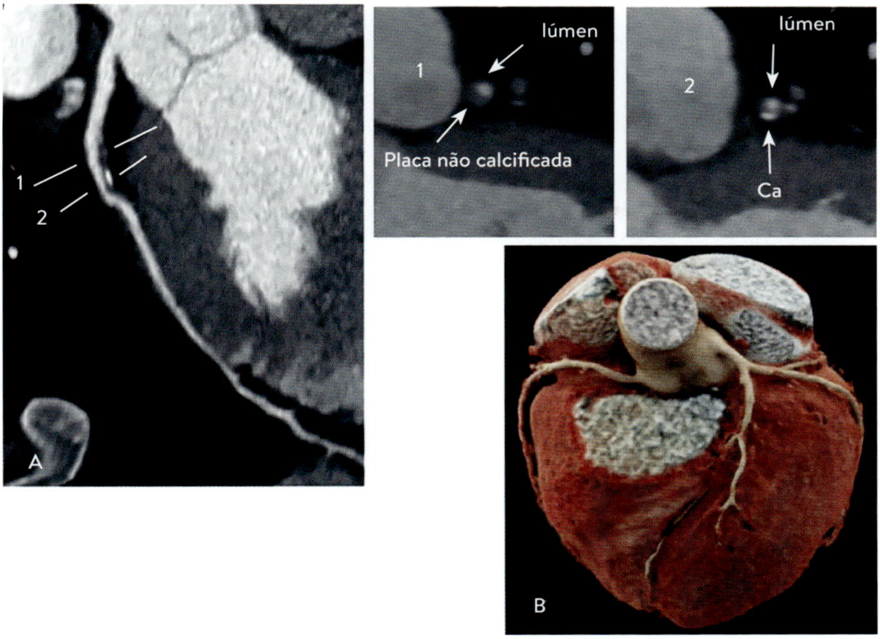

Figura 4 A: placa mista na DA médio-proximal com redução luminal moderada. Corte número 1 mostra componente não calcificado, com remodelamento positivo. Corte número 2 mostra a associação de cálcio. B: reconstrução em 3D (VR) do coração e artérias coronárias.

REFERÊNCIAS BIBLIOGRÁFICAS

1. Nichols M, Townsend N, Scarborough P, Rayner M. Cardiovascular disease in Europe 2014: epidemiological update. Eur Heart J. 2014;35(42):2929.
2. Benjamin EJ, Blaha MJ, Chiuve SE, Cushman M, Das SR, Deo R, et al. Heart Disease and Stroke Statistics-2017 Update: A Report From the American Heart Association. Circulation. 2017;135(10):e146-e603.
3. DeFilippis AP, Young R, Carrubba CJ, McEvoy JW, Budoff MJ, Blumenthal RS, et al. An analysis of calibration and discrimination among multiple cardiovascular risk scores in a modern multiethnic cohort. Ann Intern Med. 2015;162(4):266-75.
4. Cheng VY, Berman DS, Rozanski A, Dunning AM, Achenbach S, Al-Mallah M, et al. Performance of the traditional age, sex, and angina typicality-based approach for estimating pretest probability of angiographically significant coronary artery disease in patients undergoing coronary computed tomographic angiography: results from the multinational coronary CT angiography evaluation for clinical outcomes: an international multicenter registry (CONFIRM). Circulation. 2011;124(22):2423-32.
5. Investigators SCOT-HEART. CT coronary angiography in patients with suspected angina due to coronary heart disease (SCOT-HEART): an open-label, parallel-group, multicentre trial. Lancet. 2015;385(9985):2383-91.

6. Leipsic J, Abbara S, Achenbach S, Cury R, Earls JP, Mancini GJ, et al. SCCT guidelines for the interpretation and reporting of coronary CT angiography: a report of the Society of Cardiovascular Computed Tomography Guidelines Committee. J Cardiovasc Comput Tomogr. 2014;8(5):342-58.
7. Miller JM, Rochitte CE, Dewey M, Arbab-Zadeh A, Niinuma H, Gottlieb I, et al. Diagnostic performance of coronary angiography by 64-row CT. N Engl J Med. 2008;359(22):2324-36.
8. Budoff MJ, Dowe D, Jollis JG, Gitter M, Sutherland J, Halamert E, et al. Diagnostic performance of 64-multidetector row coronary computed tomographic angiography for evaluation of coronary artery stenosis in individuals without known coronary artery disease: results from the prospective multicenter ACCURACY (Assessment by Coronary Computed Tomographic Angiography of Individuals Undergoing Invasive Coronary Angiography) trial. J Am CollCardiol. 2008;52(21):1724-32.
9. Xavier HT, Izar MC, FariaNeto JR, Assad MH, Rocha VZ, Sposito AC, et al. [V Brazilian Guidelines on Dyslipidemias and Prevention of Atherosclerosis]. Arq Bras Cardiol. 2013;101(4 Suppl 1):1-20.
10. Budoff MJ. The 2016 National Institute for Health and Care Excellence guidelines for chest pain: better outcomes with cardiac CT. Heart. 2017;104(3):186-7.
11. Smeeth L, Skinner JS, Ashcroft J, Hemingway H, Timmis A. Chest Pain Guideline Development G. NICE clinical guideline: chest pain of recent onset. Br J Gen Pract. 2010;60(577):607-10.
12. Roffi M, Patrono C, Collet JP, Mueller C, Valgimigli M, Andreotti F, et al. 2015 ESC Guidelines for the management of acute coronary syndromes in patients presenting without persistent ST--segment elevation: Task Force for the Management of Acute Coronary Syndromes in Patients Presenting without Persistent ST-Segment Elevation of the European Society of Cardiology (ESC). Eur Heart J. 2016;37(3):267-315.
13. Taylor AJ, Cerqueira M, Hodgson JM, Mark D, Min J, O'Gara P, et al. ACCF/SCCT/ACR/AHA/ASE/ASNC/NASCI/SCAI/SCMR 2010 Appropriate Use Criteria for Cardiac Computed Tomography. A Report of the American College of Cardiology Foundation Appropriate Use Criteria Task Force, the Society of Cardiovascular Computed Tomography, the American College of Radiology, the American Heart Association, the American Society of Echocardiography, the American Society of Nuclear Cardiology, the North American Society for Cardiovascular Imaging, the Society for Cardiovascular Angiography and Interventions, and the Society for Cardiovascular Magnetic Resonance. J Cardiovasc Comput Tomogr. 2010;4(6):407 e1-33.
14. Bittencourt MS, Hulten E, Ghoshhajra B, O'Leary D, Christman MP, Montana P, et al. Prognostic value of nonobstructive and obstructive coronary artery disease detected by coronary computed tomography angiography to identify cardiovascular events. Circ Cardiovasc Imaging. 2014;7(2):282-91.
15. Mushtaq S, De AraujoGoncalves P, Garcia-Garcia HM, Pontone G, Bartorelli AL, Bertella E, et al. Long-term prognostic effect of coronary atherosclerotic burden: validation of the computed tomography-Leaman score. Circ Cardiovasc Imaging. 2015;8(2):e002332.
16. Fihn SD, Blankenship JC, Alexander KP, Bittl JA, Byrne JG, Fletcher BJ, et al. 2014 ACC/AHA/AATS/PCNA/SCAI/STS focused update of the guideline for the diagnosis and management of patients with stable ischemic heart disease: a report of the American College of Cardiology/American Heart Association Task Force on Practice Guidelines, and the American Association for Thoracic Surgery, Preventive Cardiovascular Nurses Association, Society for Cardiovascular Angiography and Interventions, and Society of Thoracic Surgeons. J Thorac Cardiovasc Surg. 2015;149(3):e5-23.
17. Douglas PS, Hoffmann U, Patel MR, Mark DB, Al-Khalidi HR, Cavanaugh B, et al. Outcomes of anatomical versus functional testing for coronary artery disease. N Engl J Med. 2015;372(14):1291-300.
18. Bittencourt MS, Hulten EA, Murthy VL, Cheezum M, Rochitte CE, Di Carli MF, et al. Clinical Outcomes After Evaluation of Stable Chest Pain by Coronary Computed Tomographic Angiography Versus Usual Care: A Meta-Analysis. Circ Cardiovasc Imaging. 2016;9(4):e004419.

15

A tomografia computadorizada cardiovascular na dor torácica no pronto-socorro

Thalita da Silva Canevari
Tiago Augusto Magalhães
Luiz Francisco Rodrigues de Ávila

INTRODUÇÃO

As síndromes coronarianas agudas (SCA) representam um desafio diagnóstico que demanda utilização de recursos de alta complexidade e consequentes custos. Nesse sentido, os esforços em saúde pública centram atenções em dois pontos fundamentais: (1) segurança no correto diagnóstico; e (2) custo-efetividade. Além disso, a agilidade no diagnóstico é não somente desejável, mas vem assumindo destaque nos algoritmos de avaliação de dor torácica na sala de emergência.

Antigamente viável somente por meio do cateterismo cardíaco, a avaliação anatômica coronariana de pacientes com dor torácica aguda encontrou terreno de investigação nos últimos anos. Com a proposta de ser no mínimo tão segura quanto as estratégias convencionais, essa abordagem passou a ganhar força com a possibilidade de reduzir o tempo de permanência no pronto-socorro, diminuir custos e selecionar de maneira efetiva os pacientes que exigem investigação com cateterismo cardíaco.

ESCORE DE CÁLCIO E DOR TORÁCICA AGUDA

É extensamente conhecida a relação entre presença de calcificação coronariana com a doença aterosclerótica.[1,2] O papel de estratificação ou da reestratificação nos escores para avaliação de risco cardiovascular também está bem definido, principalmente para pacientes assintomáticos.[3]

No entanto, nos últimos anos, levantou-se novamente a possibilidade de utilizar o escore de cálcio na avaliação de pacientes com dor torácica no pronto-socorro.

Escore de cálcio (EC) na sala de emergência não é recomendado, pois mostrou-se que a ausência de calcificação no contexto de dor torácica aguda não excluía o diagnóstico de SCA, já que lesões instáveis podem não apresentar cálcio na composição. Um subestudo do CorE64 analisou pacientes sintomáticos que foram para a cinecoronariografia e demonstrou que 19% dos pacientes com EC zero apresentavam pelo menos uma lesão > 50% pela medida quantitativa da angiografia, 15% apresentavam pelo menos uma lesão ≥ 70% e 13% dos pacientes foram revascularizados por indicação clínica.[4]

No entanto, Correia et al. demonstraram que o EC igual a zero possui o valor preditivo negativo de até 95% nos pacientes com probabilidade pré-teste < 50%.[5] Sawar et al., em uma revisão sistemática, concluíram que a ausência de calcificação coronariana, mesmo em pacientes sintomáticos, está associada à menor taxa de eventos cardiovasculares.[6] As novas diretrizes do American College of Cardiology (ACC)/American Heart Association (AHA) também consideram que, para pacientes sintomáticos, o EC zero poderia ser um "filtro" eficaz antes de novos procedimentos diagnósticos ou internação hospitalar.[7,8]

Embora a ausência de calcificação coronariana esteja associada com probabilidade muito baixa de doença coronariana, aproximadamente 2% dos indivíduos sintomáticos com doença arterial coronariana (DAC) significativa não tem evidência de calcificação.[9]

Logo, estudos ainda são necessários para identificar o papel do EC nessa população e como incorporá-lo nos algoritmos de avaliação de dor torácica.

ANGIOTOMOGRAFIA DE CORONÁRIAS E DOR TORÁCICA AGUDA – INTRODUÇÃO

Diagnóstico e triagem de pacientes com suspeita de SCA consomem elevados recursos nos cuidados de saúde. Estima-se que mais de 9 milhões de indivíduos com dor precordial sejam vistos anualmente apenas nos Estados Unidos, com custos de saúde relacionados de US$ 13 a 15 bilhões.[10,11] No Brasil, estimou-se o custo total em torno de R$ 3,88 bilhões para o ano de 2011.[12]

A incidência de DAC está aumentando em todo o mundo. Apesar da baixa incidência de SCA em pacientes de baixo risco cardiovascular com eletrocardiograma e marcadores de necrose miocárdica (1 a 8%),[13] quando ocorrem, são responsáveis por importante morbimortalidade, além de gerar processos médicos por negligência.[14]

Na prática clínica, é fundamental a estratificação de risco para pacientes que se apresentam na sala de emergência com dor torácica, por meio de escores consagrados para tal fim, como de TIMI Risk (*thrombolisis in myocardial infarction*). No entanto, tais escores apontam apenas probabilidade de eventos, não sendo possível excluí-los. Logo, tem-se pesquisado estratégias complementares que auxiliem o diagnóstico na sala de emergência.

A angiotomografia de coronárias entrou nesse cenário como método promissor para excluir lesão coronariana significativa (definida como estenose superior a 50%). Testes de perfusão miocárdica no estresse são validados para tal finalidade,[15] porém ainda falta praticidade na execução, disponibilidade nos centros médicos e, ainda, que os pacientes permaneçam por tempo razoável no hospital.

UTILIZAÇÃO DA ANGIOTOMOGRAFIA DE CORONÁRIAS NA AVALIAÇÃO DA DOR TORÁCICA AGUDA: DA VALIDAÇÃO À APLICAÇÃO CLÍNICA

Buscando aprimorar o atendimento de pacientes com apresentação de dor torácica na sala de emergência, surgiram estudos que avaliaram o perfil e a segurança da angiotomografia de coronárias neste contexto clínico. O estudo randomizado e multicêntrico CT-STAT, publicado em 2011, comparou a angiotomografia de coronárias com cintilografia miocárdica com MIBI no contexto de dor torácica aguda em pacientes de baixo risco (TIMI *risk score* ≤ 4), randomizando 749 pacientes de maneira equivalente entre os dois grupos).[16] Os desfechos analisados neste estudo foram o tempo de diagnóstico (tempo entre a randomização e a liberação do resultado do exame), custos e segurança.

Os pacientes que realizaram angiotomografia de coronária tiveram redução de 54% no tempo de diagnóstico (mediana de 2,9 horas no grupo angiotomografia de coronária e de 6,2 horas no grupo cintilografia miocárdica, $p < 0,0001$).

De maneira mais importante, a segurança dessa nova abordagem apresentou resultados consistentes: nos pacientes submetidos à angiotomografia de coronárias, 5,2% apresentaram eventos clínicos no acompanhamento (majoritariamente revascularização miocárdica [percutânea ou cirúrgica]), porém sem registros de mortes ou SCA nos 6 meses de acompanhamento. Comparativamente, no grupo cintilografia miocárdica, ocorreram eventos clínicos em 3,7% dos indivíduos, sem registros de óbitos ou SCA pós-alta (diferença não significativa entre os grupos). A única variável clínica que mostrou diferença entre os grupos – dose de radiação – favoreceu o grupo da angiotomografia de coronárias, comparativamente à cintilografia miocárdica (11,5 *versus* 12,8 mSv, respectivamente, $p = 0,02$). O custo total mediano no departamento de emergência para o grupo submetido à angiotomografia de coronárias foi de US$ 2.137 *versus* US$ 3.458 no grupo cintilografia miocárdica, o que representou a redução de 38,2% nos custos absolutos. Cabe, entretanto, ressaltar que essa análise de custos limitou-se a avaliar somente as despesas no departamento de emergência, sem considerar os custos agregados de estratégias diagnósticas/terapêuticas que decorreram do uso destas modalidades no acompanhamento dos pacientes. Dessa forma, o principal objetivo desta abordagem – a busca por estratégia segura para excluir obstruções coronarianas como causa de dor torácica – foi alcançada.

A Figura 1 mostra um exemplo de paciente em investigação de dor torácica na emergência, sendo liberado por não apresentar evidências de estenoses significativas.

Em 2012, Litt et al.[17] utilizaram-se da mesma premissa para testar a hipótese de que pacientes atendidos com dor torácica na emergência e sem DAC significativa (definida como ausência de estenoses superiores a 50% pela tomografia de coronárias) estariam sob risco muito baixo de eventos cardiovasculares maiores no prazo de 30 dias (definidos como morte cardíaca ou infarto miocárdico). Nesse estudo multicêntrico randomizado, pacientes de baixo risco (TIMI *risk* ≤ 2) foram incluídos na proporção 2:1 para realizar angiotomografia de coronárias ou a estratégia convencional (teste funcional com ou sem o uso de imagem).

O desfecho de segurança demonstrou que a angiotomografia de coronárias foi igualmente efetiva à estratégia convencional na identificação de eventos cardiovasculares maiores no acompanhamento de 30 dias. Entretanto, a maior proporção de pacientes do grupo angiotomografia foi liberada do departamento de emergência em comparação à estratégia convencional (49,6 *versus* 22,7%, diferença de 26,8% [IC95% 21,4 a 31,2%]), que também se traduziu em perma-

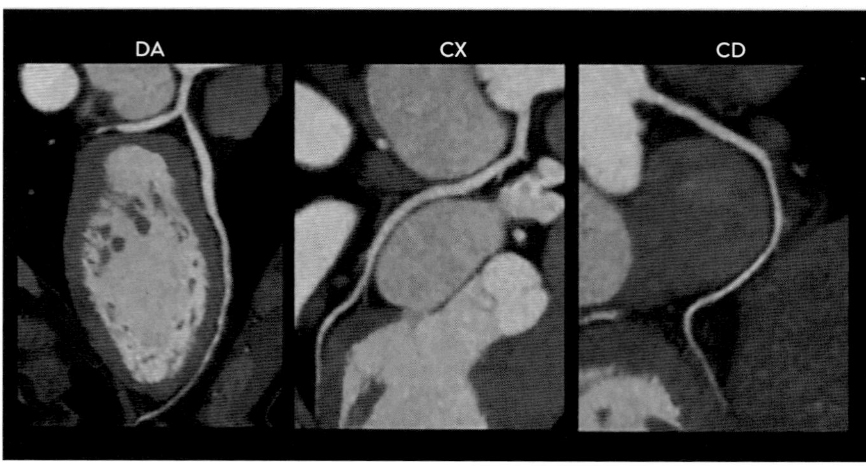

Figura 2 Paciente do sexo masculino, sem comorbidades, com dor precordial típica na sala de emergência. TIMI 0 (baixo risco). Eletrocardiograma e marcadores de necrose miocárdica negativos. Angiotomografia de coronárias sem lesões.

DA: artéria descendente anterior; CX: artéria circunflexa; CD: artéria coronária direita.

nência menor naquele grupo (mediana de 18 horas no grupo angiotomografia, *versus* 24,7 horas no grupo estratégia convencional).

Além disso, outro dado de relevância demonstrado nesse estudo foi a menor tendência a apresentar cateterismos "brancos" no grupo submetido à angiotomografia de coronárias (29% no grupo angiotomografia *versus* 53% no grupo estratégia tradicional, diferença de -23,7% [IC95% -48,8 a 3,3%]), porém mantendo taxas semelhantes de indicação de cateterismo cardíaco (5,1 *versus* 4,2%, diferença de 0,9%, IC95% -4,8 a 6,6%) ou taxas de revascularização entre os grupos (2,7 *versus* 1,3%, IC95% -4,3 a 7%), respectivamente. Esses dados ratificaram a segurança da implementação da angiotomografia de coronárias em um protocolo de dor torácica na sala de emergência, trazendo resultados de "mundo real" que embasassem tal prática de maneira abrangente.[17]

Resultados semelhantes foram encontrados no estudo ROMICAT II, realizado em 2012.[18] Foi um estudo multicêntrico e randomizado, que incluiu 1.000 participantes de forma prospectiva, na proporção de 1:1 (angiotomografia de coronárias ou tratamento-padrão). O desfecho primário foi tempo de permanência hospitalar, e foram observados como desfechos secundários taxa de alta do departamento de emergência, eventos adversos cardiovasculares maiores em 28 dias, custos cumulativos e dose de radiação ionizante recebida por cada paciente, referentes a ambas as abordagens.

Os pacientes seguiram os mesmos critérios de inclusão dos estudos citados: dor torácica à sala de emergência, eletrocardiograma sem isquemia e marcadores de necrose miocárdica negativos. Como resultado, observou-se que o tempo de permanência hospitalar foi significativamente menor no grupo angiotomografia de coronárias quando comparada à estratégia padrão (23,2 ± 37 horas *versus* 30,8 ± 28 horas, p < 0,001).

Adicionalmente, observou-se maior proporção de pacientes recebendo alta hospitalar diretamente do departamento de emergência quando avaliados com a angiotomografia de coronárias (47 *versus* 12% no grupo avaliado pela estratégia padrão), ao passo que o dobro de pacientes avaliados pela estratégia padrão necessitou admissão na unidade de observação (30 *versus* 60%, respectivamente).

Os custos referentes às duas abordagens foram equivalentes (custo médio da avaliação na emergência de US$ 4.026 ± 6.792 no grupo angiotomografia, *versus* US$ 3.874 ± 5.298 no grupo da avaliação tradicional, p = ns).

Nessa análise, a angiotomografia de coronárias se mostrou segura quando comparada à abordagem habitualmente realizada nas unidades de emergência (nenhuma SCA não reconhecida e diferença não significativa de eventos cardiovasculares maiores no 28º dia de acompanhamento).

É importante ressaltar que esse estudo demonstrou maior exposição à radiação nos pacientes submetidos à angiotomografia de coronárias (13,9 ± 10,4 mSv *versus* 4,7 ± 8,4 mSv no departamento de emergência, e 14,3 ± 10,9 mSv *versus* 5,3 ± 9,6 mSv, considerando-se o período de acompanhamento, p < 0,001).

Como a estratégia convencional muitas vezes utilizava recursos diagnósticos não dependentes de radiação ionizante (p. ex., teste ergométrico ou ecocardiograma de estresse), esta diferença ficou evidente quando comparada a estudos prévios que avaliaram a angiotomografia de coronárias em relação à cintilografia miocárdica na emergência, como fez o estudo C-STAT.[16] Obviamente, os equipamentos de tomografia experimentaram melhoras substanciais nos últimos anos, de tal forma que as doses de radiação praticadas atualmente são claramente inferiores àquelas praticadas pelos equipamentos utilizados na ocasião do estudo. Assim, o ROMICAT II mostrou que a incorporação da angiotomografia no fluxograma de avaliação de dor torácica na sala de emergência melhora a eficiência das decisões médicas quando comparada à estratégia convencional, com a mesma segurança e sem custos adicionais, no entanto aumentando exposição à radiação.[18]

Os estudos anteriormente citados sedimentaram a utilização da angiotomografia de coronária no contexto de dor torácica aguda em pacientes de risco baixo a intermediário, utilizando-se desfechos clínicos e de segurança. Quanto à acurácia do método na detecção de lesões significativas em pacientes com dor torácica aguda, dados de subestudo do CORe64 avaliaram a angiotomografia de coronárias tendo o cateterismo cardíaco como referência.[4] Do total de 371 pacientes incluídos no estudo original, 94 foram categorizado como apresentação de SCA (independentemente do escore de risco). A acurácia para detecção de estenose coronariana pela tomografia de coronárias nesse cenário foi de 0,95 (medida pela área sob a curva ROC), e os parâmetros de sensibilidade, especificidade e valores preditivos positivo e negativo foram, respectivamente, de 0,90 (0,8 a 0,96), 0,88 (0,7 a 0,98), 0,95 (0,87 a 0,99) e 0,77 (0,58 a 0,9). Esses dados demonstram a ótima acurácia da angiotomografia de coronárias no diagnóstico de estenoses significativas quando comparadas ao cateterismo cardíaco, testada especificamente na apresentação de dor torácica na sala de emergência. A Figura 2 apresenta um exemplo da correlação anatômica entre os métodos em cenário de apresentação de dor torácica aguda.

Mais recentemente, o estudo CATCH (*cardiac ct in the treatment of acute chest pain*) avaliou o impacto de longo prazo da utilização da angiotomografia de coronárias na sala de emergência. Para tanto, foram randomizados 600 pacientes com dor torácica aguda, que apresentaram eletrocardiograma e troponina normais, em dois grupos de intervenção: (1) angiotomografia de coronárias; e (2) abordagem com testes funcionais (teste ergométrico ou cintilografia miocárdica com MIBI). Pacientes cujo resultado da angiotomografia de coronárias apresentassem resultados não diagnósticos e/ou estenoses limítrofes fo-

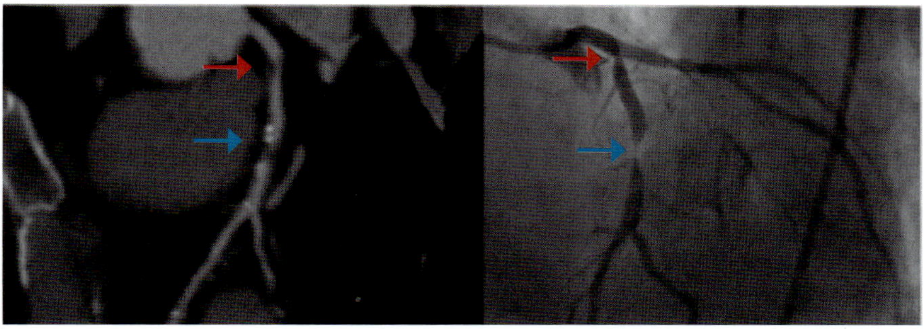

Figura 2 Paciente do sexo masculino, 65 anos, hipertenso, com dor precordial típica, na sala de emergência. Eletrocardiograma e marcadores de necrose miocárdica negativos. TIMI 1 (baixo risco). Angiotomografia de coronária (imagem à esquerda) e cateterismo cardíaco (imagem à direita) com redução luminal de 50% no óstio (setas vermelhas) e 95% no terço médio da artéria descendente anterior.

ram encaminhados à complementação diagnóstica com um dos testes funcionais descritos. Dentro do período médio de 18,7 meses, os pacientes alocados no grupo guiado por angiotomografia apresentaram menor probabilidade de desfecho primário (combinação de morte, infarto, hospitalização por angina, revascularização por sintomas e readmissão por dor torácica), quando comparado ao grupo guiado por testes funcionais (11 *versus* 16%, IC 95%: 0,040-0,98, p = 0,04). Não houve diferença significativa com relação a morte e infarto (8 *versus* 2, p = 0,06).[19] A maioria dos eventos ocorreu em pacientes com teste índice normal, sobretudo no primeiro mês de acompanhamento, indicando que grande parte da diferença entre os grupos pode ser explicada pela incidência de testes falso-negativos.

Os resultados favoráveis ao grupo submetido à angiotomografia de coronárias foram provavelmente alcançados pela adequada seleção de pacientes candidatos à revascularização coronariana. Mudanças em medicações constituem outra medida que pode ter influenciada positivamente no desfecho do grupo de pacientes submetido à angiotomografia de coronárias, já que este exame tem o potencial de definir aterosclerose coronariana subclínica, não diagnosticada por testes funcionais não invasivos, e a intervenção farmacológica se aplicaria seletivamente neste cenário.

Com base no alto valor preditivo negativo para a detecção de DAC, crescente disponibilidade nos centros médicos e rapidez no resultado, a angiotomografia de coronárias torna-se cada vez mais presente no cenário de emergência. Dentro desse contexto, as atuais recomendações da Society of Cardiovascular Computed Tomography (SCCT)[20] apresentam indicações claras e fundamentadas para a utilização na dor torácica aguda. Pesam na decisão da realização do exame outros fatores importantes, como características da população estudada (exposição prévia a exames com utilização de radiação ionizante, função renal, frequência cardíaca e presença de arritmias, DAC conhecida, reações graves prévias ao contraste iodado etc.). A relação das principais características encontra-se no Quadro 1.

Quadro 1 Considerações acerca da realização de angiotomografia de coronárias na avaliação de dor torácica aguda (modificado de Raff et al.[20])

Indicações apropriadas
Dor torácica aguda em pacientes clinicamente suspeitos de isquemia coronariana
Eletrocardiograma negativo ou indeterminado para isquemia coronariana
Estratificação de risco baixa-intermediária :TIMI 0-2 (baixo) ou 3-4 (intermediário)
Teste isquêmico duvidoso no pronto-socorro ou nos últimos 6 meses
Indicações incertas
Alta probabilidade de SCA pela avaliação clínica ou critérios de risco (p. ex.: TIMI > 4)
DAC previamente conhecida
▪ Infarto prévio documentado
▪ Isquemia documentada por testes de estresse ou doença aterosclerótica na angiografia de coronária
▪ Revascularização miocárdica prévia
▪ Escore de cálcio > 400
Contraindicações relativas
Preferir teste alternativo se: história de reação alérgica ao contraste iodado sem anafilaxia ou reação alérgica após preparo adequado com esteroides e anti-histamínicos
Filtração glomerular < 60 mL/min
Uso de contraste iodado nas últimas 24 h
Fatores que levam a exames potencialmente não diagnósticos:
▪ Frequência cardíaca elevada, mesmo após betabloqueadores
▪ Contraindicações ao uso de betabloqueadores em paciente com inadequado controle de frequência cardíaca
▪ Fibrilação atrial ou outro ritmo cardíaco irregular
▪ IMC > 39 kg/m^2
Contraindicações absolutas
Síndrome coronariana aguda definida
TFG < 30 mL/min (exceto se em diálise crônica) ou evidência de necrose tubular aguda
Anafilaxia prévia, após uso de contraste iodado
Inabilidade para cooperar, incluindo inabilidade para levantar os braços
Gravidez ou suspeita

(continua)

Quadro 1 Considerações acerca da realização de angiotomografia de coronárias na avaliação de dor torácica aguda (modificado de Raff et al.[20]) *(continuação)*

Considerações adicionais
Populações sensíveis à radiação (idade e gênero)
História prévia de exposição à radiação
Necessidade de tomografia de tórax por outro motivo, p. ex.: elevação de dímero D Angio-TC de coronárias pode ser uma alternativa a um teste de estresse
Suspeita de outra doença intratorácica
Incapacidade de realizar estratégias alternativas, na presença de contraindicações relativas

A SCCT também aborda alguns requisitos para a implementação de serviço de angiotomografia de coronárias. Um tomógrafo de no mínimo 64 detectores, bem como *software* para análise e pós-processamento. As principais considerações quanto à segurança na angiotomografia de coronária dizem respeito à exposição à radiação, reações alérgicas ao contraste iodado e nefropatia induzida pelo contraste. Com relação à radiação, deve ser realizada uma abordagem individualizada de cada paciente, levando em consideração a ALARA [*as low as reasonably achievable* (tão baixo quanto razoavelmente possível)]. As contraindicações relativas e absolutas ao exame também estão contidas no Quadro 1.

TRIPLO DESCARTE

Entre os diagnósticos diferenciais de dor torácica na sala de emergência, o tromboembolismo pulmonar e as síndromes aórticas agudas são os que possuem maior repercussão clínica. Por vezes, alguns pacientes, mesmo após avaliação clínica inicial, permanecem sem definição etiológica. Nesse contexto, a angiotomografia para triplo descarte pode ser útil. Por meio de protocolos específicos de aquisição, podem ser obtidas, em um único exame, informações relativas à aorta e às artérias pulmonares, permitindo a avaliação de síndromes aórticas agudas, tromboembolismo pulmonar ou outras alterações torácicas (pneumonias, traumas etc.).

Um estudo coreano, publicado em 2016 por Chae et al. analisou, retrospectivamente, 1.024 pacientes que deram entrada na sala de emergência e foram submetidos tanto à angiotomografia com protocolo de triplo descarte quanto aos escores clínicos de risco cardiovascular (TIMI, GRACE, Diamond-Forrester e HEART). Considerou-se o exame como positivo nas situações em que se observou DAC obstrutiva, tromboembolismo pulmonar ou síndrome aórtica aguda. O evento primário foi definido como morte, infarto, revascularização, cirurgia cardiovascular ou terapia trombolítica em até 30 dias após a avaliação.[21]

O evento primário ocorreu em 119 pacientes (49,8%) com exame positivo, e em apenas 7 pacientes (0,9%) com exame negativo ($p < 0,001$). O método apresentou sensibilidade, especificidade, valor preditivo positivo e valor preditivo negativo de 95, 88, 54 e 99%, respectivamente. Quando comparado com os escores de risco clínico, foi melhor discriminador entre pacientes com e sem eventos ($p < 0,001$ para todas as comparações). Além disso, pacientes com exame negativo apresentaram tempos de permanência e taxas de admissão hospitalar menores, independentemente das pontuações de risco clínico ($p < 0,001$ para todas as comparações). Logo, concluiu-se que a triagem com a angiotomografia com protocolo de triplo descarte apresentou alto desempenho para os desfechos analisados (morte, infarto, revascularização, cirurgia cardíaca e terapia trombolítica em 30 dias) e permitiu rápida triagem e baixas taxas de admissão.

A maioria dos estudos que avaliou a abordagem de triplo descarte modificou o protocolo de angiotomografia de coronárias de forma a atender às necessidades de avaliação da aorta e artérias pulmonares, com o aumento do campo de visão e utilização de volumes adicionais de contraste. Tais modificações resultaram no aumento de 25 a 150% na dose de radiação e 20 a 50% no volume de contraste. Por essas razões, a imagem de tomografia direcionada ainda é preferível quando o diagnóstico diferencial puder ser restrito. No entanto, o surgimento de novas tecnologias nos tomógrafos de última geração pode reduzir as doses de radiação e contraste iodado, permitindo maior aplicabilidade deste protocolo.

Entretanto, apesar do exposto, mesmo com técnicas otimizadas, o protocolo de aquisição para o descarte triplo ainda é considerado menos eficiente do que os protocolos individuais para avaliação das artérias coronárias, aorta e artérias pulmonares. Portanto, os protocolos de descarte triplo devem ser utilizados somente em situações específicas, nas quais a avaliação clínica for incapaz de direcionar o diagnóstico. Tanto a SCCT[20] quanto a diretriz americana de Uso Apropriado de Imagem Cardiovascular na Emergência[22] preconizam o protocolo de triplo descarte apenas para pacientes selecionados (Tabela 1).

Tabela 1 Indicações da utilização da angiotomografia no triplo descarte em portadores de dor torácica aguda (modificado de Rybicki et al.[22])

Indicações	Triplo descarte
Probabilidade de SCA, TEP ou SAA for baixa	R
Probabilidade de SCA, TEP ou SAA não for baixa	A

A: apropriado; R: raramente apropriado; SCA: síndrome coronariana aguda; TEP: tromboembolismo pulmonar; SSA: síndrome aórtica aguda.

CONCLUSÕES

A avaliação da dor torácica no pronto-socorro constitui um grande desafio para médicos e instituições de saúde. O espectro de dor torácica abrange um conjunto de etiologias que compreende desde doenças benignas e sem implicações prognósticas significativas, como condições musculoesqueléticas, até doenças com risco imediato à vida (SCA e aórticas agudas,e tromboembolismo pulmonar). Nesse contexto, é de fundamental importância a utilização de protocolos que permitam acurácia diagnóstica e custo-efetividade adequados.

A angiotomografia de coronárias demonstrou desempenho robusto na identificação de DAC obstrutiva como causa da dor torácica aguda. Além disso, provou ser segura e útil na liberação precoce de pacientes avaliados na emergência. Dentro das recomendações mais atuais, é respaldada na utilização de protocolos de atendimento de dor torácica para pacientes com estimativa de risco baixa ou intermediária para SCA. Por fim, cabe como alternativa consistente na avaliação simultânea das demais condições que envolvem risco iminente (síndromes aórticas agudas e tromboembolismo pulmonar).

REFERÊNCIAS BIBLIOGRÁFICAS

1. Rumberger JA, Simons DB, Fitzpatrick LA, Sheedy PF, Schwartz RS. Coronary artery calcium area by electron-beam computed tomography and coronary atherosclerotic plaque area. A histopathologic correlative study. Circulation. 1995;92(8):2157-62.
2. Stary HC, Chandler AB, Dinsmore RE, Fuster V, Glagov S, Insull W Jr, et al. A definition of advanced types of atherosclerotic lesions and a histological classification of atherosclerosis. A report from the Committee on Vascular Lesions of the Council on Arteriosclerosis, American Heart Association. Circulation. 1995;92(9):1355-74.
3. Sara L, Szart G, Tachibana A, Shiozaki AA, Villa AV, Oliveira AC, et al. II Diretriz Brasileira de Ressonância Magnética e Tomografia Computadorizada Cardiovascular da Sociedade Brasileira de Cardiologia e do Colégio Brasileiro de Radiologia. Arq Bras Cardiol. 2014;103(6 Suppl 3):
4. Sara L, Rochitte CE, Lemos PA, Niinuma H, Dewey M, Shapiro EP, et al. Accuracy of multidetector computed tomography for detection of coronary artery stenosis in acute coronary syndrome compared with stable coronary disease: A CORE64 multicenter trial substudy. Int J Cardiol. 2014;177(2):385-91.
5. Correia LCL, Esteves FP, Carvalhal M, Souza TMB, Sá N, Correia VCA, et al. Zero calcium score as a filter for further testing in patients admitted to the coronary care unit with chest pain. Arq Bras Cardiol. 2017;109(2):97-102.
6. Sarwar A, Shaw LJ, Shapiro MD, Blankstein R, Hoffmann U, Cury RC, et al. Diagnostic and prognostic value of absence of coronary artery calcification. JACC Cardiovasc Imaging. 2009;2(6):675-88.
7. Budoff MJ, Achenbach S, Blumenthal RS, Carr JJ, Goldin JG, Greenland P, et al.; American Heart Association Committee on Cardiovascular Imaging and Intervention; American Heart Association Council on Cardiovascular Radiology and Intervention; American Heart Association Committee on CardiacImaging, Council on Clinical Cardiology. Assessment of coronary artery disease by cardiac computed tomography: a scientific statement from the American Heart Association Committee on Cardiovascular Imaging and Intervention, Council on Cardiovascular Radiology and Intervention, and Committee on Cardiac Imaging, Council on Clinical Cardiology. Circulation. 2006;114(16):1761-91.
8. Greenland P, Bonow RO, Brundage BH, Budoff MJ, Eisenberg MJ, Grundy SM, et al.; American College of Cardiology Foundation Clinical Expert Consensus Task Force (ACCF/AHA Writing Committee to Update the 2000 Expert Consensus Document on Electron Beam Computed Tomo-

graphy); Society of Atherosclerosis Imaging and Prevention; Society of Cardiovascular ComputedTomography. ACCF/AHA 2007 clinical expert consensus document on coronary artery calcium scoring by computed tomography in global cardiovascular risk assessment and in evaluation of patients with chest pain: a report of the American College of Cardiology Foundation Clinical Expert Consensus Task Force (ACCF/AHA Writing Committee to Update the 2000 Expert Consensus Document on Electron Beam Computed Tomography). J Am Coll Cardiol. 2007;49(3):378-402.

9. Haberl R, Becker A, Leber A, Knez A, Becker C, Lang C, et al. Correlation of coronary calcification and angiographically documented stenosis in patients with suspected coronary artery disease: results of 1,764 patients. J Am Coll Cardiol. 2001;37(2):451-7.
10. Bhuiya FA, Pitts SR, McCaig LF. Emergency department visits for chest pain and abdominal pain: United States, 1999-2008. NCHS Data Brief. 2010;(43):1-8.
11. National hospital ambulatory medical care survey: 2010 emergency department summary tables. In; 2010. Disponível em: https://www.cdc.gov/nchs/data/ahcd/nhamcs_emergency/2010_ed_web_tables.pdf. Acesso em: 4 ago. 2019.
12. Teich V, Araujo V D. Estimativa de Custo da Síndrome Coronariana Aguda no Brasil. Rev Bras Cardiol. 2011;24(2):85-94.
13. Fesmire FM, Martin EJ, Cao Y, Heath GW. Improving risk stratification in patients with chest pain: the Erlanger HEARTS3 score. Am J Emerg Med. 2012;30(9):1829-37.
14. Pope JH, Aufderheide TP, Ruthazer R, Woolard RH, Feldman JA, Beshansky JR, et al. Missed diagnoses of acute cardiac ischemia in the emergency department. N Engl J Med. 2000;342(16):1163-70.
15. Amsterdam E A, Kirk JD, Bluemke DA, Diercks D, Farkouh ME, Garvey JL, et al.; American Heart AssociationExercise, Cardiac Rehabilitation, and Prevention Committee of the Council on Clinical Cardiology, Council on Cardiovascular Nursing, and Interdisciplinary Council on Quality of Care and Outcomes Research. Testing of low-risk patients presenting to the emergency department with chest pain:a scientific statement from the American Heart Association. Circulation. 2010;122(17):1756-76.
16. Goldstein JA, Chinnaiyan KM, Abidov A, Achenbach S, Berman DS, Hayes SW, et al.; CT-STAT Investigators. The CT-STAT (Coronary Computed Tomographic Angiography for Systematic Triage of Acute Chest Pain Patients to Treatment) trial. J Am Coll Cardiol. 2011;58(14):1414-22.
17. Litt HI, Gatsonis C, Snyder B, Singh H, Miller CD, Entrikin DW, et al. CT angiography for safe discharge of patients with possible acute coronary syndromes. N Engl J Med. 2012;366(15):1393-403.
18. Hoffmann U, Truong QA, Schoenfeld DA, Chou ET, Woodard PK, Nagurney JT, et al; ROMICAT-II Investigators. Coronary CT angiography versus standard evaluation in acute chest pain. N Engl J Med. 2012;367(4):299-367.
19. Linde JJ, Hove, JD, Sorgaard M, Kelbæk H, Jensen GB, Kühl JT, et al. Long-term clinical impact of coronary ct angiography in patients with recent acute-onset chest pain: the randomized controlled CATCH Trial. JACC Cardiovasc Imaging. 2015;8(12):1404-13.
20. Raff GL, Chinnaiyan MK, Cury RC, Garcia MT, Hecht HS, Hollander JE, et al.; Society of Cardiovascular Computed Tomography Guidelines Committee. SCCT guidelines on the use of coronary computed tomographic angiography for patients presenting with acute chest pain to the emergency department: A Report of the Society of Cardiovascular Computed Tomography Guidelines Committee. J Cardiovasc Comput Tomogr. 2014;8(4):254-71.
21. Chae MK, Kim EK, Jung KY, Shin TG, Sim MS, Jo IJ, et al. Triple rule-out computed tomography for risk stratification of patients with acute chest pain. J J Cardiovasc Comput Tomogr. 2016;10(4):291-300.
22. Rybicki FJ, Udelson JE, Peacock WF, Goldhaber SZ, Isselbacher EM, Kazerooni E, et al. 2015 ACR/ACC/AHA/AATS/ACEP/ASNC/NASCI/SAEM/SCCT/SCMR/SCPC/SNMMI/STR/STS. Appropriate utilization of cardiovascular imaging in emergency department patients with chest pain. JACC 2016;67(7):853-79.

16 Características e carga de placa de aterosclerose coronariana

Marcio Sommer Bittencourt
Roberto Nery Dantas Júnior

INTRODUÇÃO

Com a tecnologia atual, a angiotomografia de artérias coronárias (TCcor) apresenta alta acurácia diagnóstica, pela capacidade tanto de documentar a ausência de placas ateroscleróticas em artérias coronárias como de avaliar a redução luminal do vaso causado por estas placas. A alta acurácia diagnóstica para a detecção de estenoses significativas pela TCcor foi demonstrada em diversos estudos que correlacionaram o método com a angiografia coronariana invasiva.[1] No entanto, a TCcor apresenta a capacidade de avaliar outras características da doença arterial coronariana (DAC). Pela capacidade de identificar tecidos com diferentes densidades radiológicas, a TCcor permite a visualização direta dos componentes das placas ateroscleróticas e não somente a repercussão na luz do vaso. Com isso é possível avaliar diretamente a carga de placa aterosclerótica, tanto pelo número de segmentos coronarianos envolvidos quanto pela presença de remodelamento extraluminal, que pode estar associado à grande carga de placa a despeito de pouca ou nenhuma redução luminal.

Além disso, a capacidade de diferenciação de tecidos pela TC permite a caracterização da composição da placa de acordo com a densidade radiológica, em unidades Hounsfield (HU). Estudos recentes têm avaliado a utilidade clínica das medidas de carga de placa aterosclerótica e da composição na avaliação de pacientes com suspeita clínica de doença coronariana. Neste capítulo serão abordados os dados disponíveis sobre a carga aterosclerótica e composição de placa pela TCcor.

COMPOSIÇÃO DE PLACA E ASSOCIAÇÃO COM EVENTOS CARDIOVASCULARES

Os estudos clássicos de DAC demonstravam que a presença de estenose coronariana com redução luminal acima de 50 a 70% estavam associados à maior incidência de síndromes coronarianas agudas (SCA).[2] Baseados nesses dados, o diagnóstico e a estratificação de risco de DAC ficaram consolidados pela investigação das lesões coronarianas "significativas", definidas como lesões que levem à redução luminal superior a 50%. Alternativamente, métodos diagnósticos baseados na investigação de isquemia passaram a ser utilizados para o diagnóstico de DAC "significativa" com o entendimento de que a isquemia indicaria redução luminal significativa, enquanto a ausência indicaria a ausência de DAC significativa. No entanto, com a publicação de estudos de angiografia invasiva com ultrassonografia intracoronariana (IVUS) e histologia virtual (VH-IVUS) ficou demonstrado que grande parte dos eventos coronarianos agudos futuros estava associada a placas sem redução luminal "significativa".[3] Estudos de doença sugerem que o mecanismo mais comum que leva a SCA é a ruptura da placa aterosclerótica. Nesses estudos diversas características de placa foram descritas como associadas ao maior risco de ruptura, e placas com essas características têm sido descritas como de "alto risco" ou com sinais de vulnerabilidade.

Tanto estudos de necropsia como estudos com IVUS e VH-IVUS demonstraram que o grau de estenose de placas que evoluem com ruptura é bastante similar com o das placas que permanecem estáveis. No entanto, essas placas de alto risco são caracterizadas por fibroateromas de capa muito fina (< 65 micrômetros), o que fica abaixo do limite de detecção alcançada pela TCcor. Logo, com a tecnologia atual, a identificação acurada destes fibroateromas por TCcor se torna problemática. Entretanto, algumas outras características de placa podem estar associadas ao fibroateroma de capa fina e ao maior risco de ruptura, e algumas destas características podem ser facilmente detectáveis pela TCcor. As características que habitualmente são descritas como compatíveis com placas de alto risco são: placas de baixa atenuação (< 30 UH), remodelamento positivo, calcificações difusas (*spotty calcification*) e a presença do sinal de porta-guardanapo (*napkin ring sign* [NRS]).[4,5]

É importante ressaltar que nem todas as placas de alto risco evoluem para ruptura, e nem todas as rupturas de placa evoluem clinicamente para SCA. Na maior parte dos casos, a ruptura é seguida de um processo cicatricial de estabilização e progressão da estenose do vaso. Para que a ruptura da placa evolua com um padrão de SCA são necessários outros substratos, como alterações de fibrinólise, ativação plaquetária e um estado inflamatório. Ainda que a identificação da placa de alto risco tenha associação apenas moderada com a ocorrência de eventos, a identificação pode ser de interesse clínico visto que a ocorrência de eventos na ausência é extremamente rara.[5]

CARACTERIZAÇÃO DE PLACAS DE ALTO RISCO

Em análises iniciais, a simples categorização da placa pela TCcor de acordo com a presença ou não do componente de calcificação foi utilizada na estratificação de risco de pacientes com suspeita de DAC significativa. Apesar de placas calcificadas e parcialmente calcificadas estarem associadas ao maior risco de eventos cardiovasculares futuros, estes achados perdem significância após o ajuste para fatores de risco cardiovascular, idade e sexo.[6] Resultados similares também foram descritos em pacientes com SCA.[5] Por outro lado, um estudo com pacientes atendidos em sala de emergência sugere que placas ateroscleróticas não calcificadas estejam fortemente associadas com pior prognóstico.[7] Ao menos em parte, essas diferenças podem ser explicadas pela metodologia dos estudos e pela forma com que foram realizadas as análises estatísticas. Além disso, como indivíduos com múltiplas placas costumam apresentar placas com diferentes composições, a definição da estratégia de análise pode ter impacto significativo nos resultados. Por esses motivos sugere-se que a estratificação das placas ateroscleróticas baseadas exclusivamente na presença e na extensão do componente calcificado *versus* não calcificado seja insuficiente. Assim, deve-se considerar outras características mais claramente associadas ao pior prognóstico, assim como a extensão da carga aterosclerótica conforme descrito a seguir.

As placas de alto risco costumam apresentar grande núcleo necrótico, em extensão e diâmetros detectáveis por TCcor, e uma ou mais das características exemplificadas na Figura 1. Em um estudo clássico definiu-se que placas que apresentam baixa densidade (< 30 UH [Figura 1A]) são mais prevalentes em indivíduos com SCA do que em pacientes com DAC estável (79 *versus* 9%).[5] Outros estudos também demonstraram a íntima correlação de placas de baixa atenuação com as de grande núcleo lipídico avaliado na VH-IVUS.[8] Apesar disso, a diferenciação da composição de placa baseada somente em valores arbitrários de densidade é limitada. A sobreposição nos valores de densidade de placa entre os componentes fibrosos e lipídicos é bastante considerável. Além disso, diversos aspectos dos protocolos de aquisição de imagem, como o kV utilizado, a espessura de corte e as técnicas de reconstrução podem influenciar os valores absolutos de densidade da placa aterosclerótica.

A presença de NRS é uma forma alternativa de identificação de placas com grande núcleo lipídico (Figura 1B) e maior potencial de vulnerabilidade. A definição do NRS é qualitativa e não quantitativa. O NRS é definido como a presença de uma área central de baixa densidade em um corte de eixo curto que aparentemente está em contato direto com a luz do vaso e um anel de alta atenuação ao seu redor.[4] O NRS está associado diretamente com eventos cardiovasculares na evolução clínica.[9]

A terceira característica descrita associada a placas de alto risco é a presença de remodelamento positivo (Figura 1C). Esse remodelamento é o aumento compensatório no diâmetro do vaso que permite a manutenção do lúmen apesar do aumento do tamanho da placa aterosclerótica. Há a associação do remodelamento positivo com a presença de células inflamatórias e aumento do núcleo necrótico. Como a medida do diâmetro do vaso é facilmente aferida pela TCcor, o remodelamento pode ser facilmente identificado e calculado. É definido como aumento de mais de 10% do diâmetro do vaso quando cortado no eixo curto, o que leva à relação > 1,1 para a definição. É importante notar que estes 10% podem representar poucos *pixels* na imagem do vaso e isso pode levar à superestimação da presença de remodelamento positivo, particularmente em vasos de menor calibre.[10] Apesar dessas limitações técnicas, estudos com TCcor têm demonstrado que a identificação de placas com remodelamento positivo está associada ao maior risco de SCA.[5]

Finalmente, a quarta característica de vulnerabilidade é a presença de *spotty calcifications* – calcificações nodulares, descritas como pontos de cálcio ocupando apenas um lado da parede do vaso e com tamanho < 3 mm (Figura 1D). Em estudos de correlação com IVUS, as calcificações nodulares foram associadas à maior probabilidade de fibroateromas de capa fina. Esses dados deram suporte a estudos posteriores que demonstraram que essas calcificações nodulares estão associadas ao maior risco de ruptura de placa, sendo assim marcador de placas de alto risco.[5]

Apesar da clara definição desses achados na TCcor, a sua capacidade de predizer eventos agudos é bastante limitada. Em estudo original foi sugerido que a presença de duas ou mais características de alto risco estão associadas a SCA (Figura 2)[5]. A mesma definição, de ao menos duas características de vulnerabilidade para a definição de placas de alto risco, tem sido recomendada pela Sociedade de Tomografia Cardiovascular.[11]

CARGA DE PLACA ATEROSCLERÓTICA

A carga de placa aterosclerótica pode ser entendida como o volume total das placas em toda a árvore coronariana, englobando tanto a extensão da DAC calculada pelo número de vasos ou segmentos acometidos quanto a gravidade individual de cada lesão, estimada pelo grau de redução luminal, além de levar em conta a presença e o volume das placas com remodelamento positivo.

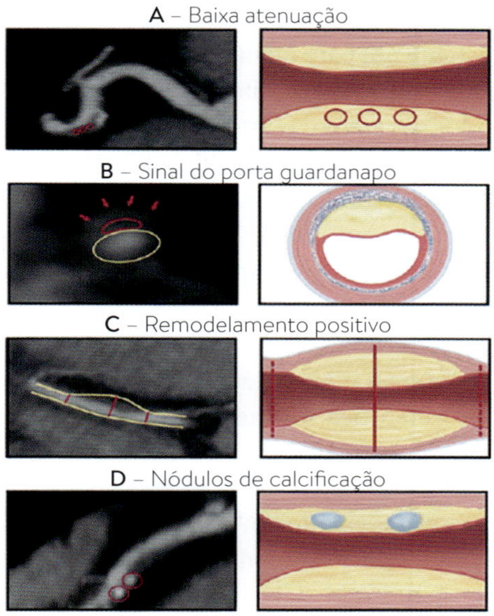

Figura 1 Características de alto risco das placas coronarianas. (A) baixo valor de atenuação tomográfica (< 30 HU); (B) sinal do porta-guardanapo (*napkin ring sign*); (C) remodelamento positivo; (D) nódulos de calcificação (*spotty calcifications*).
Adaptado de Motoyama.[5]

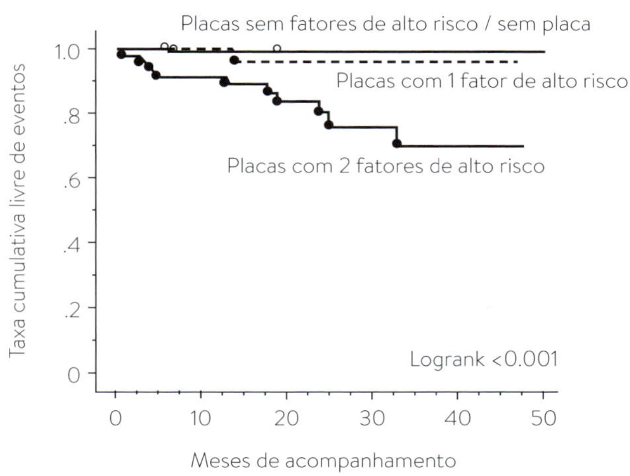

Figura 2 Correlação das características de alto risco da placa aterosclerótica com ocorrência de eventos cardiovasculares.
Adaptado de Motoyama.[5]

Como a TCcor permite a avaliação de todas as artérias coronárias epicárdicas é uma ferramenta bastante útil para quantificação da carga aterosclerótica global. Como com os métodos invasivos, a avaliação costuma ser restrita a apenas um ou dois vasos e não a todos os ramos das artérias coronárias, a TCcor acaba sendo o método mais extensivo para a avaliação global da carga de placa aterosclerótica.

A carga total de placa é um marcador independente de risco de eventos cardiovasculares, independentemente da metodologia utilizada para o cálculo. Estudos prévios demonstraram que a quantificação da carga aterosclerótica por angiografia invasiva ou VH-IVUS está claramente associada ao prognóstico,[12,13] até mesmo em estudos que incluíram somente pacientes com DAC grave.[14] É interessante destacar que no estudo de Mancini et al. a carga de doença aterosclerótica foi melhor para a definição prognóstica do que a presença e a extensão de isquemia miocárdica documentada por métodos de imagem.[14]

Da mesma forma que nos estudos com outros métodos de imagem, a TCcor também é utilizada como uma ferramenta para a quantificação da carga aterosclerótica coronariana. Estudos iniciais de avaliação prognóstica demonstraram que a presença de DAC obstrutiva (> 50% de redução luminal), assim como o número de vasos com lesões obstrutivas estão relacionados à maior taxa de eventos cardiovasculares durante o seguimento (Figura 3).[15,16] No entanto, a categorização arbitrária que define como lesões significativas a presença de placas ateroscleróticas com redução luminal > 50% acaba por subestimar o

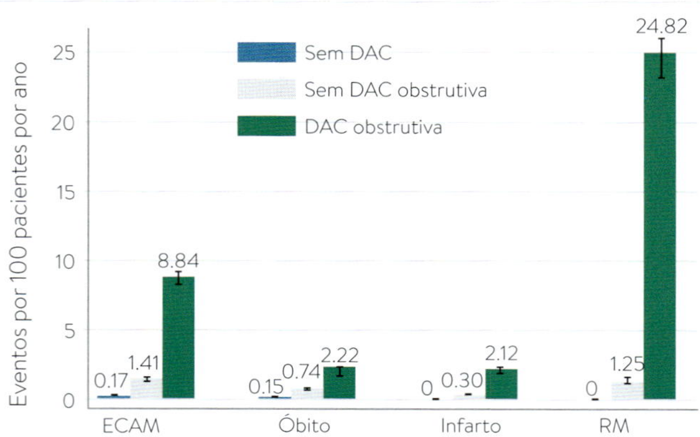

Figura 3 Taxa anual de eventos cardiovasculares estratificados de acordo com resultado da TCcor.

DAC: doença arterial coronariana; ECAM: eventos cardiovasculares adversos maiores; RM: revascularização miocárdica.

Adaptado de Hulten et al.[15]

valor da extensão da DAC e da presença de DAC não obstrutiva, que pode ser detectada facilmente pela tomografia.

Uma forma simples e prática de estimativa da carga de placa aterosclerótica obstrutiva e não obstrutiva é o cálculo do número de segmentos da árvore coronariana com placas ateroscleróticas (escore SIS). Segundo padronização das sociedades de cardiologia, a árvore coronariana pode ser dividida em 17 segmentos. A simples contagem do número de segmentos com placas ateroscleróticas obstrutivas ou não tem importante valor prognóstico. Em um estudo recente, pacientes com DAC não obstrutiva de extensão limitada (< 4 segmentos) têm prognóstico bastante similar ao de indivíduos sem placas ateroscleróticas em segmento médio de 3,5 anos.[17] Por outro lado, indivíduos com placas ateroscleróticas envolvendo mais de 4 segmentos têm maior risco de morte ou infarto agudo do miocárdio (IAM), chegando a incidências anualizadas de eventos próximas a de indivíduos com placas que levam a redução luminal > 50%. Esse estudo também demonstrou que mesmo em indivíduos com placas ateroscleróticas com redução luminal acima de 50% o número de segmentos acometidos é marcador independente de pior risco (Figura 4).

Outra forma é o uso do Leman escore para TCcor, em que cada lesão coronariana recebe um valor de acordo com o grau de importância do segmento envolvido e da característica da placa aterosclerótica. Esse escore de carga ate-

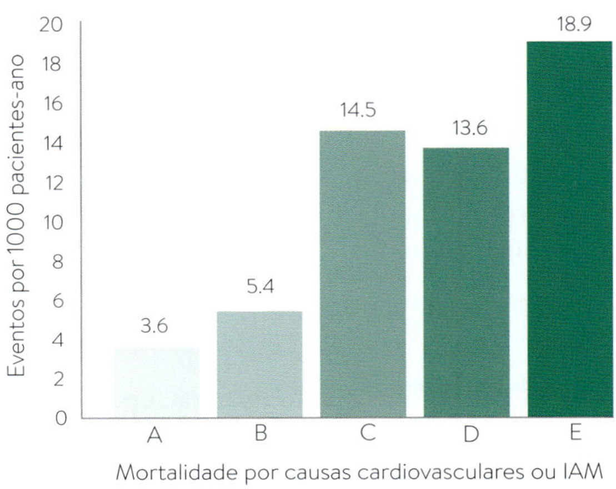

Figura 4 Taxa de mortalidade por causas cardiovasculares ou infarto agudo do miocárdio (IAM) de acordo com presença, gravidade e extensão da doença coronariana (DAC). (A) sem DAC; (B) sem DAC obstrutiva, SIS ≤ 4; (C) sem DAC obstrutiva, SIS > 4; (D) DAC obstrutiva, SIS ≤ 4; (E) DAC obstrutiva, SIS > 4.

Adaptado de Bittencourt et al.[17]

rosclerótica também demonstrou que o prognóstico de placas ateroscleróticas coronarianas não obstrutivas é variável de acordo com a extensão e a localização das placas. Nos casos de escores altos, o risco de indivíduos com placas ateroscleróticas não obstrutivas também foi próximo ao de indivíduos com placas obstrutivas.[18]

Apesar da boa performance para a predição de risco desses escores, todos acabam por utilizar uma versão simplificada e semiquantitativa da carga de placa aterosclerótica na TCcor. Idealmente, a carga de placa poderia ser calculada de forma quantitativa por *softwares* automáticos ou semiautomáticos que não facilitariam somente o cálculo da carga global de placa, mas também poderiam acrescentar detalhes sobre o volume de placa e cada faixa de densidade descrita previamente. Um estudo recente fez uma avaliação preliminar desse tipo de abordagem e demonstrou que a quantificação semiautomática de placas tem valor prognóstico independente.[19] No entanto, esse tipo de avaliação ainda não é realizado de rotina na prática clínica, e estudos adicionais são necessários para avaliar a validade externa desses *softwares* de análise de placas.

TECNOLOGIAS FUTURAS

Novas tecnologias de aquisição de imagem em tomografia computadorizada podem ser úteis para a caracterização adicional de placas ateroscleróticas e possível identificação de placas vulneráveis ou de maior risco. No entanto, essas tecnologias ainda se encontram em estágios preliminares de avaliação e não existem dados clínicos sobre a utilização na avaliação de placas ateroscleróticas de artérias coronárias. Essas novas tecnologias incluem TCcor com dupla energia, análise espectral de imagem, tomografia computadorizada com contagem de fótons, tomografia computadorizada com *phase-contrast* e utilização de imagem molecular com nanopartículas como contraste.

CONCLUSÃO

A utilização da TCcor para avaliação da caracterização de placas e carga aterosclerótica teve grande evolução nos últimos anos, e a evidência que dá suporte ao uso rotineiro na prática clínica é bastante robusta. A evidência da associação de características de placas associadas ao maior risco (baixa atenuação, remodelamento positivo, *spotty calcifications* e sinal do porta-guardanapo) e carga de placa aterosclerótica não obstrutiva e obstrutiva com o risco cardiovascular torna premente que esses dados sejam incorporados à prática clínica rotineira da TCcor para pacientes com suspeita de DAC.

REFERÊNCIAS BIBLIOGRÁFICAS

1. Miller JM, Rochitte CE, Dewey M, Arbab-Zadeh A, Niinuma H, Gottlieb I, et al. Diagnostic performance of coronary angiography by 64-row CT. N Engl J Med. 2008;359(22):2324-36.
2. Ellis S, Alderman E, Cain K, Fisher L, Sanders W, Bourassa M. Prediction of risk of anterior myocardial infarction by lesion severity and measurement method of stenoses in the left anterior descending coronary distribution: a CASS Registry Study. J Am Coll Cardiol. 1988;11(5):908-16.
3. Stone GW, Maehara A, Lansky AJ, de Bruyne B, Cristea E, Mintz GS, et al. A prospective natural-history study of coronary atherosclerosis. N Engl J Med. 2011;364(3):226-35.
4. Maurovich-Horvat P, Schlett CL, Alkadhi H, Nakano M, Otsuka F, Stolzmann P, et al. The napkin ring sign indicates advanced atherosclerotic lesions in coronary CT angiography. JACC Cardiovasc Imaging. 2012;5(12):1243-52.
5. Motoyama S, Sarai M, Harigaya H, Anno H, Inoue K, Hara T, et al. Computed Tomographic Angiography Characteristics of Atherosclerotic Plaques Subsequently Resulting in Acute Coronary Syndrome. J Am Coll Cardiol. 2009;54(1):49-57.
6. Hadamitzky M, Achenbach S, Al-Mallah M, Berman D, Budoff M, Cademartiri F, et al. Optimized prognostic score for coronary computed tomographic angiography: results from the CONFIRM registry (COronary CT Angiography Evaluation For Clinical Outcomes: An International Multicenter Registry). J Am Coll Cardiol. 2013;62(5):468-76.
7. Nance JW, Jr., Bamberg F, Schoepf UJ, Kang DK, Barraza JM, Jr., Abro JA, et al. Coronary atherosclerosis in African American and white patients with acute chest pain: characterization with coronary CT angiography. Radiology. 2011;260(2):373-80.
8. Voros S, Rinehart S, Qian Z, Vazquez G, Anderson H, Murrieta L, et al. Prospective validation of standardized, 3-dimensional, quantitative coronary computed tomographic plaque measurements using radiofrequency backscatter intravascular ultrasound as reference standard in intermediate coronary arterial lesions: results from the ATLANTA (assessment of tissue characteristics, lesion morphology, and hemodynamics by angiography with fractional flow reserve, intravascular ultrasound and virtual histology, and noninvasive computed tomography in atherosclerotic plaques) I study. JACC Cardiovasc Interv. 2011;4(2):198-208.
9. Otsuka K, Fukuda S, Tanaka A, Nakanishi K, Taguchi H, Yoshiyama M, et al. Prognosis of vulnerable plaque on computed tomographic coronary angiography with normal myocardial perfusion image. Eur Heart J. 2014;15(3):332-40.
10. Gauss S, Achenbach S, Pflederer T, Schuhback A, Daniel WG, Marwan M. Assessment of coronary artery remodelling by dual-source CT: a head-to-head comparison with intravascular ultrasound. Heart. 2011;97(12):991-7.
11. Cury RC, Abbara S, Achenbach S, Agatston A, Berman DS, Budoff MJ, et al. Coronary Artery Disease - Reporting and Data System (CAD-RADS): An Expert Consensus Document of SCCT, ACR and NASCI: Endorsed by the ACC. JACC Cardiovasc Imaging. 2016;9(9):1099-113.
12. Maddox TM, Stanislawski MA, Grunwald GK, Bradley SM, Ho PM, Tsai TT, et al. Nonobstructive coronary artery disease and risk of myocardial infarction. JAMA. 2014;312(17):1754-63.
13. Nicholls SJ, Hsu A, Wolski K, Hu B, Bayturan O, Lavoie A, et al. Intravascular ultrasound-derived measures of coronary atherosclerotic plaque burden and clinical outcome. J Am Coll Cardiol. 2010;55(21):2399-407.
14. Mancini GB, Hartigan PM, Shaw LJ, Berman DS, Hayes SW, Bates ER, et al. Predicting outcome in the courage trial: coronary anatomy versus ischemia. JACC Cardiovasc Interv. 2014;7(2):195-201.
15. Hulten EA, Carbonaro S, Petrillo SP, Mitchell JD, Villines TC. Prognostic value of cardiac computed tomography angiography: a systematic review and meta-analysis. J Am Coll Cardiol. 2011;57(10):1237-47.

16. Min JK, Shaw LJ, Devereux RB, Okin PM, Weinsaft JW, Russo DJ, et al. Prognostic value of multidetector coronary computed tomographic angiography for prediction of all-cause mortality. J Am Coll Cardiol. 2007;50(12):1161-70.
17. Bittencourt MS, Hulten E, Ghoshhajra B, O'Leary D, Christman MP, Montana P, et al. Prognostic value of nonobstructive and obstructive coronary artery disease detected by coronary computed tomography angiography to identify cardiovascular events. Circulation Cardiovasc Imaging. 2014;7(2):282-91.
18. Mushtaq S, De Araujo Goncalves P, Garcia-Garcia HM, Pontone G, Bartorelli AL, Bertella E, et al. Long-term prognostic effect of coronary atherosclerotic burden: validation of the computed tomography-Leaman score. Circulation Cardiovasc Imaging. 2015;8(2):e002332.
19. Versteylen MO, Kietselaer BL, Dagnelie PC, Joosen IA, Dedic A, Raaijmakers RH, et al. Additive value of semiautomated quantification of coronary artery disease using cardiac computed tomographic angiography to predict future acute coronary syndrome. J Am Coll Cardiol. 2013;61(22):2296-305.

17

Tomografia computadorizada cardiovascular funcional – perfusão por TC e a FFRtc

Hilka Moraes de Carvalho
Tiago Augusto Magalhães
Carlos Eduardo Rochitte

INTRODUÇÃO

Angina estável é uma apresentação comum na prática clínica e frequentemente exige maior investigação para conduta adequada, objetivando a máxima eficiência e a segurança para o paciente.[1]

A angiotomografia computadorizada de coronárias (ACTC) já está bem estabelecida na cardiologia como método não invasivo que permite visualizar a doença arterial coronariana (DAC), com alta acurácia para excluir a doença, porém com correlação pobre entre as lesões encontradas e a respectiva isquemia.[2-4] A gravidade da estenose coronariana não tem uma relação linear com a isquemia, indicando que outros fatores contribuam na regulação do processo. Menos da metade das estenoses significativas diagnosticadas pela tomografia e confirmadas por angiografia invasiva (CATE) tem significância funcional.[3,4]

A decisão terapêutica baseada apenas na análise anatômica pode precipitar intervenções desnecessárias em pacientes que não possuem isquemia, o que está em desacordo com as novas diretrizes clínicas,[5] visto que não foi identificado benefício de sobrevida em pacientes revascularizados com doença estável com base apenas na avaliação anatômica. Associar medidas anatômicas e funcionais para decidir pela revascularização representa melhora de sobrevida livre de eventos, de forma custo-efetiva e duradoura. Assim, as atuais diretrizes recomendam o diagnóstico de isquemia por teste não invasivo (cintilografia, ecocardiograma sob estresse, ressonância magnética [RM]) antes da tomada de decisão pela angioplastia transluminal coronariana (ATC) ou cirurgia de revascularização miocárdica (CRM).[6] Entretanto, o diagnóstico não invasivo de isquemia também está sujeito a falhas, com frequente seleção inadequada de pacientes para ATC. Os estudos não invasivos de isquemia baseiam-se na identificação da diferença regional na reserva de fluxo coronariano ou nas alterações contráteis como reflexo da isquemia, mas não visualizam diretamente as estenoses coronarianas ou avaliam o significado hemodinâmico de cada uma individualmente. Assim, esses testes têm taxas significativas de falso-positivos e falso-negativos, desencadeando número substancial de cateterismos em que não é identificada DAC.

Habitualmente, o paciente em investigação de DAC acaba sendo submetido a pelo menos dois exames diferentes antes da tomada de decisão sobre a necessidade de revascularização, sendo um deles anatômico e outro funcional. Essa estratégia, embora busque atingir os melhores resultados para o paciente, demanda tempo e custos adicionais pelo uso de diferentes metodologias e recursos humanos e hospitalares nos diferentes procedimentos. Nesse sentido, seria ideal a existência de um método que pudesse realizar, no mesmo exame e no mesmo momento, as análises anatômica e funcional (tal como o cateterismo com avaliação da reserva de fluxo fracionada [FFR]) de forma não invasiva e com adequada precisão.

Assim foram iniciados estudos a fim de avaliar a possibilidade de se obter informação funcional por tomografia computadorizada, método já consagrado na análise anatômica da DAC.[7,8] Esses estudos mostraram bons resultados iniciais, confirmando o potencial da técnica em realizar avaliação de pacientes com suspeita de DAC, fornecendo importantes informações para o manejo terapêutico.[7,9,10]

As principais vantagens dessa abordagem residem na possibilidade de realizar a avaliação integrada (anatômica e funcional) de forma a definir a conduta terapêutica num único momento, otimizando tempo e utilização de recursos.[7,8]

Adiante serão discutidas as formas de obtenção da análise funcional pela tomografia: perfusão miocárdica pela tomografia computadorizada (PMTC) e análise de fluxo fracionado pela tomografia (FFRtc).

PERFUSÃO MIOCÁRDICA PELA TOMOGRAFIA COMPUTADORIZADA (PMTC)

Fundamentação fisiopatológica

O contraste iodado tem característica radiopaca por atenuar os feixes de raios X, determinando, de acordo com a localização, áreas de hiperdensidade proporcional à concentração no tecido avaliado (sangue/músculo). Assim, quanto maior a quantidade de iodo no referido tecido, mais "clara" a imagem se apresenta à tomografia e é possível prever o comportamento do contraste no fluxo sanguíneo utilizando fórmulas matemáticas baseadas nos princípios da teoria de diluição de um traçador.[11]

O contraste iodado é predominantemente intravascular durante o início da primeira passagem e a difusão para o espaço extracelular aumenta ao longo do tempo, de forma que a concentração no espaço extracelular é maior do que no espaço intravascular, depois de 1 minuto.[12] Assim, a partir do conhecido comportamento do contraste nos fluidos e tecidos, é possível identificar a perfusão de primeira passagem que corresponde à chegada do contraste iodado no miocárdio ventricular. Tomando como referência a relação existente entre estenose coronariana e perfusão sob estresse (utilizada em outros métodos não invasivos como cintilografia) é de se esperar que os territórios isquêmicos relacionados a estenoses coronarianas apresentem, no estresse, atraso na perfusão quando comparados a áreas de miocárdio sadio e, portanto, menor quantidade de contraste no referido território.

Para obter as imagens de estresse, faz-se uso de um vasodilatador (dipiridamol, adenosina ou regadenoson) e o contraste iodado é aplicado no pico do efeito vasodilatador específico de cada medicação.

É importante atentar-se que, após o início da infusão do contraste, existe a chamada "janela de oportunidade" que corresponde ao momento oportuno para adquirir as imagens ideais que identificam com maior clareza a diferença de contraste e, portanto, de fluxo miocárdico, relacionados às estenoses coronarianas. Nesse curto período, definido pela janela de oportunidade, as áreas isquêmicas mostram-se menos opacificadas em comparação com o miocárdio sadio, em virtude da menor chegada do contraste. Depois de alguns segundos, o contraste também perfunde o miocárdio isquêmico, e a diferenciação entre áreas em sofrimento e sadias é perdida.

Equipamentos e protocolos

Todos os tomógrafos de 64 ou mais canais que possuem sincronização eletrocardiográfica e que, portanto, são capazes de fazer ACTC, também se prestam a realizar estudo de perfusão com estresse. Há necessidade de bomba infusora de contraste, de preferência com 2 cabeças para injeção em alto fluxo. Não é obrigatório o uso de bomba para infusão do agente estressor, mas pode otimizar o protocolo, garantindo a velocidade adequada ao estudo. No Brasil, o agente estressor mais utilizado para a tomografia é o dipiridamol, pelo mais fácil acesso e menor custo. É imprescindível material de emergências, usualmente já presente nas clínicas, embora estudos tenham demonstrado a segurança dos agentes estressores com raras complicações. Monitoração contínua

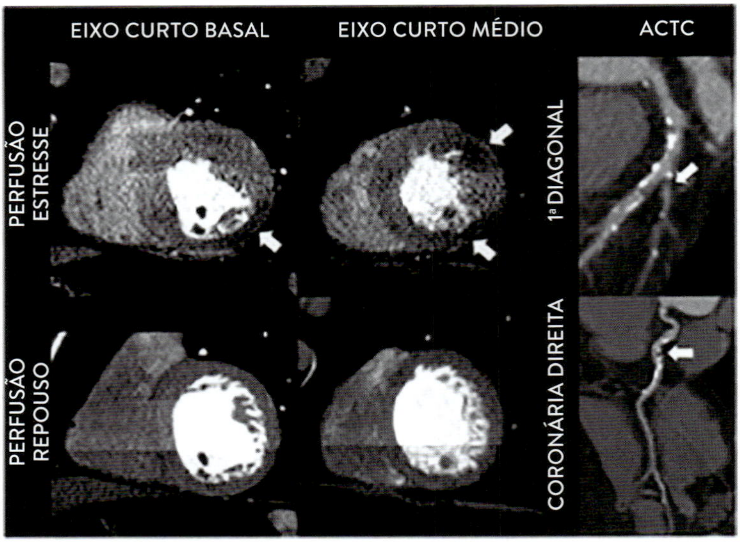

Figura 1 Protocolo combinado de tomografia das artérias coronárias e perfusão miocárdica por TC. Observam-se defeitos perfusionais em segmentos anterolaterais e inferolaterais do ventrículo esquerdo (setas), com reversão completa ao repouso, definindo isquemia miocárdica nestes territórios. A avaliação da tomografia de coronárias evidencia estenoses significativas em primeiro ramo diagonal e em artéria coronária direita (setas), havendo, portanto, alinhamento anatomofuncional (estenoses coronarianas associadas a defeitos reversíveis de perfusão em territórios compatíveis).

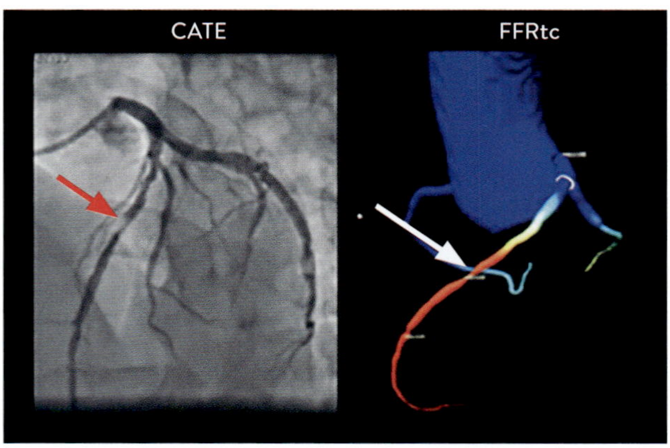

Figura 2 Paciente em investigação de doença arterial coronariana, encaminhado à tomografia de coronárias que evidenciou lesão significativa em artéria descendente anterior. O cateterismo cardíaco confirmou a estenose previamente descrita (seta). A análise funcional não invasiva por FFRtc evidenciou limitação significativa de fluxo distal à estenose, com valor de 0,75 (seta).

de eletrocardiograma (ECG) durante infusão do agente estressor é indispensável, tendo em vista a possibilidade da adenosina e do dipiridamol de induzir bloqueios atrioventriculares avançados. A aminofilina deve estar preparada e prontamente disponível para reversão do estresse, quando indicado. As equipes técnica, de enfermagem e médica devem ser treinadas para a realização correta dos protocolos, abordagem eficaz nas eventuais intercorrências e adequada interpretação dos resultados.

Os pacientes devem estar em jejum de ao menos 4 horas e não podem ingerir produtos com cafeína nas 24 horas que antecedem o exame. É importante uma anamnese na clínica para avaliar as indicações e eventuais contraindicações do exame (instabilidade hemodinâmica, síndrome coronariana aguda, doenças pulmonares que possam ser agravadas pela medicação, alergia ao contraste, insuficiência renal, gravidez, alteração prévia na condução atrioventricular). Devem-se puncionar 2 acessos calibrosos (18 a 20 Gauge) em veia antecubital do braço direito para administração do contraste e do braço esquerdo para infusão do agente estressor e da aminofilina, quando necessário. Pressão arterial e frequência cardíaca devem ser aferidas imediatamente antes e após a infusão do agente estressor. O exame dura em média 30 minutos, englobando as fases de repouso (com análise da anatomia em conjunto) e estresse.

Existem basicamente dois tipos de protocolo a serem seguidos: (1) protocolo repouso-estresse (tomografia de coronária realizada primeiramente, e avaliação da perfusão sob estresse realizada na segunda etapa); e (2) protocolo estresse-repouso. Cada um deles tem suas vantagens.

Quando se inicia a aquisição pelo repouso, privilegia-se a avaliação da anatomia coronariana e é possível cancelar a fase de estresse caso não sejam visualizadas lesões passíveis de determinar isquemia, o que é extremamente custo-efetivo e cômodo para o paciente. Além disso, a imagem da árvore coronariana tem menor risco de ser prejudicada por frequência cardíaca elevada por efeito estressor residual. A desvantagem de a aquisição iniciar pelo repouso reside no eventual efeito teórico do nitrato e dos betabloqueadores (medicamentos utilizados de rotina no preparo da ACTC) mascarar a isquemia miocárdica quando da aquisição do estresse. Assim, quando o objetivo for privilegiar a avaliação da perfusão poderia ser mais adequado iniciar o exame pela fase de estresse.

O uso do betabloqueador é frequente na aquisição das imagens de ACTC, com o intuito de reduzir a frequência cardíaca e consequentemente os artefatos de movimento do exame. Habitualmente é prescrito metoprolol oral e/ou venoso a fim de atingir a frequência em torno de 60 batimentos por minuto (bpm). Não existe uma diretriz formal indicando as dosagens dessas medicações para esse fim, porém estudos prévios já realizaram protocolos individuais com boa eficácia, respeitando a frequência cardíaca de base e o índice de massa corpórea (IMC) de cada paciente.[13] Alguns protocolos utilizam ivabradina para atingir a frequência cardíaca adequada.

Imediatamente antes da fase de repouso, salvo contraindicações, deve ser administrado nitrato sublingual (se pressão arterial sistólica [PAS] > 100 mmHg), respeitando o intervalo de 20 minutos para adquirir a fase de estresse, posteriormente.

A dose de contraste é calculada com base no peso do paciente e deve ser injetada por bomba infusora, preferencialmente de duas cabeças para garantir o fluxo adequado.

A injeção do vasopressor escolhido deve seguir normas rígidas para a obtenção do estresse adequado e maximizar os resultados. O dipiridamol (na dosagem de 0,56 a 0,84 mg/kg) deve ser injetado lentamente em 4 minutos, e a imagem deve ser adquirida no 6º minuto do início da injeção. A adenosina é infundida em bomba de infusão (a uma velocidade de 140 mcg/kg/minuto) durante 4 minutos, e a aquisição é realizada logo no final do último minuto.

O protocolo de aquisição deve conciliar imagens adequadas ao estudo com a menor dose de radiação possível, o que vai variar de acordo com a tecnologia da máquina, a experiência de cada centro e as características de cada paciente (carga de cálcio coronariano, IMC etc.). A fase de estresse deve ser realizada com a menor dose de radiação possível para se obter um exame com qualidade diagnóstica.

Interpretação ACTC/PMTC

O primeiro passo da interpretação, após realizada a angiotomografia, é quantificar as eventuais estenoses encontradas de acordo com a habitual gradação de gravidade (mínima, discreta, moderada e importante) e determinar se existe algum segmento com dificuldade de interpretação ou não interpretáveis (em decorrência da presença de *stent*, importante calcificação ou artefatos). O segundo passo é avaliar a perfusão de repouso e estresse por análises qualitativas e quantitativas (estas em protocolos especiais de perfusão dinâmica e emprego de TC de dupla energia, descritos adiante) de forma a estabelecer a gravidade do déficit de perfusão e se existe reversibilidade no repouso. O terceiro passo é a reclassificação dos achados anatômicos a partir da análise conjunta anatomofuncional, visto que a interpretação da perfusão pode ser a informação necessária para a definição da presença ou da ausência de obstrução em lesões potencialmente limitadas para avaliação luminal pela ACTC (como as lesões intermediárias ou com artefatos); inclusive esse poder de melhorar a precisão da análise luminal já foi corroborado por vários estudos. Assim, diante de segmentos em que houve dúvida diagnóstica na avaliação luminal pela angiografia, a presença de defeito perfusional deve sugerir lesão hemodinamicamente significativa.[9,14,15]

A última etapa da interpretação consiste na integração dos resultados anatômicos e funcionais, correlacionando-as aos segmentos coronarianos com eventuais defeitos perfusionais fixos (fibrose) ou transitórios (isquemia) encontrados, alinhando cada vaso com o território equivalente, seguindo o modelo de segmentação miocárdica atualmente proposto pelas diretrizes internacionais.[5] A Figura 1 traz um exemplo de caso em que se utilizou o protocolo combinado ACTC + PMTC na correlação anatomofuncional de estenoses fluxo limitantes.

No laudo, o examinador deve definir claramente se há correlação das estenoses com os defeitos perfusionais fixos ou transitórios eventualmente encontrados, e quantificar a extensão desses defeitos.

Validação por estudos

Experimentos iniciais confirmaram a possibilidade de a tomografia identificar alterações perfusionais, com validação por microesferas.[16] Estudos unicêntricos posteriores, utilizando tomógrafo de 64 colunas de detectores, demonstraram a possibilidade de realização de perfusão com esses aparelhos.[8,9,14]

Um estudo com 34 pacientes comparando a perfusão por tomografia em relação aos achados da coronariografia associada à cintilografia, conduzido por Blankstein et al.,[17] observou que a acurácia da perfusão miocárdica pela tomografia foi equivalente à da medicina nuclear no diagnóstico de estenoses superiores a 50% confirmadas pela coronariografia. A PMTC mostrou sensibilidade de 93% e especificidade de 74% no diagnóstico de estenoses coronarianas associadas a defeitos perfusionais.

Outros estudos demonstraram, ainda, que a PMTC aumentava a acurácia da ACTC no diagnóstico de estenoses > 50%, usando como referência a coronariografia invasiva.[9]

Rocha-Filho et al.[9] mostraram que avaliação isolada pela ACTC apresentou acurácia de 77 *versus* 90% na avaliação conjunta (ACTC + PMTC), com grande incremento da PMTC na definição de imagens não diagnósticas da ACTC (calcificações significativas, artefatos etc.).

Diante da conhecida limitação da análise de alguns *stents* pela ACTC, um estudo avaliou se a PMTC poderia adicionar valor diagnóstico à ACTC.[14] Assim eles usaram a informação da PMTC para complementar a análise visual do *stent* e, após a avaliação combinada, a acurácia da ACTC isolada subiu de 81 para 91% quando usada a combinação PMTC +ACTC.

O CORE320[13] foi um estudo multicêntrico internacional que incluiu 381 pacientes para avaliar a performance diagnóstica da ACTC + PMTC, usando como referência a cintilografia de perfusão miocárdica (CPM) + CATE. O objetivo foi identificar estenoses > 50% que determinassem defeitos perfusionais. ACTC combinada com PMTC teve acurácia de 87% na análise de todos os pacientes e, quando considerados apenas os que não tinham história pregressa de coronariopatia, a acurácia atingiu 93%.

Magalhães et al., estudando a mesma população do CORE320 para avaliar a aplicabilidade na prática clínica da ACTC + PMTC (leitura combinada realizada pelo mesmo observador), compararam a acurácia da ACTC sozinha *versus* ACTC + PMTC e observaram aumento de acurácia de 73 para 79% com a investigação combinada, com aumento da especificidade e valor preditivo positivo.[18]

Takx et al.[19] publicaram em 2015 uma metanálise (37 estudos com 2.048 pacientes no total) em que compararam a acurácia diagnóstica de variados métodos não invasivos de imagem de perfusão sob estresse (cintilografia, ecocardiograma, tomografia de perfusão, RM e tomografia por emissão de pósitrons [PET]) com o padrão-ouro: reserva de fluxo fracionado (FFR) por cateterismo. Observaram que imagem de perfusão de estresse com RM, PMTC e PET demonstraram elevada acurácia para detecção de doença coronariana hemodinamicamente significativa. Ecocardiograma sob estresse e CPM mostraram-se menos adequados para esse propósito.

Perfusão miocárdica dinâmica

A perfusão dinâmica avalia a perfusão miocárdica em tempo real, usando imagens sequenciais do coração. Com essa técnica é possível quantificar o fluxo miocárdico regional e global e a reserva de fluxo coronariano, aplicando conceitos matemáticos com base nas imagens temporalmente adquiridas, que evidenciam a cinética do contraste na microcirculação. Com *softwares* específicos é possível reconstruir mapas codificados em cores, que estimam o fluxo miocárdico. Os estudos têm demonstrado resultados consistentes da quantificação do fluxo miocárdico absoluto pela perfusão dinâmica pela tomografia quando comparada a diferentes métodos de referência (microesferas, FFR invasivo, cintilografia miocárdica e RM).[20-22]

Uma grande vantagem da perfusão dinâmica é a garantia de não estar perdendo a "janela de oportunidade" essencial para o diagnóstico na perfusão estática. Um grande limitador ao método é a dose de radiação (9,2 a 12,5 mSv), tendo em vista o uso de imagens sequenciais e que ainda pode ser acrescida da dose de radiação necessária à angiotomografia para avaliação luminal.[20-24]

O crescente desenvolvimento de equipamentos e técnicas mais modernos pode tornar a prática mais factível e segura para uso clínico em futuro próximo.

Perfusão com dupla energia

Esta técnica de perfusão consiste na utilização de dois níveis diferentes de emissão de energia (usando diferentes tensões do tubo de raio X) com a geração de dois diferentes conjuntos de imagens. A emissão em baixa voltagem gera imagens com alta contrastação e alto ruído, enquanto a alta voltagem produz imagens com baixa contrastação e baixo ruído. A partir da combinação dessas imagens e usando de conceitos matemáticos específicos, pode-se estimar a quantidade absoluta de iodo identificando áreas de miocárdio sadio e isquêmico. A técnica tem se mostrado consistente, mas ainda com estudos em amostras pequenas e com emprego de níveis consideráveis de radiação.[25,26]

RESERVA DE FLUXO FRACIONADA NÃO INVASIVA: FFRTC

O padrão-ouro para determinar a isquemia lesão específica é a medida da FFR.[6,27] Esse é um procedimento invasivo, realizado no momento do cateterismo, que, por cateter específico, afere a pressão média da coronária distalmente à lesão estenótica e a pressão média da raiz aórtica durante o máximo fluxo de sangue coronariano (hiperemia) e determina um valor correspondente à relação entre essas pressões, chamado FFR. Esse valor expressa o fluxo coronariano ainda existente apesar da estenose[3] e mostrou ser uma ferramenta poderosa na detecção de isquemia relacionada a uma lesão específica. Foi estabelecido o ponto de corte de 0,8, abaixo do qual o paciente se beneficiaria da revascularização.[4,28]

Tendo em vista que a FFR é um método invasivo com potenciais riscos de complicações (dissecção coronariana, hematoma retroperitoneal, entre outras), aumento da duração do procedimento e maior exposição à radiação, foram pesquisadas formas não invasivas para estabelecer esse diagnóstico.[27] Atrelada à realização da ACTC, foi desenvolvida uma forma de se obter uma estimativa não invasiva de FFR, com o objetivo de aproximar o diagnóstico não invasivo daquele considerado padrão-ouro. Assim, foi desenvolvido o método de FFR por tomografia computadorizada (FFRtc), que tem o diferencial de poder correlacionar a isquemia a uma lesão específica, de forma não invasiva.[3,27] Um caso representativo da utilização dessa ferramenta está representado na Figura 2.

Método de aquisição

A FFRtc é obtida a partir das imagens adquiridas durante a realização da ACTC de rotina. Por meio de algoritmos computacionais específicos, as imagens adquiridas pela tomografia produzem um modelo fisiológico da microcirculação coronariana e, aplicando-se princípios físicos da dinâmica de fluidos, são realizadas simulações de pressões e fluxos coronarianos sob vasodilatação máxima. A partir daí é calculada a FFRtc para toda a árvore coronariana. O processo requer algumas horas de simulação computacional, dependendo da qualidade da imagem e da carga de doença aterosclerótica.[27,29,30] Assim como no procedimento invasivo, apresenta o ponto de corte de 0,8, abaixo do qual a lesão determina isquemia significativa.

Validação por estudos

FFRtc foi validado tendo o FFR invasivo como referência.[3,27] Desde a validação até as análises mais recentes, observou-se progressiva melhora da performance diagnóstica, atribuída a melhorias na tecnologia do *software* e no modelo da microcirculação, além do empenho crescente para o seguimento de protocolos ideais na aquisição das imagens.

O DeFACTO[3] foi um estudo multicêntrico internacional que envolveu 252 pacientes com DAC suspeita ou conhecida submetidos à ACTC, FFRtc, cateterismo e FFR e teve como objetivo primário avaliar a precisão diagnóstica de FFRtc mais angiotomografia para o diagnóstico de isquemia por paciente, em comparação com FFR invasivo. A performance por paciente com FFRtc/ACTC foi de 73% (intervalo de confiança [IC] = 67 a 78%) que não atingiu, no limite inferior do IC, o pré-especificado desfecho maior que 70%. Apesar de não atingir o índice para o desfecho primário, o uso adicional de FFRtc à ACTC foi associada à melhor precisão e discriminação para o diagnóstico de DAC hemodinamicamente significativa, quando comparado ao método exclusivamente anatômico, utilizando o cateterismo e FFR invasivo como referência. O estudo também apresentou alto valor preditivo negativo e elevada sensibilidade para FFRtc.

Norgaard et al., num estudo multicêntrico com 254 pacientes,[27] concluíram que, em pacientes com DAC estável, FFRtc tem elevada acurácia para o diagnóstico de doença hemodinamicamente significativa quando comparada com o padrão-ouro (FFR invasivo). O uso da FFRtc nesse estudo determinou um marcante aumento na especificidade, melhorando a performance diagnóstica em relação ao uso de ACTC isolada. O estudo mostrou ainda alto valor preditivo negativo da FFRtc, sendo a isquemia improvável nos pacientes testados negativamente.

O PLATFORM[31] foi um estudo multicêntrico com 584 pacientes sintomáticos de risco intermediário, sem DAC conhecida que concluiu que a TCC/FFRtc é uma alternativa viável e segura ao CATE de se obter uma informação anatômica e funcional de forma não invasiva.

FFRtc pode aumentar a precisão diagnóstica em relação à ACTC isolada, sendo observada melhora da precisão diagnóstica, inclusive para doença intermediária, que representa um subconjunto desafiador para análise exclusivamente angiográfica.[3] O resultado pode tranquilizar mais o clínico e o paciente da ausência de doença desencadeante de isquemia e, assim, diminuir o número de CATE[31] investigativos que não diagnosticam DAC significativa.[3] No PLATFORM, DAC não obstrutiva foi encontrada em 73% dos pacientes submetidos aos exames usuais (qualquer exame de estresse não invasivo ou ACTC sem FFR) e em apenas 12% no grupo investigado com TCC/FFRtc. O estudo PERFECTION avaliou a acurácia diagnóstica da ACTC isolada em comparação com ACTC + FFRtc e ACTC + PMTC em detectar lesões coronarianas funcionalmente significativas, usando como referência o CATE + FFR. Um total de 147 pacientes com CATE + FFR programados foram avaliados com esses dois métodos não invasivos. FFRtc e PMTC aumentaram a especificidade e o valor preditivo positivo da ACTC isolada. A detecção de estenose fluxolimitante foi significativamente maior ($p < 0,001$) para ambos os métodos (ACTC + PMTC e ACTC + FFRtc) em comparação com a ACTC isolada, mas sem diferença entre FFRtc e PMTC.[32]

Características do método

O uso da FFRtc aumenta a disponibilidade de dados funcionais dos pacientes referidos ao CATE e à revascularização, de acordo com o que recomendam as novas diretrizes,[31] determinando mais efetiva triagem dos pacientes para procedimentos invasivos do que as estratégias habituais de cuidados.

O diagnóstico com FFRtc associado à tomografia é realizado de forma não invasiva, em apenas um momento, com curta duração e sem a necessidade de mudanças de protocolo de aquisição do exame rotineiro de ACTC ou uso de imagens adicionais. Assim, apresenta as vantagens de não aumentar a dose de radiação recebida pelo paciente[3,31] (mantendo níveis semelhantes aos demais métodos de avaliação funcional, porém fornecendo o diagnóstico anatomofuncional) e não carece de drogas com função estressora, que podem ser incômodas para o paciente, apresentam variáveis contraindicações e aumentam os custos do exame. Os testes funcionais em uma população com dor torácica podem oferecer, a partir dos achados, mudanças e melhorias nos planos de cuidado, com efeitos em longo prazo.[31]

O *software* específico para cálculo da FFRtc ainda não está amplamente disponível, e necessita de computadores de alto poder de processamento para análise das imagens, tornando a utilização limitada clinicamente. A especificidade e o valor preditivo positivo da FFRtc para detecção de isquemia ainda permanecem baixos sugerindo que, embora tenha havido melhora em relação aos demais métodos, o número de falso-positivos permanece substancial. A aplicação do FFRtc de rotina para avaliação de todos os vasos antes da avaliação invasiva pode resultar em uma investigação desnecessária de muitos pacientes sem isquemia e faltam estudos que comprovem a efetividade nesse contexto.[3] Ainda são necessários mais estudos para validar o FFRtc no contexto de pacientes revascularizados cirúrgica ou percutaneamente.[3] Os estudos com FFRtc não contemplaram pacientes revascularizados ou com *stents*.

A ACTC com FFRtc engloba as análises clínica e funcional em um único exame, o que é interessante na prática clínica e permite a adequada seleção dos pacientes que se beneficiarão do diagnóstico invasivo e da revascularização. O aumento crescente da disponibilidade dos tomógrafos facilita a disseminação do método e, embora a FFRtc ainda seja uma técnica nova,[27] é segura,[31] e tem o potencial de reduzir custos e melhorar os resultados clínicos para pacientes suspeitos de DAC

CONCLUSÃO

A integração das análises anatômica e funcional da DAC em um único exame é uma realidade animadora, eficaz e segura. Atende aos anseios de pacientes, ao permitir uma análise mais rápida e em um único momento, e leva ao médico as informações necessárias e acuradas para definição de conduta, conforme regem as diretrizes clínicas. É um avanço desejável do ponto de vista logístico e econômico, principalmente considerando que a DAC permanece entre as principais causas de morte em todo o mundo.

A crescente e atual disponibilidade de tomógrafos com as características necessárias para garantir imagens para avaliação conjunta anatômica e funcional, torna a avaliação combinada passível de ser oferecida de maneira abrangente.

Com o advento de novos estudos, tecnologias e *softwares*, é possível tornar a avaliação anatômica e funcional pela TC mais disponível. Como aconteceu com a ACTC, é importante estabelecer diretrizes, a serem corroboradas pela Agência Nacional de Saúde Suplementar, que estabeleçam indicações precisas, evitando o uso indiscriminado, com consequente desperdício de recursos, e garantindo que o exame esteja disponível para os pacientes que se beneficiariam da investigação.

A avaliação da perfusão miocárdica pela TC é, portanto, um método diagnóstico robusto, prático e de significativa importância na tomada de decisão clínica no presente e com boas perspectivas de novos avanços futuros. A técnica de FFRtc, por sua vez, ainda carece de maior popularização de *softwares* para uso clínico de forma custo-efetiva, realidade comumente observada com as novas tecnologias.

REFERÊNCIAS BIBLIOGRÁFICAS

1. Ladapo AJ, Blecker S, Douglas PS. Physician decision-making and trends in the use of cardiac stress testing in the United States: an analysis of repeated cross-sectional data. Ann Intern Med. 2014;161(7):482-490.
2. Hulten EA, Carbonaro S, Petrillo SP, Mitchell JD, Villines TC. Prognostic value of cardiac computed tomography angiography: a systematic review and meta-analysis. J Am Coll Cardiol. 2011;57(10):1237-47.
3. Min JK, Leipsic , Pencina J, Berman S, Koo BK, Mieghem C, et al. Diagnostic accuracy of fractional flow reserve from anatomic ct angiography. JAMA. 2012;308(12):1237-45.
4. De Bruyne B, Pijls NH, Kalesan B, Barbato E, Tonino AL, Piroth Z, et al.; FAME 2 Trial Investigators. Fractional flow reserve-guided PCI versus medical therapy in stable coronary disease. N Engl J Med. 2012;367(18):991-1001.
5. Levine GN, Bates ER, Blankenship JC, Bailey SR, Bittl JA, Cercek B, et al.; ACCF, AHA, SCAI. 2011 ACCF/AHA/SCAI guideline for percutaneous coronary intervention: a report of the American College of Cardiology Foundation/American Heart Association Task Force on Practice Guidelines and the Society for Cardiovascular Angiography and Interventions. J Am Coll Cardiol. 2011;58(3):44-122.
6. Task Force Members, Montalescot G, Sechtem U, Achenbach S, Andreotti F, Arden C, Budaj A, et al. 2013 ESC guidelines on the management of stable coronary artery disease: the task force on the management of stable coronary artery disease of the European Society of Cardiology. Eur Heart J. 2013;34(38):2949-3003.
7. Rossi A, Merkus D, Klotz E, Mollet N, de Feyter PJ, Krestin GP. Stress myocardial perfusion: imaging with multidetector CT. Radiology. 2014;270(1):25-46.
8. Cury RC, Magalhães TA, Borges AC, Shiozaki AA, Lemos PA, Junior JS, et al. Dipyridamole stress and rest myocardial perfusion by 64-detector row computed tomography in patients with suspected coronary artery disease. Am J Cardiol. 2010;106(3):310-5.
9. Rocha-Filho JA, Blankstein R, Shturman LD, Bezerra HG, Okada DR, Rogers IS, et al. Incremental value of adenosine-induced stress myocardial perfusion imaging with dual-source CT at cardiac CT angiography. Radiology. 2010;254(2):410-9.
10. Uthamalingam S, Gurm GS, Sidhu MS, Verdini DJ, Vorasettakarnkij Y, Engel LC, et al. Comparison of dual-source 64-slice adenosine stress CT perfusion with stress-gated SPECT-MPI for evaluation of left ventricular function and volume. J Cardiovasc Comput Tomogr. 2012;6(1):24-30.
11. Stewart GN. Researches on the circulation time and on the Influences which affect it. J Physiol. 1897;22(3):159-83.
12. Newhouse JH, Murphy RX. Tissue distribution of soluble contrast: effect of dose variation and changes with time. AJR Am J Roentgenol. 1981;136(3):463-7.
13. Rochitte CE, George RT, Chen MY, Arbab-Zadeh A, Dewey M, Miller JM, et al. Computed tomography angiography and perfusion to assess coronary artery stenosis causing perfusion defects by single photon emission computed tomography: the CORE320 study. Eur Heart J. 2014;35(17):1120-30.
14. Magalhães TA, Cury RC, Pereira AC, Moreira VdM, Lemos PA, Kalil-Filho R, et al. Additional value of dipyridamole stress myocardial perfusion by 64-row computed tomography in patients with coronary stents. Journal of Cardiovascular Computed Tomography. 2011;62(16):1476-85.
15. Rief M, Zimmermann E, Stenzel F, Martus, Stangl K, Greupner J, et al. Computed tomography angiography and myocardial computed tomography perfusion in patients with coronary stents: prospective intraindividual comparison with conventional coronary angiography. J Am Coll Cardiol. 2013;62(16):1476-85.
16. George RT, Silva C, Cordeiro MA, DiPaula A, Thompson DR, McCarthy WF, et al. Multidetector computed tomography myocardial perfusion imaging during adenosine stress. J Am Coll Cardiol. 2006;48(1):153-60.
17. Blankstein R, Shturman LD, Rogers IS, Rocha-Filho JA, Okada DR, Sarwar A, et al. Adenosine-induced stress myocardial perfusion imaging using dual-source cardiac computed tomography. J Am Coll Cardiol 2009;54(12):1072-84.

18. Magalhães TA, Kishi S, George RT, Arbab-Zadeh A, Vavere AL, Cox C, et al. Combined coronary angiography and myocardial perfusion by computed tomography in the identification of flow-limiting stenosis - The CORE320 study: An integrated analysis of CT coronary angiography and myocardial perfusion. J Cardiovasc Comput Tomogr. 2015;9(5):438-45.
19. Takx AP, Blomberg BA, Aidi El, Habets J, Jong A, Nagel E, et al. Diagnostic accuracy of stress myocardial perfusion imaging compared to invasive coronary angiography with fractional flow reserve meta-analysis. Circ Cardiovasc Imaging. 2015;10(7):787-94.
20. Bamberg F, Becker A, Schwarz F, Marcus RP, Greif M, von Ziegler F, et al. Detection of hemodynamically significant coronary artery stenosis: incremental diagnostic value of dynamic CT-based myocardial perfusion imaging. Radiology. 2011;260(3):689-98.
21. Greif M, von Ziegler F, Bamberg F, Tittus J, Schwarz F, D'Anastasi M, et al. CT stress perfusion imaging for detection of haemodynamically relevant coronary stenosis as defined by FFR. Heart. 2013;99(14):1004-11.
22. Rossi A, Dharampal A, Wragg A, Davies L, van Geuns RJ, Anagnostopoulos C, et al. Diagnostic performance of hyperaemic myocardial blood flow index obtained by dynamic computed tomography: does it predict functionally significant coronary lesions? Eur Heart J Cardiovasc Imaging. 2014;15(1):85-94.
23. Huber M, Leber V, Gramer M, Muenzel D, Leber A, Rieber J, et al. Myocardium: dynamic versus single-shot CT perfusion imaging. Radiology. 2013;269(2):378-86.
24. So A, Wisenberg G, Islam A, Amann J, Romano W, Brown J, et al. Non-invasive assessment of functionally relevant coronary artery stenoses with quantitative CT perfusion: preliminary clinical experiences. Eur Radiol. 2012;22(1):39-50.
25. Ko SM, Choi JW, Song MG, Shin JK, Chee HK, Chung HW, et al. Myocardial perfusion imaging using adenosine-induced stress dual-energy computed tomography of the heart: comparison with cardiac magnetic resonance imaging and conventional coronary angiography. Eur Radiol. 2011;21(1):26-35.
26. Ko SM, Choi JW, Hwang HK, Song MG, Shin JK, Chee HK. Diagnostic performance of combined noninvasive anatomic and functional assessment with dual-source CT and adenosine-induced stress dual-energy CT for detection of significant coronary stenosis. Am J Roentgenol. 2012;198(3):512-20.
27. Nørgaard BL, Leipsic J, Gaur S, Seneviratne S, Ko BS, Ito H, et al. Diagnostic performance of noninvasive fractional flow reserve derived from coronary computed tomography angiography in suspected coronary artery disease: the NXT trial (Analysis of Coronary Blood Flow Using CT Angiography: Next Steps). J Am Coll Cardiol. 2014;63(12):1145-55.
28. Muller O, Mangiacapra F, Ntalianis A, Verhamme KM, Trana C, Hamilos M, et al. Long-term follow-up after fractional flow reserve-guided treatment strategy in patients with an isolated proximal left anterior descending coronary artery stenosis. 2011;4(11):1175-82.
29. Taylor CA, Fonte TA, Min K. Computational fluid dynamics applied to cardiac computed tomography for noninvasive quantification of fractional flow reserve. J Am Coll Cardiol. 2013;61(22):2233-41.
30. Gaur S, Achenbach S, Leipsic J, Mauri L, Bezerra HG, Jensen JM, et al. Rationale and design of the HeartFlowNXT (HeartFlow analysis of coronary blood flow using CT angiography: NeXt sTeps) study. J Cardiovasc Comput Tomogr. 2013;61:2233-41.
31. Douglas PS, Pontone G, Hlatky MA, Patel MR, Norgaard BL, Byrne RA, et al. Clinical outcomes of fractional flow reserve by computed tomographic angiography-guided diagnostic strategies vs. usual care in patients with suspected coronary artery disease: the prospective longitudinal trial of FFR(CT): outcome and resource impacts study. Eur Heart J. 2015;36(47):3359-67.
32. Pontone G, Baggiano A, Andreini D, Guaricci AI, Guglielmo M, Muscogiuri G, et al. Stress computed tomography perfusion versus fractional flow reserve CT derived in suspected coronary artery disease: the PERFECTION Study. JACC Cardiovasc Imaging. 2019;12(8 Pt 1):1487-1497.
33. Rochitte CE, Magalhães T. Functional significance of coronary stenosis: is it about the real or virtual physiology? JACC Cardiovasc Imaging. 2019;12(8 Pt 1):1498-1500.

18 O valor prognóstico da angiotomografia de artérias coronárias

Marcio Sommer Bittencourt
Cesar Higa Nomura
Carlos Eduardo Rochitte

INTRODUÇÃO

A doença aterosclerótica pode ter diversas apresentações clínicas, incluindo longo período assintomático, doença isquêmica estável sintomática (angina estável) e episódios agudos incluindo angina instável, infarto agudo do miocárdio e morte súbita. A estratificação de risco inicial em todas as condições é feita pela avaliação clínica, incluindo a história médica pregressa e atual, e na maior parte dos casos sintomáticos a realização de um eletrocardiograma. Em pacientes sintomáticos, a avaliação inicial tem dois objetivos, a definição do diagnóstico que causa o sintoma e a estratificação do risco de eventos futuros, enquanto em pacientes assintomáticos o objetivo principal de qualquer avaliação adicional é a estratificação de risco para eventos futuros.

Diversos estudos já demonstraram que a angiotomografia de artérias coronárias é um excelente método diagnóstico para a avaliação da presença e gravidade da doença arterial coronariana (DAC), com excelente capacidade de descartar a DAC obstrutiva e boa acurácia na confirmação quando comparado com a angiografia invasiva.[1] Apesar da excelente concordância entre os métodos diagnósticos, muitos autores questionaram o real valor prognóstico da angiotomografia de artérias coronárias (TCcor) na estratificação prognóstica de DAC.[2] Desde então, diversos estudos têm avaliado o valor prognóstico da TCcor em diferentes cenários e diferentes populações.

ESTRATIFICAÇÃO DE RISCO DE PACIENTES ASSINTOMÁTICOS

A estratificação de risco de pacientes assintomáticos é baseada em escores de risco clínico como o de Framingham (FRS), o SCORE europeu e o *atherosclerotic cardiovascular disease* (ASCVD). Esses escores levam em conta idade, sexo e presença e gravidade dos fatores de risco cardiovasculares para definir o risco de eventos cardiovasculares futuros em 5 ou 10 anos. São recomendados para a definição de agressividade do tratamento de fatores de risco como dislipidemia, hipertensão arterial sistêmica, diabete e até para o uso do ácido acetilsalicílico.[3-5] Pacientes estratificados com baixo risco cardiovascular não necessitam estratificação adicional ou tratamento farmacológicos; apenas medidas não farmacológicas são recomendadas. Para indivíduos considerados de alto risco cardiovascular, há recomendação de tratamento agressivo de fatores de risco. Para o restante dos indivíduos, definidos como de risco intermediário, as diretrizes sugerem que a população é bastante heterogênea e que a decisão compartilhada do médico e do paciente pode se beneficiar de informações adicionais para a decisão sobre a agressividade do tratamento farmacológico.

Nessa situação, diversos exames complementares laboratoriais ou de imagem têm sido recomendados. Dentro da área de TC cardíaca as diretrizes consideram que a utilização do escore de cálcio coronariano é uma alternativa aceitável para a estratificação de risco adicional desta população.[3,4,6] Nesse contexto, diversos estudos já demonstraram o excelente valor prognóstico do escore de cálcio coronariano.[7] Para indivíduos com escore de cálcio de zero, o risco cardiovascular é extremamente baixo e o tratamento provavelmente deve ser semelhante ao de indivíduos de baixo risco cardiovascular, enquanto para indivíduos com calcificação coronariana, particularmente se escore de cálcio acima de 100, devem ter tratamento agressivo similar ao de indivíduos de alto risco cardiovascular. A utilização do escore de cálcio nessas situações pode ter grande impacto de saúde pública, visto que entre um terço e a metade dos pacientes para quem estatinas estariam recomendadas de acordo com as diretrizes clínicas tem escore de cálcio zero e baixo risco cardiovascular; logo, estes indivíduos deixariam de ter indicação de tratamento farmacológico com a realização do escore de cálcio na estratificação de risco.[8]

Baseado na excelente performance do escore de cálcio para a estratificação de risco de pacientes assintomáticos, muitos pesquisadores consideraram que a TCcor pela capacidade de identificar placas não calcificadas, melhor acurácia na definição de extensão e gravidade de lesões ateroscleróticas. No entanto, até hoje os dados sobre o uso da TCcor para a estratificação de risco adicional de pacientes assintomáticos é restrita a estudos observacionais e apenas um estudo randomizado de tamanho amostral limitado realizado em pacientes diabéticos.[9]

Em todos os estudos observacionais a presença, a extensão e a gravidade da DAC detectada pela TCcor estiveram associadas à incidência de eventos cardiovasculares futuros.[10-12] No entanto, o valor adicional da informação proveniente da TCcor sobre o escore de cálcio é bastante limitado em indivíduos assintomáticos. Dessa forma, as diretrizes de estratificação de risco cardiovascular não recomendam a utilização da TCcor para a estratificação prognóstica de indivíduos assintomáticos. Todavia, nos casos em que a TCcor já foi realizada por outros motivos, a informação clínica é útil e pode ser incorporada à estratificação de risco dos pacientes. Nessa situação particular, a diretriz brasileira de prevenção de aterosclerose reconhece que a aterosclerose coronariana na TCcor pode ser útil para a definição de tratamento em indivíduos assintomáticos, apesar de não estar indicada de rotina.

AVALIAÇÃO DE SÍNDROMES CORONARIANAS AGUDAS E DOR TORÁCICA EM PRONTO-SOCORRO

Desde os primeiros estudos de acurácia diagnóstica, a TCcor tem sido considerada como um potencial instrumento para a avaliação inicial de dor torácica aguda com suspeita de SCA em ambiente de pronto-socorro (PS). Diversos estudos randomizados avaliaram a eficácia do método nessa situação.[13] Esses estudos demonstraram que a TCcor reduz o tempo de permanência hospitalar e o custo do atendimento de PS com eficácia diagnóstica similar. Em particular, a TCcor é útil na estratificação de risco inicial de pacientes de menor risco, em que a probabilidade de DAC e de síndrome coronariana aguda (SCA) é menor. Em uma metanálise dos estudos randomizados de TCcor em PS, a taxa de eventos dos pacientes avaliados com TCcor foi semelhante à de avaliados de acordos com os protocolos institucionais habituais (Figura 1).[14] No entanto, o grupo submetido à TCcor apresentou maior taxa de coronariografias invasivas e revascularização miocárdica. Outros estudos demonstraram ainda que pacientes submetidos à TCcor tem redução na taxa de admissão hospitalar.[15]

Apesar da limitação desses dados de estudos randomizados pelo curto tempo de seguimento e a baixa incidência de eventos cardiovasculares, o estudo ROMICAT I realizou o seguimento de até 2 anos de pacientes submetidos à TCcor em ambiente de PS. Nesse estudo, a TCcor foi realizada de forma cega, e os pacientes foram conduzidos de acordo com protocolos institucionais habituais à época do estudo. A taxa de eventos cardiovasculares combinados foi zero para pacientes sem DAC na TCcor inicial; enquanto pacientes com DAC não obstrutiva tiveram 4,6% de eventos em 2 anos. Em pacientes com DAC obstrutiva, a taxa de eventos foi acima de 2%, em grande parte pela taxa de revascularizações e eventos ocorridos no período da admissão inicial no PS (Figura 2).[16]

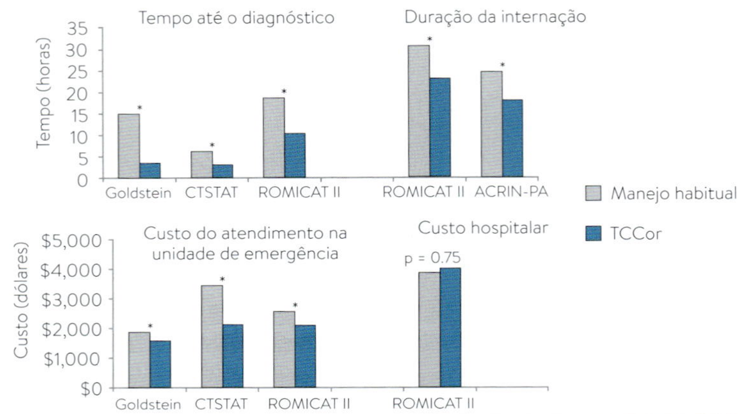

Figura 1 Estudos randomizados comparando o tempo até o diagnóstico, duração da internação hospitalar, custo do atendimento na unidade de emergência e custo hospitalar total.
ACRIN-PA: American College of Radiology Imaging Network of Pennsylvania; CT-STAT: Coronary Computed Tomographic Angiography for Systematic Triage of Acute Chest Pain Patients to Treatment Trial; ROMICAT II: Rule out Myocardial Ischemia/Infarction using Computed Assisted Tomography Trial.

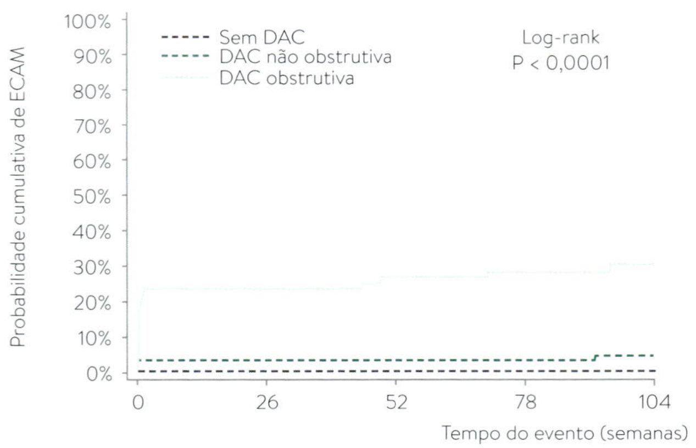

Nº de pacientes em risco de ECAM	388	328	312	388	131
Sem DAC	183	170	160	159	68
DAC não obstrutiva	117	109	106	106	40
DAC obstrutiva	68	49	46	45	23

Figura 2 Incidência cumulativa de eventos cardiovasculares combinados de acordo com a presença e a gravidade de doença arterial coronariana.
DAC: doença arterial coronariana; ECAM: eventos cardiovasculares adversos maiores.

TCCOR NA AVALIAÇÃO PROGNÓSTICA DE PACIENTES COM DAC ESTÁVEL

A maior parte dos estudos de avaliação prognóstica da TCcor foi realizada com pacientes com apresentação clínica de DAC estável. A maior parte dos estudos iniciais foi realizada com tempo de seguimento relativamente curto, de até 2 anos. Nesses estudos, ficou claro o excelente prognóstico de pacientes com TCcor sem aterosclerose coronariana.[17] Em uma metanálise dos principais estudos prognósticos até 2011 ficou demonstrado que a taxa de infarto ou revascularização de paciente com TCcor sem aterosclerose era zero, enquanto a taxa de morte por qualquer causa era baixa. A aterosclerose não obstrutiva associou-se ao discreto aumento nas taxas de morte, infarto e revascularizações miocárdicas, enquanto a aterosclerose obstrutiva, definida como lesões acima de 50%, apresentou forte associação com todos os eventos cardiovasculares avaliados (Figura 3).[17]

Alguns estudos de curto prazo, nessa época, também demonstraram que a carga de placa aterosclerótica, definida pelo número de segmentos coronarianos com placas (SIS) e a localização das placas ateroscleróticas, com pior prognóstico para placas em segmentos proximais, estava associada ao pior prognóstico. Em outra metanálise, cada segmento coronariano adicional com placa aterosclerótica esteve associado a um *hazard ratio* de 1,25 ($p < 0,001$).[18]

Mais recentemente tem sido publicado estudos com maior duração de valor prognóstico de TCcor. Os achados anteriores foram replicados em estudo alemão com seguimento clínico de até 5 anos.[19] Nesse seguimento mais longo, a taxa de eventos em pacientes sem DAC na TCcor inicial permaneceu extre-

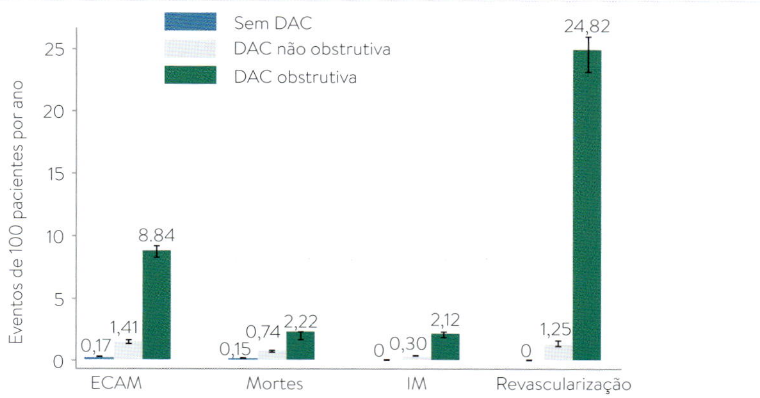

Figura 3 Taxa anualizada de eventos estratificada de acordo com a presença e a gravidade da doença arterial coronariana detectada pela angiotomografia de artérias coronárias. IM: infarto miocárdico.

mamente baixa (0,24%/ano para eventos combinados), enquanto a presença de DAC obstrutiva, particularmente se extensa, esteve associada ao aumento expressivo na taxa de eventos cardiovasculares.

Além da extensão da duração do seguimento clínico, estudos mais recentes têm utilizado outras informações derivadas da TCcor para a estratificação prognóstica de pacientes estáveis. Foi demonstrado que a extensão de placa aterosclerótica não obstrutiva e obstrutiva está associada à maior taxa de eventos cardiovasculares no médio prazo.[20] Inclusive, pacientes com DAC não obstrutiva extensa podem apresentar risco de eventos semelhantes ao de indivíduos com DAC obstrutiva. Outros estudos procuraram avaliar as características da placa aterosclerótica como marcador prognóstico. E encontram-se detalhados no capítulo sobre carga e características de placa (Capítulo 16).

A utilização de TCcor na avaliação de pacientes estáveis também foi analisada em estudos randomizados. Dois grandes estudos randomizados compararam o impacto da avaliação inicial de dor torácica estável pela TCcor com protocolos habituais de estratificação de risco cardiovascular. No estudo PROMISE foram randomizados 10 mil pacientes para os dois braços e não houve qualquer diferença na taxa de eventos combinados durante o seguimento clínico.[21] Por outro lado, o estudo SCOT-HEART randomizou mais de 4 mil pacientes para a avaliação clínica habitual *versus* avaliação clínica habitual associada à TCcor e demostrou tendência de redução de eventos cardiovasculares no grupo submetido à TCcor.[22] Em uma metanálise combinando ambos estudos com dados de estudos randomizados de menor porte ficou demonstrado que a utilização de TCcor em pacientes com sintomas sugestivos de DAC estável está associada à redução de infarto agudo do miocárdio, porém com aumento da taxa de revascularizações miocárdicas (Figura 4).[23] Tais achados também foram corroborados por estudo observacional de grande porte realizado na Dinamarca.[24]

Uma subanálise do estudo PROMISE também demonstrou o forte valor prognóstico associado aos achados da TCcor. Conforme demonstrado previamente, a aterosclerose não obstrutiva, aterosclerose obstrutiva e aterosclerose obstrutiva extensa estão progressivamente associadas ao aumento de risco de eventos cardiovasculares.[25]

CONCLUSÃO

A evidência do valor prognóstico da TCcor é robusta em todo o espectro de apresentação clínica da DAC. Além do uso para a definição diagnóstica da presença ou ausência de DAC, os achados de DAC obstrutiva, não obstrutiva, extensão de carga ateroscleróticas, gravidade das lesões e características de placa são úteis na avaliação prognóstica dessa população e devem ser incorporadas à prática clínica de rotina.

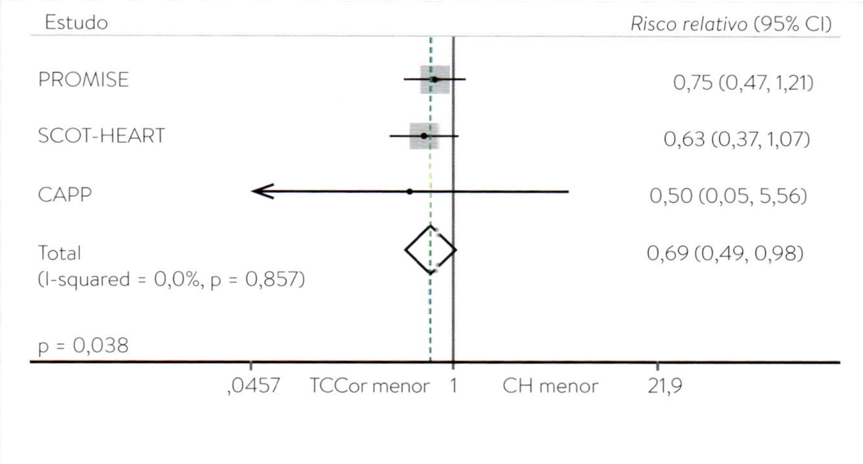

Figura 4 Estimativa combinada do risco relativo de infarto agudo do miocárdio quando a investigação de doença arterial coronariana estável foi realizada com testes funcionais *vs.* angiotomografia de artérias coronárias em estudos randomizados.

CH: cuidado habitual; TCCor: angiotomografia de artérias coronárias.

REFERÊNCIAS BIBLIOGRÁFICAS

1. Miller JM, Rochitte CE, Dewey M, Arbab-Zadeh A, Niinuma H, Gottlieb I, et al. Diagnostic performance of coronary angiography by 64-row CT. N Engl J Med. 2008;359(22):2324-36.
2. Taylor AJ, Cerqueira M, Hodgson JM, Mark D, Min J, O'Gara P, Rubin GD; Force ACoCFAUCT, Tomography SoCC, Radiology ACo, Association AH, Echocardiography ASo, Cardiology ASoN, Imaging NASfC, Interventions SfCAa and Resonance SfCM. ACCF/SCCT/ACR/AHA/ASE/ASNC/NASCI/SCAI/SCMR 2010 Appropriate Use Criteria for Cardiac Computed Tomography. A Report of the American College of Cardiology Foundation Appropriate Use Criteria Task Force, the Society of Cardiovascular Computed Tomography, the American College of Radiology, the American Heart Association, the American Society of Echocardiography, the American Society of Nuclear Cardiology, the North American Society for Cardiovascular Imaging, the Society for Cardiovascular Angiography and Interventions, and the Society for Cardiovascular Magnetic Resonance. Circulation. 2010;122(21):e525-55.
3. Xavier HT, Izar MC, Faria Neto JR, Assad MH, Rocha VZ, Sposito AC, et al. V Brazilian Guidelines on Dyslipidemias and Prevention of Atherosclerosis. Arq Bras Cardiol. 2013;101(4 Suppl 1):1-20.
4. Bertoluci MC, Moreira RO, Faludi A, Izar MC, Schaan BD, Valerio CM, et al. Brazilian guidelines on prevention of cardiovascular disease in patients with diabetes: a position statement from the Brazilian Diabetes Society (SBD), the Brazilian Cardiology Society (SBC) and the Brazilian Endocrinology and Metabolism Society (SBEM). Diabetol Metab Syndr. 2017;9:53.
5. Whelton PK, Carey RM, Aronow WS, Casey DE, Collins KJ, Dennison Himmelfarb C, et al. 2017 ACC/AHA/AAPA/ABC/ACPM/AGS/APhA/ASH/ASPC/NMA/PCNA Guideline for the Prevention, Detection, Evaluation, and Management of High Blood Pressure in Adults. A Report of the American College of Cardiology/American Heart Association Task Force on Clinical Practice Guidelines. Circulation. 2018;138(17):e426-83.

6. Goff Jr DC, Lloyd-Jones DM, Bennett G, Coady S, D'Agostino Sr RB, Gibbons R, et al. 2013 ACC/AHA Guideline on the Assessment of Cardiovascular Risk: A Report of the American College of Cardiology/American Heart Association Task Force on Practice Guidelines. J Am Coll Cardiol. 2014;63(25 Pt B):2935-59.
7. Detrano R, Guerci AD, Carr JJ, Bild DE, Burke G, Folsom AR, et al. Coronary calcium as a predictor of coronary events in four racial or ethnic groups. N Engl J Med. 2008;358(13):1336-45.
8. Nasir K, Bittencourt MS, Blaha MJ, Blankstein R, Agatson AS, Rivera JJ, et al. Implications of Coronary Artery Calcium Testing Among Statin Candidates According to American College of Cardiology/American Heart Association Cholesterol Management Guidelines: MESA (Multi-Ethnic Study of Atherosclerosis). J Am Coll Cardiol. 2015;66(15):1657-68.
9. Muhlestein JB, Lappé DL, Lima JC, Rosen BD, May HT, Knight S, et al. Effect of screening for coronary artery disease using ct angiography on mortality and cardiac events in high-risk patients with diabetes: The factor-64 randomized clinical trial. JAMA. 2014;312(21):2234-43.
10. Cho I, Suh JW, Chang HJ, Kim KI, Jeon EJ, Choi SI, et al. Prevalence and prognostic implication of non-calcified plaque in asymptomatic population with coronary artery calcium score of zero. Korean Circ J. 2013;43(3):154-60.
11. Mittal TK, Pottle A, Nicol E, Barbir M, Ariff B, Mirsadraee S, et al. Prevalence of obstructive coronary artery disease and prognosis in patients with stable symptoms and a zero-coronary calcium score. Eur Heart J Cardiovasc Imaging. 2017;18(8):922-9.
12. Hulten E, Bittencourt MS, Ghoshhajra B, O'Leary D, Christman MP, Blaha MJ, et al. Incremental prognostic value of coronary artery calcium score versus CT angiography among symptomatic patients without known coronary artery disease. Atherosclerosis. 2014;233(1):190-5.
13. Staniak HL, Bittencourt MS, Pickett C, Cahill M, Kassop D, Slim A, et al. Coronary CT angiography for acute chest pain in the emergency department. J Cardiovasc Comp Tomogr. 2014;8(5):359-67.
14. Hulten E, Pickett C, Bittencourt MS, Villines TC, Petrillo S, Di Carli MF, Blankstein R. Outcomes after coronary computed tomography angiography in the emergency department: a systematic review and meta-analysis of randomized, controlled trials. J Am Coll Cardiol. 2013;61(8):880-92.
15. Poon M, Cortegiano M, Abramowicz AJ, Hines M, Singer AJ, Henry MC, et al. Associations between routine coronary computed tomographic angiography and reduced unnecessary hospital admissions, length of stay, recidivism rates, and invasive coronary angiography in the emergency department triage of chest pain. J Am Coll Cardiol. 2013;62(6):543-52.
16. Schlett CL, Banerji D, Siegel E, Bamberg F, Lehman SJ, Ferencik M, et al. Prognostic value of ct angiography for major adverse cardiac events in patients with acute chest pain from the emergency department: 2-year outcomes of the ROMICAT Trial. JACC Cardiovasc Imaging. 2011;4(5):481-91.
17. Hulten EA, Carbonaro S, Petrillo SP, Mitchell JD, Villines TC. Prognostic value of cardiac computed tomography angiography: a systematic review and meta-analysis. J Am Coll Cardiol. 2011;57(10):1237-47.
18. Ayoub C, Erthal F, Abdelsalam MA, Murad MH, Wang Z, Erwin PJ, et al. Prognostic value of segment involvement score compared to other measures of coronary atherosclerosis by computed tomography: A systematic review and meta-analysis. J Cardiovasc Comp Tomogr. 2017;11(4):258-67.
19. Hadamitzky M, Taubert S, Deseive S, Byrne RA, Martinoff S, Schomig A, Hausleiter J. Prognostic value of coronary computed tomography angiography during 5 years of follow-up in patients with suspected coronary artery disease. Eur Heart J. 2013;34(42):3277-85.
20. Bittencourt MS, Hulten E, Ghoshhajra B, O'Leary D, Christman MP, Montana P, et al. Prognostic value of nonobstructive and obstructive coronary artery disease detected by coronary computed tomography angiography to identify cardiovascular events. Circulation Cardiovasc Imaging. 2014;7(2):282-91.
21. Douglas PS, Hoffmann U, Patel MR, Mark DB, Al-Khalidi HR, Cavanaugh B, et al. Outcomes of anatomical versus functional testing for coronary artery disease. N Engl J Med. 2015;372(14):1291-300.

22. SCOT-HEART Investigators. CT coronary angiography in patients with suspected angina due to coronary heart disease (SCOT-HEART): an open-label, parallel-group, multicentre trial. Lancet. 2015;385(9985):2383-91.
23. Bittencourt MS, Hulten EA, Murthy VL, Cheezum M, Rochitte CE, Di Carli MF, Blankstein R. Clinical outcomes after evaluation of stable chest pain by coronary computed tomographic angiography versus usual care: a meta-analysis. Circulation Cardiovasc Imaging. 2016;9(4):e004419.
24. Jørgensen ME, Andersson C, Nørgaard BL, Abdulla J, Shreibati JB, Torp-Pedersen C, et al. Functional testing or coronary computed tomography angiography in patients with stable coronary artery disease. J Am Coll Cardiol. 2017;69(14):1761-70.
25. Hoffmann U, Ferencik M, Udelson JE, Picard MH, Truong QA, Patel MR, et al. PROMISE Investigators. Prognostic value of noninvasive cardiovascular testing in patients with stable chest pain: insights from the PROMISE trial (prospective multicenter imaging study for evaluation of chest pain). Circulation. 2017;135(24):2320-32.

19 Tabelas de aplicações clínicas em tomografia computadorizada do coração e das artérias coronárias

Adriano Camargo de Castro Carneiro
Carlos Eduardo Rochitte

Neste capítulo, estão resumidas de forma prática as principais indicações para a tomografia cardiovascular, conforme os principais consensos brasileiros e internacionais.[1-7]

Tabela 1 Indicações para realização do escore de cálcio

Pacientes assintomáticos de risco intermediário pelo escore de risco de Framingham (10-20% em 10 anos) ou pelo escore de risco global (homens: 5-20% em 10 anos; mulheres: 5-10% em 10 anos)	Classe I
Pacientes assintomáticos de baixo risco pelo escore de risco de Framingham (< 10% em 10 anos) ou pelo escore de risco global (< 5% em 10 anos)	Classe IIa
Pacientes assintomáticos com histórico familiar de doença arterial coronariana precoce	Classe IIa
Pacientes diabéticos assintomáticos com idade ≥ 40 anos para avaliação do risco cardiovascular	Classe IIa
Pacientes diabéticos assintomáticos como triagem para pesquisa de isquemia miocárdica	Classe IIa

Tabela 2 Indicações para realização da angiotomografia das artérias coronárias

Pacientes sintomáticos com suspeita de DAC crônica com probabilidade pré-teste intermediária (p ex., 10-90% calculada pelos critérios de Diamond-Forrester)	Classe I
Pacientes sintomáticos com suspeita de DAC crônica com probabilidade pré-teste baixa se ECG não interpretável ou incapaz de se exercitar	Apropriado

(continua)

Tabela 2 Indicações para realização da angiotomografia das artérias coronárias *(continuação)*

Pacientes com suspeita de DAC crônica com discordância entre a clínica e os resultados de testes de isquemia prévios	Classe I
Pacientes com suspeita de DAC crônica com sintomas persistentes e testes de isquemia prévios normais ou inconclusivos	Classe I
Pacientes com suspeita de DAC crônica com testes de isquemia prévios inconclusivos ou conflitantes	Classe I
Pacientes sintomáticos com suspeita de anomalias das artérias coronárias	Classe I
Acompanhamento de pacientes com doença de Kawasaki	Classe IIa
Pacientes sintomáticos com suspeita de SCA de risco baixo ou intermediário com ECG normal ou não, diagnóstico e marcadores de necrose miocárdica normais ou duvidosos	Classe I
Investigação de dor torácica aguda pela técnica do descarte triplo (*triple rule-out*)	Classe IIb
Avaliação da patência de enxertos cirúrgicos em pacientes sintomáticos com revascularização prévia com probabilidade pré-teste intermediária	Classe IIa
Avaliação de reestenose intra-*stent* em pacientes sintomáticos com angioplastia prévia com probabilidade pré-teste intermediária	Classe IIb
Avaliação de reestenose intra-*stent* de pacientes assintomáticos com angioplastia prévia do tronco da coronária esquerda com *stent* de diâmetro ≥ 3 mm	Apropriado
Pacientes com insuficiência cardíaca com fração de ejeção ventricular esquerda reduzida e probabilidade pré-teste baixa ou intermediária para diferenciação entre etiologias isquêmica e não isquêmica	Classe IIa
Avaliação pré-operatória de cirurgia cardíaca não coronariana em pacientes com probabilidade pré-teste baixa ou intermediária	Classe IIa
Avaliação pré-operatória de cirurgia não cardíaca de risco moderado ou alto	Classe IIb

DAC: doença arterial coronariana; ECG: eletrocardiograma.

Tabela 3 Indicações para realização de angiotomografia para avaliação de cardiopatias

Avaliação de cardiopatias congênitas complexas, tanto para planejamento cirúrgico quanto para avaliação pós-operatória	Classe I
Avaliação da função ventricular esquerda em pacientes com infarto do miocárdio ou insuficiência cardíaca com imagens inadequadas por outros métodos não invasivos	Apropriada
Avaliação quantitativa da função ventricular direita	Apropriada
Avaliação da morfologia do ventrículo direito em pacientes com suspeita de cardiopatia arritmogênica do ventrículo direito	Apropriada
Avaliação de valvas cardíacas nativas em pacientes com suspeita de disfunção valvar clinicamente significativa com imagens inadequadas por outros métodos não invasivos	Apropriada

(continua)

Tabela 3 Indicações para realização de angiotomografia para avaliação de cardiopatias (*continuação*)

Avaliação de próteses cardíacas valvares em pacientes com suspeita de disfunção valvar clinicamente significativa com imagens inadequadas por outros métodos não invasivos	Apropriada
Avaliação e planejamento de implante percutâneo de prótese valvar aórtica transcateter (TAVI)	Classe I
Avaliação de massas cardíacas (suspeita de tumor ou trombo) com imagens inadequadas por outros métodos não invasivos	Apropriada
Avaliação da anatomia pericárdica	Apropriada
Avaliação do átrio esquerdo e das veias pulmonares pré-ablação de fibrilação atrial	Classe I
Avaliação da anatomia das veias cardíacas pré-implante de ressincronizador cardíaco	Apropriado

Tabela 4 Indicações para realização de angiotomografia para avaliação de doenças vasculares

Avaliação de embolia pulmonar	Classe I
Avaliação de aneurismas da aorta	Classe I
Avaliação de síndromes aórticas agudas (dissecção, úlceras, hematoma e ruptura)	Classe I
Planejamento de abordagem cirúrgica da aorta	Classe I
Planejamento de abordagem endovascular da aorta	Classe I
Avaliação pós-implante de endopróteses aórticas	Classe I
Avaliação de estenose das artérias renais	Classe I
Avaliação de estenoses do tronco celíaco e das artérias mesentéricas	Classe I
Avaliação de estenoses das artérias carótidas	Classe I
Avaliação das artérias dos membros superiores e inferiores	Classe I
Avaliação de arterites	Classe IIa
Avaliação venosa central	Classe IIa
Avaliação venosa periférica (membros)	Classe IIa

REFERÊNCIAS BIBLIOGRÁFICAS

1. Grupo de Estudo em Ressonância e Tomografia Cardiovascular (GERT) do Departamento deCardiologia Clínica da Sociedade Brasileira de Cardiologia, Rochitte CE, Pinto IM, Fernandes JL, Filho CF, Jatene A, Carvalho AC, et al. Diretrizes SBC - Ressonância e Tomografia Cardiovascular. Arq Bras Cardiol. 2006;87(3):e60-100.

2. Sara L, Szarf G, Tachibana A, Shiozaki AA, Villa AV, Oliveira A et al.; Sociedade Brasileira de Cardiologia; Colégio Brasileiro de Radiologia. II Diretriz de Ressonância Magnética e Tomografia Computadorizada Cardiovascular da Sociedade Brasileira de Cardiologia e do Colégio Brasileiro de Radiologia. Arq Bras Cardiol. 2014;103(6):1-86.
3. Hendel RC, Patel MR, Kramer CM, Poon M, Hendel RC, Carr JC, et al.; American College of Cardiology Foundation Quality Strategic Directions Committee Appropriateness Criteria Working Group; American College of Radiology; Society of Cardiovascular Computed Tomography; Society for Cardiovascular Magnetic Resonance; American Society of Nuclear Cardiology; North American Society for Cardiac Imaging; Society for Cardiovascular Angiography and Interventions; Society of Interventional Radiology. ACCF/ACR/SCCT/SCMR/ASNC/NASCI/SCAI/SIR 2006 Appropriateness Criteria for Cardiac Computed Tomography and Cardiac Magnetic Resonance Imaging. J Am Coll Cardiol. 2006;48(7):1475-97.
4. Mark DB, Berman DS, Budoff MJ, Carr JJ, Gerber TC, Hecht HS, et al. ACCF/ACR/AHA/NASCI/SAIP/SCAI/SCCT 2010 Expert consensus document on coronary computed tomographic angiography. JACC. 2010;55(23):2663-99.
5. Taylor AJ, Cerqueira M, Hodgson JM, Mark D, Min J, O'Gara P, et al. ACCF/SCCT/ACR/AHA/ASE/ASNC/SCAI/SCMR 2010 Appropriate use criteria for cardiac computed tomography. JACC. 2010;56(22):1864-94.
6. Greenland P, Alpert JS, Beller GA, Benjamin EJ, Budoff MJ, Fayad ZA, et al. 2010 ACCF/AHA Guideline for assessment of cardiovascular risk in asymptomatic adults. JACC. 2010;56(25):e50-103.
7. National Institute for Health and Care Excellence [NICE]. Chest pain of recent onset: assessment and diagnosis. Disponível em: https://www.nice.org.uk/guidance/cg95. Acesso em: 4 ago. 2019.

Seção IV

Cardiopatias congênitas pela ressonância magnética e pela tomografia computadorizada cardiovasculares

20 Cardiopatias congênitas acianogênicas

Valéria de Melo Moreira

INTRODUÇÃO

A incidência de cardiopatia congênita é de aproximadamente 6 a 8 crianças a cada 1.000 nascidas vivas. Nas últimas décadas, houve grande avanço no arsenal diagnóstico não invasivo por imagem na cardiologia pediátrica, com avaliação cada vez mais precisa dos defeitos congênitos cardiovasculares e consequente melhora no manejo terapêutico.

O ecocardiograma continua como o método diagnóstico de primeira linha, amplamente utilizado na prática clínica por fornecer portabilidade, disponibilidade e elevada precisão na avaliação estrutural e funcional das cardiopatias congênitas. Contudo, pode apresentar limitações em algumas situações, como janela acústica inadequada de alguns pacientes e análise vascular mais periférica limitada, havendo necessidade de complementação diagnóstica por outras modalidades de imagem.

A ressonância magnética (RM) surge como ferramenta complementar e consiste em um método de grande versatilidade, sendo capaz de fornecer, em um único exame, informações morfofuncionais necessárias à tomada de decisões clínicas relativas às cardiopatias congênitas. Produz imagens de alta qualidade, com cortes em qualquer plano e informações funcionais, avaliando o desempenho ventricular e fornecendo medidas de fluxo, sem exposição à radiação ionizante ou ao contraste iodado. Mostra-se útil no manejo do paciente, tanto no pré-operatório como no controle pós-operatório, já estando bem estabelecido no diagnóstico e no acompanhamento das cardiopatias congênitas.[1]

A tomografia cardiovascular (TC) tem se afirmado como um importante exame complementar no diagnóstico das cardiopatias congênitas. Apresenta a vantagem de ser um exame de rápida aquisição, levando menos tempo que a RM e requerendo menor necessidade de sedação de crianças. Isto é um ponto importante, principalmente para aqueles pacientes instáveis que necessitam de intenso cuidado e monitoração. Fornece acurada avaliação vascular com alta resolução espacial, principalmente os de menor calibre, como colaterais sistêmico-pulmonares e circulação coronariana, além da via aérea e do parênquima pulmonar.[2]

Por outro lado, a TC conta com algumas desvantagens, como exposição à radiação ionizante, sendo de extrema importância considerar que como este exame pode ser de triagem diagnóstica ou de seguimento pós-cirúrgico, deve-se evitar exames seriados a fim de poupar os pacientes jovens dos danos inerentes à radiação. A exposição à radiação deve ser sempre analisada, e todos os parâmetros ajustados para a mínima taxa de exposição possível, mas sem perder acurácia diagnóstica.

Cabe avaliar cada caso, e ponderar qual exame trará o maior número de respostas à pergunta clínica em questão.

Análise segmentar sequencial

Com a descrição de inúmeras cardiopatias congênitas e das várias associações, surgiu a necessidade de uniformizar a nomenclatura dos defeitos cardiovasculares. A análise segmentar sequencial consiste em um sistema de descrição de conexões de câmaras e artérias com o objetivo de facilitar o entendimento anatômico, bem como otimizar o processo de abordagem e tratamento. Por meio desse método de nomenclatura, deve-se estabelecer o *situs* ou arranjo atrial, o local de conexão das veias sistêmicas e pulmonares, a forma como se conectam átrios, câmaras cardíacas e troncos arteriais, e as lesões associadas.[3]

O *situs,* ou arranjo atrial, pode ser classificado em *solitus*, *inversus* ou ambíguo. O melhor método de determinar o arranjo atrial é pela configuração morfológica do apêndice atrial.

O apêndice atrial direito se mostra triangular e de base larga, com uma musculatura pectínea e crista terminal proeminentes. Já o apêndice atrial esquerdo é tubular, sem ser marcado pela crista terminal e com musculatura pectínea mais limitada em extensão.

Define-se como *situs solitus* o arranjo anatômico normal, quando há um átrio morfologicamente direito situado à direita e o esquerdo à esquerda. No *situs inversus,* há uma disposição em espelho ao da anatomia normal, e *ambíguos* quando há átrios isoméricos direitos ou esquerdos. O isomerismo atrial direito usualmente é associado com dois brônquios-fontes direitos, asplenia e fígado mediano. As drenagens venosas sistêmica e pulmonar costumam apresentar anomalias, podendo haver duplicação de veias cavas. No isomerismo atrial esquerdo, são encontrados dois brônquios-fontes esquerdos, polisplenia e interrupção da veia cava inferior, que não se conecta normalmente ao átrio direito, mas continua pelo sistema ázigos ou hemiázigos.

A maneira como cada átrio se conecta às câmaras ventriculares denomina-se conexão atrioventricular. Pode ser subdividida em biventricular ou univentricular. A conexão atrioventricular biventricular pode ser ainda:

- Concordante, quando há átrio direito conectado com ventrículo direito e átrio esquerdo com ventrículo esquerdo.
- Discordante, quando átrio direito conecta-se com ventrículo esquerdo e átrio esquerdo com ventrículo direito.
- Ambígua, na presença de isomerismo direito ou esquerdo.

Já na conexão atrioventricular univentricular pode-se ter dois subtipos:

1. Dupla via de entrada, que se caracteriza pela conexão dos dois átrios a uma única câmara ventricular, quer seja por duas valvas ou por uma única valva AV comum.
2. Ausência de conexão atrioventricular, em que não há conexão com a massa ventricular à direita ou à esquerda.

A forma como os troncos arteriais se conectam à massa ventricular define-se como conexão ventriculoarterial. Quando há dois troncos arteriais pode-se ter uma conexão ventriculoarterial concordante, discordante ou em dupla via de saída. Já se há apenas um tronco arterial, pode ser um tronco comum, suprindo a circulação sistêmica, coronariana e pulmonar ou uma via de saída única por atresia aórtica ou pulmonar.

Esse entendimento anatômico é essencial para poder analisar de forma acurada as mais variadas combinações de defeitos congênitos cardíacos fornecendo uma linguagem única e compreensível, que facilita o diagnóstico e a tomada de decisão terapêutica das cardiopatias congênitas.

Serão discutidas nas próximas seções as principais contribuições da RM e da TC nas cardiopatias acianogênicas.

COMUNICAÇÃO INTERATRIAL

A comunicação interatrial (CIA) consiste em aproximadamente 10 a 15% de todas as cardiopatias congênitas e de acordo com a localização pode ser classificada em tipo *ostium secundum, ostium primum*, seio venoso ou seio coronário.

O subtipo mais frequente é o *ostium secundum* localizado na porção central do septo interatrial, correspondendo a aproximadamente 70% dos *shunts* em topografia atrial. O tipo *ostium primum* corresponde a um defeito no coxim endocárdico e é classificado como defeito do septo atrioventricular. O tipo seio venoso é menos comum, podendo ser subdividido nos tipos superior e inferior e relaciona-se à desembocadura da veia cava superior ou inferior no átrio direito. A CIA tipo seio coronário é a mais rara dentre os *shunts* interatriais e não consiste em um defeito septal verdadeiro e sim na deficiência do teto desta estrutura, levando à comunicação entre os átrios esquerdo e direito, podendo haver desde uma fenestração até a ausência total do teto.[4]

A associação da CIA com anomalias de drenagem das veias pulmonares pode ocorrer principalmente no subtipo seio venoso, em que a drenagem anômala parcial das veias pulmonares direitas é o achado mais frequente.[5,6] A acurada caracterização anatômica venosa pulmonar, demonstrando o septo interatrial e o local de drenagem no átrio direito, orienta a abordagem cirúrgica corretiva adequada (Figura 1).

Outros tipos de anomalia de drenagem venosa parcial podem ocorrer associadas à CIA, como a drenagem parcial das veias pulmonares direitas na veia cava inferior, em que geralmente se associam a malformações pulmonares e

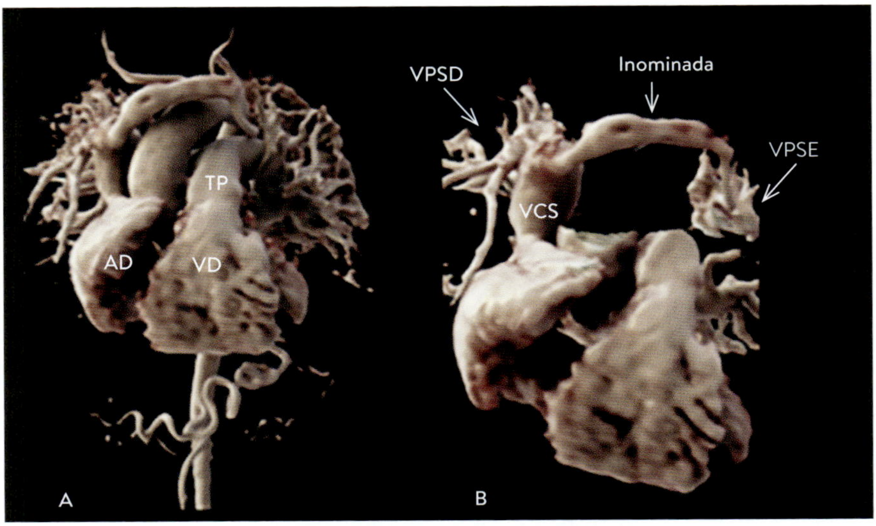

Figura 1 Drenagem anômala parcial de veias pulmonares em angiorressonância. (A) dilatação de câmaras direitas e tronco pulmonar; (B) retorno venoso das veias pulmonares superiores direita e esquerda em veia cava superior.

AD: átrio direito; AE: átrio esquerdo; VCS: veia cava superior; VPSD: veia pulmonar superior direita; VPSE: veia pulmonar superior esquerda.

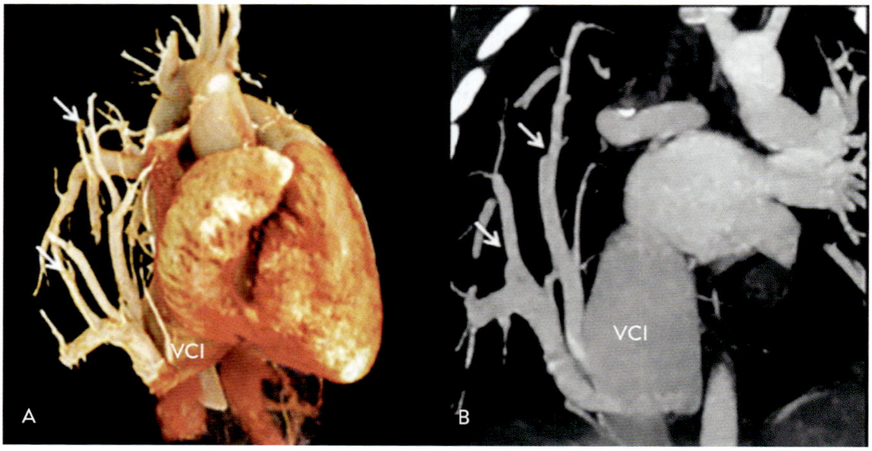

Figura 2 Angiotomografia evidenciando drenagem anômala de veias pulmonares (setas) em veia cava inferior dilatada.
VCI: veia cava inferior.

brônquicas, conhecida como síndrome da Cimitarra. Podem ser encontrados graus variados de hipoplasia da artéria pulmonar direita e do pulmão direito, com suprimento arterial sistêmico de alguns segmentos do pulmão direito, mais comumente o lobo inferior, além de dextroposição do coração (Figura 2).

A TC e a RM permitem a análise vascular das veias pulmonares, mas a TC fornece informações adicionais em relação à repercussão pulmonar da drenagem anômala, com alta resolução espacial, principalmente quando há obstruções no trajeto ou quando malformações do parênquima pulmonar estão associadas.

Geralmente a avaliação da CIA se faz de maneira inicial pelo ecocardiograma, e na maioria das vezes conduz a decisão clínica na faixa etária pediátrica, sendo conclusivo em razão da ótima janela acústica. Em alguns casos, a RM e a TC podem ser úteis principalmente para adolescentes e adultos em quem o ecocardiograma não foi completamente elucidativo ou quando houver a suspeita de drenagem venosa anômala associada.[7]

A repercussão hemodinâmica da CIA está na dependência do tamanho do defeito e da complacência das cavidades ventriculares. Aumento de câmaras direitas e dilatação do tronco e ramos pulmonares são consequências desta cardiopatia, podendo levar a eventos arrítmicos e a hipertensão pulmonar, caso não seja apropriadamente corrigido (Figura 3).

A RM e TC podem auxiliar na caracterização do defeito septal, mas como o septo interatrial costuma ser fino, principalmente na porção central e suscetível

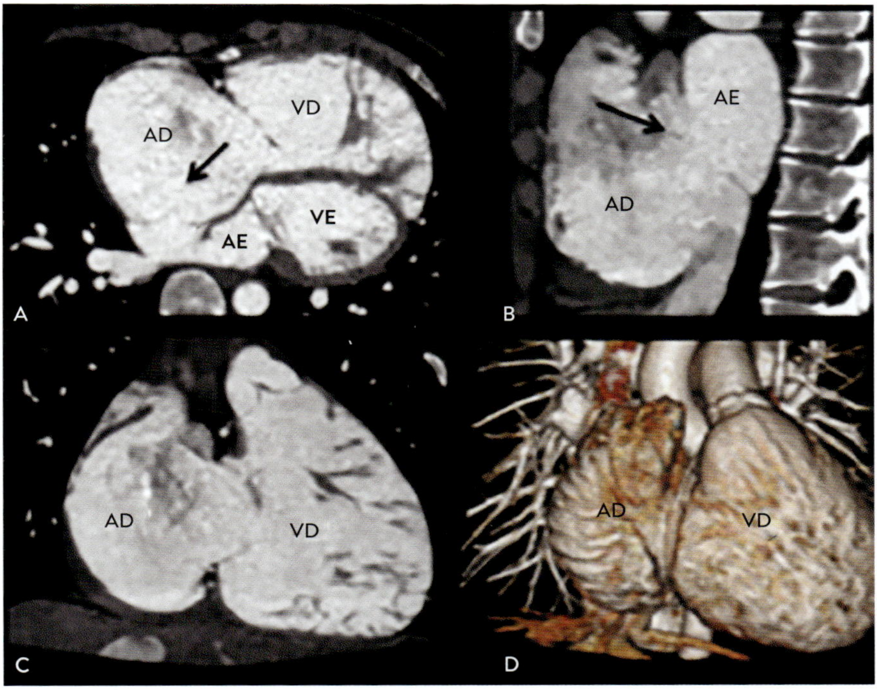

Figura 3 Tomografia computadorizada de portador de comunicação interatrial com repercussão hemodinâmica; (A) corte quatro câmaras (A) e corte em eixo curto dos átrios (B) demonstrando o defeito septal interatrial amplo. Importante dilatação de câmaras direitas (C e D).
AD: átrio direito; AE: átrio esquerdo; VD: ventrículo direito; VE: ventrículo esquerdo.

a grande movimento local, pode haver limitação da adequada aferição pela TC e pela RM em decorrência de artefatos locais.

Na RM, deve-se ter o cuidado de caracterizar o defeito em mais de um corte, já que muitas vezes ocorre ausência de sinal pelo fato de a lâmina da fossa oval ser extremamente fina. Por meio da sequência de cine gradiente-eco com aquisição em estado de equilíbrio (SSFP), pode-se muitas vezes visualizar o artefato de fluxo causado pelo *shunt* na topografia do septo interatrial.

A avaliação da repercussão do defeito é mais bem realizada pela RM, fornecendo de maneira acurada o volume e o desempenho ventricular direito, além da quantificação do fluxo sistêmico-pulmonar (Qp/Qs).

O mapeamento de fluxo por contraste de fase consiste em uma técnica em que se permite realizar análise de velocidade e fluxo, com a quantificação em vasos torácicos e através de valvas cardíacas, fornecendo uma informação quantitativa importante no diagnóstico e no manejo das cardiopatias congênitas.

Por esta técnica, pode-se calcular a magnitude de *shunts*, fazendo medidas de fluxo simultâneas na aorta e artéria pulmonar. Dessa forma, obter o fluxo no território pulmonar (Qp) e no território sistêmico (Qs), podendo ser expressado na relação Qp/Qs e com isso estabelecer a repercussão hemodinâmica e a necessidade de intervenção do defeito.[8]

Na CIA tipo seio coronário, em que há deficiência da parede entre o seio coronário e o átrio esquerdo, a melhor visualização se dá na sequência de cine gradiente-eco em eixo curto com varredura até os átrios. Pode-se caracterizar mais bem o teto do seio coronário identificando desde uma fenestração até uma ausência total. A TC geralmente demonstra bem a comunicação e pode trazer informações adicionais, principalmente se houver associação com veia cava esquerda persistente.

COMUNICAÇÃO INTERVENTRICULAR

É uma das mais frequentes cardiopatias congênitas, e se caracteriza anatomicamente pela presença de um ou mais orifícios no septo interventricular, e fisiopatologicamente pela possibilidade de passagem de sangue da câmara ventricular de maior pressão para a câmara ventricular de menor pressão, culminando em *shunt* esquerdo-direito. Podem ser classificadas segundo a localização no septo interventricular em muscular e perimembranosa. As comunicações perimembranosas são as mais frequentes, correspondendo a 80% do total. Podem ser subdivididas em defeitos perimembranosos com extensão para a via de entrada, para a porção trabecular ou com extensão para via de saída. Já as musculares são subdivididas em defeitos musculares de via de entrada, trabeculares ou de via de saída. Podem-se ter ainda defeitos duplamente relacionados ou também chamados justarteriais. Dependendo do tamanho e da topografia, pode-se ter maior ou menor repercussão. Alguns defeitos podem ocluir espontaneamente, mas o restante apenas se fecha com intervenção cirúrgica ou por oclusão intervencionista.

Como consequência hemodinâmica ocorre o aumento do fluxo pulmonar e a dilatação de artérias e ramos pulmonares, bem como aumento de câmaras esquerdas. Disfunção ventricular e doença vascular pulmonar pode se estabelecer se não adequadamente tratada.

Assim como na CIA, o ecocardiograma é conclusivo nas comunicações interventriculares (CIV) como defeito isolado. O cateterismo cardíaco é realizado para quantificação da resistência vascular pulmonar, nos casos em que houver dúvida de hipertensão pulmonar instalada antes da realização da correção do defeito.

A RM e a TC geralmente têm utilidade nos casos em que seja necessário correlacionar a localização anatômica do defeito com a anatomia das grandes artérias, nos casos em que estiver associada a outros defeitos, como a dupla via de saída de ventrículo direito, ou nos casos de anatomia univentricular com aorta emergindo da cavidade rudimentar, em que a análise da CIV for de fundamental importância já que consiste na passagem da circulação sistêmica[9] (Figura 4).

A anatomia do defeito interventricular pode ser demonstrada pela TC ou pela RM. A TC apresenta boa resolução espacial e permite a definição do tamanho e da localização precisa da CIV com reconstrução em vários planos.

Na RM, ocasionalmente a visualização de pequenos defeitos pode ser difícil e ser dada por meio de sinais indiretos, como turbulência de fluxo nas proximidades da comunicação. A análise deve ser feita em vários planos para caracterizar tridimensionalmente a CIV. Algumas vezes planos auxiliares oblíquos são necessários para melhor esclarecimento anatômico, mas geralmente se visualiza nos cortes convencionais.

Define-se tamanho, morfologia, localização, com a relação com estruturas valvares, bem como a repercussão pela dilatação de câmaras e acometimento

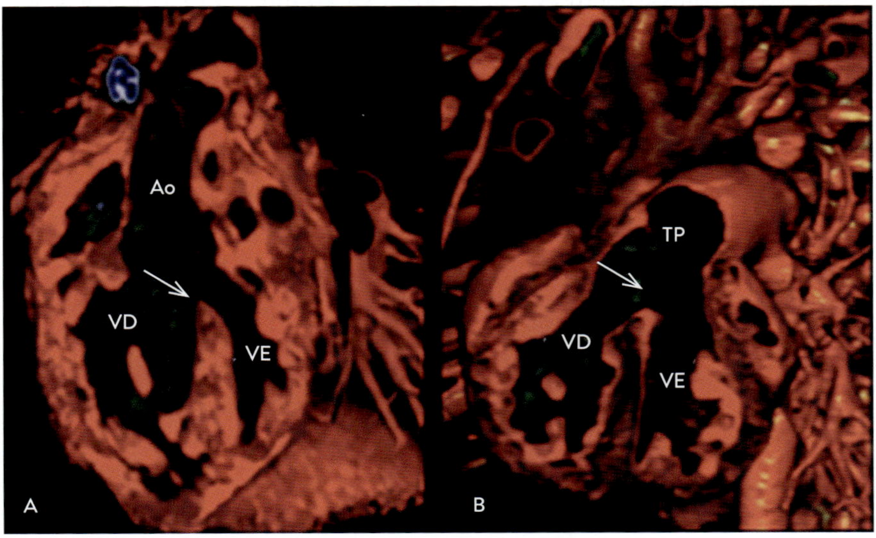

Figura 4 Tomografia computadorizada para avaliação da relação da comunicação interventricular e os vasos arteriais na dupla via de saída de ventrículo direito. (A) comunicação interventricular de localização subaórtica; (B) comunicação interventricular de localização subpulmonar.

Ao: aorta; TP: tronco pulmonar; VD: ventrículo direito. VE: ventrículo esquerdo.

funcional, além da análise de *shunt* pelo mapeamento de fluxo. A quantificação do *shunt* pela CIV é feita pelo mapeamento de fluxo por contraste de fase em que é medido o fluxo no tronco pulmonar e na aorta, obtendo-se a relação Qp/Qs.[10]

Em algumas situações, pode-se encontrar prolapso da valva aórtica ocasionando insuficiência associada ao defeito septal ventricular quando este se encontra em topografia subarterial aórtica. A inadequada coaptação valvar aórtica pode ser constatada pela cine-RM em eixo curto e a insuficiência quantificada pela técnica de contrate de fase. A avaliação da regurgitação aórtica deve ser realizada programando-se um corte em plano transversal à raiz da aorta, imediatamente acima do plano valvar, aproximadamente na região sinotubular.

DEFEITO DO SEPTO ATRIOVENTRICULAR

O defeito do septo atrioventricular consiste em uma malformação em que apenas um anel atrioventricular é formado, apresentando características anatômicas peculiares que alteram não apenas a junção atrioventricular, mas levam a outras anormalidades morfológicas. Ocorre desproporção entre as vias de entrada e saída ventriculares, além da alteração na orientação espacial dos grupos papilares, que assumem uma conformação anterossuperior e posteroinferior. Pode haver variabilidade também no balanceamento das câmaras ventriculares, com o favorecimento de um dos ventrículos, levando a uma cavidade principal e outra rudimentar (Figura 5).

Quando se apresenta na forma total, há a formação de uma valva atrioventricular única, constituída de cinco folhetos. Quando há contiguidade entre o folheto ponte anterior e posterior há a definição de dois orifícios e o *shunt* pode ocorrer no nível atrial, atrial e ventricular ou apenas no nível ventricular.[11]

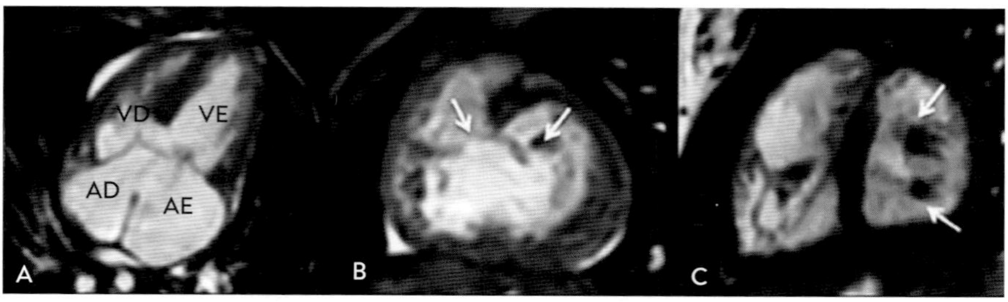

Figura 5 Avaliação de defeito total do septo atrioventricular pela ressonância magnética. (A) corte 4 câmaras demonstrando a comunicação interatrial tipo *ostium primum*, comunicação interventricular de via de entrada e balanceamento ventricular; (B) valva atrioventricular única; (C) disposição superoinferior dos papilares.
AD: átrio direito; AE: átrio esquerdo; VD: ventrículo direito; VE: ventrículo esquerdo.

A RM e a TC tem contribuição limitada no pré-operatório, em que o ecocardiograma tem papel diagnóstico preciso sendo suficiente na maioria dos casos. Na presença de outros defeitos associados ou quando há dúvida no tamanho das câmaras ventriculares pode-se utilizar a RM como método diagnóstico complementar.[12]

A RM tem utilidade nestes casos desbalanceados em que a definição volumétrica e de massa ventricular é muito melhor que a de outros métodos diagnósticos, ajudando na tomada de decisão de correção cirúrgica para um tratamento uni ou biventricular. A quantificação de volumes, massa e função dos ventrículos esquerdo e direito pela RM já foi amplamente validada na literatura e é considerada atualmente a ferramenta diagnóstica de escolha para esta avaliação. Possui alta resolução temporal e espacial, fazendo cortes de estudo em qualquer plano tridimensional, independentemente de premissas geométricas, com alta reprodutibilidade.

PERSISTÊNCIA DO CANAL ARTERIAL

O canal arterial é uma estrutura vascular que geralmente emerge da artéria pulmonar esquerda, próxima à bifurcação da artéria pulmonar, e insere-se no arco aórtico, na área de transição entre o arco e a aorta descendente. É uma estrutura muito importante na circulação fetal, mas fecha-se espontaneamente após o nascimento. A persistência pode ocorrer de forma isolada e leva ao aumento do fluxo pulmonar, resultando em sobrecarga de câmaras cardíacas esquerdas. Quando em associação a outras cardiopatias, pode ter papel fundamental para suprimento de fluxo no caso de obstruções graves. Na coarctação grave, interrupção de arco aórtico ou hipoplasia do coração esquerdo, é o canal arterial que garante a circulação sistêmica. Já nos casos de hipofluxo pulmonar importante, como estenose pulmonar grave ou atresia pulmonar, é a circulação pulmonar que vai ser dependente do canal arterial.

Quando o defeito é isolado, raramente utiliza-se RM e TC para o diagnóstico. Já quando associado a outras cardiopatias, a análise se torna fundamental, pois é uma importante estrutura de fluxo, como nos casos de obstruções importantes ao fluxo sistêmico ou pulmonar.

Se a persistência do canal arterial for detectada pela RM, é fundamental a avaliação da direção do fluxo. A análise de fluxo e quantificação do Qp/Qs é feita pelo mapeamento por contraste de fase.

A TC consegue definir bem a anatomia do canal arterial, sendo útil nos casos em que ocorre associado a outros defeitos e o objetivo do exame consiste na avaliação do território vascular sistêmico ou pulmonar.

Com o avanço das intervenções por cateterismo cardíaco, o implante de *stent* em topografia do canal arterial tem ficado cada mais frequente, sendo uma alternativa à abordagem cirúrgica inicial. Nesses casos, a informação da morfologia do canal arterial, bem como trajeto e tortuosidade, pontos de redução luminal e calibre na extremidade pulmonar e aórtica são pontos importantes.

COARCTAÇÃO E INTERRUPÇÃO DO ARCO AÓRTICO

A coarctação da aorta ocorre em cerca de 5 a 8% dos pacientes com cardiopatia congênita, e consiste em estreitamento mais frequentemente localizado no istmo aórtico, entre a subclávia esquerda e a inserção do canal ou ligamento arterioso.[13]

A avaliação da coarctação por RM tem por objetivo caracterizar a anatomia do local de estenose e dos ramos do arco aórtico, definir a repercussão hemodinâmica pela quantificação da circulação colateral, excluir anomalias associadas e analisar massa, volume e desempenho ventricular esquerdo.[14,15]

Em algumas situações, pode-se ter a associação de várias obstruções à esquerda denominada síndrome de Shone. Geralmente associa-se à valva mitral com ancoramento do aparato subvalvar em um papilar único (valva mitral em paraquedas), podendo ocorrer a presença de membrana supravalvar mitral, membrana subaórtica, valva aórtica de abertura bivalvular, além do acometimento do arco aórtico (Figura 6).

A angiorressonância com gadolínio tem se mostrado um dos mais eficientes meios de acesso a anomalias vasculares associadas a cardiopatias congênitas. O contraste paramagnético para estudos angiográficos pela RM constitui um método simples, rápido e de excelente detalhamento vascular. A demonstração da coarctação pela RM e a comparação com os achados da angiografia

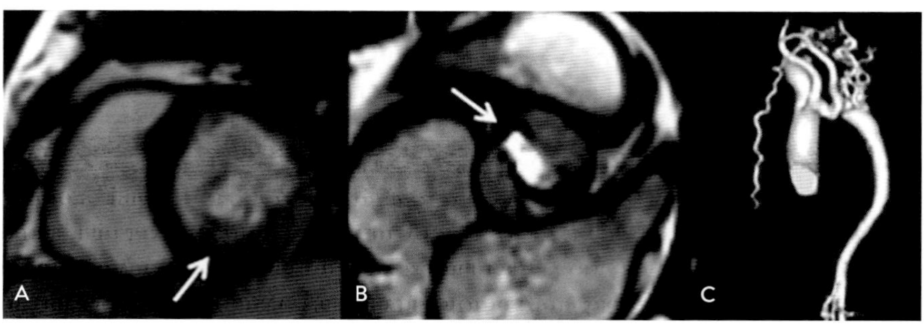

Figura 6 Ressonância magnética de paciente com síndrome de Shone. (A) valva mitral ancorada em grupo papilar único; (B) eixo curto da valva aórtica demonstrando abertura valvar bivalvularizada; (C) coarctação da aorta com circulação colateral significativa.

e cirurgia apresentam boa correlação. Isso a torna um método não invasivo para substituir a angiografia no estudo desses pacientes. É possível determinar com precisão localização, extensão e repercussão hemodinâmica, podendo-se planejar mais adequadamente a abordagem cirúrgica.

A estimativa de pico de velocidade e a quantificação de circulação colateral são úteis na determinação da repercussão hemodinâmica da coarctação da aorta ou de outras estenoses vasculares. Em pacientes com coarctação, a constatação de um fluxo aumentado na porção distal da aorta reflete a presença de circulação colateral a partir de artérias intercostais ou outros ramos.

A avaliação aórtica já está bem estabelecida pela TC, podendo evidenciar com exatidão a anatomia do arco aórtico, a dilatação distal à coarctação e a rede de colaterais que, dependendo da gravidade da coarctação, apresentam-se bem desenvolvidas compostas pelas artérias intercostais, torácicas internas e vasos escapulares formando uma rede anastomótica suprindo a aorta descendente[16,17] (Figuras 7 e 8).

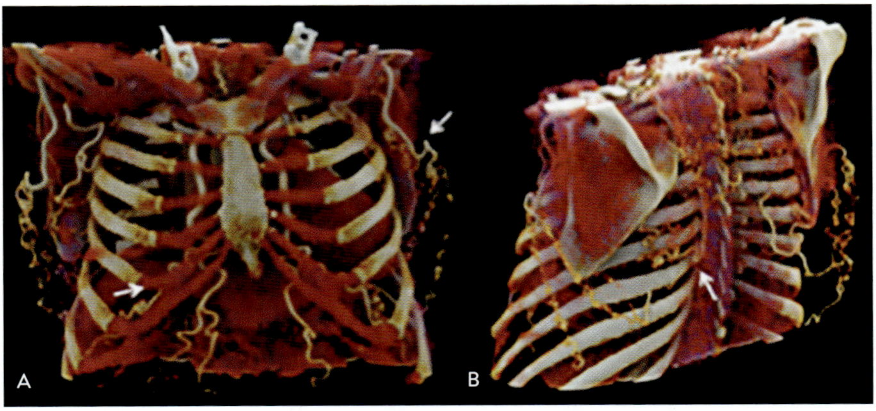

Figura 7 Reconstrução tridimensional de tomografia computadorizada do tórax evidenciando circulação colateral exuberante advinda dos territórios de artérias mamárias, subclávias e intercostais de portador de coarctação da aorta significativa.

Em algumas situações, há a interrupção do arco aórtico que é definida como a descontinuidade luminal completa entre as aortas ascendente e descendente, ocorrendo em 1% das cardiopatias congênitas. Pode acontecer em três topografias específicas: em topografia ístmica, após a emergência da artéria subclávia esquerda (tipo A), entre a artéria carótida esquerda e a artéria subclávia esquerda (tipo B) ou entre o tronco braquiocefálico e a artéria carótida esquerda (tipo C). A interrupção do arco aórtico tipo A em algumas situações pode ser de difícil diagnóstico diferencial com a coarctação da aorta grave, em que há quase obliteração da patência luminal. Nas duas situações, o efeito hemodinâmico e as manifestações clínicas são semelhantes.

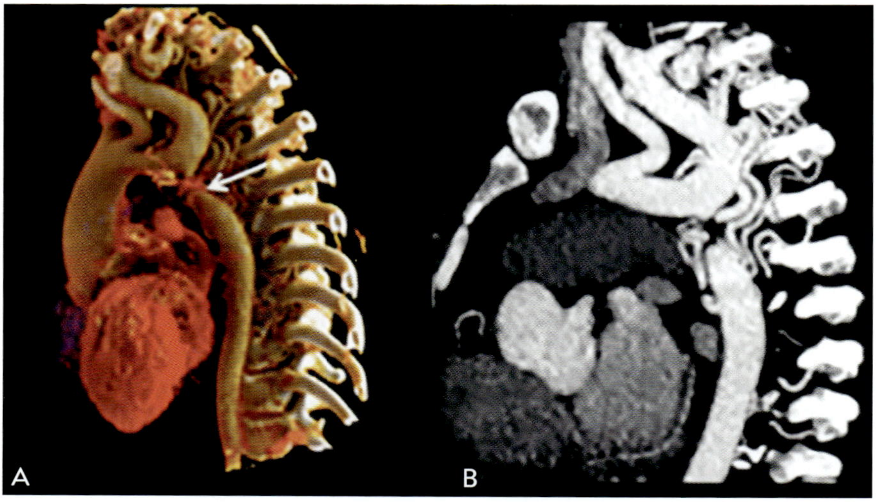

Figura 8 Tomografia computadorizada de coarctação da aorta significativa (seta) com exuberante circulação colateral.

Geralmente amplo canal arterial encontra-se patente para permitir fluxo para os membros inferiores. Associação com outras lesões congênitas cardiovasculares podem ocorrer, como CIV, obstrução subaórtica, anomalia de artéria subclávia e tronco arterial comum.

A CIV acomete 92% dos pacientes com interrupção do arco aórtico e geralmente tem localização perimembranosa, com desalinhamento ocasionando desvio posterior do septo infundibular podendo levar a graus variados de obstrução da via de saída do ventrículo esquerdo.

A RM e a TC fornecem detalhes da anatomia vascular incluindo o tipo anatômico, a distância intersegmentar da interrupção do arco, os diâmetros das aortas ascendente e descendente e os defeitos cardiovasculares associados, informações essenciais no planejamento cirúrgico (Figura 9). A distância entre os segmentos interrompidos varia de acordo com o tipo da interrupção, sendo maior na tipo B e menor na tipo A. Quando essa distância é curta, é possível a realização da anastomose cirúrgica direta, sem a interposição de material protético.

Na avaliação pós-operatória, a angiorressonância e a angiotomografia esclarecem as complicações da ampliação cirúrgica local, como pseudoaneurismas ou pontos de estenose em local de reconstrução que podem ocorrer por tensão local, tecido ductal residual ou pontos de tração em plano de sutura.[18]

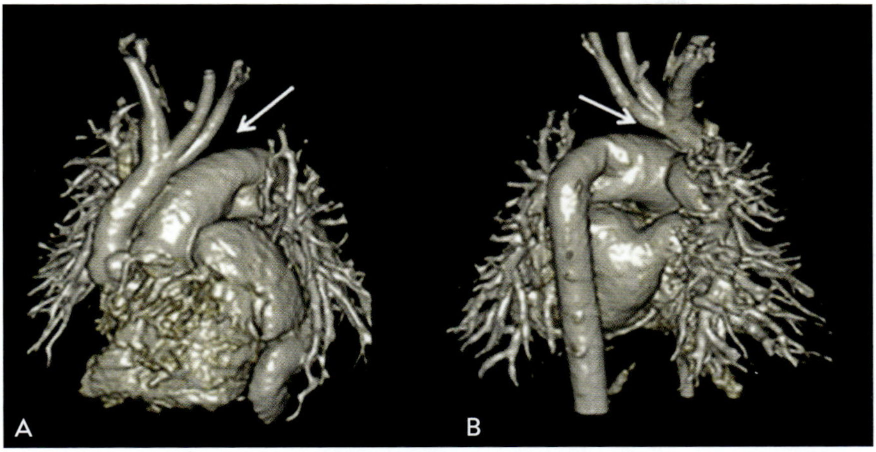

Figura 9 Reconstrução tridimensional de angiotomografia demonstrando interrupção do arco aórtico tipo A, após a emergência da artéria subclávia esquerda. (A) visão anterior; (B) visão posterior.

ANEL VASCULAR

Anéis vasculares consistem em malformações congênitas raras constituindo menos que 1% das cardiopatias congênitas. São decorrentes de alterações do desenvolvimento embriológico do arco aórtico, resultando em um anel completo ou incompleto circundando a traqueia e o esôfago com potencial compressão local. A análise acurada e a precisa definição anatômica é importante para o manejo apropriado dos pacientes sintomáticos. O anel vascular pode ser formado por componentes vasculares patentes ou porções atrésicas, podendo incluir o arco aórtico ou arcos, ramos do arco aórtico, artérias pulmonares e o canal arterial ou ligamento arterioso.[19]

A TC é um ótimo método diagnóstico por ter rápida aquisição de imagens, alta resolução temporal e por garantir adequada análise da via aérea. A RM também fornece informações vasculares adequadas, sem exposição à radiação ionizante apesar de a sedação ser frequentemente necessária e ter limitações na avaliação do parênquima pulmonar. Por meio dos dois métodos de imagem é possível caracterizar as porções patentes das estruturas vasculares e inferir por sinais indiretos as porções atrésicas que possam estar envolvidas na formação do anel vascular.[20]

Os dois tipos mais comuns de anel vascular completo são o duplo arco aórtico e o arco aórtico à direita associado à artéria subclávia esquerda aberrante e ligamento arterioso à esquerda. O duplo arco aórtico consiste na persistência dos arcos embriológicos esquerdo e direito constituindo 50 a 60% dos anéis vasculares (Figura 10). O arco de maior calibre, dito dominante, geralmente se localiza à direita e se opõe à aorta descendente. De maneira menos comum, há um arco esquerdo dominante ou arcos simétricos em diâmetro.

Em algumas situações, pode-se ter um duplo arco aórtico com um dos segmentos atrésicos. Consiste em um arranjo vascular bem menos comum que os dois arcos aórtico patentes, acometendo mais o segmento distal do arco esquerdo após uma emergência da artéria subclávia esquerda. Pode-se suspeitar desse diagnóstico na presença de projeção diverticular na aorta descendente, em posição oposta ao arco direto patente (Figura 11).

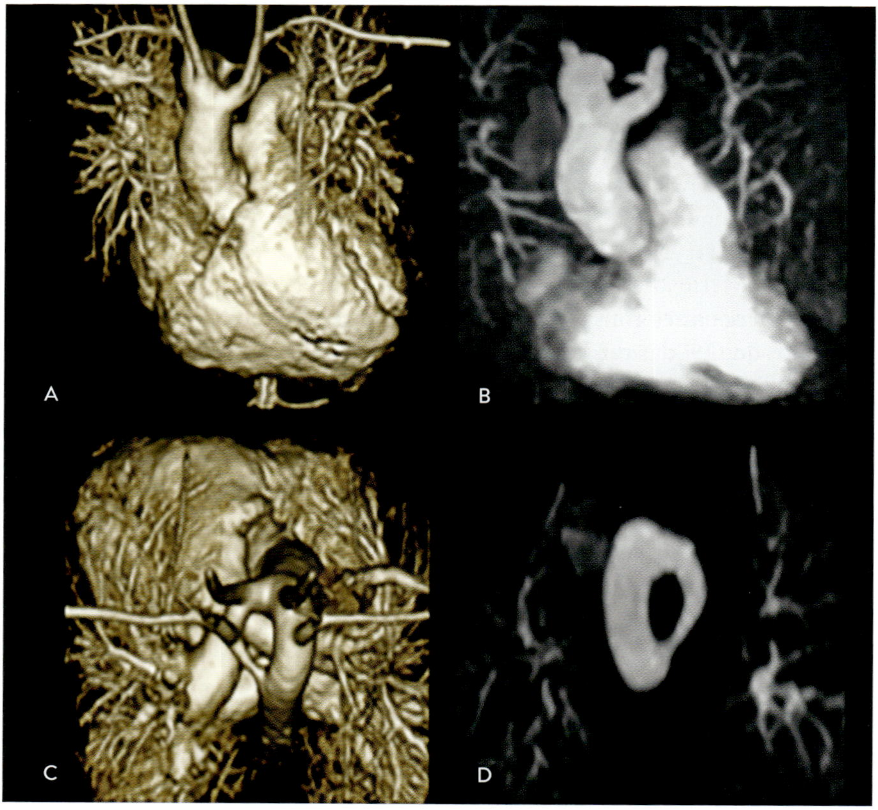

Figura 10 Anel vascular por duplo arco aórtico e arco direito dominante na angiorressonância. (A e B) visão anterior; (C e D) visão superior.

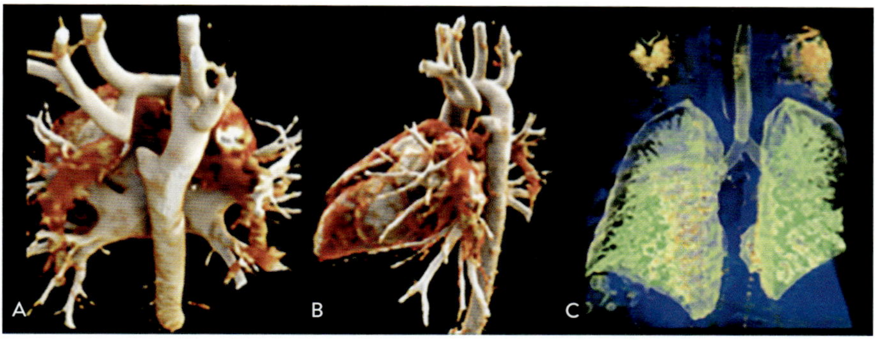

Figura 11 Avaliação de anel vascular na tomografia computadorizada. (A e B) reconstrução tridimensional de anel vascular completo em duplo arco aórtico com atresia do segmento distal do arco aórtico à esquerda; (C) reconstrução de vias aéreas não evidenciando pontos de compressão extrínseca.

A segunda malformação com anel vascular completo resultante consiste em arco aórtico à direita, artéria subclávia esquerda aberrante e ligamento arterioso à esquerda. Isso se dá porque o ligamento arterioso esquerdo que emerge da artéria subclávia esquerda retroesofágica vai se inserir na artéria pulmonar esquerda formando um anel vascular. Também se pode encontrar anel vascular completo no arco aórtico à esquerda com artéria subclávia direita aberrante e ligamento arterioso à direita. Quando a porção inicial da aorta descendente, de que emerge a artéria subclávia aberrante, apresenta uma dilatação sacular é denominado divertículo de Kommerell.

Outra situação de anel vascular, mas na forma incompleta, é o chamado *sling* da artéria pulmonar. Trata-se de uma anomalia rara em que a artéria pulmonar esquerda emerge da face posterior da artéria pulmonar direita, fora do saco pericárdico, envolvendo a porção distal da traqueia. É a única situação em que um grande vaso se situa entre a traqueia e o esôfago e geralmente vem acompanhada de alterações traqueobrônquicas ocasionando estenoses extensas e significativas.[21]

REFERÊNCIAS BIBLIOGRÁFICAS

1. Fratz S, Chung T, Greil GF, Samyn MM, Taylor A, Valsangiacomo Buechel ER, et al. Guidelines and protocols for cardiovascular magnetic resonance in children and adults with congenital heart disease: SCMR expert consensus group on congenital heart disease. J Cardiovasc Magn Reson. 2013;15:51.
2. Han BK, Rigsby CK, Hlavacek A, Leipsic J, Nicol ED, Siegel MJ, et al.; Society of Cardiovascular Computed T, Society of Pediatric R and North American Society of Cardiac I. Computed Tomography Imaging in Patients with Congenital Heart Disease Part I: Rationale and Utility. An Expert

Consensus Document of the Society of Cardiovascular Computed Tomography (SCCT): Endorsed by the Society of Pediatric Radiology (SPR) and the North American Society of Cardiac Imaging (NASCI). J Cardiovasc Comput Tomogr. 2015;9(6):475-92.

3. Bierhals AJ, Rossini S, Woodard PK, Javidan-Nejad C, Billadello JJ, Bhalla S, Gutierrez FR. Segmental analysis of congenital heart disease: putting the “puzzle” together with computed tomography. Int J Cardiovac Imaging. 2014;30(6):1161-72.
4. Zvaigzne CG, Howarth AG, Patton DJ. Atrial shunts: presentation, investigation, and management, including recent advances in magnetic resonance imaging. Cardiol Young. 2014;24(3):403-16.
5. Sormani P, Roghi A, Cereda A, Peritore A, Milazzo A, Quattrocchi G, et al. Partial anomalous pulmonary venousreturn as rare cause of right ventricular dilation:a retrospective analysis. Congenit Heart Dis. 2016;11(4):365-8.
6. Ganigara M, Tanous D, Celermajer D, Puranik R. The role of cardiac MRI in the diagnosis and management of sinus venosus atrial septal defect. Ann Pediatri Cardiol. 2014;7(2):160-2.
7. Orwat S, Diller GP, Baumgartner H. Imaging of congenital heart disease in adults: choice of modalities. Eur Heart J Cardiovasc Imaging. 2014;15(1):6-17.
8. Goldberg A, Jha S. Phase-contrast MRI and applications in congenital heart disease. Clin Radiol. 2012;67(5):399-410.
9. Bhatla P, Tretter JT, Ludomirsky A, Argilla M, Latson LA Jr, Chakravarti S, et al. Utility and scope of rapid prototyping in patients with complex muscular ventricular septal defects or double-outlet right ventricle: does it alter management decisions? Pediatr Cardiol. 2017;38(1):103-14.
10. Hanneman K, Sivagnanam M, Nouven ET, Wald R, Greiser A, Crean AM, et al. Magnetic resonance assessment of pulmonary (QP) to systemic (QS) (flows using 4D phase-contrast imaging. Acad Radiol. 2014;21(8):1002-8.
11. Nicolay S, Salgado RA, Shivalkar B, Van Herck PL, Vrints C, Parizel PM. CT imaging features of atrioventricular shunts: what the radiologist must know. Insights Imaging. 2016;7(1):119-29.
12. Saremi F, Hassani C, Sanchez-Quintana D, Septal atrioventricular junction region:comprehensive imaging in adults. Radiographics. 2016;36(7):1966-86.
13. Nance JW, Ringel RE, Fishman EK. Coarctation of the aorta in adolescents and adults: A review of clinical features and CT imaging. J Cardiovasc Comput Tomogr. 2016;10(1):1-12.
14. Shepherd B, Abbas A, McParland P, Fitzsimmons S, Shambrook J, Peebles C, et al. MRI in adult patients with aortic coarctation: diagnosis and follow-up. Clin Radiol. 2015;70(4):433-45.
15. Dijkema EJ, Leiner T, Grotenhuis HB. Diagnosis, imaging and clinical management of aortic coarctation. Heart. 2017;103(15):1148-55.
16. Budoff MJ, Shittu A, Roy S. Use of cardiovascular computed tomography in the diagnosis and management of coarctation of the aorta. J Thorac Cardiovasc Surg. 2013;146(1):229-32.
17. Rose-Felker K, Robinson JD, Backer CL, Rigsby CK, Eltayeb OM, Mongé MC, et al. Preoperative use of CT angiography in infants with coarctation of the aorta. World J Pediatric Congenit Heart Surg. 2017;8(2):196-202.
18. Hoffman JL, Gray RG, LuAnn Minich L, Wilkinson SE, Heywood M, Edwards R, et al. Screening for aortic aneurysm after treatment of coarctation. Pediatric Cardiol. 2014;35(1):7-52.
19. Backer CL, Mongé MC, Popescu AR, Eltayeb OM, Rastatter JC, Rigsby CK. Vascular rings. Semin Pediatr Surg. 2016;25(3):165-75.
20. Gould SW, Rigsby CK, Donnelly LF, McCulloch M, Pizarro C, Epelman M. Useful signs for the assessment of vascular rings on cross-sectional imaging. Pediatric Radiol. 2015;45(13):2004-16.
21. Tola H, Ozturk E, Yildiz O, Erek E, Haydin S, Turkvatan A, et al. Assessment of children with vascular ring. Pediatr Int. 2017;59(2):134-40.

21 Cardiopatias congênitas cianogênicas

Valéria de Melo Moreira

INTRODUÇÃO

As cardiopatias congênitas cianogênicas abrangem amplo grupo de malformações em que a cianose é o quadro clínico preponderante. Podem ser divididas em grupos de hipo ou hiperfluxo, conforme o fluxo no território pulmonar. Figuram como exemplo do grupo com fluxo pulmonar reduzido a tetralogia de Fallot e a atresia pulmonar, seja com septo íntegro ou com comunicação interventricular (CIV). Nas cardiopatias com hiperfluxo, inexiste a estenose pulmonar e, por isso, o fluxo sanguíneo é dirigido para o território de menor resistência, tendo como exemplo a transposição das grandes artérias e o tronco arterioso comum.

As principais contribuições da ressonância magnética (RM) e da tomografia computadorizada (TC) nas cardiopatias cianogênicas serão discutidas nas próximas seções.

TRANSPOSIÇÃO DAS GRANDES ARTÉRIAS

Consiste na cardiopatia cianogênica mais frequente ao nascimento e se caracteriza anatomicamente por concordância atrioventricular e discordância ventriculoarterial, ou seja, a aorta se origina do ventrículo direito e a artéria pulmonar do ventrículo esquerdo (Figura 1). Geralmente a aorta se encontra anterior e à direita, com as vias de saída em paralelo. Pode haver associação com outros defeitos, como a CIV, estenose pulmonar e coarctação da aorta. Como consequência hemodinâmica, o retorno venoso sistêmico é direcionado para a aorta e o retorno venoso pulmonar alcança novamente os pulmões, constituindo uma circulação em paralelo e não em série. Para que seja compatível com a vida, se faz necessária a comunicação entre as circulações, seja em nível atrial, ventricular ou arterial.

A avaliação diagnóstica por RM e TC no pré-operatório não é fundamental, pois, em geral, o ecocardiograma supre todas as informações necessárias para a tomada de decisão. Em algumas situações de dúvida sobre a anatomia coronariana, a TC pode auxiliar no diagnóstico anatômico e ajudar a planejar a melhor estratégia terapêutica.

Informações adicionais são dadas na avaliação no pós-operatório, quer na correção anatômica (cirurgia de Jatene) ou nas correções intra-atriais (cirurgia de Senning e Mustard).

Na atualidade, o procedimento cirúrgico de escolha para neonatos com diagnóstico de transposição das grandes artérias é a cirurgia de Jatene, que

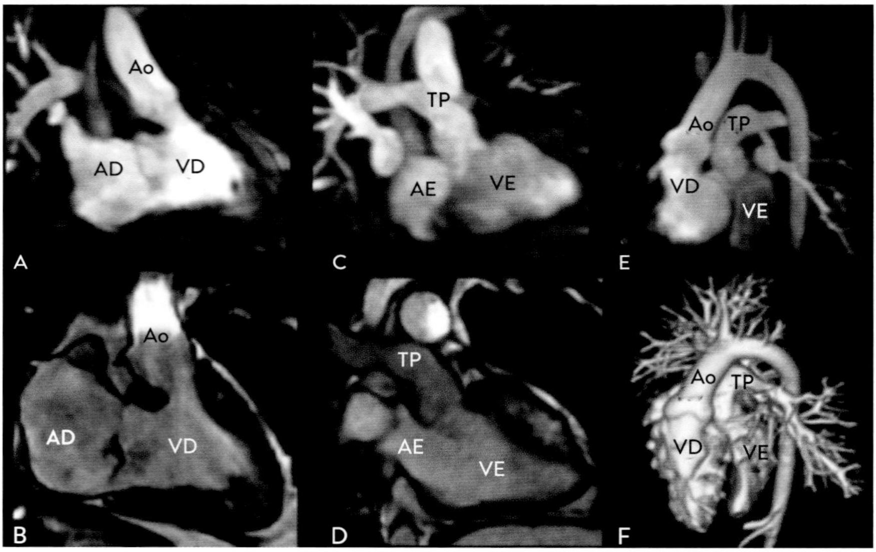

Figura 1 Aspectos anatômicos da transposição das grandes artérias. (A e B) angiorressonância e cine-RM demonstrando a concordância atrioventricular à direita e a discordância ventrículo arterial; aorta ancorada por estrutura infundibular; (C e D) angiorressonância e cine-RM demonstrando a concordância atrioventricular à esquerda e a discordância ventrículo arterial; observa-se continuidade mitropulmonar; (E e F) angiorressonância demonstrando a discordância ventrículo arterial com as vias de saída em paralelo; aorta emerge mais anteriormente do ventrículo direito e o tronco pulmonar em topografia posterior do ventrículo esquerdo.

AD: átrio direito; AE: átrio esquerdo; Ao: aorta; TP: tronco pulmonar; VD: ventrículo direito; VE: ventrículo esquerdo.

proporciona tanto a correção anatômica como a restauração fisiológica, com resultados excelentes na maioria dos centros com experiência.

Na correção anatômica, é realizada a troca arterial, fazendo com que a discordância ventriculoarterial seja corrigida e as principais complicações ocorram no plano de sutura vascular da aorta, tronco pulmonar e no reimplante coronariano.

Complicações no território pulmonar podem ocorrer no tronco pulmonar em topografia supravalvar ou nas artérias pulmonares relacionadas com a manobra de Lecompte. Estenose nos ramos pulmonares acomete aproximadamente dois terços dos pacientes e é a causa mais comum de reintervenção. A TC permite avaliar os territórios pulmonares proximal e distal demonstrando distorções vasculares ou pontos de estenose (Figura 2).

A RM fornece dados de diferença de perfusão pulmonar pela técnica de contraste de fase, bem como áreas de estreitamento significativo à angiorressonância devem ser levadas em consideração no processo de tomada de decisão.[1] Dilatação da raiz neoaorta com insuficiência valvar pode ocorrer e trazer complicações tardias. O estudo da valva da neoaorta e a estimativa da fração de regurgitação podem ser realizados pela RM.

A avaliação cuidadosa dos óstios e da porção proximal das coronárias se faz necessária, já que são transferidas da aorta nativa para a neoaorta (pulmonar nativa). Angulação e tração podem ocorrer após reimplante coronariano com consequente isquemia e dano miocárdico. A avaliação anatômica do reimplante coronariano é mais bem caracterizada pela TC. A RM fornece importantes dados por meio da perfusão miocárdica e do realce tardio na detecção de isquemia miocárdica e fibrose.[2]

A correção intra-atrial consiste em redirecionamento de fluxo das veias cavas para o ventrículo esquerdo e das veias pulmonares para o ventrículo direito e é realizada quando a troca arterial não é possível. Nesse cenário, o ventrículo direito permanece conectado com a circulação sistêmica, podendo entrar em falência pela sobrecarga pressórica.

Após a correção da transposição das grandes artérias em nível atrial, em que apenas a fisiologia da circulação é alterada, a RM é recomendada para avaliação funcional do ventrículo direito e para detalhamento anatômico do redirecionamento atrial com o estudo da perviedade das tunelizações. A avaliação precisa do ventrículo direito, muitas vezes limitada no ecocardiograma pela posição e pela complexa geometria, faz com que a RM tenha um papel central no diagnóstico não invasivo por imagem.[3] A fibrose miocárdica no ventrículo direito também parece estar associada com pior prognóstico em relação a eventos arrítmicos e a disfunção do ventrículo sistêmico.

A TC avalia não somente a anatomia das tunelizações venosas como também a repercussão no território pulmonar, caso haja o redirecionamento não satisfatório das veias pulmonares (Figura 3). Em pacientes com marca-passo ou com planejamento de terapia com ressincronizador, a TC auxilia na avaliação da função ventricular e da anatomia do seio coronariano e do sistema venoso coronariano.[4]

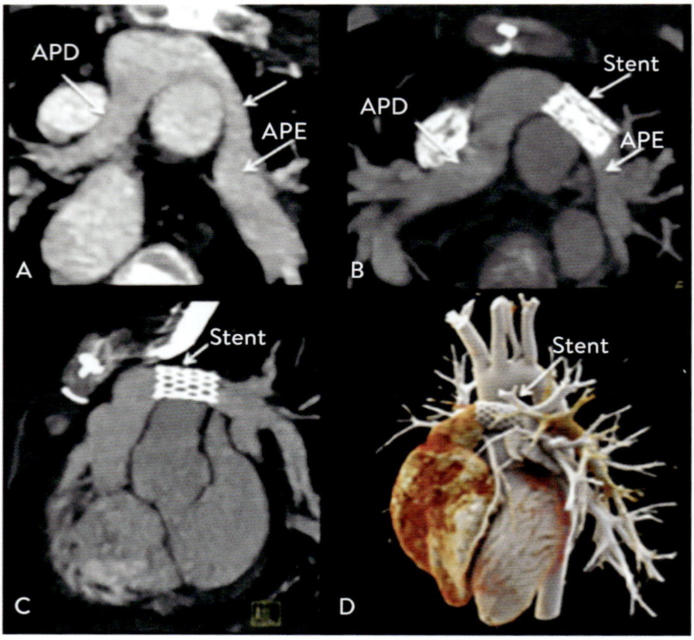

Figura 2 Tomografia em pós-operatório de cirurgia de Jatene. (A) estenose em porção proximal de artéria pulmonar esquerda; (B, C e D) interposição de *stents* em estenose local. APD: artéria pulmonar direita; APE: artéria pulmonar esquerda.

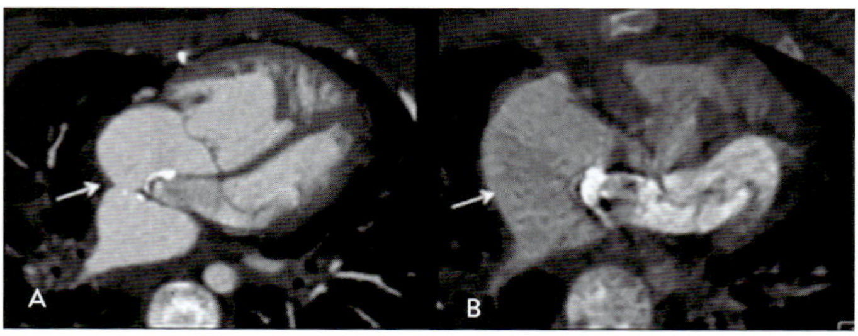

Figura 3 Tomografia de pós-operatório de cirurgia de Senning. (A) estenose na tunelização das veias pulmonares; (B) ampliação cirúrgica da tunelização intra-atrial com resultado satisfatório.

TRONCO ARTERIOSO COMUM

Consiste em uma cardiopatia congênita rara e caracteriza-se por único vaso dando origem às circulações sistêmica, pulmonar e coronariana. O vaso truncal, geralmente cavalga o septo interventricular de forma a originar-se em proporção aproximadamente igual a dos ventrículo esquerdo e direito. A valva truncal pode ter várias cúspides, sendo comum a insuficiência valvar ocasionada por espessamento e graus variados de displasia. A CIV típica é ampla e de localização subtruncal. Arco aórtico à direita e interrupção do arco aórtico são defeitos que podem estar associados.

Pode ser classificado em três tipos anatômicos, baseado nas origens das artérias pulmonares. O tipo I caracteriza-se por haver uma curta confluência pulmonar comum que se divide em artérias pulmonares direita e esquerda. No tipo II, há a origem posterior dos ramos pulmonares e, no tipo III, as artérias pulmonares direita e esquerda emergem separadamente das faces laterais do vaso truncal.

A RM ajuda a esclarecer alguns pontos no diagnóstico definitivo, como o tipo de tronco arterioso comum, as características da valva truncal e lesões associadas. A valva truncal pode ser espessada ou displásica nesta entidade, não sendo incomum a estenose ou a insuficiência. A técnica de mapeamento de fluxo por contraste de fase é útil na exata quantificação do volume e da fração regurgitante em uma valva truncal insuficiente.[5] Coarctação de aorta e interrupção do arco aórtico são encontrados em 15% dos casos. Angio-RM define a exata anatomia do arco e dos ramos, bem como a anatomia das artérias pulmonares, o que facilita o adequado planejamento cirúrgico.

A TC fornece dados detalhados das anatomias vasculares sistêmica e pulmonar, além de mais bem elucidar as alterações coronarianas pela melhor resolução espacial.[6] Há considerável variabilidade na origem das artérias coronárias podendo ter origem mais alta (*high take off*), óstio único coronariano, além de variações na distribuição do trajeto epicárdico.[7]

DRENAGEM ANÔMALA TOTAL DAS VEIAS PULMONARES

A drenagem anômala total das veias pulmonares consiste em uma malformação em que o retorno venoso pulmonar é completamente direcionado para o átrio direito, necessitando de *shunt* obrigatório, na maioria das vezes, em topografia interatrial, correspondendo a 1,5% de todas as cardiopatias congênitas. Pode ser subdividida anatomicamente de acordo com o local de drenagem em:

- Tipo supracardíaca, na qual todas as veias pulmonares estão conectadas à veia comum ascendente em continuidade com a veia inominada, ou diretamente para a veia cava superior.

- Tipo cardíaca, em que as veias se abrem diretamente no átrio direito ou no seio coronário, estando este último dilatado.
- Tipo infracardíaca, as veias drenam na veia vertical, a qual desce ao lado do esôfago para se unir ao sistema porta.
- Mista, quando associa os tipos anteriores.

Um importante aspecto de avaliação dessa cardiopatia é a definição clara da anatomia do retorno venoso pulmonar para o adequado planejamento cirúrgico. Em muitas situações, há limitação diagnóstica pelo ecocardiograma, ocasionada pela janela inadequada, sendo a TC e a RM alternativas de métodos de imagem não invasivos para a melhor elucidação anatômica.

Quando a conexão venosa anômala pulmonar é avaliada, deve-se considerar a extensão, o local da drenagem e a possibilidade de áreas estenóticas ao longo da drenagem anômala. Nos casos em que há obstrução ao retorno venoso pulmonar, deve-se instituir a intervenção cirúrgica imediatamente ao diagnóstico.[8] Qualquer um dos subtipos anatômicos pode cursar com caráter

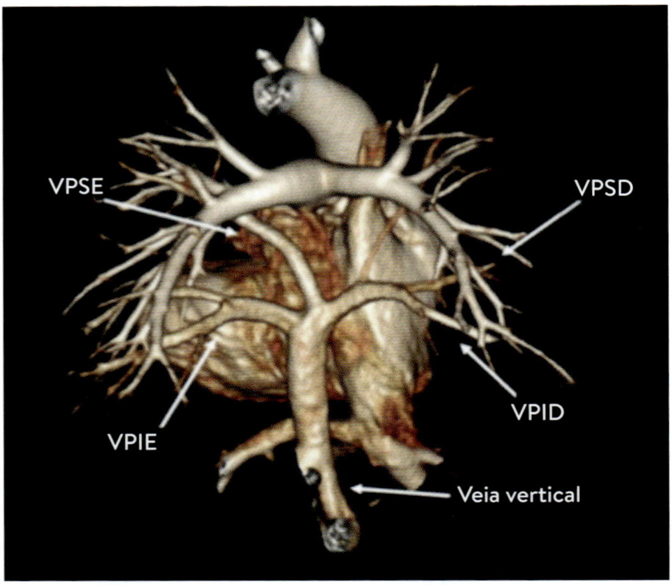

Figura 4 Visão posterior de reconstrução tridimensional de tomografia computadorizada de portador de drenagem anômala total das veias pulmonares tipo infradiafragmática. Nota-se confluência de todas as veias pulmonares em coletor e veia vertical descendente, com retorno ao átrio direito por sistema porta.

VPID: veia pulmonar inferior direita; VPIE: veia pulmonar inferior esquerda; VPSD: veia pulmonar superior direta; VPSE: veia pulmonar superior esquerda.

obstrutivo, no entanto, a obstrução é mais frequente no subtipo infracardíaco, acometendo cerca de 78% dos casos.[9]

As alterações da conexão venosa pulmonar são bem caracterizadas pela RM, a definição da topografia do *shunt* obrigatório, bem como a repercussão intracardíaca, com dilatação de câmaras direitas e esquerdas com menor volumetria.[10]

A tomografia possui melhor resolução espacial, tendo a vantagem da melhor caracterização da repercussão do defeito no parênquima pulmonar, principalmente no cenário de obstrução venosa, demonstrando congestão venosa e sinais de edema pulmonar. Possui sensibilidade e especificidade de 100% na definição do local da drenagem, pontos de redução luminal e dilatações nos trajetos venosos, com aquisição de imagens mais rápida em relação à RM, sendo este um ponto importante para pacientes instáveis hemodinamicamente.[11]

TETRALOGIA DE FALLOT

A tetralogia de Fallot é um dos defeitos cardíacos cianogênicos mais comuns, correspondendo a 10% das malformações cardíacas e é constituída por quatro defeitos estruturais. Todos são resultado do desvio anterior do septo infundibular durante o processo embriológico. Como consequência há: estenose pulmonar, CIV perimembranosa por falta de alinhamento dos septos infundibular e interventricular, dextroposição da aorta por cavalgamento do septo interventricular e a hipertrofia do ventrículo direito, decorrente do aumento da resistência imposta a essa câmara pela obstrução da via de saída do ventrículo direito e da resistência sistêmica (Figura 5).

Em 5 a 6% dos casos, há anomalias coronarianas, sendo a mais frequente a origem da artéria interventricular anterior da porção proximal da artéria coronária direita, cruzando a parede anterior do infundíbulo a uma distância variável da valva pulmonar. Essa informação é importante, já que essa alteração poderá dificultar as técnicas habituais de correção da cardiopatia. Em 10% dos casos, os folhetos da valva pulmonar estão ausentes e no lugar há brotos de tecido fibromixomatoso, ocorrendo insuficiência pulmonar. Essa variação é conhecida como tetralogia de Fallot com agenesia da valva pulmonar, que cursa com dilatação importante de tronco e ramos pulmonares, podendo ocasionar compressão de vias aéreas.

A RM exerce um papel diagnóstico importante, tanto no pré como no pós-operatório da cirurgia corretiva. O foco da avaliação pré-operatória consiste na determinação da suplência circulatória pulmonar, demonstrando os ramos pulmonares centrais, a presença ou não de colaterais sistêmico-pulmonares ou canal arterial. A angiorressonância consegue definir a anatomia vascular pulmonar, mas muitas vezes é a TC que mais bem define a correlação e a distribui-

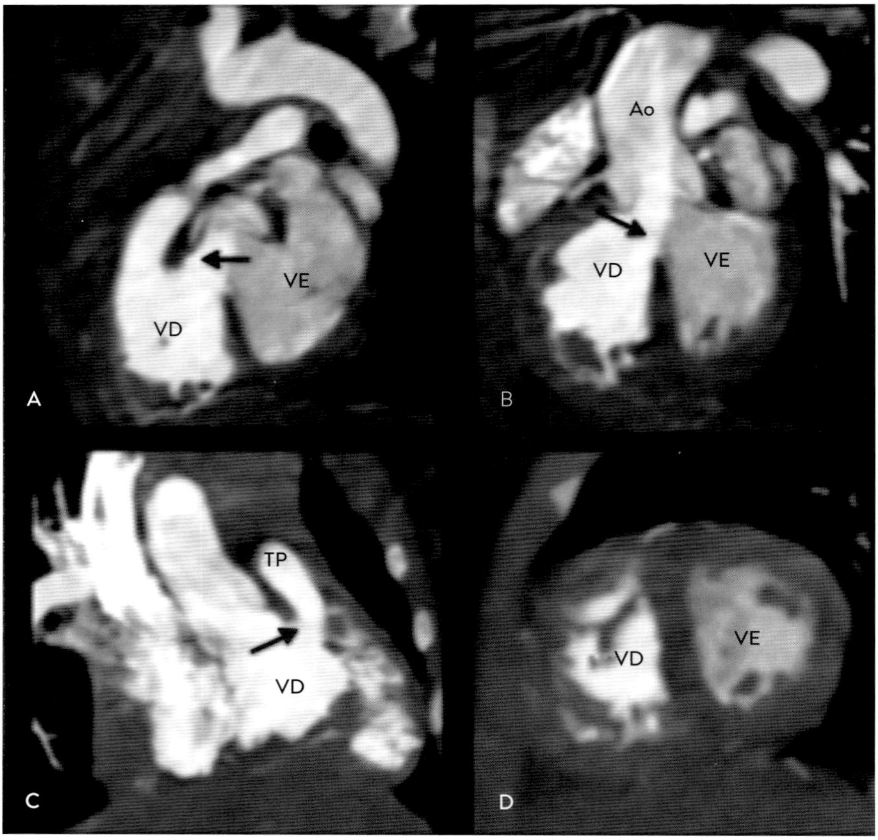

Figura 5 Tomografia computadorizada caracterizando as principais alterações estruturais encontradas na tetralogia de Fallot. (A) desvio anterior do septo infundibular, com desalinhamento do septo interventricular; (B) comunicação interventricular subaórtica com cavalgamento da aorta no defeito septal ventricular; (C) estenose infundibular pulmonar; (D) corte em eixo curto dos ventrículos demonstrando hipertrofia do ventrículo direito.
Ao: aorta; TP: tronco pulmonar; VD: ventrículo direito; VE: ventrículo esquerdo.

ção com os segmentos pulmonares, bem como a determinação do trajeto proximal coronariano, importante fator quando se considera a correção cirúrgica.

A correção cirúrgica visa a reconstruir o fluxo anterógrado pulmonar e o fechamento da CIV. A evolução em longo prazo no pós-operatório da tetralogia de Fallot é determinada pela resposta adaptativa do ventrículo direito frente aos defeitos residuais decorrentes da reconstrução da via de saída. Como complicações tardias, podem ocorrer lesões residuais, como estenose pulmonar ou, mais frequentemente, a insuficiência pulmonar, além de aneurisma de via de saída, insuficiência tricúspide e *shunts* residuais.

Apesar da complexidade geométrica e da extensa trabeculação miocárdica do ventrículo direito, a RM tem mostrado boa reprodutibilidade intra e inter-observador. Consiste em uma ferramenta padrão-ouro na avaliação de volume, massa, função global e no estudo de anormalidades de contratilidade regional das paredes, tendo adequadas resoluções espacial e temporal.[12]

Quando há agressão crônica, com sobrecarga de volume pela insuficiência pulmonar, há a dilatação gradual da cavidade ventricular direita, culminando com deterioração progressiva do desempenho ventricular direito. Com a falha dos mecanismos compensatórios, ocorre a falência do ventrículo direito, com comprometimento da função ventricular esquerda e aumento da incidência de arritmias[13] (Figura 6).

As indicações e o momento mais adequado da reabordagem da insuficiência pulmonar residual são de fundamental importância e têm sido assunto de muitas discussões. A RM tem despontado como ferramenta diagnóstica fundamental por ser não invasiva, sem radiação ionizante e pelas inúmeras informações anatômicas e funcionais que fornece. Sabe-se que é necessário o acompanhamento do volume e da função do ventrículo direito, sob o risco de se perder a possibilidade da obtenção de recuperação ventricular após a reintervenção cirúrgia.

Na avaliação pós-operatória pela RM, devem ser mensuradas as consequências hemodinâmicas da insuficiência pulmonar residual no ventrículo direito, estabelecendo o volume diastólico final indexado pela superfície corpórea, que

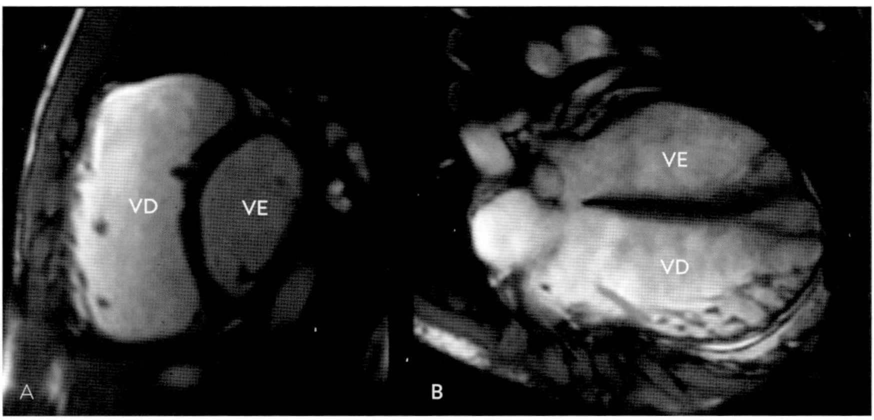

Figura 6 Ressonância magnética de pós-operatório de tetralogia de Fallot demonstrando a repercussão da insuficiência pulmonar residual nas câmaras direitas em eixo curto (A) e quarto câmaras (B).

VD: ventrículo direito; VE: ventrículo esquerdo.

orienta o momento de reintervenção cirúrgica. Estudos realizados por Therrien et al.[14] e Oosterhov et al.[15] compararam medidas do volume ventricular direito, antes e depois da correção da insuficiência pulmonar residual. Pacientes com volume diastólico final indexado pela superfície corpórea acima de 170 mL/m^2 (ou acima de 160 mL/m^2 no estudo de Oosterhov) ou volume sistólico final do ventrículo direito indexado acima de 85 mL/m^2 (ou acima de 82 mL/m^2) não obtiveram recuperação da volumetria do ventrículo direito. Já Buechel et al.[16] identificaram que o volume diastólico final indexado para que o ventrículo direito recuperasse as dimensões seria de 150 mL/m^2. Geva et al.[17] demonstraram que pacientes com QRS < 140 ms e com volume sistólico final indexado de ventrículo direito < 90 mL/m^2 seriam preditores de normalização precoce de volumetria e função após a intervenção.[18]

A aferição da massa do ventrículo direito também é obtida de maneira precisa pela RM, em que evidências recentes têm indicado que o aumento da massa ventricular direita no seguimento pós-operatório tem se associado com maior risco de desfecho desfavorável incluindo taquicardia ventricular sustentada e morte.[19]

Deve-se avaliar o desempenho ventricular direito pela fração de ejeção, a presença ou não de CIV residual, e proceder à quantificação do grau de insuficiência pulmonar pelo mapeamento de fluxo por contraste de fase.

Avalia-se ainda estenoses residuais de tronco pulmonar ou ramos, aneurismas e regiões acinéticas em via de saída de ventrículo direito, além de possíveis *shunts* residuais e insuficiência tricúspide. A via de saída comumente apresenta-se como uma região de disfunção segmentar por ser um local de abordagem cirúrgica, e muitas vezes acaba subestimando a função global do ventrículo direito.[20] A conformação geométrica da via de saída do ventrículo direito pode ser detalhada, sendo importante elemento no planejamento de intervenção para implante percutâneo de valva pulmonar.

Por meio do realce tardio, se estabelece prognóstico permitindo correlação entre quantidade de fibrose com disfunção ventricular, intolerância ao exercício e desencadeamento de eventos arrítmicos.

A TC permite a adequada caracterização da trama vascular pulmonar, definindo com alta precisão anatômica locais de estenose residual, dilatações aneurismáticas ou distorções nos locais de sutura[21] (Figura 7). Nos casos de agenesia de valva pulmonar, correlaciona as estruturas vasculares com a via aérea, fornecendo importante informação sobre compressão extrínseca.

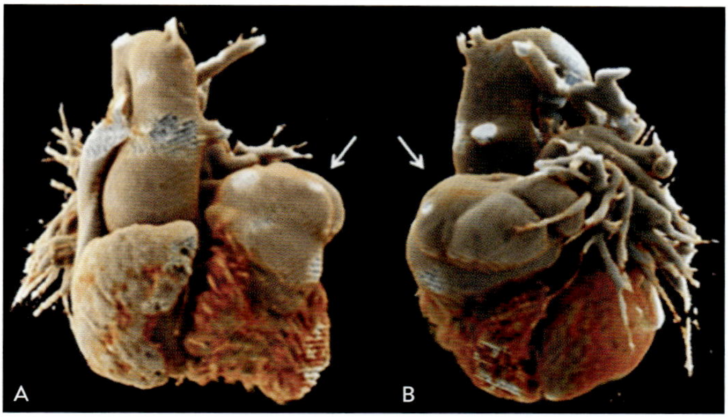

Figura 7 Reconstrução tridimensional de pós-operatório de tetralogia de Fallot com formação de pseudoaneurisma de grandes dimensões em área de reconstrução cirúrgica de via de saída de ventrículo direito (setas).

ATRESIA PULMONAR

A atresia pulmonar consiste na falta de continuidade do ventrículo direito com o tronco pulmonar. Pode estar associada à CIV ou pode ter o septo interventricular íntegro. No primeiro caso, do ponto de vista fisiopatológico, está relacionado à tetralogia de Fallot em uma forma de gravidade extrema. Já no segundo, constitui outra entidade com comportamento funcional diverso.

Na atresia pulmonar com comunicação intraventricular, a CIV geralmente é subaórtica e o tronco arterial pulmonar se mostra hipoplásico, representado muitas vezes por um cordão fibroso e sem lúmen, podendo até não existir como estrutura. Esse processo involutivo se estende para os ramos pulmonares que podem se apresentar com estenose ou hipoplasia, descontinuidades ou até mesmo atresia. O suprimento pulmonar pode advir de várias fontes colaterais, sendo geralmente de grande calibre, em número variável e originando-se das porções superior e média da aorta torácica. As colaterais têm trajeto sinuoso, podendo apresentar áreas estenóticas e terminam por juntar-se às artérias inter ou intralobares que arborizam normalmente com os segmentos ou lobos pulmonares. A rede difusa de colaterais pode ser proveniente diretamente da aorta, originada das artérias subclávias direita e esquerda, artérias brônquicas, ou intercostais.

A avaliação diagnóstica consiste no detalhamento anatômico das artérias pulmonares, bem como o suprimento por meio de colaterais sistêmico-colaterais. A angiorressonância é uma boa ferramenta para essa avaliação. No entanto, há certa dificuldade em avaliar ramos da trama mais distal, e existem limitações em visualizar comunicações vasculares entre os segmentos supridos por várias fontes colaterais. A TC tem melhor definição anatômica do suprimento dos segmentos pulmonares, esclarecendo dados como tamanho, estenose e localização espacial das colaterais sistêmico-pulmonares, possibilitando adequado planejamento da abordagem cirúrgica (Figura 8).

Na avaliação pós-operatória, à semelhança da tetralogia de Fallot, a complicação mais frequente é a insuficiência pulmonar com dilatação ventricular direita, e por isso o mapeamento de fluxo por contraste de fase deve ser efetuado para avaliar o grau de insuficiência, bem como a velocidade de pico nos casos de obstrução. A angiotomografia coronariana (ATC) mais bem avalia o território vascular pulmonar, determinando se há distorção da trama pulmonar ou estenose nos locais de sutura, e a anatomia resultante após unifocalização de colaterais sistêmico-pulmonares.[22]

A atresia pulmonar com septo íntegro se caracteriza por um espectro morfológico em que se pode encontrar desde ventrículo extremamente dilatado até muito hipoplásico e hipertenso. As anormalidades coronarianas são comuns, e provavelmente contribuem para a alta mortalidade nesta malformação, mesmo que se restabeleça um curso normal para o fluxo sanguíneo pulmonar. A anormalidade mais frequente consiste em comunicações fistulosas entre o ventrículo direito e o sistema arterial coronariano, uma regra quando o ventrículo direito é muito pequeno, já que o regime de alta pressão intraventricular direito mantém aberta as comunicações entre os sinusoides e coronárias. Essas comunicações podem provocar a dependência da circulação coronariana a partir do fluxo do ventrículo direito.

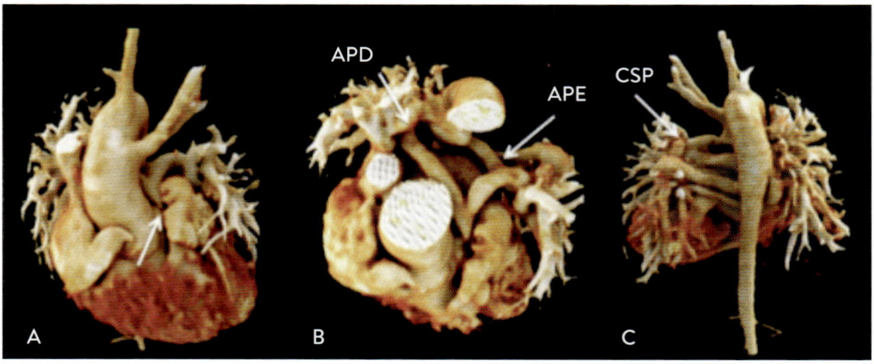

Figura 8 Reconstrução tridimensional de tomografia computadorizada de portador de atresia pulmonar com colaterais sistêmico-pulmonares. (A e B) tronco pulmonar em fundo cego com artérias pulmonares confluentes e com exuberante circulação colateral sistêmico-pulmonar; (C) visão posterior de múltiplas colaterais sistêmico-pulmonares.
APD: artéria pulmonar direita; APE: artéria pulmona resquerdo; CSP: colateral sistêmico-pulmonar.

Um dos objetivos no pré-operatório é caracterizar os substratos morfológicos do ventrículo direito e definir a sua viabilidade como câmara. Se a cavidade ventricular direita for pequena, uma correção tipo univentricular é mandatória. É importante avaliar o tamanho do ventrículo direito, identificando as suas porções. Um ventrículo direito normal é dito tripartite, cujos componentes são: via de entrada, porção trabecular e via de saída. Se a morfologia estiver alterada, a proporção desses componentes varia de modo considerável e é possível ter um ventrículo direito bipartite ou até mesmo unipartite, se dois ou um componente, respectivamente, estiverem presentes. A RM fornece os dados de volumetria do ventrículo direito, devendo ser indexado por superfície corpórea, nos casos limítrofes para definição de correção uni ou biventricular. Avalia também a anatomia do território pulmonar e a presença do canal arterial, fornecendo dados sobre morfologia e diâmetros luminais.

Anormalidades na circulação coronariana podem estar presentes nos pacientes com ventrículo direito hipertrofiado e hipertenso, com comunicações fistulosas entre o ventrículo direito e o sistema arterial coronariano decorrente do aumento pressórico intracavitário.

Em algumas situações, o fluxo coronariano é dependente do sistema hipertensivo do ventrículo direito, não permitindo a desobstrução da via de saída com consequente queda da pressão intraventricular e roubo de fluxo coronariano. Ocasionalmente, há ausência completa da porção proximal das artérias coronárias, sendo o fluxo coronariano totalmente dependente do ventrículo direito. Nesses casos, a TC permite melhor avaliação de todo o território coronariano, incluindo as porções mais distais, evidenciando os pontos de comunicação com a cavidade ventricular.

A TC também permite avaliar a árvore arterial pulmonar, fornecendo informações como confluência das artérias pulmonares, dimensões e irrigação dos segmentos pulmonares proximais.

CORAÇÃO UNIVENTRICULAR

O ventrículo único é uma cardiopatia rara e faz parte de um grupo com grande variedade de arranjos anatômicos, em que a característica em comum é possuir uma circulação univentricular em que uma única massa ventricular é responsável por suportar as circulações sistêmica e pulmonar. Na maioria das vezes, há um ventrículo principal de maior tamanho, que pode ser direito ou esquerdo e outra cavidade rudimentar, com diferentes graus de hipoplasia.

A RM é útil na avaliação do coração univentricular, estabelecendo a anatomia de maneira adequada, independentemente da disposição no tórax. Além da caracterização anatômica, delimita as cavidades ventriculares, permitindo as análises funcionais global e segmentar do ventrículo principal, com estudo do desempenho contrátil da cavidade ventricular única independentemente da cavidade hipoplásica.

Uma variedade morfológica de coração univentricular em que a RM tem algumas indicações específicas é a hipoplasia do ventrículo esquerdo. É uma cardiopatia extremamente grave, cuja intervenção deve ocorrer no período neonatal e em que se observam graus variados de hipoplasia do ventrículo esquerdo e aorta ascendente. Na forma mais exuberante, há atresia mitral e aórtica e ventrículo esquerdo sem cavidade funcional.[23]

Em casos nos quais a volumetria do ventrículo esquerdo é limítrofe, a RM é padrão-ouro para determinar o volume ventricular e contribuir para a decisão bi ou univentricular. O tamanho ventricular não é a única informação que a RM pode contribuir. Outros parâmetros utilizados na tomada de decisão terapêutica são: tamanho da via de entrada do ventrículo esquerdo, formação do ápex cardíaco, relação ápex-base entre os ventrículos esquerdo e direito, dimensões da via de saída do ventrículo esquerdo e área valvar aórtica. Pela técnica de realce tardio avalia-se fibroelastose miocárdica, demonstrando a extensão na superfície endocárdica e a repercussão hemodinâmica na função diastólica do ventrículo esquerdo.

A RM também se aplica após processo cirúrgico de derivação cavopulmonar. No acompanhamento pós-operatório da cirurgia de Glenn, deve-se avaliar a anatomia da trama vascular pulmonar, o local de anastomose da veia cava superior e possível formação de alterações fistulosas, nos casos menos favoráveis. Medidas de fluxo podem ser obtidas na veia cava superior ou nos ramos pulmonares estimando a distribuição de fluxo para os pulmões direito e esquerdo.

O controle pós-operatório da cirurgia de Fontan requer a análise do tubo e da geometria, seja intra ou extracardíaco, estudando-se a perviedade do circuito cavopulmonar, excluindo trombos no interior ou áreas de estenose geralmente em planos de sutura (Figura 9). Neste último caso, pode-se realizar o mapeamento de fluxo local com técnica de *phase contrast,* seja no território de veia cava superior, cava inferior ou artérias pulmonares.

Circulação colateral pode se desenvolver em pacientes após cirurgia de Fontan, apesar da prevalência ser desconhecida. Pode resultar em competição na perfusão pulmonar, tendo efeito deletério no circuito cavopulmonar. A quantificação da magnitude dessa circulação pode ser determinada pela técnica de contraste de fase, com medidas obtidas nos territórios de cavas, aorta, artérias e veias pulmonares. Pode ser calculado com a diferença de fluxo entre a aorta e o retorno sistêmico (veia cava superior + veia cava inferior) ou com a diferença entre o fluxo das artérias pulmonares e retorno pelas veias pulmonares. Essa avaliação indireta da circulação colateral é importante, pois em muitas situações a angiorressonância pode não detectar colaterais de fino calibre. A detecção de fluxo aumentado pela técnica de mapeamento de fluxo pela RM cardiovascular (RMC), oriunda de circulação colateral sistêmico pulmonar, pode estar correlacionada com maior volume de derrame pleural, além de maior permanência hospitalar de pacientes após cirurgia de Fontan, independentemente dos fatores de risco convencionais.[24]

Além de colaterais aortopulmonares, pode-se observar malformação venovenosa nestes pacientes. Vasos colaterais patentes entre as veias sistêmicas e veias pulmonares ou rede de colaterais entre as veias sistêmicas conectando-se diretamente ao átrio esquerdo podem ser detectados pela angiorressonância.

A utilização da técnica de realce tardio pode ser uma ferramenta de estratificação de risco para os pacientes com coração univentricular já que tem sido relatada fibrose miocárdica, tendo correlação com mecanismos de arritmia ventricular.[25]

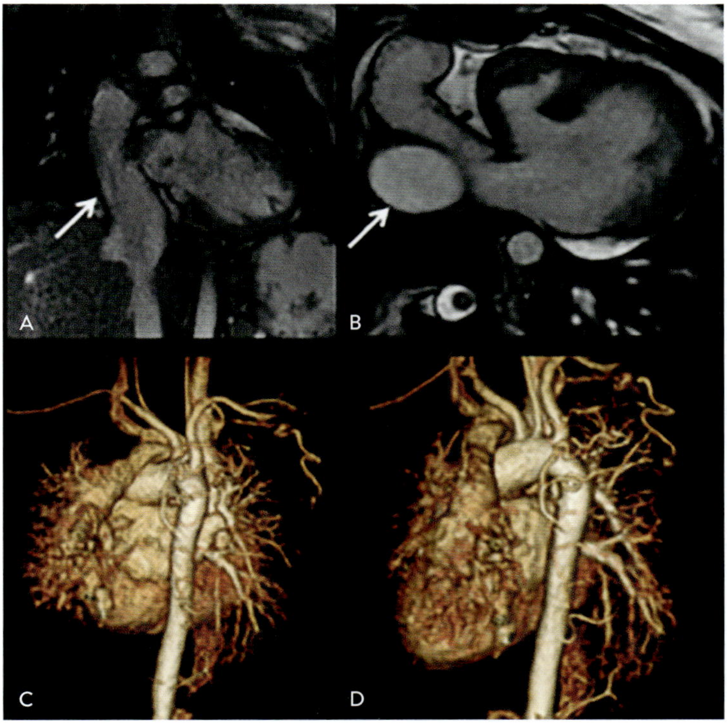

Figura 9 Ressonância magnética na avaliação da cirurgia de Fontan. (A e B) cine-RM em que se nota tubo extracardíaco pérvio, sem sinais de trombo ou estenose sem corte coronal (setas); (C) angiorressonância demonstrando colaterais sistêmico-pulmonares.

REFERÊNCIAS BIBLIOGRÁFICAS

1. Thomas B, Martins JD, Tavares NJ, Lopes A, Pinto FF, Fragata J. Stenosis of the branches of the neo-pulmonary artery after the arterial switch operation: A cardiac magnetic resonance imaging study. Ann Pediatr Cardiol. 2013;6(1):29-33.
2. Cohen MS, Eidem BW, Cetta F, Fogel MA, Frommelt PC, Ganame J, et al. Multimodality imaging guidelines of patients with transposition of the great arteries: a report from the American Society of Echocardiography Developed in Collaboration with the Society for Cardiovascular Magnetic Resonance and the Society of Cardiovascular Computed Tomography. J Am Soc Echocardiogr. 2016;29(7):571-621.
3. Grothoff M, Hoffmann J, Abdul-Khaliq H, Lehmkuhl L, Dahnert I, Berger F, et al. Right ventricular hypertrophy after atrial switch operation: normal adaptation process or risk factor? A cardiac magnetic resonance study. Clin Res Cardiol. 2012;101(12):963-71.
4. Ruckdeschel ES, Quaife R, Lewkowiez L, Kay J, Sauer WH, Collins KK, Nguyen DT. Preprocedural imaging in patients with transposition of the great arteries facilitates placement of cardiac resynchronization therapy leads. Pacing Clin Electrophysiol. 2014;37(5):546-53.
5. Fogel MA, Crawford M. Cardiac magnetic resonance of the common arterial trunk and transposition of the great arteries. Cardiol Young. 2012;22(6):677-86.
6. Koplay M, Cimen D, Sivri M, Güvenc O, Arslan D, Nayman A, Oran B. Truncus arteriosus: Diagnosis with dual-source computed tomography angiography and low radiation dose. World J Radiol. 2014;6(11):886-9.
7. Sharma A, Priya S, Jagia P. Persistent truncus arteriosus on dual source CT. Jpn J Radiol. 2016;34(7):486-93.
8. Yong MS, Yaftian N, Weintraub RG, Brizard CP, d'Udekem Y, Konstantinov IE. Outcomes of surgery for mixed total anomalous pulmonary venous drainage in children. Semin Thorac Cardiovasc Surg. 2017;29(3):338-44.
9. Shen Q, Pa M, Hu X, Wang J. Role on plain radiography and CT angiography in the evaluation of obstructed pulmonar venous connection. Pediatr Radiol. 2014;47(3):827–35.
10. Vyas HV, Greenberg SB, Krishnamurthy R. MR imaging and CT evaluation of congenital pulmonary vein abnormalities in neonates and infants. Radiographics. 2012;32(1):87-98.
11. Dyer KT, Hlavacek AM, Meinel FG, De Cecco CN, McQuiston AD, Schoepf UJ. Imaging in congenital pulmonary vein anomalies: the role of computed tomography. Pediatr Radiol. 2014;44(9):1158-68.
12. Valente AM, Cook S, Festa P, Ko HH, Krishnamurthy R, Taylor AM, et al. Multimodality imaging guidelines for patients with repaired tetralogy of fallot: a report from the American Society of Echocardiography: developed in collaboration with the Society for Cardiovascular Magnetic Resonance and the Society for Pediatric Radiology. J Am Soc Echocardiogr. 2014;27(2):111-41.
13. Ait Ali L, Trocchio G, Crepaz R, Stuefer J, Stagnaro N, Siciliano V, et al. Left ventricular dysfunction in repaired tetralogy of Fallot: incidence and impact on atrial arrhythmias at long term-follow up. Int J Cardiovasc Imaging. 2016;32(9):1441-9.
14. Therrien J, Provost Y, Merchant N, Williams W, Colman J, Webb G. Optimal timing for pulmonary valve replacement in adults after tetralogy of Fallot repair. Am J Cardiol 2005;95:779-82.
15. 15. Oosterhof T, van Straten A, Vliegen HW, Meijboom FJ, van Dijk APJ, Spijkerboer AM, et al. Preoperative thresholds for pulmonary valve replacement in patients with corrected tetralogy of Fallot using cardiovascular magnetic resonance. Circulation 2007;116:545-51.
16. Buechel ER, Dave HH, Kellenberger CJ, Dodge-Khatami A, Pretre R, Berger F, et al. Remodelling of the right ventricle after early pulmonary valve replacement in children with repaired tetralogy of Fallot: assessment by cardiovascular magnetic resonance. Eur Heart J 2005;26(24):2721-7.

17. Geva T, Gauvreau K, Powell AJ, Cecchin F, Rhodes J, Geva J, et al. Randomized trial of pulmonary valve replacement with and without right ventricular remodeling surgery. Circulation 2010; 122:S201-S208.
18. Bokma JP, Winter MM, Oosterhof T, Vliegen HW, van Dijk AP, Hazekamp MG, et al. Preoperative thresholds for mid-latehaemodynamic and clinical outcomes after pulmonary valve replacement in tetralogy of Fallot. Eur Heart J. 2016;37(10):829-35.
19. Valente AM, Gauvreau K, Assenza GE, Babu-Narayan SV, Schreier J, Gatzoulis MA, et al. Contemporary predictors of death and sustained ventricular tachycardia in patients with repaired tetralogy of Fallot enrolled in the INDICATOR cohort. Heart. 2014;100(3):247-53.
20. Bove T, Vandekerckhove K, Devos D, Panzer J, De Groote K, De Wilde H, et al. Functional analysis of the anatomical right ventricular components: should assessment of right ventricular function after repair of tetralogy of Fallot be refined? European journal of cardio-thoracic surgery. Eur J Cardiothorac Surg. 2014;45(2):e6-12.
21. Lapierre C, Dubois J, Rypens F, Raboisson MJ, Déry J. Tetralogy of Fallot: Preoperative assessment with MR and CT imaging. Diagn Interv Imaging. 2016;97(5):531-41.
22. Han BK, Rigsby CK, Hlavacek A, Leipsic J, Nicol ED, Siegel MJ, et al. Society of Cardiovascular Computed T, Society of Pediatric R and North American Society of Cardiac I. Computed Tomography Imaging in Patients with Congenital Heart Disease Part I: Rationale and Utility. An Expert Consensus Document of the Society of Cardiovascular Computed Tomography (SCCT): Endorsed by the Society of Pediatric Radiology (SPR) and the North American Society of Cardiac Imaging (NASCI). J Cardiovasc Comput Tomogr. 2015;9(6):475-92.
23. Hickey EJ, Caldarone CA, McCrindle BW. Left ventricular hypoplasia: a spectrum of disease involving the left ventricular outflow tract, aortic valve, and aorta. J Am Coll Cardiol. 2012;59(1 Suppl):S43-54.
24. Glatz AC, Rome JJ, Small AJ, Gillespie MJ, Dori Y, Harris MA, et al. Systemic-to-pulmonary collateral flow, as measured by cardiac magnetic resonance imaging, is associated with acute post-Fontan clinical outcomes. Circulation Cardiovasc Imaging. 2012;5(2):218-25.
25. Odenwald T, Quail MA, Giardini A, Khambadkone S, Hughes M, Tann O, et al. Systemic to pulmonary collateral blood flow influences early outcomes following the total cavopulmonary connection. Heart. 2012;98(12):934-40.

Seção V

Aorta, artérias renais e vasos periféricos

22 Aorta, artérias renais e vasos periféricos

Walther Ishikawa

INTRODUÇÃO

A aorta pode ser acometida por diversas doenças, com manifestações clínicas variáveis, incluindo emergências com elevada mortalidade. Há a necessidade de uma avaliação rápida e adequada dessas condições, o que inclui diversas modalidades de diagnóstico por imagem não invasivas, como a ecocardiografia (Eco), ultrassonografia (US) abdominal, tomografia computadorizada (TC) e ressonância magnética (RM). Além da condição clínica e da dúvida diagnóstica a ser respondida, fatores como disponibilidade, razão custo-benefício, e valores aditivos de cada técnica determinarão o uso racional destes exames. Na prática clínica, a Eco transtorácica continua sendo a principal modalidade para avaliar a raiz aórtica e, a angiografia por TC, a principal modalidade para uma avaliação global do vaso.

ECOCARDIOGRAFIA E ULTRASSONOGRAFIA DE AORTA

Os métodos baseados em US são, muitas vezes, a primeira linha de investigação para doenças aórticas, aliam preço, disponibilidade, portabilidade e precisão. A Eco transtorácica avalia de forma excelente a raiz aórtica, e geralmente permite uma avaliação adequada dos segmentos ascendente e arco. O acesso ecográfico à origem dos ramos do arco é variável, e pode haver dificuldade especialmente no estudo da origem do tronco braquiocefálico. Geralmente, a avaliação da aorta descendente é incompleta por essa via, em particular da porção distal. Essas limitações não ocorrem na Eco transesofágica, exceto alguns segmentos em que há interposição traqueal (transição entre a aorta ascendente e arco, e ramos do arco). Doenças que acometem essencialmente a raiz da aorta (como síndrome de Marfan) podem ser adequadamente avaliadas e seguidas com Eco transtorácica.

A avaliação da aorta abdominal pela US é muito dependente de fatores inerentes ao indivíduo, como obesidade e distensão gasosa intestinal. Ferimentos superficiais e enfisema de partes moles também podem prejudicar a avaliação, como em trauma e pós-operatório. Finalmente, a avaliação da aorta de pacientes não colaborativos também pode ser bastante limitada. Em indivíduos com acesso ecográfico adequado, a US permite uma avaliação adequada de toda a aorta abdominal, assim como dos segmentos ilíacos, sendo a principal modalidade para o rastreamento de aneurismas e outras doenças destes territórios.

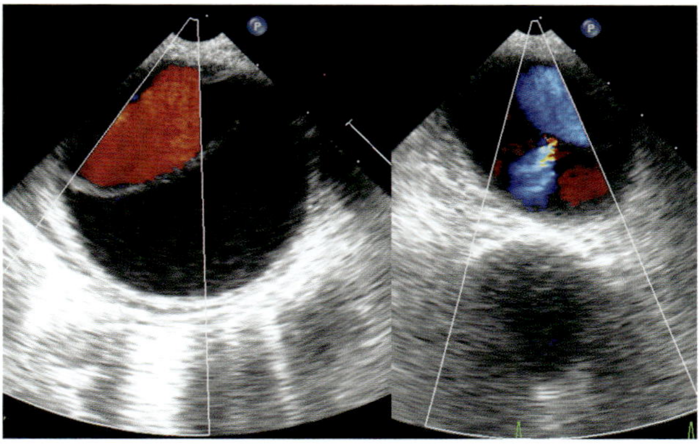

Figura 1 Dissecção de aorta descendente, avaliada por Eco transesofágica. A imagem da direita mostra pequeno forame de reentrada, possivelmente relacionado à desinserção de óstio de ramo intercostal.

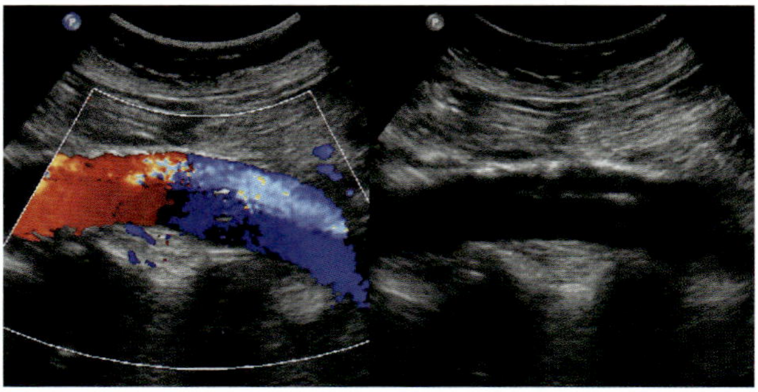

Figura 2 Dissecção de aorta abdominal, avaliada por ultrassonografia (US). Na dissecção aórtica, a US tem papel complementar, na avaliação de patência e padrão de fluxo na falsa luz, e na pesquisa de sinais de hipofluxo na luz verdadeira e ramos viscerais.

TOMOGRAFIA COMPUTADORIZADA

A angiografia por TC realizada em aparelhos multidetectores (64 canais ou superior) é o método mais utilizado para a avaliação anatômica global da aorta, tanto em condições agudas quanto crônicas, e seguimento. As vantagens incluem disponibilidade, precisão e rápida aquisição de dados, com a duração do exame de somente alguns segundos, o que permite o uso também em condições clínicas graves e de instabilidade limítrofe. A realização é simples, com poucas fontes de erro e menor variabilidade.

Oferece informação volumétrica com elevada resolução espacial, com extensa cobertura ao longo do eixo longitudinal do paciente, na forma de um volume tridimensional que possibilita a análise em diversos planos espaciais, com avaliação precisa mesmo em tortuosidades e geometrias complexas. Com isto, é possível medir o vaso de forma precisa, com reduzida variação inter e intraobservador, permitindo um seguimento adequado destas doenças.

É possível a análise simultânea da parede vascular, calcificações, ramos aórticos e demais órgãos torácicos e abdominais. A realização e a análise são pouco operador-dependentes, ambas muito rápidas. Permite a avaliação de patência de endopróteses, mesmo os ferromagnéticos, detectando vazamentos (*endoleaus*) e outras complicações. Algumas inovações recentes incluem a possibilidade de aquisição de dados sincronizados com o eletrocardiograma, eliminando artefatos relacionados à movimentação cardíaca, e permitindo a análise e a mensuração precisa da raiz e a avaliação simultânea das artérias coronárias. Algumas informações cinéticas também podem ser extraídas com essa técnica.

Desvantagens incluem a exposição à radiação ionizante, embora cada vez mais baixa em aparelhos modernos. Exames com sincronização cardíaca costumam ter a dose ainda mais elevada. E geralmente há a necessidade de um meio de contraste intravenoso à base de iodo, com potencial de nefrotoxicidade.

RESSONÂNCIA MAGNÉTICA

A RM é uma versátil ferramenta para avaliação da aorta e suas doenças. Assim como a TC, é possível a obtenção de dados volumétricos tridimensionais, embora com resolução espacial pouco mais baixa. Porém, a avaliação por RM não se restringe à angiografia, oferecendo variadas modalidades de imageamento que permitem uma análise morfofuncional mais completa e integral. Sequências anatômicas demonstram características da parede vascular, como edema, hemorragias e inflamação. Sequências cinéticas possibilitam avaliar volumes e função contrátil biventricular, distensibilidade vascular, e algumas disfunções valvares. Sequências de contraste de fase permitem mensurar vo-

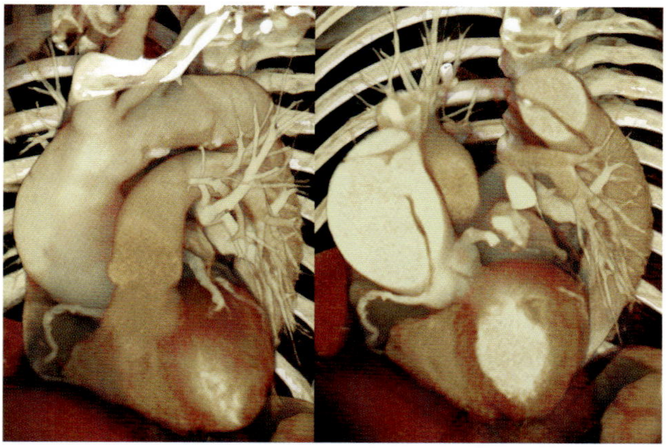

Figura 3 Paciente com dissecção aguda de aorta Stanford A, *flap* visível até a raiz aórtica, margeando o óstio da artéria coronária direita. Exame de tomografia computadorizada, reconstruções tridimensionais *volume rendering*, à direita com parte da aorta removida para melhor demonstrar o *flap* luminal.

lumes e velocidades de fluxo de forma análoga à Dopplerfluxometria da Eco. Pelo fato de a imagem ser baseada na interação de núcleos de hidrogênio com potentes campos magnéticos, outra clara vantagem é o fato de não envolver radiação ionizante, além de nem sempre ser necessário o uso do contraste venoso. Mesmo quando é necessário, o meio de contraste paramagnético não é nefrotóxico, é considerado mais seguro do que o contraste iodado, exceto em poucas situações clínicas.

As desvantagens incluem maior preço e menor disponibilidade, longo tempo total de realização, e maior suscetibilidade a artefatos de movimentação, limitando a utilidade em pacientes pouco colaborativos e graves. Outra desvantagem é o fato de existirem várias condições que podem contraindicar a realização, como dispositivos implantáveis, muitos marca-passos e grampos de aneurismas intracranianos.

SÍNDROMES AÓRTICAS AGUDAS

As síndromes aórticas agudas (SAA) englobam o espectro das doenças agudas da aorta torácica, incluindo a dissecção da aorta (DA) clássica, hematoma intramural (HIM), úlcera aterosclerótica penetrante e aneurisma aórtico (AA) roto. Embora a fisiopatologia dessas condições varie, elas se agrupam pela apresentação clínica em comum e gravidade, todas com elevada mortalidade. Alguns autores incluem também as doenças inflamatórias agudas (aortites) e lesões traumáticas da aorta.

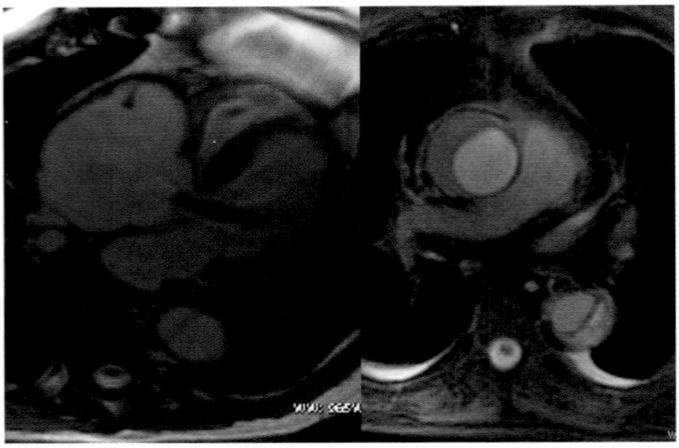

Figura 4 Dois pacientes com dissecção de aorta Stanford A, avaliadas por ressonância magnética. A imagem da esquerda mostra um corte em 3 câmaras, com acometimento da raiz da aorta pela dissecção, o aneurisma da aorta ascendente e regurgitação valvar aórtica. A imagem da direita demonstra *flaps* de dissecção nas aortas ascendente e descendente, falsa luz das aortas ascendente parcialmente preenchida por trombos.

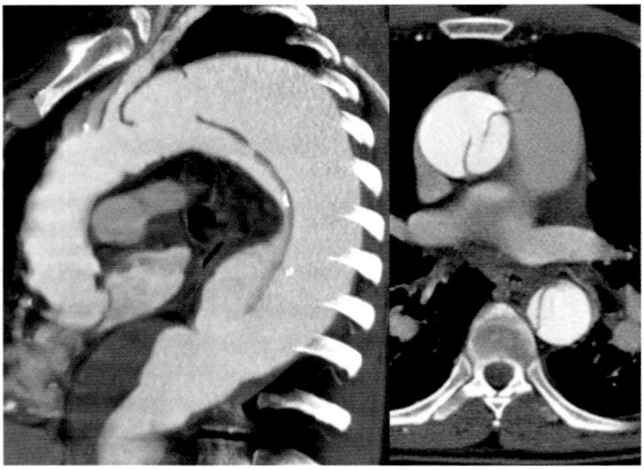

Figura 5 Imagens de tomografia computadorizada de dois pacientes com dissecção aguda de aorta. Na primeira imagem, uma reconstrução oblíqua ao longo da aorta torácica mostrando uma dissecção Stanford B, notar o forame de entrada imediatamente após a origem da artéria subclávia esquerda, e a ampla reentrada distal. Falsa luz com trombos na transição abdominal. Na segunda imagem, uma dissecção Stanford A, com acometimento da aorta ascendente em que se observa o forame de entrada.

Diversas publicações propõem algoritmos diagnósticos para a investigação por imagem desses casos. Na realidade, todas as modalidades possuem vantagens e desvantagens, que devem ser levadas em consideração para a escolha como ferramenta primária ou secundária de investigação. As duas considerações iniciais na escolha do método de investigação são as condições clínicas do doente (estabilidade hemodinâmica, por exemplo) e a acurácia da modalidade de imagem. Do ponto de vista somente de acurácia, não há grande diferença entre TC, RM e Eco transesofágica, todos com elevada sensibilidade (próximo de 100%). O primeiro elemento justifica o uso da Eco como modalidade de primeira linha, pela possibilidade de exame rápido e à beira do leito, mesmo em casos bastante graves, com avaliação excepcional da raiz aórtica, embora a visualização adequada seja somente dos segmentos mais proximais do vaso. Na maioria dos casos, incluindo aqueles com estabilidade limítrofe, a TC é uma excelente alternativa, equilibrando precisão e velocidade.

Informações relevantes a serem obtidas incluem a confirmação ou a exclusão dessas doenças, avaliar a extensão do acometimento, incluindo o acometimento de ramos da aorta, e procurar outras complicações. Não raro, os pacientes necessitam de uma combinação dessas modalidades. Por exemplo, a TC permite avaliar quase todos os aspectos necessários para o manejo desses pacientes, mas não avalia bem a regurgitação aórtica, assim como a função contrátil ventricular, aspectos que são facilmente estudados pela Eco. O estudo do acometimento dos óstios coronários é um desafio, pode ser feito pela Eco ou TC, mas pode haver a necessidade de investigação com arteriografia invasiva.

O contraste intravenoso na TC é fundamental nas SAA, mas uma aquisição complementar sem contraste pode fornecer informações importantes, permitindo avaliar mais facilmente a elevada atenuação da parede vascular (em casos de hematomas intramurais) ou em meio a trombos em aneurismas (sinal de rotura iminente), hemopericárdio, hemotórax, hematomas mediastinais e retroperitoniais.

Tabela 1 Comparação das modalidades de imagem para achados diagnósticos na investigação das SAA

Desempenho	EcoTT	EcoTE	TC	RM	Art
Sensibilidade	++	+++	+++	+++	++
Especificidade	++	+++	+++	+++	+++
Detecção de HIM	+	++	+++	+++	-
Localizar ponto de entrada	-	++	+++	+++	++
Insuficiência aórtica	+++	+++	-	++	+++
Artérias coronárias	-	++	+	+	+++
Derrame pericárdico	+++	+++	++	++	-
Acometimento de ramos	-	+	++	++	+++

SAA: síndrome aórtica aguda; HIM: hematoma intramural; EcoTT: ecocardiografia transtorácica; EcoTE: ecocardiografia transesofágica; TC: tomografia computadorizada; RM: ressonância magnética; Art: arteriografia invasiva. Adaptado de Goldstein et al.[2]

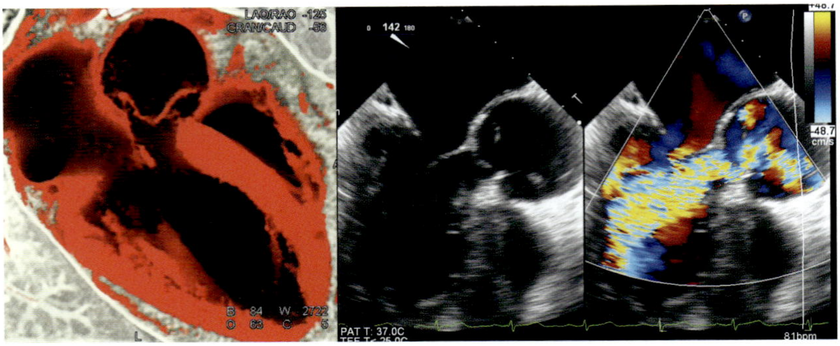

Figura 6 Paciente com dissecção aguda de aorta Stanford A, *flap* visível até a raiz aórtica, associado à insuficiência valvar aórtica grave. Comparação entre angio-TC (esquerda, reconstrução *volume rendering* em 3 câmaras), e ecocardiografia (demais imagens, também em 3 câmaras), destacando a regurgitação valvar, somente demonstrada no mapeamento colorido por Doppler.

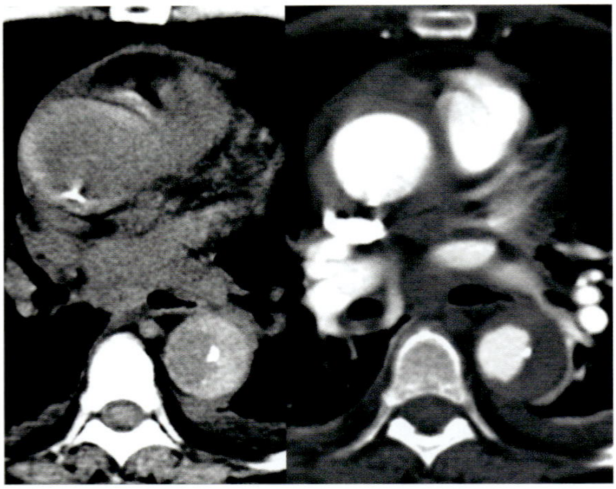

Figura 7 Hematoma subintimal aórtico, avaliação por tomografia computadorizada. Série sem contraste venoso à esquerda, com espessamento parietal em "crescente" com aspecto hiperatenuante, correspondendo ao hematoma. Notar que não há opacificação pelo contraste (imagem à direita). Perceber também as calcificações intimais deslocadas internamente, localizadas na interface entre a luz pérvia e o hematoma mural.

Passado o período agudo, pacientes com DA (e outras SAA) necessitam de seguimento por métodos de imagem, tanto aqueles tratados clinicamente ou por cirurgia/procedimento endovascular. Quanto à DA, sugere-se o seguimento em 1, 3, 6 e 12 meses, e anualmente a partir de então, especialmente para a avaliação seriada das medidas aórticas e patência da falsa luz. Novamente, a Eco é bastante adequada para o estudo da aorta proximal, mas é limitada na avaliação de todo o vaso. A TC permanece sendo uma ótima opção, e é o método mais utilizado, mas o fato de envolver radiação ionizante e contraste com potencial nefrotóxico precisa ser lembrado. Nesse sentido, a RM é uma interessante alternativa para o seguimento de longo prazo. Uma observação importante é em relação às endopróteses metálicas, se forem ferromagnéticas, artefatos prejudicam a avaliação regional pela RM. E também há o risco teórico de migração em próteses recém-implantadas, sugerindo-se aguardar pelo menos 1 mês.

Tabela 2 Aspectos práticos das modalidades de imagem para a investigação das SAA

Vantagens	EcoTT	EcoTE	TC	RM	Art
Disponibilidade	+++	++	+++	+	+
Velocidade	+++	++	+++	+	+
Portabilidade	+++	+++	-	-	-
Não-invasibilidade	+++	+	+++	+++	-
Sem contraste iodado	+++	+++	-	+++	-
Sem radiação	+++	+++	-	+++	-
Custo	+	++	++	++	+++

SAA: síndrome aórtica aguda; EcoTT: ecocardiografia transtorácica; EcoTE: ecocardiografia transesofágica; TC: tomografia computadorizada; RM: ressonância magnética; Art: arteriografia invasiva. Adaptado de Goldstein et al.[2]

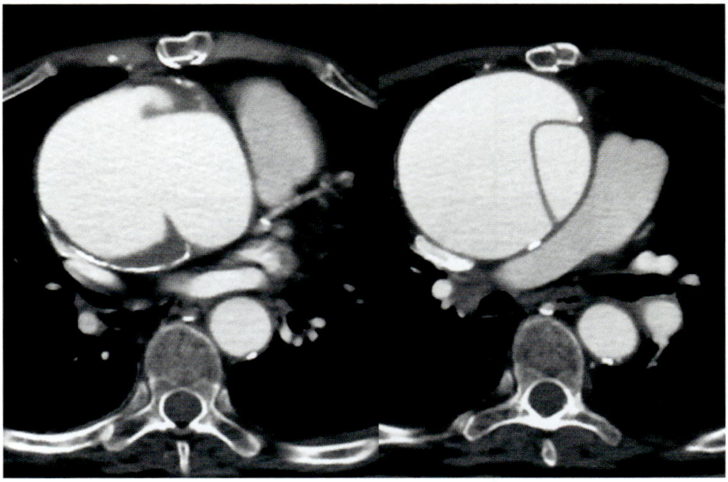

Figura 8 Paciente com dissecção crônica de aorta, Stanford A com troca valvar, dissecção residual na aorta ascendente distal e arco. Imagens axiais da tomografia computadorizasa, mostrando aneurisma da aorta ascendente, falsa luz com calcificações parietais e trombos murais. A primeira imagem mostra o amplo ponto de entrada da dissecção.

Via de regra, a rotura de AA abdominal não é incluída nas SAA, mas é uma condição igualmente grave e de elevada mortalidade. Novamente, o método de imagem de escolha é a TC, que permite avaliar de forma rápida e precisa sinais de rotura ou instabilidade. O achado mais comum é um hematoma retroperitonial, suficiente para fechar o diagnóstico em contexto adequado. Pode ser visto um extravasamento de contraste iodado, caracterizando sangramento ativo, mas é um achado mais raro, relacionado ao pior prognóstico. A US não é indicada nesses casos, dado que geralmente não permite uma avaliação definitiva dos achados de rotura.

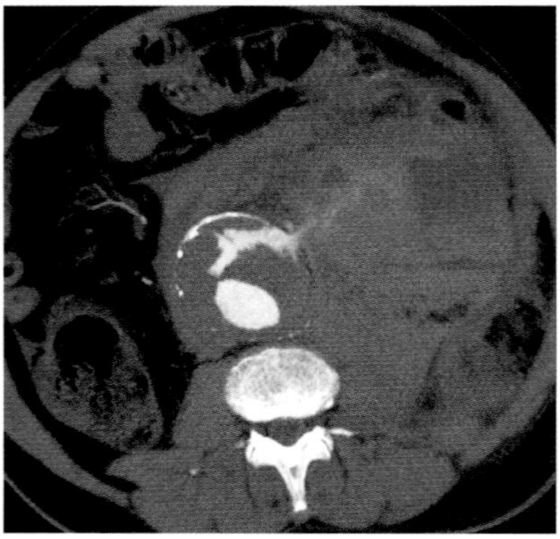

Figura 9 Rotura de aneurisma de aorta abdominal, avaliação por tomografia computadorizada (TC). A TC é o método de escolha para o estudo desses pacientes. Notar o grande hematoma retroperitonial periáortico, principalmente à esquerda. Notar também a delaminação do trombo parietal do aneurisma, com penetração do contraste. Ver também o local de rotura parietal, com extravasamento do meio de contraste alimentando uma volumosa coleção hemática à esquerda.

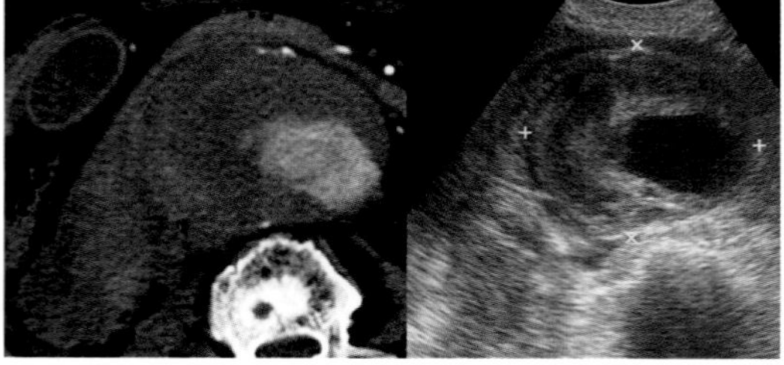

Figura 10 Rotura de aneurisma de aorta abdominal, avaliação por tomografia computadorizada (TC) e ultrassonografia (US). Os exames mostram delaminação e heterogeneidade do trombo mural do aneurisma, associada ao hematoma retroperitonial. Eventualmente o US pode surpreender sinais de rotura de aneurisma abdominal, mas o exame indicado para esta avaliação é a TC.

ANEURISMAS

Aneurismas são definidos como dilatações vasculares permanentes e localizadas, cujo diâmetro excede 50% do calibre normal. Aneurismas verdadeiros mantém integridade das três camadas, enquanto falsos aneurismas mostram rotura de pelo menos parte destas camadas. Podem também ser classificados por etiologia, morfologia e localização.

Embora possa haver outras complicações (como compressão extrínseca), o seguimento de aneurismas se justifica pela possibilidade de crescimento progressivo, culminando com rotura. Mensurações precisas são fundamentais, dado que a decisão do momento de intervenção será baseada nestas medidas. Para AA torácicos, a chance de rotura aumenta muito após o calibre de 60 mm, esta medida sendo geralmente considerada a que indica um tratamento cirúrgico. Para AA abdominais, o risco de rotura ultrapassa o risco cirúrgico na medida de 55 mm para homens e 50 mm para mulheres, e aceita-se estas medidas para indicar intervenção. A taxa de crescimento também é importante, considera-se a velocidade de crescimento maior do que 10 mm/ano para AA abdominais também uma indicação de cirurgia. Essas medidas não se aplicam a todas as condições clínicas, por exemplo, pacientes com síndrome de Marfan devem ser abordados com calibres menores, pelo risco precoce de dissecção.

Além das medidas vasculares, a morfologia também interfere na chance de crescimento e rotura. Aneurismas saculares são mais propensos ao crescimento rápido do que os fusiformes. Da mesma forma, falsos aneurismas apresentam taxas de crescimento muito maiores do que os aneurismas verdadeiros.

Para acompanhamento de AA torácicos restritos à raiz da aorta, um seguimento inicial com Eco é satisfatório. Dilatações das demais porções torácicas não podem ser acompanhadas somente com Eco. Tanto a TC quanto a RM são métodos com alta precisão para mensuração e seguimento de AA, tanto torácicos quanto abdominais. A RM oferece a vantagem de não envolver radiação ionizante, uma consideração importante já que esses pacientes podem necessitar de muitos exames seriados ao longo do acompanhamento. Uma última observação é a de que a TC pode ser realizada sem contraste intravenoso, se o objetivo for somente o seguimento de calibres vasculares.

Para pacientes com janela acústica adequada, o rastreamento e o seguimento inicial de pequenos AA abdominais devem ser feitos com US. Entretanto, quando as medidas se aproximam dos diâmetros limítrofes para indicação cirúrgica, é mais aconselhável realizar esse seguimento final com outro método (TC ou RM), dado que o erro de medida por US é maior nessa faixa de calibres. E também porque a US é falha na avaliação da relação topográfica precisa do AA com os vasos viscerais, uma informação fundamental para planejamento terapêutico.

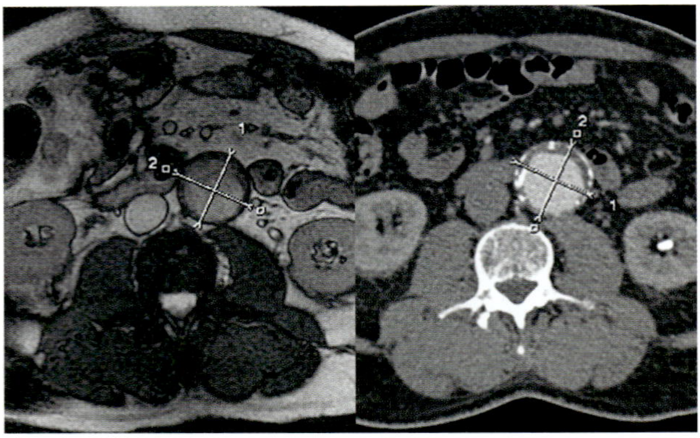

Figura 11 Aneurisma de aorta abdominal, imagens do mesmo paciente comparando a ressonância magnética (esquerda) e a tomografia computadorizada (direita). Notar que a precisão das medidas é similar, cada método oferece vantagens e desvantagens relacionadas a outros aspectos.

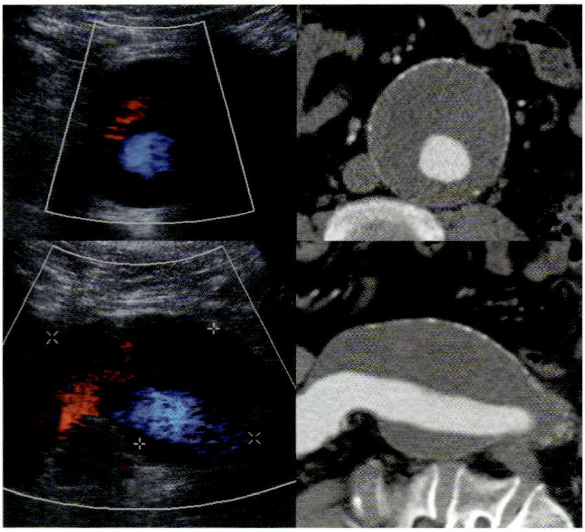

Figura 12 Aneurisma de aorta abdominal, imagens do mesmo paciente comparando a ultrassonografia (US) (esquerda) e a tomografia computadorizada (TC) (direita), cortes transversais acima e longitudinais abaixo. Notar a perda da precisão das medidas laterais na US, para aneurismas grandes.

Para o seguimento pós-operatório, a avaliação de próteses sintéticas pode ser feita tanto por TC como por RM. Em casos selecionados, com acesso ecográfico adequado, a Eco e a US são opções também. No caso de endopróteses metálicas, o método padrão-ouro para o seguimento é a TC, existem protocolos específicos que podem incluir aquisições adicionais sem contraste e/ou em fase tardia pós-contraste (além da aquisição habitual no pico da contrastação arterial). A recomendação mais aceita é a que se faça um controle com 1 mês, 12 meses, e anualmente a partir de então. Para endopróteses não ferromagnéticas (especialmente aquelas de níquel-titânio), a RM é uma ótima alternativa, alguns trabalhos têm demonstrado que a RM pode ser até superior à TC para a detecção de vazamentos.

Em casos selecionados de endopróteses abdominais, outra alternativa interessante é a US Doppler com contraste intravascular, que pode ser até superior à TC na identificação e na classificação de *endoleaks*. Novamente recordando que a escolha de técnicas que não envolvam radiação ou contraste nefrotóxico é crucial para os pacientes que realizarão múltiplos exames seriados. Protocolos estão em constante revisão, muitos sugerem substituir sempre que possível a angiografia por TC por US com contraste, eventualmente associada à TC sem contraste, ou radiografias em múltiplas incidências (dado que a US não avalia adequadamente outras complicações como fraturas, *kinking* e migração).

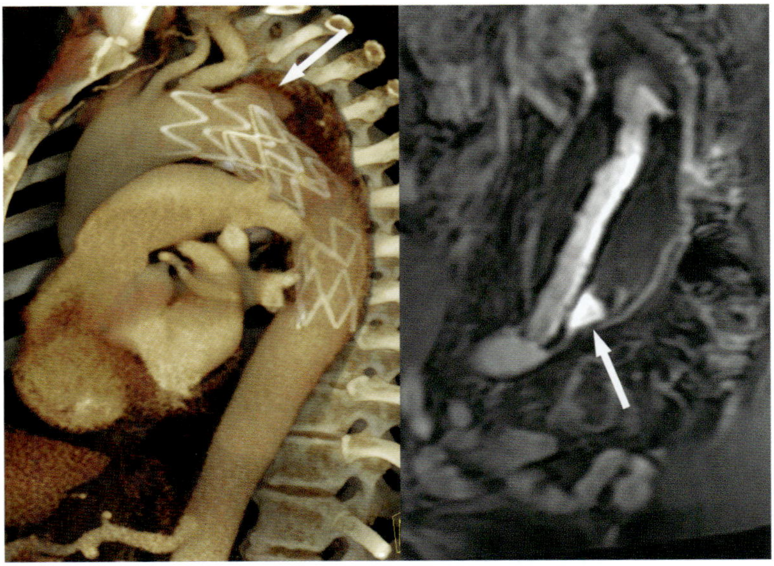

Figura 13 Aneurismas aórticos tratados com endopróteses metálicas, complicadas com vazamentos (*endoleaks*, indicadas com setas brancas). À esquerda, na aorta torácica, uma fratura associada a um *endoleak* tipo III, observada à tomografia computadorizada (TC). À direita, em um aneurisma abdominal infrarrenal, um *endoleak* tipo I avaliado por ressonância magnética (RM).

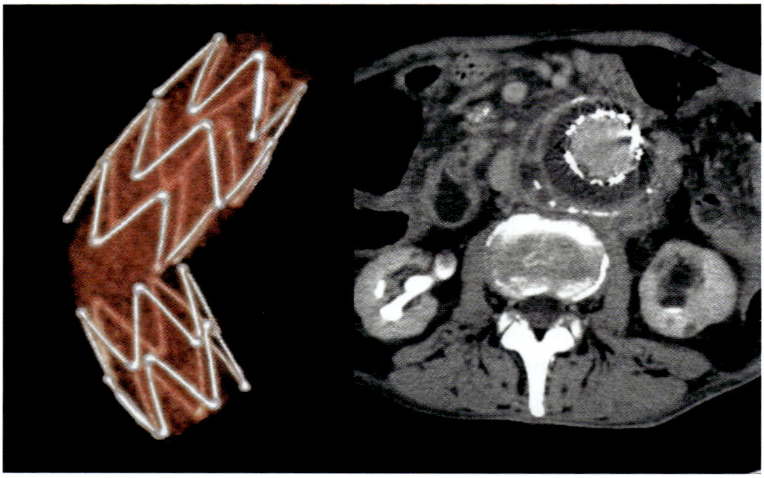

Figura 14 Outras complicações de endopróteses metálicas aórticas, avaliadas por tomografia computadorizada (TC). Fratura de prótese à esquerda, notar o desalinhamento dos anéis e acotovelamento. Infecção de prótese à direita, com aumento de partes moles, borramento adiposo retroperitonial, realce pós-contraste e pequenas coleções.

IMPLANTE TRANSCATETER DE PRÓTESE VALVAR AÓRTICA

A angio-TC de múltiplos detectores vem assumindo um papel fundamental na avaliação de pacientes para implante valvar aórtico percutâneo, desde a fase de seleção de candidatos, na etapa de planejamento cirúrgico, e na avaliação de complicações. A Eco é a peça central na detecção e na graduação da estenose valvar aórtica. Porém, a TC é atualmente considerada o método mais preciso para a visualização e a mensuração do ânulo aórtico, realizada com cortes muito finos e sincronizada com o eletrocardiograma, permitindo a escolha do modelo e do tamanho apropriados da prótese. Diversas outras medidas locais são obtidas, como os calibres do bulbo aórtico, da junção sinotubular, e altura dos óstios coronarianos, garantindo o implante ótimo da prótese e minimizando o risco de regurgitação perivalvar. Além disso, a TC é o método ideal para avaliar a extensão e a localização das calcificações na valva aórtica, com implicação direta na técnica do procedimento. Finalmente, por meio das informações tridimensionais da TC, o ângulo ideal da projeção fluoroscópica a ser utilizado durante o procedimento pode ser fornecido. Durante o procedimento, a Eco volta a ter um papel fundamental, acompanhamento em tempo real do implante, na pesquisa de eventuais complicações. Dessa forma, uma avaliação combinada entre TC e Eco sempre deve ser realizada.

Além da avaliação local, a TC permite também estudar as possíveis vias de acesso do procedimento, na maioria dos casos, iliacofemoral. Mensurações precisas de calibres vasculares são obtidas pesquisando-se também calcificações, placas protrusas, obstruções e tortuosidades que possam dificultar a introdução da bainha de implante do cateter.

DOENÇA ARTERIAL PERIFÉRICA

Em pacientes sintomáticos com doença arterial periférica, nos quais se considera a possibilidade de revascularização, exames complementares não invasivos podem ser solicitados para planejamento, estudando a localização anatômica e a gravidade das estenoses, viabilidade de tratamento e vias de acesso. As

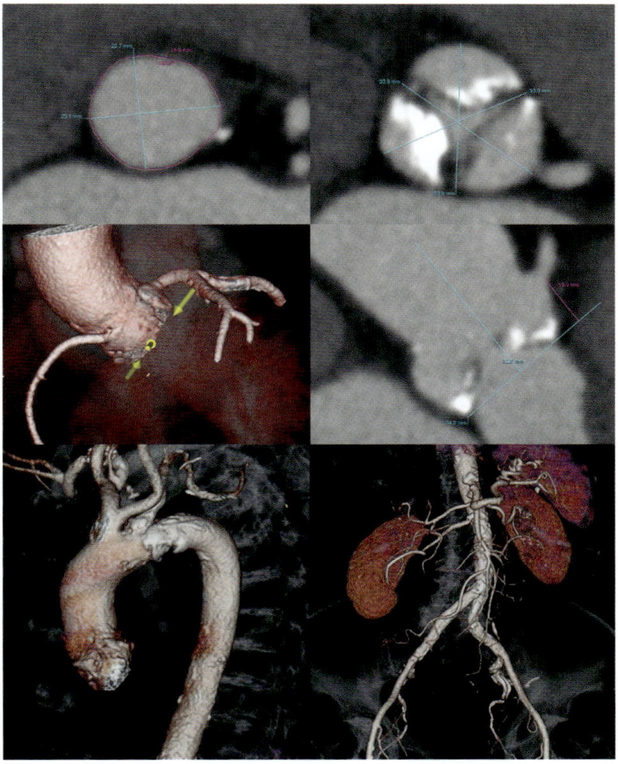

Figura 15 Exemplo de avaliação por tomografia computadorizada (TC), previamente ao implante transcateter de prótese valvar aórtica. As imagens mostram medidas do anel subvalvar aórtico, seios de Valsalva, angulação ideal para estudo hemodinâmico, altura das artérias coronárias e avaliação do acesso vascular aortoilíaco-femoral.

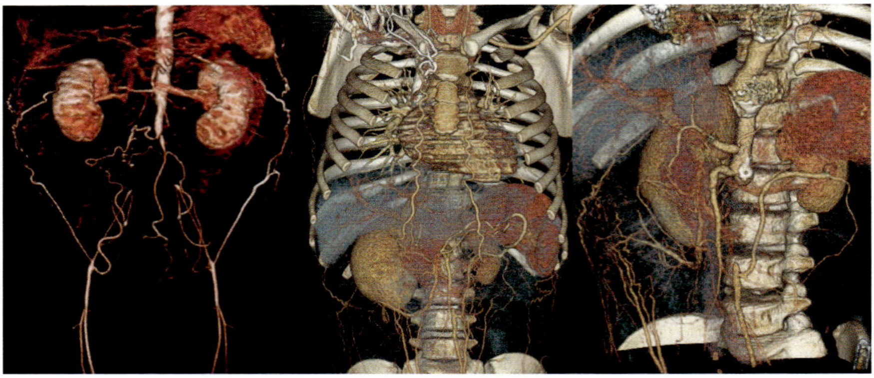

Figura 16 Angiografias do território aortoilíaco, comparação entre ressonância magnética (RM) (primeira imagem) e tomografia computadorizada (TC) (demais). A RM demonstra um paciente masculino com oclusão da aorta distal e artérias ilíacas (síndrome de Leriche), e a TC uma evolução tardia de doença de Takayasu. Notar como a imagem da RM é puramente angiográfica, enquanto a TC demostra os demais reparos anatômicos (como o esqueleto). Esae fato pode ser vantajoso ou não, a depender do caso. Notar a exuberante rede de circulação colateral, em ambos os casos.

opções são US duplex, angio-TC e angio-RM, todos com boa sensibilidade e especificidade comparadas à angiografia invasiva. Não há uma regra bem estabelecida de qual dos três estudos deve ser solicitado, a avaliação precisa ser feita caso a caso, levando-se em consideração principalmente fatores relacionados ao paciente, como função renal, concomitância de diabetes, radiossensibilidade etc. Se esses testes forem inconclusivos, uma angiografia invasiva pode ser necessária para delinear a anatomia e planejar a revascularização.

Com os recentes avanços tecnológicos da TC, atualmente é possível uma avaliação adequada de toda a aorta abdominal, artérias ilíacas e artérias dos membros inferiores no mesmo exame, com uma única injeção de contraste iodado. Trata-se de um exame muito rápido, uma clara vantagem sobre a RM e a US, dois exames de longa duração.

Com uma imagem isotrópica de alta qualidade (que pode ser reformatada em qualquer plano com a mesma resolução), a TC é capaz de caracterizar, o número e o grau da estenose, e a extensão do segmento ocluído, correlacionado com referências anatômicas ósseas, que são mais bem visualizadas do que na angio-RM.

Para o segmento aortoilíaco, femoral e poplíteo, a TC tem elevadas sensibilidade e a especificidade, fornecendo informações necessárias para a decisão e o planejamento terapêutico, podendo-se prescindir de arteriografia diagnóstica. Porém, a avaliação das artérias mais distais das pernas é mais limitada,

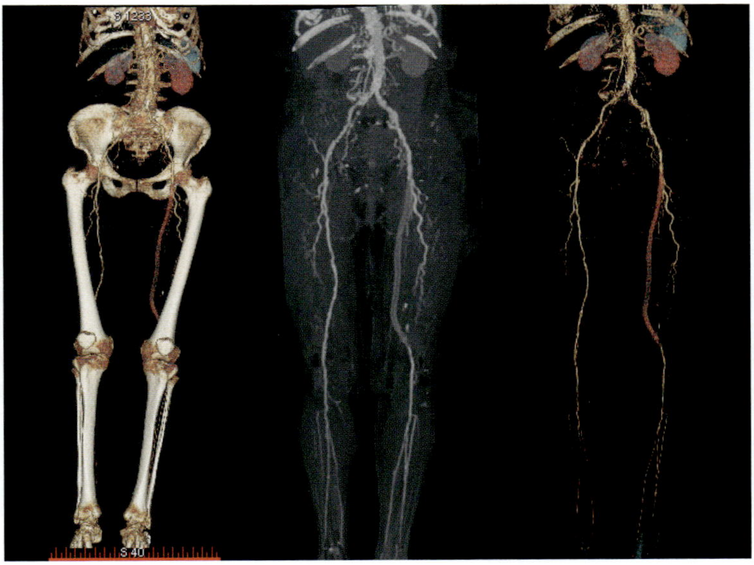

Figura 17 Exemplo de angiografia por tomografia computadorizada (TC), ver a grande extensão que pode ser estudada somente com uma única varredura, e uma única injeção do meio de contraste venoso. A figura mostra três formas de apresentação do exame, mantendo-se reparos anatômicos ou não. O paciente apresenta oclusão femoral médio--distal esquerda, tratada com prótese.

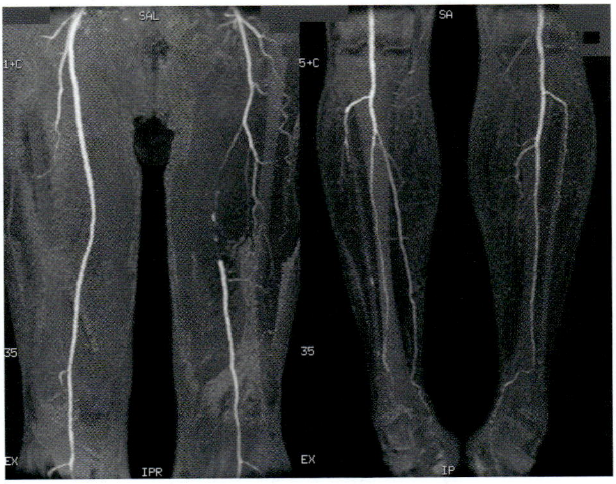

Figura 18 Exemplo de angiografia por ressonância magnética (RM), mostrando oclusão do segmento proximal e médio da artéria femoral superficial esquerda. Há também oclusão de praticamente toda a artéria tibial posterior esquerda, reenchimento perimaleolar por colateral. Oclusão tibial anterior direita médio-distal.

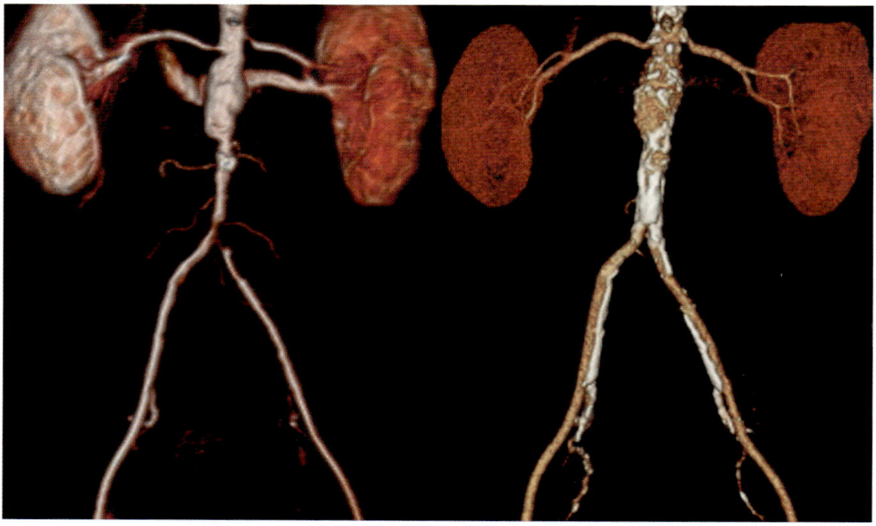

Figura 19 Angiografias do território aortoilíaco, comparação entre ressonância magnética (RM) (esquerda) e tomografia computadorizada (TC) (direita). Ver a extensa calcificação, principalmente na transição aortoilíaca esquerda, limitando a avaliação por TC. Ver que a RM demonstra claramente a estenose, a despeito da calcificação.

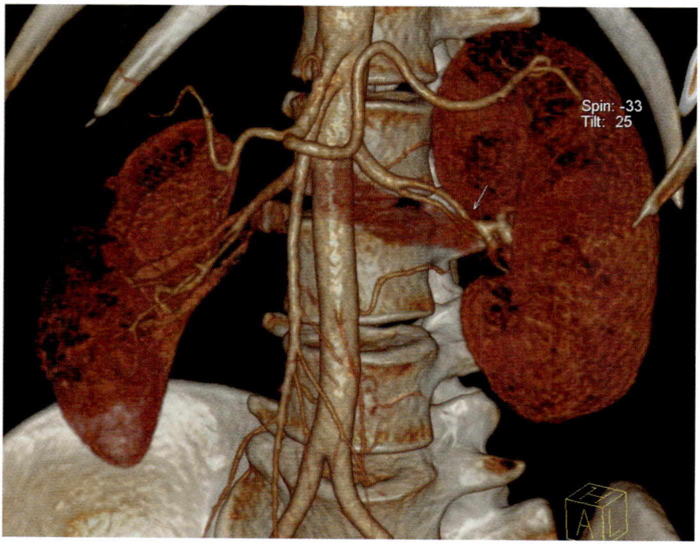

Figura 20 Angiografia por tomografia computadorizada (TC) das artérias renais, paciente com displasia fibromuscular. Notar as estenoses e dilatações de ambas as artérias renais, claramente demonstradas pelo exame.

principalmente quando são exuberantes as calcificações ateromatosas, que são mais frequentes entre os diabéticos.

A angio-RM com contraste também é uma importante ferramenta na avaliação de doença obstrutiva arterial dos membros inferiores. Embora tenha acurácia global discretamente mais baixa do que a angio-TC, tem a vantagem de não utilizar radiação ionizante, e contraste não nefrotóxico. Como desvantagens, trata-se de um exame mais demorado, e mais suscetível à movimentação do paciente. Diferente da TC, a análise não é prejudicada por calcificações vasculares. Sequências recentemente desenvolvidas permitem a realização de angio-RM sem contraste venoso, porém, com menor resolução.

Vale a menção de que, embora os três métodos tenham boa acurácia, a possibilidade da TC e da RM de gerar imagens anatômicas panorâmicas semelhante à angiografia invasiva torna estes dois métodos mais atraentes para a maioria dos cirurgiões e hemodinamicistas, aumentando o grau de confiança clínica nestes métodos.

Por outro lado, a US duplex tem um papel central no seguimento de pacientes revascularizados, sendo recomendado exames de controle periódicos por US. Para endopróteses metálicas, semelhante ao território aórtico, o método de escolha é a TC.

ARTÉRIAS RENAIS

A hipertensão renovascular é o tipo mais comum de hipertensão secundária, e frequentemente está associada a quadros mais graves e refratários de hipertensão. A redução da perfusão renal geralmente se dá por estenose arterial, cerca de 90% dos casos é secundária à doença aterosclerótica, e é uma forma potencialmente curável de hipertensão.

US, TC, RM, cintilografia e arteriografia invasiva podem ser usadas para a investigação por imagem. Semelhante à avaliação dos membros inferiores, comorbidades do paciente devem ser levadas em consideração, como falência renal. Em pacientes com função renal normal, a TC e a RM são modalidades de escolha. A US tem grande importância em indivíduos com redução da função renal, é o principal método de rastreamento, mas é um estudo demorado e altamente operador-dependente. Comparando-se TC e RM, a primeira mostra acurácia discretamente superior, mas é prejudicada em vasos com extensa calcificação. Sequências de angio-RM sem contraste estão em desenvolvimento, ainda com resultados variáveis.

REFERÊNCIAS BIBLIOGRÁFICAS

1. Desjardins B, Dill KE, Flamm SD, Francois CJ, Gerhard-Herman MD, Kalva SP, et al. ACR Appropriateness Criteria: pulsatile abdominal mass, suspected abdominal aortic aneurysm. Int J Cardiovasc Imaging. 2013;29(1):177-83.
2. Erbel R, Aboyans V, Boileau C, Bossone E, Bartolomeo RD, Eggebrecht H, et al.; ESC Committee for Practice Guidelines. 2014 ESC Guidelines on the diagnosis and treatment of aortic diseases: Document covering acute and chronic aortic diseases of the thoracic and abdominal aorta of the adult. The Task Force for the Diagnosis and Treatment of Aortic Diseases of the European Society of Cardiology (ESC). Eur Heart J. 2014;35(41):2873-926.
3. Expert Panels on Urologic Imaging and Vascular Imaging:, Harvin HJ, Verma N, Nikolaidis P, Hanley M, Dogra VS, Goldfarb S, et al. American College of Radiology. ACR Appropriateness Criteria: renovascular hypertension. Disponível em: J Am Coll Radiol. 2017;14(11S):S540-9.
4. Expert Panels on Vascular Imaging and Interventional Radiology:, Francois CJ, Skulborstad EP, Majdalany BS, Chandra A, Collins JD, Farsad K, et al. American College of Radiology. ACR Appropriateness Criteria: abdominal aortic aneurysm: interventional planning and follow-up. J Am Coll Radiol. 2018;15(5S):S2-S12.
5. Gerhard-Herman MD, Gornik HL, Barrett C, Barshes NR, Corriere MA, Drachman DE, et al. 2016 AHA/ACC guideline on the management of patients with lower extremity peripheral artery disease: A report of the American College of Cardiology/American Heart Association Task Force on Clinical Practice Guidelines. J Am Coll Cardiol. 2017;69(11):e71-e126.
6. Goldstein SA, Evangelista A, Abbara S, Arai A, Asch FM, Badano LP, et al. Multimodality imaging of diseases of the thoracic aorta in adults: from the American Society of Echocardiography and the European Association of Cardiovascular Imaging: endorsed by the Society of Cardiovascular Computed Tomography and Society for Cardiovascular Magnetic Resonance. J Am Soc Echocardiogr. 2015;28(2):119-82.
7. Pollak AW, Norton PT, Kramer CM. Multimodality imaging of lower extremity peripheral arterial disease: current role and future directions. Circ Cardiovasc Imaging. 2012;5(6):797-807.
8. Sara L, Szarf G, Tachibana A, Shiozaki AA, Villa AV, de Oliveira AC, et al.; Sociedade Brasileira de Cardiologia; Colégio Brasileiro de Radiologia. II Diretriz de Ressonância Magnética e Tomografia Computadorizada Cardiovascular da Sociedade Brasileira de Cardiologia e do Colégio Brasileiro de Radiologia. Arq Bras Cardiol. 2014;103(6 Suppl 3):1-86.

Índice remissivo

A

Alterações do metabolismo 141
American College of Cardiology 3
American Heart Association 4
Amiloidose 85, 86
Análise espectral de imagem 238
Anel vascular 283
Aneurismas 315
aórtico 266, 309
Angiografia invasiva 241
Angioplastia transluminal coronariana 241
Angiorresonância
das artérias coronárias 68
com gadolínio 280
de vasos da base 99
Angiossarcoma 127
Angiotomografia
das artérias coronárias 176, 209, 298
Aortites 309
Aparelho de ressonância magnética 15
Arranjo atrial 271
Arritmias ventriculares 147
Artérias renais 323
Arterites 266
Atresia pulmonar 297
Avaliação da
anatomia coronariana 154
da viabilidade miocárdica pelo realce tardio 47

C

Calcificação
caseosa da valva mitral 120
das coronárias 174
Cardiomiopatias
dilatada 139
dilatada idiopática 83, 84
hipertrófica 74, 140, 148
hipertrófica assimétrica 76
isquêmica 42
não isquêmica 148, 149
primária genética 80
provocada por estresse 82
restritiva 84
siderótica 86, 87

Cardiopatias
- isquêmica 145, 147
- congênitas 150
- congênitas cianogênicas 287

Cardiotoxicidade à quimioterapia 89
Cardioversor desfibrilador implantável 92
Carga
- aterosclerótica 154
- de placa aterosclerótica 234

Cinerressonância 98
Coarctação da aorta 280
Comunicação
- interatrial 272
- interventricular 276
- intraventricular 297

Contraindicações da ressonância magnética em cardiologia 19
Contraste venoso 160
Coração univentricular 299
Critérios de Diamond-Forrester 264
Curva ROC 200, 204

D

Defeitos
- do septo atrioventricular 278
- congênitos cardiovasculares 270

Descarte triplo 265
Diabete melito 190
Dipiridamol 61
Discordância ventriculoarterial 289
Dislipidemia 190
Displasia arritmogênica do ventrículo direito 77, 79
Divertículo de Kommerell 285
Doenças
- arterial coronariana 41
- arterial periférica 319
- de Anderson-Fabry 87
- de Chagas 88, 89
- de Danon 80
- de Kawasaki 265
- do pericárdio 112, 149
- inflamatórias agudas 309
- isquêmica 137
- pulmonar obstrutiva crônica 158
- valvares 149
- vasculares 150

Dor torácica aguda 179
Drenagem anômala total das veias pulmonares 291

E

ECO transtorácico 116
Embolia pulmonar 266
Endomiocardiofibrose 89, 90
Endopróteses aórticas 266
Equipamento de ressonância magnética cardiovascular 23
Escore
- de Agatston 174, 194
- de cálcio 165, 173, 202, 264
- de risco de Framingham 264

Espectroscopia por ressonância magnética cardíaca 133
Estenose
- aórtica 105
- mitral 108
- pulmonar 109
- tricúspide 108

Estrutura básica do serviço 8
- área física 8
- equipamentos, *software* e drogas 9
- profissionais 10
- protocolos 9
- relação interprofissional 10

Exame de ressonância magnética cardiovascular
- componentes 27
- protocolos 32
- relatórios e arquivamento 32
- sequências de pulso 27

F

Fibroelastoma papilar 123
Fibroma 125
Fibrose
- miocárdica 301
- sistêmica nefrogênica 20

Flow velocity encoding 99
Fusão miocárdica sob estresse farmacológico 154

H

Hemangioma 125
Hematoma intramural 309
Hipertensão
- arterial sistêmica 190
- renovascular 323

Hipertrofia lipomatosa do septo interatrial 120

I

II Diretriz de RM e TC Cardiovascular da Sociedade Brasileira de Cardiologia e do Colégio Brasileiro de Radiologia 19
Imagem molecular com nanopartículas como contraste 238
implante
- percutâneo de prótese valvar aórtica transcateter (TAVI) 266
- transcateter de prótese valvar aórtica 318

Infarto 41
- avaliação da espessura e reserva contrátil 49
- detecção pela RMC 43
- fisiopatologia 42
- valor prognóstico 51
- viabilidade miocárdica 41

Infarto agudo do miocárdio 45, 53, 190
Insuficiência cardíaca 147
- com fração de ejeção normal 141

Isquemia miocárdica 56
- acurácia diagnóstica 66
- contraindicações 59
- indicações clínicas 68
- interpretação da isquemia pela contratilidade segmentar sob estresse com dobutamina 65
- interpretação da isquemia pela perfusão miocárdica sob estresse com vasodilatadores 63
- protocolos de aquisição 59
- sequências de pulso 58
- valor prognóstico 68

L

Leiomiossarcoma 129
Lesões traumáticas da aorta 309
Linfoma cardíaco primário 130
Lipoma 124

M

Manobra de Lecompte 289

Massas
  cardíacas 116, 149
  não neoplásicas 119
Matriz 156
Meio de contraste iodado não iônico 155
Mesotelioma pericárdico 130
Metástases 130
Método de Agatston 195
Miocárdio não compactado 75, 77
Miocardite 148
  aguda 81
  infecciosa e inflamatória 80
Mixoma 122

N

Napkin ring sign 177, 232

O

Osteossarcoma 129

P

Pacientes com claustrofobia 20
Perfusão miocárdica dinâmica 248
Pericardite 115
Persistência do canal arterial 279
Phase contrast 300
Pixel 156
Placa ateromatosa 182
Princípio físico da tomografia computadorizada 155
Protocolo de
  dessensibilização 162
  realce por RMC 45

R

Rabdomioma 126
Rabdomiossarcoma 129
Radiação 159
  ionizante 154
Reações adversas ao contraste 160
Realce tardio miocárdico 99
Reembolso da ressonância magnética cardiovascular 26
Regurgitação
  aórtica 100, 101
  mitral 102
  pulmonar 104
  tricúspide 104
Ressincronizador cardíaco 92
Revascularização miocárdica 183, 241

S

Sarcoidose 85
Sarcomas indiferenciados 129
Segmentos coronarianos com placas 259
Segurança em ressonância magnética cardiovascular 17
Seios de Valsalva 166
Síndrome
  de Marfan 307
  de Shone 280
  de Takotsubo 82, 83
  do coração partido 82
  aórticas agudas 309
Situs 271
  inversus 271
  solitus 271
Sociedade Brasileira de Cardiologia 4
Society for Cardiovascular Magnetic Resonance 3

Society of Cardiovascular Computed Tomography 5
Spotty calcification 232
Stents 181
Stephan Achenbach 4

T

Tabelas de aplicações clínicas em ressonância magnética do coração 145
Técnica de realce tardio 301
Tetralogia de Fallot 293, 297
Tomografia computadorizada
  com contagem de fótons 238
  com phase-contrast 238
  do tórax não sincronizada ao eletrocardiograma 191
  multidetectores 191
  de emissão de elétrons 191
Transplante cardíaco 141
Transposição das grandes artérias 287, 289
Treinamento e credenciamento médicos 25
Triple rule-out 186, 265
Trombo 119
Tromboembolismo pulmonar 186
Tumores cardíacos
  malignos 127
  primários 122

U

Úlcera aterosclerótica penetrante 309
Unidade Hounsfield 155

V

Valvopatias 99, 140
Vasodilatador 61
Viabilidade miocárdica 41
Voxel 155, 156